应用型本科院校“十二五”规划教材/石油工程类

主编 张立刚 孙鹏宵
李士斌 刘 莹
主审 孙学增

岩石力学基础与应用

（第2版）

Fundamentals and Application of Rock Mechanics

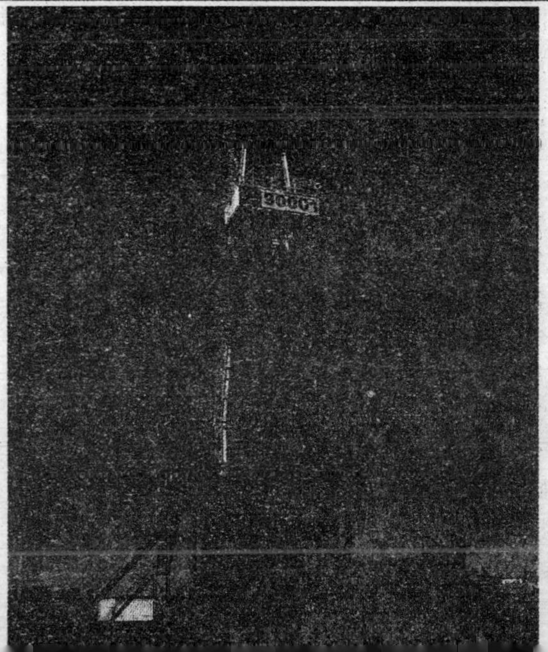

哈爾濱工業大學出版社

内 容 提 要

本书结合石油工程中的生产问题，从岩石力学概念、基本原理和相关理论等方面，围绕油气井钻井完井工程、油气井开发工程进行了较系统的阐述。本书分七章内容介绍了普通地质知识和油气藏的基本特性；岩石强度与变形特征等物理力学性质，岩石的破坏机理与强度准则；地应力概念和测量方法，地应力计算模式理论知识；岩石可钻性和井眼力学稳定机理；地应力状态下注采井井网模型选择依据和防止套损的措施；岩石力学在完井工程中确定压力剖面的基础理论与计算方法、油气井出砂原因与防砂方案选择的技术等知识。

本书的特点是通俗易懂，各章节的理论知识紧密结合油田生产实际，实用性强，重点突出，是石油工程专业的必备教材。也可供石油工程硕士研究生，矿山工程、土木工程和水利工程的工程技术人员参考。

图书在版编目(CIP)数据

岩石力学基础与应用/张立刚，孙鹏宵，李士斌，等主编.
—2 版. —哈尔滨：哈尔滨工业大学出版社，2012.8(2015.7 重印)
应用型本科院校“十二五”规划教材
ISBN 978-7-5603-3061-7

Ⅰ. ①岩…　Ⅱ. ①张…②孙…③李…　Ⅲ. ①岩石力学-高等学校-教材　Ⅳ. ①TU45

中国版本图书馆 CIP 数据核字(2010)第 150394 号

策划编辑　赵文斌　杜燕
责任编辑　尹　凡
出版发行　哈尔滨工业大学出版社
社　　址　哈尔滨市南岗区复华四道街 10 号　邮编 150006
传　　真　0451-86414749
网　　址　http://hitpress.hit.edu.cn
印　　刷　黑龙江省地质测绘印制中心印刷厂
开　　本　787mm×1092mm　1/16　印张 16.75　字数 380 千字
版　　次　2012 年 6 月第 1 版　2012 年 8 月第 2 版
　　　　　2015 年 7 月第 3 次印刷
书　　号　ISBN 978-7-5603-3061-7
定　　价　30.80 元

序

哈尔滨工业大学出版社策划的“应用型本科院校规划教材”即将付梓，诚可贺也。

该系列教材卷帙浩繁，凡百余种，涉及众多学科门类，定位准确，内容新颖，体系完整，实用性强，突出实践能力培养。不仅便于教师教学和学生学习，而且满足就业市场对应用型人才的迫切需求。

应用型本科院校的人才培养目标是面对现代社会生产、建设、管理、服务等一线岗位，培养能直接从事实际工作、解决具体问题、维持工作有效运行的高等应用型人才。应用型本科与研究型本科和高职高专院校在人才培养上有着明显的区别，其培养的人才特征是：①就业导向与社会需求高度吻合；②扎实的理论基础和过硬的实践能力紧密结合；③具备良好的人文素质和科学技术素质；④富于面对职业应用的创新精神。因此，应用型本科院校只有着力培养“进入角色快、业务水平高、动手能力强、综合素质好”的人才，才能在激烈的就业市场竞争中站稳脚跟。

目前国内应用型本科院校所采用的教材往往只是对理论性较强的本科院校教材的简单删减，针对性、应用性不够突出，因材施教的目的难以达到。因此亟须既有一定的理论深度又注重实践能力培养的系列教材，以满足应用型本科院校教学目标、培养方向和办学特色的需要。

哈尔滨工业大学出版社出版的“应用型本科院校规划教材”，在选题设计思路上认真贯彻教育部关于培养适应地方、区域经济和社会发展需要的“本科应用型高级专门人才”精神，根据黑龙江省委书记吉炳轩同志提出的关于加强应用型本科院校建设的意见，在应用型本科试点院校成功经验总结的基础上，特邀请黑龙江省9所知名的应用型本科院校的专家、学者联合编写。

本系列教材突出与办学定位、教学目标的一致性和适应性，既严格遵照学科体系的知识构成和教材编写的一般规律，又针对应用型本科人才培养目标及与之相适应的教学特点，精心设计写作体例，科学安排知识内容，围绕应用讲授理论，做到“基础知识够用、实践技能实用、专业理论管用”。同时注意适当融入新理论、新技术、新工艺、新成果，并且制作了与本书配套的PPT多媒体教学课件，形成立体化教材，供教师参考使用。

“应用型本科院校规划教材”的编辑出版，是适应“科教兴国”战略对复合型、应用型人才的需求，是推动相对滞后的应用型本科院校教材建设的一种有益尝试，在应用型创新人才培养方面是一件具有开创意义的工作，为应用型人才的培养提供了及时、可靠、坚实的保证。

希望本系列教材在使用过程中，通过编者、作者和读者的共同努力，厚积薄发、推陈出新、细上加细、精益求精，不断丰富、不断完善、不断创新，力争成为同类教材中的精品。

黑龙江省教育厅厅长

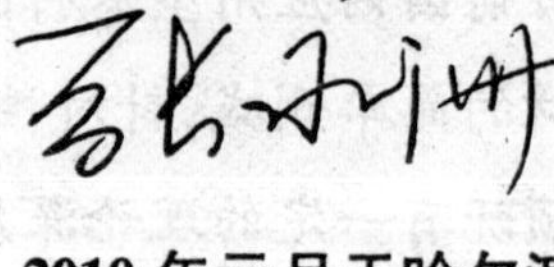

2010年元月于哈尔滨

第2版前言

《岩石力学基础与应用》是大庆石油大学华瑞学院石油工程系针对本系专业学生设置的一门专业基础必修课程，指导思想和定位是：为了结合独立院校学生的知识结构、接受能力，以及培养学生的学习兴趣，提高学生的自学能力，使相关读者容易掌握、消化，我们在编写过程中注意到由浅到深、由易到难、由简单到复杂，尽量避免复杂的数学、力学的推导过程。在内容方面，强调基础理论和试验，加强油田钻井、采油和开发实践应用，着重基本理论、基本知识、基本方法和实际应用方面的教育，以促进学生终身学习基础知识的理念；在培养实践能力方面重视岩石力学与石油工程设计思路、树立创新意识、实验动手能力和初步设计技能的培养。

《岩石力学基础与应用》主要讲授有关岩石的物理力学性质，岩石的强度理论和试验方法，岩石的静、动态弹性参数，破坏机理以及相关的强度理论；油田地应力、应力状态和应力张量概念，地应力测量技术和分布规律以及地应力计算模式；钻井工程中的破岩工具和破岩参数优选，钻井井眼和射孔孔道的稳定性；油气田开发中地应力方向的确定，低渗透油田开发方案的设计原则；四种压力剖面预测新技术与应用，油气井出砂原因与防砂基本理论和完井方案的选择。了解当前岩石力学理论的最新进展，为后续课《钻井与完井工程》、《采油工程》、《钻井参数优化》等专业课程的学习打下必要的基础。

岩石力学经过半个多世纪的发展，在一些工程领域的应用上获得快速发展。在地质勘探方面，地质构造形成与演变、储层中油气运移和聚集、天然气裂缝的形成和扩展、断层的形态和分布，都与岩石的应力状态有密切的关系。在钻井过程中，岩石的破碎、井眼轨迹的控制、井壁的稳定性以及井身结构的优化设计等，也都与岩石力学特性有密切的关系。在完井工程设计中，完井方式的优化设计、射孔方案设计都涉及岩石力学问题。在油气井开采工程中，注采井网布置、提高采收率和防止储层出砂，延长油气井寿命等领域的设计工作同样与岩石力学特性有着广泛和密切的联系。可以说，岩石力学已经成为石油工业的基础学科和基本理论，但是在石油工程中的应用则是最近20多年逐渐发展起来的一门科学。

此外，石油天然气的勘探开发所涉及的深度和地质条件的日趋加深和复杂，非常规的钻井（例如欠平衡钻井）和开发技术越来越多的被采用，给岩石力学的研究提出新的课题和要求。与石油工程有关的岩石力学研究中，地层埋藏深度已经从 1 000 m 加深到 8 000 m，而围压则高达200 MPa，温度高达 200 ℃以上，地层流体孔隙压力也可达到 200 MPa。所以，它与水利水电、大坝建设、矿山巷道的开采，边坡和隧道的稳定，以及其支护工程，一些深度不超过 1 000 m 的浅层工程相比存在较大的差别，也不同于以火山岩、变质岩为研究主体、研究深度超过万米的研究地壳和上地幔岩石物理力学问题的科学，中国岩石力学与工程学会将其研究领域划分到深层岩石力学专业委员会。

本书是在大庆石油学院华瑞学院院长王玉文主持下进行编写的，由张立刚、孙鹏宵、李士斌和刘莹任主编，其中：第 1 章由孙鹏宵编写；第 2 章由李岳详编写；第 3 章由张立刚、孙鹏宵编写；第 4 章由孙鹏宵编写；第 5 章和第 6 章由李士斌、张立刚编写；第 7 章由刘莹、李刚编写。

本书的出版得到了哈尔滨工业大学出版社的大力支持和帮助。并受到院长王玉文、任福山的热心关照和帮助，在此向他们深表谢意。

由于编写者的水平有限，难免存在疏漏之处，敬请读者加以批评指正。

编 者

2012 年 6 月

目　录

第 1 章 绪论

1.1 岩石力学与生产实践的关系

岩石力学来源于生产实践，近40年才作为一门独立的学科。可是人类在岩石上修建工程的历史，却可追溯到几千年以前。

岩石力学可定义为："岩石力学是研究岩石过去的历史，现在的状况，将来的行为的一门应用性很强的学科。"过去的历史是指岩石的地质成因和演变，包括地应力场的变化；现在的状况是指工程建造前和建造过程中对岩石性状改造前后的认识；将来的行为是指预测工程建成以后可能发生的变化，以便研究预防或加固措施。即岩石力学一刻也离不开生产实践。

美国地质协会岩石力学委员会对岩石力学也有类似的定义："岩石力学是关于岩石的力学性态理论和应用的科学；它是与岩石性态对物理环境力场反应有关的力学分支。"岩石力学是以地质学为基础，运用力学和物理学的原理，研究岩石在外力作用下的物理力学性状的理论和应用的一门学科。其目的在于充分认识岩石的固有特性，从而更好(经济和安全)地利用它、改造它，为人类造福；同时藉以解释和解决国民经济建设中岩石工程提出的实际问题。

岩体的力学性质是岩体结构力学性质的综合反映。岩体中含有孔隙、裂隙、节理等结构层面。节理和裂隙有连续的，也有不连续的。但不连续的在适当条件下(如长期风化、温度或应力变化等)，又有可能变成连续贯通的。在许多实际工程中，往往由于节理裂隙形成了连续的破裂面。一旦被黏土矿物充填或挤压破碎之后，则有可能形成力学性能最差的软弱夹层或破碎带，成为影响工程稳定的关键，也是岩石力学研究的重点。

岩体通常是指与人类生活相关的地壳最表层部分。地壳是由玄武岩基底之上的花岗岩类岩浆岩、沉积岩和变质岩组成。其中岩浆岩占地壳组成物成分的98%，它是由花岗岩类熔融的岩浆冷凝而成的；沉积岩是岩石风化和搬运沉积而成的；变质岩则是岩石经过高温高压变质形成的。由于地壳的形成而赋存应力，以后又经历多次地质构造运动，使应力场变得复杂化，而且破坏了岩体的完整性和连续性，产生许多裂隙、节理和断层。

对沉积岩与由沉积岩变质的变质岩，还有层理和层面。裂隙、节理、断层、层理等称为地质上的结构面。岩体就是由许多这样的结构面和被其切割的最小岩块组成的岩体结构(图 1.1),而最小岩块也是具有一定结构的集合体,叫做岩石单元。就岩石单元来讨论,它是由许多造岩矿物晶体颗粒组成的集合体。在这些颗粒内部和颗粒与颗粒之间的边界上,又贯穿许多微观的裂隙,而其边界层的强度,随着胶结物材料的力学性质也有所不同,因此很容易产生错动,颗粒内部也会有错动,叫做裂纹;在裂纹尖端由于应力集中引起的错动称为位错(图 1.2)。

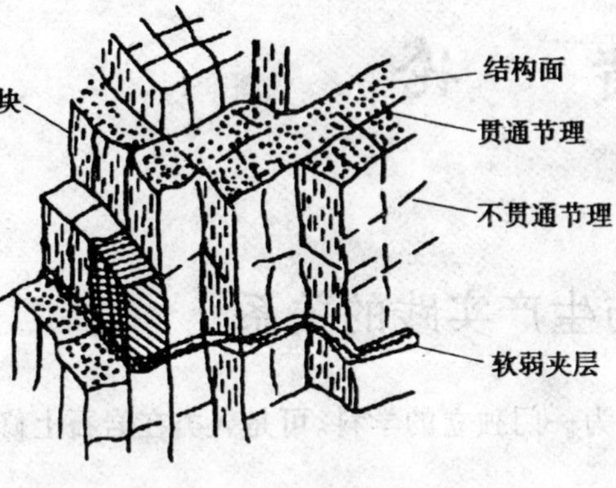

图 1.1　岩体结构示意图

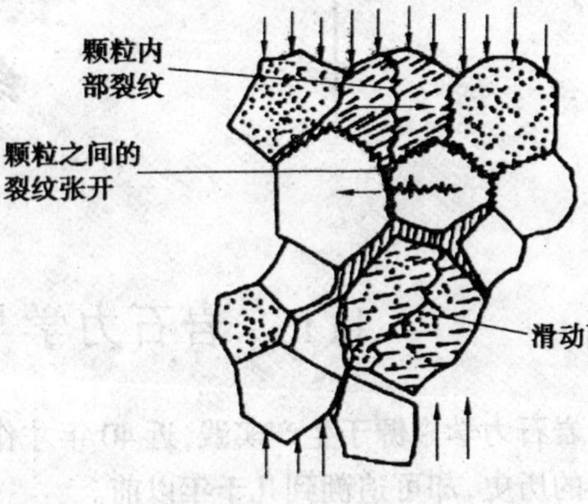

图 1.2　颗粒内部的裂纹和位错

造岩矿物的物理力学性质,主要取决于原子结构的结合力。结合力越强,矿物晶体的强度和刚度越高,表现为弹性性质;反之,呈塑性或黏滞性质。各种造岩矿物的颗粒强度、大小、结晶方向和热传导系数不同,构成岩石具有各向异性的特征。岩石在岩浆形成的过程中,由于高温高压的作用,矿物颗粒内部产生内应力。而颗粒的不均匀和晶体之间存在一定的摩擦力,往往导致颗粒内部和颗粒之间出现缺陷或裂纹,在颗粒的边界或沿着裂纹,又易产生滑移或位错。但是这种形变和位错是不协调的,一部分受到阻碍造成应力积聚仍处于平衡状态,形成封闭应力;另一部分即便产生形变或位错,也需要一个较长的调整应力的时间,这就反映了岩石具有流变的性质。因此,岩石也是一种流变体。

我国举世闻名的万里长城、连接湘江和桂江的古老运河灵渠,都是在 2 200 余年前的秦代兴建的,还有四川的都江堰水利工程,至今还巍然屹立于中华大地,仍在继续发挥效益,这就是最好的岩石力学在工程中应用的历史见证。此外,国内外还有许多历史悠久的采矿、水利、交通和建筑工程涉及岩石力学。但是岩石力学发展迟缓,一直把岩石当作材料处理而形不成学科,则与当时的工程规模和认识水平有关。

第二次世界大战以后,国际上出现了一个相对稳定的和平环境,许多国家都致力于国民经济建设,医治战争的创伤。其中特别是水电、煤炭、石油及金属矿山等能源和资源的开发,工程建设规模越来越大。地下洞室越挖越深,跨度越来越大,大坝越筑越高,边坡越来越深越陡,然而所遇到的岩石却越来越差,经常发生岩体坍塌、滑坡、垮坝、顶板冒落等严重事故。这就迫使人们不得不研究失事的原因,开始从岩石力学方面进行探索。1959 年 12 月 2 日法国 67 m 高的马尔帕塞(Malpasset)拱坝因坝基失稳而毁于一旦。时隔 4 年之后,意大利 265 m 高的瓦昂(Vajont)拱坝又在其上游托克山左岸发生大规模的滑坡。滑坡体从大坝附近向上游扩展长达 1 800 m,并横越峡谷滑移 300 ~ 400 m,估计有 2 ~ 3 亿 m^3 的岩块滑入水库，冲到对岸形成100 ~ 150 m高的岩堆，致使库水漫过坝顶，冲毁了下游的朗格罗尼镇。

据调查研究认为产生滑坡的原因可能是在边坡底卧有一条几米厚的滑动带，在长期的流变下形成不连续的黏滞 – 塑性滑动；一旦横切岩层就转变为脆性破坏，以致造成整个滑坡体在1963年10月9日一夜之间突然发生滑坡。

这两起震惊世界的特大灾害，都涉及岩石力学问题，直接给人们敲响了警钟。它提醒人们：在岩石工程中必须重视岩石力学。因此，从1964年国际大坝会议的第八届大会以来，几乎每届大会中岩石力学问题都是主要议题之一。

1.2 岩石力学在石油工程中的研究内容

1.2.1 目前国内外石油工程岩石力学主要研究的内容

1.岩石(体)的地质特征

主要包括：岩石的物质组成和结构特征，结构面特征及其对岩石力学性质的影响，岩体的结构及其力学特征，以及工程分类。

2.岩石的物理、水理和热力学性质

主要包括：岩石的颗粒或体积密度(或比重)，描述岩石内部所存在各种缺陷的孔隙性，岩石在水溶液作用下的水理性质，受温度影响所表现出来的热膨胀性和热理性。

3.岩石的基本力学性质

主要包括：岩石(体)在各种力学作用下的变形特征和强度特征；衡量岩石(体)力学性能的指标参数(例如岩石的抗压强度指标等)；影响岩石力学性能的主要因素(例如岩石的地质特征，矿物成分、结构、构造等)；形成岩石后所受外部环境因素(压力、温度、水化，以及实验条件和实验方法)；分析研究岩石变形破坏的基本理论和判断其破坏的准则。

4.结构面力学性质

主要包括：岩石(体)结构面在法线方向上的压应力、剪应力作用下的变形特征和其参数的确定方法；结构面所能承受的剪切强度特征以及测量方法和测试技术。

5.岩体力学性质

主要包括：岩体的变形特征、强度特征以及原地测量技术和方法；岩体力学参数的弱化处理和经验判断；影响岩体力学性能的主要因素(例如岩体中地下水的储存、运移规律和岩体的力学特征)。

(1) 岩体的力学特征：

① 不连续性；

② 各向异性；

③ 不均匀性；

④ 岩块单元的可移动性；

⑤ 地质因子特性(水、气、热、初应力)。

(2) 研究的任务

① 基本原理方面(建模与参数辨别);

② 实验方面(实验方法):仪器,信息处理,室内、外,动态和静态;

③ 现场测试;

④ 实际应用。

6.原岩应力(地应力)分布规律以及测量理论与方法

主要包括:地应力的形成原因,应用不同的试验方法(例如现场水力压裂)和岩石力学理论确定或估计地应力的大小、方向及其随埋藏深度的变化规律;应用直接或间接测量途径测量其大小、方向,以及测量原理。

7.工程岩体的稳定性

主要包括:钻开油气层形成井眼或采油射孔形成孔道后,地下岩石在各种荷载(如井内钻井液液柱压力、地应力)作用下,井眼围岩(井壁上)岩石的应力分布,应力 – 应变(位移)分布规律;井眼或射孔孔道的破坏条件,保持井眼稳定的岩石力学分析和评价方法,以及力学 – 化学耦合分析与评价。

8.岩石工程稳定性维护技术

主要包括:岩石(体)性质的改善和加固技术等。

9.各种新技术、方法与新理论在岩石力学中的应用。

10.工程岩体的模型、模拟实验以及原地检测技术。

1.2.2　我国岩石力学与石油工程关系的应用概况

(1) 我国应用岩石力学理论开展了地应力、压裂优化设计;油藏开发中的流固耦合理论研究,并引入到了油藏数值模拟。

(2) 在地质勘探方面:地质构造的形成与演化、储层油气的运移与聚集、天然气裂缝的形成与扩展,断层的形态与分布。

(3) 在钻井过程中,岩石的破碎、井眼轨道的控制、井壁的稳定性与井身结构的优化等都与岩石力学性能有密切关系。

(4) 在完井工程、完井方式优化、射孔方案优化设计中,都涉及岩石力学性能问题。

(5) 在油气开采工程中,注水井网布置、压裂优化设计、储层变形和孔隙坍塌预测、提高采收率和防止储层损坏、延长油气井寿命等领域都与岩石力学性能存在着广泛和密切的关系。

1.3　岩石力学在石油工程中的研究方法和发展趋势

1.3.1　研究方法

由于岩石力学在石油工程领域属于一门交叉学科,研究内容又非常广泛,对象的物性、力学性能和变形及强度特征比较复杂,因此,决定了岩石力学的研究方法具有多样性。根据采用的研究手段或所依据的基础理论所属学科的领域(如矿山、石油工程、水利水电、建筑)不同,可将岩石力学的研究方法大致归纳为以下四种。

1.工程地质研究法

该方法着重研究岩石和岩体的地质特征，如：岩矿的鉴定方法，即了解岩石类型、矿物组成、岩石的结构构造。从而可用地层学法、构造地质学法以及工程勘测法等来了解岩石的成因、空间分布，以及岩体中各种结构面的发育情况等，而用水文地质学法可了解赋存于岩层中地下水的形成与运移规律。

2.科学试验法

该方法主要包括室内岩石力学参数的测定、模拟试验、现场岩石(体)原地试验以及监测技术(例如本书第4章的岩石强度测定)。尽管室内岩石性能试验与测井资料相比存在一定的不足，但它仍然是一种重要的研究手段，特别是在油气微观测定方面。现代发展起来的遥感技术、切层扫描技术、三维地震勘测成像技术、三维地震CT成像技术、微震技术等都逐渐在石油工程岩石力学中得到应用。

3.数学力学分析法

实验是进一步完善某种理论的手段之一，而理论又是指导实验研究的科学依据，所以数学力学分析方法是岩石力学研究中的一个重要环节。它是通过建立工程力学模型、利用适当的数学力学分析方法，预测研究对象岩石在各种应力(或应力场)的作用下的变形、破坏和稳定性条件以及规律性，从而为石油工程(钻井、开发)设计和施工提供科学的理论依据。其中，建立符合钻井、开发实际条件的力学(力学－化学耦合)模型、选择合理的分析方法是数学力学分析方法的关键。

4.整体综合分析法

该方法是以系统工程为基础(即整个工程进行多种方法研究)的综合分析方法。它是岩石力学在石油工程研究中极其重要的配套工作方法。表1.1和表1.2为岩石和岩体研究方法。

表1.1　岩石(体)试验和理论研究方法

试验	室内	岩块(拉、压、剪)	
		模拟	
	野外	位移	收敛(表面位移)
			应变
			绝对位移、相对位移(内部)
		应力	
		压力	
理论	连续介质		
	非连续介质		
	数值方法	有限元	
		离散元	
		DDA	

表 1.2　岩石(体)模拟试验和数值计算研究方法

<table>
<tr><td rowspan="11">地质调查 →</td><td rowspan="11">工程地质分区 →</td><td rowspan="11">岩体结构划分 →</td><td rowspan="11">岩体力学性质试验</td><td rowspan="3">岩体赋存条件分析</td><td>初始应力</td><td rowspan="7">岩体工程设计 →</td><td rowspan="7">加固措施 →</td><td rowspan="7">施工 →</td><td rowspan="7">长期监测</td></tr>
<tr><td>结构面</td></tr>
<tr><td>几何特征</td></tr>
<tr><td rowspan="2">介质的模型化</td><td>物理</td></tr>
<tr><td>数学</td></tr>
<tr><td colspan="2">计算</td></tr>
<tr><td>数值计算法</td><td>正反分析</td></tr>
<tr><td colspan="2">确定岩体的质量等级</td><td colspan="4" rowspan="4">↑ 反馈分析 ↓</td></tr>
<tr><td rowspan="2">模拟试验</td><td>物理模拟</td></tr>
<tr><td>相似材料</td></tr>
<tr><td colspan="2">经验判据</td></tr>
</table>

1.3.2　国内外研究的发展趋势

近年来，随着石油勘探开发工作的不断发展，软泥页岩地层井眼的不稳定性、酸化压裂在增产增注技术，防止油井出砂和减少新老油田套损，延长油气井生产寿命等方面在石油工程领域中的应用受到了石油工程科技人员和广大石油工作者的高度重视。

岩石力学在解决油气藏开发中复杂问题的同时，也促进了与石油工程相关的岩石力学学科的快速发展。目前，岩石力学不仅在减少钻井事故，降低开发成本，制定合理、可行的开发方案，提高油气藏的采收率，防止地层破坏、延长油气井开采寿命，降低油气勘探开发成本等领域获得了广泛的应用，而且形成了固定的发展和研究方向。其研究可归纳为以下几个主要方面：

(1) 实际环境下的岩石力学性质以及在开采过程中的变化规律；

(2) 开采中流固耦合以及孔隙结构的变形与坍塌；

(3) 应力、渗流和温度场作用下的流固偶合分析；

(4) 由于开采引起的地层错动、蠕变和地面沉降；

(5) 地应力测量技术；

(6) 地应力场的演变以及天然裂缝的形成与扩展的分布规律；

(7) 实际地层环境下岩石的物性和声学的响应特性；

(8) 岩石物理力学性质的井下地球物理解释；

(9) 井眼稳定、储层出砂、优化射孔、稠油热采等井下工程研究；

(10) 水力压裂力学研究；

(11) 流固耦合油气藏数值模拟理论与方法的研究。

就石油工程来讲，油气开发过程中的岩石力学性质及其变化规律的获取；水力压裂理论，地应力测量技术，油气藏的流体 – 固体耦合理论和数值模拟理论，以及这些理论在油气藏开采中的应用等课题，都是当今和今后一定时期国内外研究的热点。

习　题

1.岩石力学是怎样定义的?

2.岩石的基本力学性质主要包括哪些内容?

3.原岩应力(地应力)分布规律以及测量理论与方法包括哪些内容?

4.常用什么方法进行岩石力学的研究?并解释数学力学分析方法?

第 2 章

石油工程钻采地质基础

2.1 石油钻采地质知识

2.1.1 普通地质

2.1.1.1 地球的物理性质及内部构造

1.地球的物理性质

要了解地壳,必须先了解地球。地球是宇宙中一颗渺小的星体,是太阳系行星家族中一个壮年的成员,它的绝对年龄根据放射性元素同位素衰变规律计算,大约为 45 ~ 50 亿年。根据实际测量结果,证明地球是一个巨大的椭球体,地球的平均半径为 6 356.03 km,地球表面积约 5 亿 km^2,体积大致为 1 万亿 km^3,质量约为 6 万亿亿 t。

(1) 地球的重力

地球的重力是指地球表面的物体所受地球的引力和由于地球自转而产生的离心力的合力。地球表面的重力各处不同,比如两极的重力比赤道大,在赤道上受重力 10 N 的物体拿到两极受到的重力为 10.053 N。根据以海平面为基准计算的地面重力场(地球的周围重力作用的空间,称为重力场) 的变化是随纬度增加而增加,随高度增加而减少的。这个地面重力场是代表地球物质在均匀状态下的标准重力场(理论重力场)。实际上,由于地球物质分布不均匀,各处密度不同,使实测值与标准值不符合,这种现象有区域重力异常(指大陆、大洋、山区和平原等大范围内的重力异常) 和局部重力异常(指几至几百平方公里小范围内的重力异常) 之分。研究区域重力异常可了解地球内部结构;研究局部重力异常可以探矿。在进行小面积重力测量时,常常以区域重力异常值作为标准值(背景值)。在地面有厚浮土和植物覆盖区利用重力来探测地下的矿产、岩石和构造是很有效的。这是地球物理勘探法之一,称为重力勘探。当地下岩层密度有差异,下面岩层的密度比上面的大,采用重力勘探,显示异常时,说明地下可能存在有利于储油的构造。

在地球内部,重力随深度有不甚规则的变化,在 2 900 km 深度以内,大致是逐渐增加的,但是有波动。重力加速度从地面的约 981 cm/s^2 增至地下 2 900 km 深处的 1 030 cm/s^2,再往深处就迅速锐减,到地心重力为 0。这种变化反映了地球内部物质变化的情况(图 2.1)。

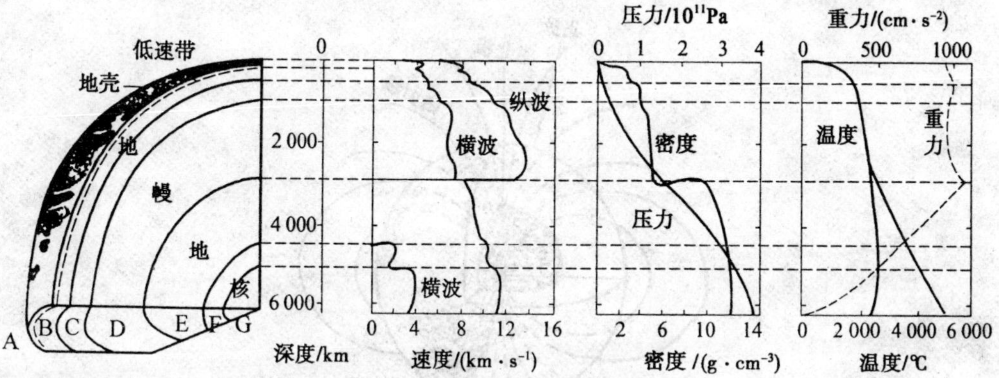

图 2.1　地球的内部构造及物理性质变化曲线

A— 地壳;B,C— 上地幔;D— 下地幔;E— 外核;F— 过渡层;G— 内核

(2) 地球的压力

地球内部压力主要是静压力,静压力是由地球上覆物质的质量所产生的压力。按静力平衡公式计算,在数值上静压力等于某深度和该深度以上的地球物质平均密度与平均重力加速度的连乘积。地下深 10 km 处的压力大致有 3 000 大气压,35 km 深处有 1 万大气压,岩石在这个静压力下变软。在 2 900 km 深处可达 150 万大气压,地心高达 370 万大气压,物质的原子结构已完全被破坏。地球内部压力变化情况如图 2.1 所示。

(3) 地球的平均密度为 5.517 g/cm³,按实际测量,地表岩石的平均密度为 2.7 ~ 2.8 g/cm³,根据地震资料计算,得知地球内部密度随着深度增加,且是不均匀地增加,至地球核心部分,密度可高达 13 g/cm³。地球内部密度变化情况如图 2.1 所示。

(4) 地球的温度

由许多自然现象,如温泉、火山喷出炽热物质、深矿井温度高等说明地球内部是热的。根据其内部温度分布状况,地球可分为三个层:

① 外热层

外热层是地球表层,吸收到太阳的辐射热,其中绝大部分辐射回空中,只有极少一部分透入地下增高了岩石的温度。因此,外热层的温度是向下减小的。地温随太阳热量的变化而变化。温度变化幅度随深度减少,到一定深度时,温度变化幅度就不明显了。

② 常温层

外热层的最下界。在这个深度上太阳热的影响为零,温度常年保持不变,相当于当地平均温度。

③ 内热层

在常温层下,温度随深度的逐渐增加而有规律地增加。增温主要是放射热的影响。通常用两种方式表示增温的大小,分别为地温梯度和地温级度。地球的温度增至地心,大约 5 000 ~ 6 000 ℃。

(5) 地球的磁性

地球是一个球形磁铁,磁力线在地球周围分布,形成了一个偶极地磁场(图 2.2)。

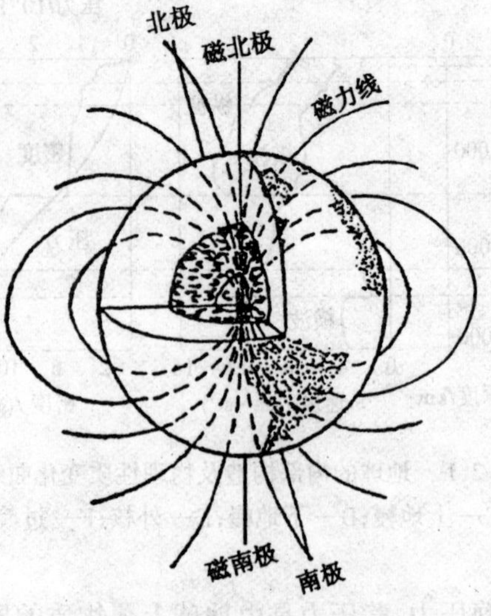

图 2.2　地磁场示意图

地磁场的南北两极和地理的南北两极不一致，且相距颇远，地磁极的位置在不断变化。实际观测证明，地磁场随时间在不停地变化着，其变化具体表现为地磁要素的变化，由于太阳、月亮和地球的相对位置，地球和太阳本身的活动等引起了地磁要素的短期变化；地磁要素还有长期变化，而且长期变化与非偶极子场的变化有密切的关系。另一个特点是地球磁场向西漂移。如在 1600 ~ 1700 年的 100 年间伦敦的磁偏角自 9°E 一直向西偏移到 4°W，共向西移了 13°，磁倾角约增大 2°。消去地磁要素各种短期变化之后，就可以得到基本地磁场(为正常值)。与地球的重力异常相同，地球同样具有地磁异常现象。地磁异常标志着地下物质发生局部变化。例如地下有磁铁矿、镍矿等高磁性的矿物，反映出的实测地磁要素值大于正常值，叫正异常；而金、铜、盐、石油等低磁性的矿物，反映出实测值小于正常值，叫负异常。利用地磁异常来勘探有用矿物，了解地下地质构造情况的方法叫磁法勘测。除以上性质外，地球还具有放射性、电性、弹性、塑性等物理性质，利用这些物理性质查明地下矿体位置的勘探方法称放射性勘探、电法和地震勘探等。

2. 地球的内部构造

主要根据重力学、地震学和陨石学等学科的资料、数据研究地球的内部构造，得知地球不是一个均质体，而是一个由不同状态和不同物质组成的呈若干同心圈层构造的椭球体。以地表为界分为内圈和外圈，外圈包括大气圈、水圈、生物圈。在这里主要介绍内圈。根据地震波在地内传播速度的变化，自地球表面向地心，内圈又分为三个圈层(图 2.1)。

(1) 地壳

地壳是固体地球的最外的一圈。它主要是由富含硅和硅酸盐岩石所组成的一层薄薄的固体硬壳，又称岩石圈。平均厚 35 km，地壳表面凹凸不平，和地球外圈的大气圈、水圈及生物圈直接接触，地壳下界与地幔的交界面，称为莫霍面。

(2) 地幔

深度从莫霍面以下至 2 900 km 为地幔。其占地球总体积的 83.4%，占地球总质量的 2/3。据地震波速变化，以 1 000 km 为界分为上、下地幔。上地幔物质平均密度为 3.5 g/cm^3，物质状态多变，下地幔物质平均密度为 5.1 g/cm^3，成分比较均一。地幔的温度与压力随深度增加而增加，在地幔上部离地表 100 ~ 150 km 范围内，有些区域的岩石已达到熔点以上而形成液态区，由于离地壳很近，这些液态区就成为岩浆作用的发源地。至地幔下部温度可达 4 000 ℃ 以上，压力高达 150 万大气压。

(3) 地核

从 2 900 km 以下至地心称为地核(Core)。地核占地球总体积的 16.3%，占地球总质量的 1/3。在 2 900 km 以下，地震波速急剧降低，横波中断，表明物质发生巨变。根据地震波速变化可把地核分为外核、过渡层和内核(图 2.1)。外核是液体，内核是固体，中间层呈过渡状态。根据分析对比认为地核是由铁、镍组成，温度和压力非常高，在地心物质密度达 13 g/cm^3。关于地核的化学成分和物质状态，尚需进一步研究。

2.1.1.2　地壳的岩石组成

自然界中的矿物很少孤立的存在，它们常常彼此结合成复杂的集合体。由造岩矿物组成的集合体称为岩石。在自然界中的岩石种类甚多，现在已知有千余种，地壳就是由各种各样的岩石所组成，故地壳又称为岩石圈。根据成因，岩石可分为三大类：岩浆岩、变质岩、沉积岩。这三类岩石在地壳中分布极不均匀，岩浆岩和变质岩占地壳体积的 95%，沉积岩只占 5%，但它们在地表的分布面积却相反，岩浆岩、变质岩仅占地表面积的 25%，而沉积岩却占 75%。也就是说，沉积岩呈薄薄的一层覆盖在地壳的表面，形成一个沉积圈。三类岩石在地壳之中不是孤立存在的，而是密切相关的，因此除了主要对沉积岩进行研究以外，同时对岩浆岩、变质岩也须作必要的了解。

1.岩浆岩

(1) 岩浆作用与岩浆岩

岩浆通常是指处于地下高温、高压状态富含挥发物的成分复杂的硅酸盐熔融体。一般认为岩浆发源于地幔上部及地壳中部地段。

岩浆在地下与周围环境是平衡的，由于温度的升高或压力的降低都会破坏其平衡，引起岩浆活动。当地壳中存在脆弱地带或岩石中出现裂缝时，岩浆就向压力减小的地方流动，冲入脆弱地带或沿着构造裂缝侵入地壳上部，甚至喷出地表，这种从岩浆的形成、活动直至冷凝的全过程，称为岩浆作用，由岩浆作用形成的岩石称为岩浆岩。当岩浆未达到地面，仅上升到地壳上部的活动称为侵入作用，所形成的岩石称为侵入岩。侵入岩又包括深成岩和浅成岩。岩浆在地下深处冷凝而成的岩石称为深成岩(图 2.3 中 10、11)。而岩浆在地下不太深处冷凝而成的岩石称为浅成岩(图2.3中7 ~ 9)。当岩浆喷出地表，称为喷出作用或者火山作用，形成的岩石称为喷出岩或火山岩。

岩浆岩的化学成分与地壳的化学成分大致相同。岩浆岩的化学元素常以氧化物的形式存在于地壳之中。其中以 SiO_2、Al_2O_3、FeO、MgO、CaO 等十种化合物为主，它们占岩浆岩总量的 99% 以上，称为主要造岩氧化物。其中以 SiO_2 为最多，占 59%。它直接影响各类岩浆岩的性质，根据 SiO_2 的质量分数岩浆岩又分为四类：

超基性岩　SiO_2 质量分数 < 45%
基性岩　SiO_2 质量分数 45% ~ 52%
中性岩　SiO_2 质量分数 52% ~ 65%
酸性岩　SiO_2 质量分数 > 65%

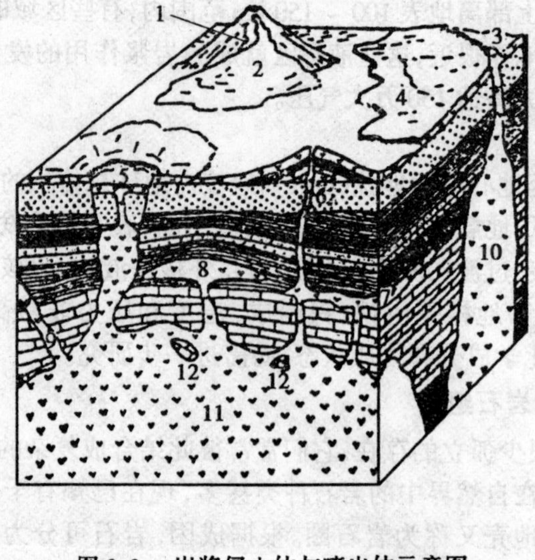

图 2.3　岩浆侵入体与喷出体示意图

1—火山锥；2—熔岩流；3—火山颈及岩墙；4—岩被；5—破火山口；6—火山颈；7—岩床；8—岩盘；9—岩墙；10—岩株；11—岩基；12—捕掳体

根据岩浆岩的矿物成分，结合岩浆的结构、构造和产状特性，对岩浆岩进行综合分类（见表 2.1）。

表 2.1　岩浆岩分类简表

				岩石类型	超基性岩类	基性岩类	中性岩类	酸性岩类
				SiO_2质量分数	< 45%	45% ~ 52%	52% ~ 65%	> 65%
				颜色	深(黑、绿、深灰) ⟶ 浅(红、浅灰、黄)			
				主要矿物	橄榄石、辉石、角闪石	基性斜长石、辉石	中性斜长石、角闪石	正长石、酸性斜长石、石英
				次要矿物	基性斜长石、黑云母	橄榄石、角闪石、黑云母	黑云母、正长石、石英	黑云母、角闪石
产状		构造	结构					
喷出岩		火山锥 熔岩液 熔岩被	块状、气孔状	玻璃质	少见	浮岩、黑曜岩		
			密块状、气孔状、杏仁状、流纹状	隐晶质、斑状	少见	玄武岩	安山岩	流纹岩
侵入岩	浅成	岩床 岩盘 岩墙	块状	等粒、斑状	少见	辉绿岩	闪长玢岩	花岗斑岩
	深成	岩基 岩株	块状	等粒	橄榄岩	辉长岩	闪长岩	花岗岩

(2) 岩浆岩的结构

岩浆岩的结构是指组成岩浆岩的矿物的结晶程度、颗粒大小、形状及其相互结合方式。

① 按矿物结晶程度可分为以下几种。

a.全晶质结构：岩石中矿物比较粗大，岩石全部由矿物晶体所组成，肉眼可辨别，常见于侵入岩中，如花岗岩(图2.4左上)。

b.玻璃质结构：矿物没有结晶，全由玻璃物质组成，岩石断面光滑，为喷出岩所有的结构，如黑曜石(图2.4下)。

c.半晶质结构：岩石中矿物颗粒肉眼和放大镜下都看不见，只有在显微镜下可以识别。岩石中既有结晶矿物，又有玻璃质，岩石断面粗糙，为喷出岩常见的结构，如流纹岩(图2.4右上)。

② 按岩石中同种矿物颗粒大小可分为以下几种。

a.等粒结构：岩石中矿物全部为结晶质，粒状，同种矿物颗粒大小近于相等。主要为侵入岩所具有的结构(图2.5右)。

b.不等粒结构：岩石中同种矿物颗粒大小不等，但粒度大小是连续的，多见于深成岩的边缘或浅成岩中。

c.斑状结构：岩石中比较粗大的晶体散布在较细小的物质之中的结构。大的晶体称为斑晶，细小的物质称为基质。这是由于矿物结晶有先后形成的。这种结构为浅成岩或喷出岩所有(图2.5左)。

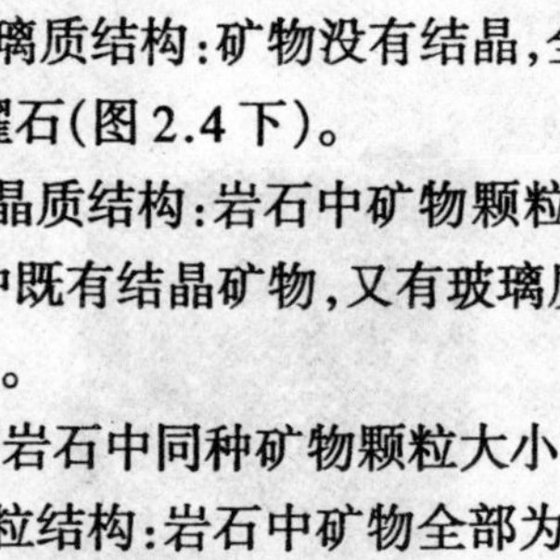

图2.4　按结晶程度划分的三种结构

左上 — 全晶质结构；右上 — 半晶质结构；

下 — 玻璃质结构

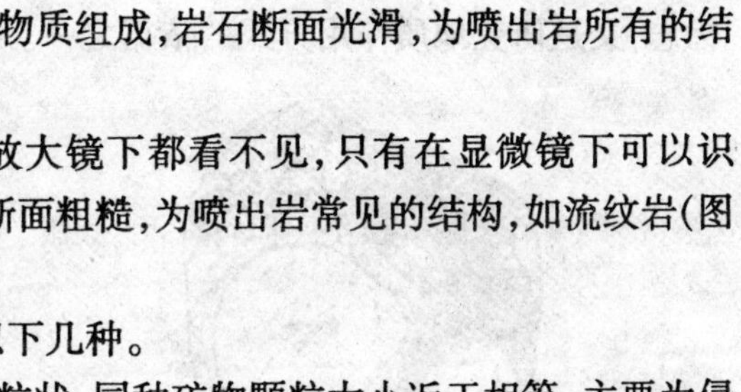

图2.5　等粒结构(右)与斑状结构(左)

(3) 岩浆岩的构造

构造是指岩石中不同矿物和其他组成部分的排列与充填方式所显示出岩石的外貌特征。常见的岩浆岩构造有如下几种。

① 块状构造：组成岩石的矿物颗粒无一定的排列方向而比较均匀地分布在岩石之中，岩石不显层理，侵入岩中常见。

② 气孔状和杏仁状构造：当岩浆喷出地表时，温度和压力减小，使岩浆中原来含有的气体逸出，岩石冷凝便形成气孔，岩石则呈现出大小不同的圆形或椭圆形的空洞，称为气

孔状构造。若气孔被硅质、钙质等填充，则形成杏仁状构造。这是喷出岩所特有的构造(图2.6)。

③ 流纹构造：岩石中不同颜色的条纹、拉出了的气孔以及长条状矿物沿一定方向排列所形成的外貌特征。是由于岩浆喷出地表，在流动过程中，岩浆迅速冷却，物质成分发生定向排列所造成的。它是流纹岩的典型构造(图2.7)。

结构和构造的特征反映了岩浆岩的生成环境，因此它既是岩浆岩分类和鉴定的重要标志，又是研究地质作用方式的依据之一。

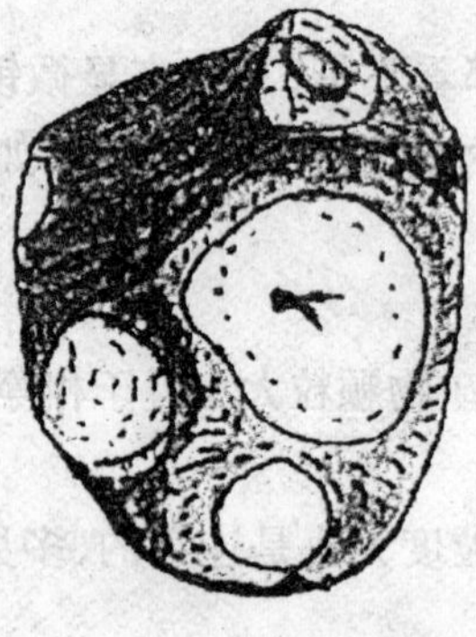

图2.6　气孔和杏仁状构造

图2.7　流纹构造

(4) 常见的岩浆岩类型

玄武岩：黑、灰绿、灰黑色。主要矿物成分为基性斜长石、辉石，其次为橄榄石等。具有半晶质、斑状结构。常见气孔状或杏仁状构造。

橄榄岩：暗绿色或黑色。主要为橄榄石、辉石，其次为角闪石等。等粒结构、块状构造。

闪长石：浅灰、灰绿等色。以角闪石和斜长石为主，正长石、黑云母等为次要矿物，很少或没有石英。等粒结构、块状构造。

辉长石：灰黑、暗绿色。以斜长石和辉石为主，有少量的普通角闪石和橄榄石。等粒结构、块状构造。

花岗岩：肉红、浅灰、灰白等色。主要由石英、正长石和斜长石组成，还有黑云母、角闪石等次要矿物。石英质量分数大于20%。等粒结构、块状构造。

安山岩：深灰、紫或绿色。主要矿物成分为辉长石、角闪石，无石英或极少石英。一般为斑状结构。有时具有杏仁状或气孔状构造。

流纹岩：浅灰、灰红等色。半晶质斑状结构。斑晶为石英和透长石。具流纹构造。

正长岩：常见为浅红色，正长石为主，还有黑云母、角闪石、无石英。等粒结构、块状构造。

岩浆岩是地壳岩石组成中占最大比例的岩石，岩浆岩与各种矿产的分布关系密切。对油气资源来说，据统计资料显示，虽然世界上大多数油田分布在沉积岩中，但在某些国家和地区中由于特定的地质条件，也发现少量油气田是以岩浆岩为油气储集层，如日本新泻盆地的一些油气田的油气就储于石英安山岩、石英粗面岩中。我国东营地区也在花岗岩、玄武岩、辉绿玢岩中发现了良好的油气显示，下辽河凝灰岩中也获得工业油流。事实说明，在特定的地质条件下，岩浆岩还是可以成为油气储集层的。

2.变质岩

(1) 变质作用

已经形成的岩浆岩、沉积岩由于高温、高压的作用或由于外来物质加入，在固体状态下改变了原来的成分、结构和构造，变成新的岩石的过程称为变质作用。因变质作用而生成的岩石称为变质岩。如后来条件改变，它还可以进一步变质，生成更新的变质岩。

变质作用主要有以下三种类型：

① 区域变质作用

在地壳深处，广大区域范围内，岩石受温度、压力、溶液三种变质因素的影响而发生的变质作用称区域变质作用。

这种变质作用通常与强烈的地壳运动有关，并常伴有岩浆作用，变质范围广，常达数百甚至数千平方千米，由区域变质作用形成的岩石叫区域变质岩。如由于高温及定向压力的作用，所形成的岩石多具结晶结构和片理构造，如石英岩、大理岩、片岩、片麻岩等。区域变质岩是地表分布最广的一类变质岩。

② 接触变质作用

当地壳深处的岩浆上升时，与其接触的围岩受岩浆高温的影响或成分交代，而使围岩发生变化的变质作用称为接触变质作用。在岩浆高温的影响下，岩石主要发生重结晶，如石英砂岩变成石英岩，石英岩变成大理岩等。在气体和液体的影响下，发生交代作用，也会使岩石发生变质。接触变质带的宽度与侵入体深度、类型、规模大小、围岩性质，侵入体和围岩的接触关系等因素密切相关。一般情况下，围岩的变质程度离侵入体越远越弱，并逐步过渡到未变质区域。

③ 动力变质作用

岩石受强力的定向压力作用而发生的变质作用称动力变质作用。影响变质的因素以定向压力为主，而温度及静水压力的作用不明显。动力变质作用常发生在构造错动带、褶皱带，使岩石发生形变、破碎和重结晶作用。如脆性岩石在受动力变质影响时，矿物易产生机械变形、弯曲、碎裂等，而柔性岩石受动力变质影响时，破碎不明显，易出现板状劈开、片理等。

(2) 变质岩的特征

由岩浆岩和沉积岩变质形成的变质岩，因在发生变质时未经过熔融阶段，而是直接以固体状态进行的，因而其构造、结构、成分、产状都与原岩有密切的关系，但同时变质岩又具有自身特殊的矿物、结构和构造，而与原岩又有所区别。如变质岩的结构，既有继承原岩的结构如变余结构(变质岩中残留原岩的结构 —— 变余花岗结构、变余砂状结构、变余斑状结构(图 2.8) 等)，也有新生的结构如变晶结构(岩石在固体状态下原来物质发生重结晶作用形成的结构均为全晶质，其晶体即为变晶)，如镶嵌粒状变晶结构(图 2.9)、缝合状变晶结构(图 2.10)。变质岩的结构还有碎裂结构和交代结构(交代假象结构) 等。

由于受岩浆高温烘烤及定向压力的影响，变质岩中各种矿物的空间排列包括定向和无定向构造两类，定向构造指矿物彼此相连，呈平行排列的关系，如片状、片麻状、条带状、千枚状等构造(图 2.11 ~ 2.13)；无定向构造包括斑点构造、块状构造。

图 2.8　变余斑状结构

(青盘岩,斑晶和基质都已蚀变,但仍保留斑状结构轮廓　安徽枞阳　单偏光　$d = 5$ mm)

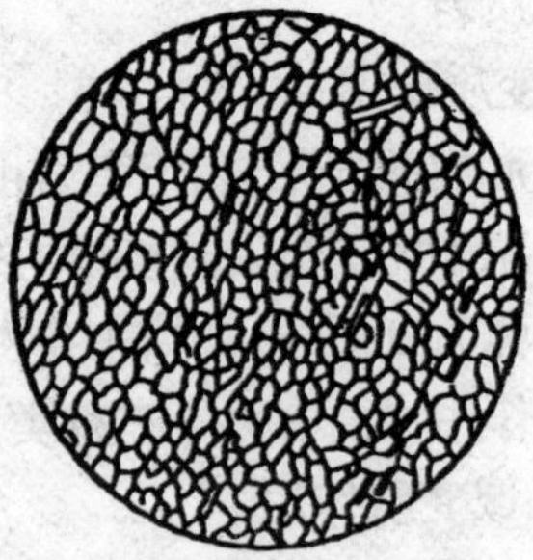

图 2.9　镶嵌粒状变晶结构

(白云石大理岩　单偏光　×18)

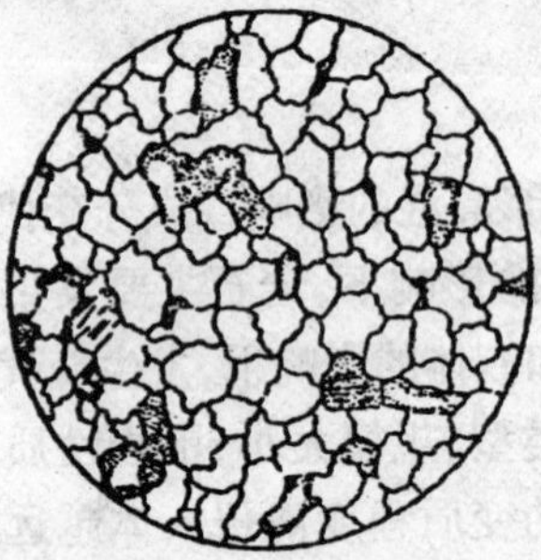

图 2.10　缝合状变晶结构

(石英岩　单偏光　$d = 2$ mm)

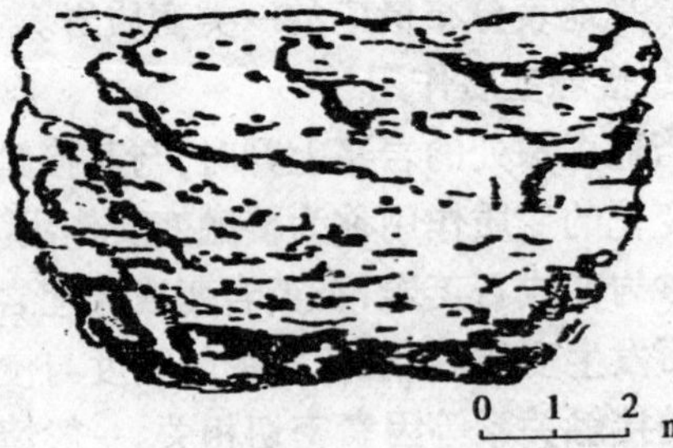

图 2.11　片状结构

(十字石榴石黑云母片岩,四川丹巴)

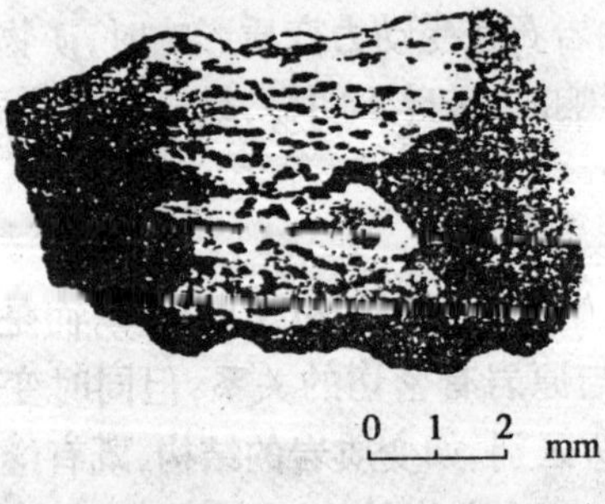

图 2.12　片麻状结构

(黑云母碱性长石片麻岩,四川丹巴)

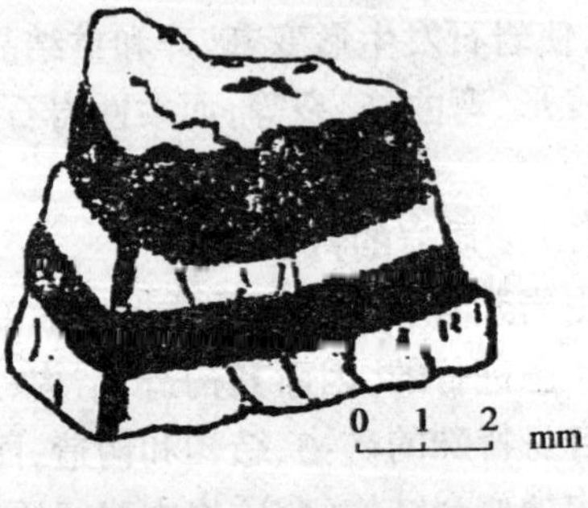

图 2.13　条带状结构

(透辉石符山石大理岩,湖南香花岭)

(3) 常见的变质岩

千枚岩:由肉眼不能分辨的微晶质片状或柱状矿物(如绢云母、绿泥石、石英等)呈定向排列而成,片理微弱,裂开面具丝绢光泽,具千枚状构造。

板岩:由肉眼不能分辨的矿物颗粒如黏土矿物及云母等组成,可沿一定方向裂开成薄板,具板状构造,比千枚岩致密,但丝绢光泽微弱。

片麻岩：由浅色矿物(石英、长石等)和暗色矿物(黑云母、角闪石等)相间排列成平行条带状(片麻状构造)的一种岩石，具粒状变晶结构或斑状变晶结构。

片岩：岩石由片状或柱状矿物如云母、绿泥石、滑石、角闪石等平行排列而成，片状构造为其最大的特征。具鳞片变晶、纤维变晶等。岩石极易裂开成薄片。

大理岩：主要由方解石或白云石颗粒组成，是由石灰岩或白云岩变质而成。具花岗变晶结构块状构造。常见的有石英大理岩、硅灰石大理岩等。

石英岩：主要由石英组成，是沉积岩中的石英砂岩变质而成，具花岗变晶结构、块状构造。

变质岩与岩浆岩都不能生成石油，而且变质作用对油气保存也不利。但在特定的条件下，变质岩的裂缝和片理空隙可以储集石油。如我国酒泉西部盆地鸭儿峡基岩油藏的石油就储集在志留系的具有裂隙的变质岩中。

3.沉积岩

沉积岩是地壳表层在常温常压条件下，主要由风化作用、生物作用及某些火山作用的产物经过搬动、沉积及成岩等作用而形成的岩石。

三大类岩石关系很密切，它们彼此之间可以相互过渡、转变，如图2.14所示。

各种类型岩石的循环可按图中箭头(代表各种作用)所示的方向追索，各种作用使一种岩石变为另一种岩石(在此过程中有的变为沉积物)。沉积岩石如果埋藏极深以至熔融，那么在熔融发生之前，可能经过变质阶段。

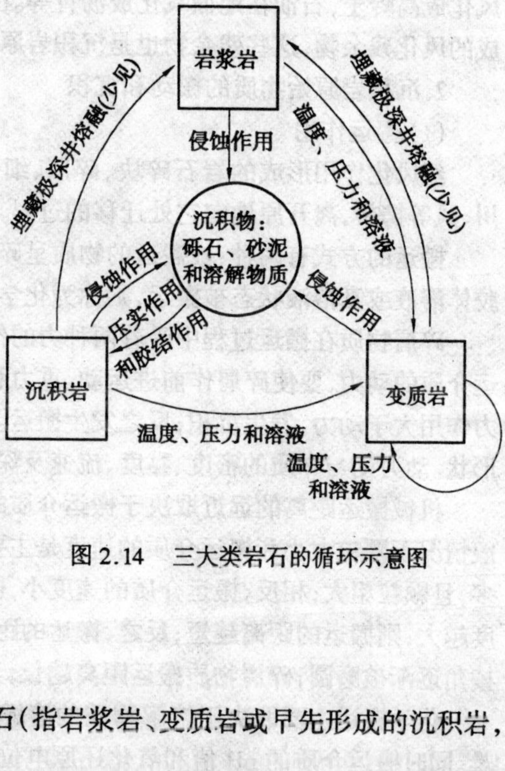

图2.14　三大类岩石的循环示意图

2.1.2　岩石的基本知识

2.1.2.1　沉积岩原始物质成分的风化

1.风化作用

沉积岩的原始物质成分主要是原来的岩石(指岩浆岩、变质岩或早先形成的沉积岩，这些岩石又称为母岩)的风化产物。

长期暴露在地表或接近地表的岩石，长年累月地经受温度的变化、气体及水溶液的作用和生物的影响，而发生的崩裂和分解，这种作用称为风化作用。

自然界的风化作用又分为以下三种：

(1)物理风化作用

使岩石发生机械破碎的一种作用称为物理风化作用。引起物理风化的因素是温度的变化，风、水、海洋以及冰川的作用，这些因素长期作用的结果，母岩就逐渐地被破碎为岩石的碎屑或矿物碎屑，而岩石的矿物成分及化学成分却不发生变化。这些岩石或矿物碎屑就成了沉积岩的原始物质的一部分。

(2) 生物风化作用

由于生物作用而使岩石发生变化的作用叫生物风化作用，如动、植物对岩石的机械破坏作用。人类对大自然的改造和利用，尤其是动植物的新陈代谢作用及其遗体的腐烂作用对岩石更有很大的影响，它们均可以加快岩石风化的过程。土壤就是以上几种风化作用共同作用的结果。

岩石经风化作用除了产生碎屑物质和残余物质以外，还可以产生溶解物质，包括钾、钠、钙、镁的真溶液物质和铝、铁、硅的胶体溶液物质。

(3) 化学风化作用

岩石或矿物在水和水溶液或大气的化学作用下，产生化学分解的一种作用，称化学风化作用。主要包括氧化作用、水化作用、溶解及水解作用，在这些作用下不仅使岩石破碎，而且还使岩石的矿物成分、化学性质发生显著的变化，甚至形成新的矿物。如铁生锈，长石风化成高岭土，石油在地面氧化成沥青等。在化学风化过程中，主要产生硅、铁、铝等所形成的风化残余物，这些残余物也是沉积岩原始物质的一部分。

2.沉积岩原始物质的搬动和沉积

(1) 搬运作用

经风化作用形成的岩石碎块、碎屑、细砂、软泥以及溶解物质等被搬运介质流水、冰川、风等携带，离开原地向它处迁移的过程，称为搬运作用。

搬运的方式有两种：被搬运的物质呈碎屑状态称为机械搬运；化学风化形成的物质呈胶体溶液或真溶液状态被搬运，则称为化学搬运。

碎屑物质在搬运过程中受着两种力的作用，一种是重力，要使碎屑下沉，另一种是搬运介质的动力，要使碎屑作前进运动。重力和动力构成了机械沉积作用的主要矛盾。当重力作用大于动力，发生沉积；反之发生搬运。碎屑颗粒所受的重力取决于它的大小、比重和形状。动力则与介质的密度、黏度、流速及深度等因素有关。

机械搬运距离的远近取决于搬运介质的速度和碎屑物质颗粒的大小、密度和形状，一般情况下颗粒大小和搬运介质的速度是主要的因素。搬运介质的速度大，搬运的碎屑物质多，且颗粒粗大；相反，搬运介质的速度小，搬运的碎屑物质量少，颗粒细小。碎屑越大，密度越大，则搬运的距离越短；反之，搬运的距离越长。在搬运过程中，碎屑物质相互摩擦，其棱角逐渐被磨圆，碎屑物质搬运距离越长，其磨圆程度越好，如河滩里的卵石等。

化学搬运主要取决于溶解物质的溶解度大小，溶解度越大，越易搬运，反之，搬运困难。同时搬运介质的 pH 值和氧化还原电位以及温度、压力等条件对化学搬运也有一定的影响。在沉积原始物质被搬运的过程中，机械和化学搬运不能截然分开，在以机械搬运为主的过程中，也有化学搬运，而在以化学搬运为主的过程中也有机械搬运。

(2) 沉积作用

被搬运的物质随着搬运力量的减弱即搬运的动力作用效果小于被搬运物质的重力，或者搬运介质的物理化学条件的改变，或者由于生物的作用，被搬运物质便堆积在适当的场所，这种作用称为沉积作用。

地壳上无论是陆地或海洋，都可以发生沉积作用，但主要的沉积场所是海洋和湖泊。

根据沉积环境的不同，可分为大陆沉积和海洋沉积两大类。按沉积方式，每类又可以下几种分为：

① 化学沉积

根据化学特性不同，溶解物质在溶液中按一定先后顺序沉淀的作用称化学沉积或称为化学沉积分异作用(图2.18)。例如，我国西北的内陆湖泊中，常有盐类如 NaCl 或 Na_2SO_4 等沉积。化学沉积分异作用产生的根本原因是各种化学元素的化学活泼性不同，元素的化学性质越活泼，在水中的溶解度越大，就越难沉淀；反之溶解度越小，越易沉淀。除此而外，介质的性质、气候、构造等因素对化学沉积也有影响。

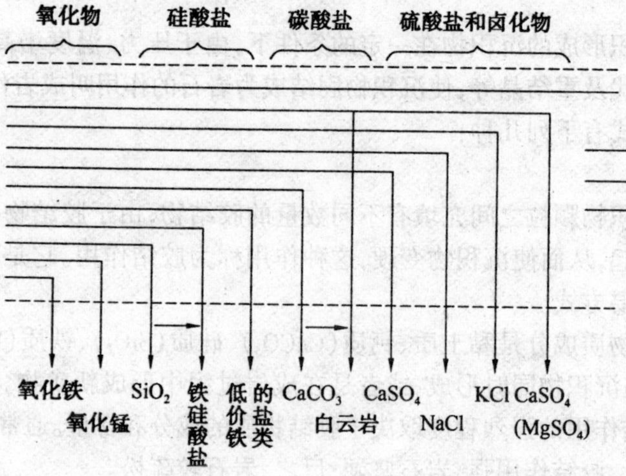

图2.18　化学沉积分异图解

② 机械沉积

碎屑物质根据本身的大小、密度、形状和矿物成分等的不同，在重力的影响下，按一定的顺序沉积的现象称机械沉积或称为机械沉积分异作用。

机械沉积分异作用主要取决于碎屑物质本身的条件，碎屑颗粒粗，比重大，呈粒状，则先沉积；颗粒细，比重小，呈片状，则后沉积。沿着搬运的方向或自岸向深水方向沉积的颗粒由粗到细，由砾石到砂到黏土作有规律地分布，如图2.19和图2.20所示。

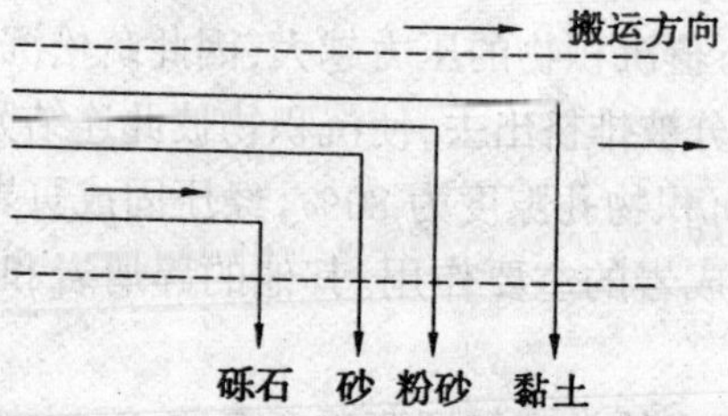

图2.19　碎屑物质按粒度分异示意图

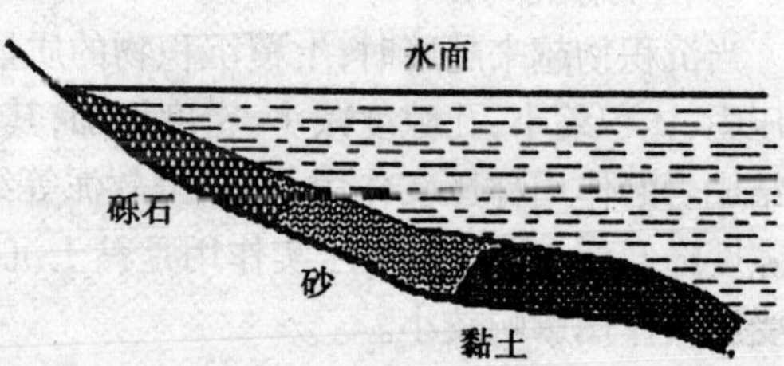

图2.20　水盆地的碎屑沉积

③ 生物沉积

由动物、植物的新陈代谢作用所产生的物质或生物遗体堆积而形成有机岩或有机矿床的作用称生物沉积作用，如珊瑚礁及煤和石油等矿产即属此类。

综上所述，从母岩风化产物到沉积物，要经历一个复杂的地质过程，即风化产物搬运和沉积的过程。搬运和沉积的方式因原始物质不同而不同。碎屑物质的搬运和沉积是机械的，主要受重力作用支配；溶解物质的搬运和沉积作用是化学的，受物理化学条件的支配。碎屑物质通过流水、冰川、风、海潮波浪和生物等介质搬运和沉积；化学溶解物质的搬运和沉积的介质主要是水和生物。还应当指出，沉积作用大规模地在海、湖盆地中进行，最终沉积常是以某种沉积作用为主导，各种沉积作用共同作用的结果，很少是单一沉积作用的产物。

3.沉积岩的成岩作用与后生作用

(1) 成岩作用

经过搬运和沉积形成的沉积物在一定的条件下，由于压力、温度增高或溶液的影响，发生压缩、胶结、交代及重结晶等，使沉积物固结成为岩石的作用叫成岩作用。

成岩作用的方式有下列几种：

① 胶结作用

松散的碎屑沉积物颗粒之间充填有不同数量的胶结物，由于胶结物把分散的碎屑沉积物颗粒黏结在一起，从而使沉积物变硬，这种作用称为胶结作用。它是碎屑沉积物和化学沉积物成岩的主要方式。

最常见的胶结物质成分是黏土质、钙质（$CaCO_3$）、硅质（SiO_2）、铁质（$FeSO_4$）和火山灰等。这些物质或者与沉积物同时形成，或者是在成岩过程中形成新矿物，或者是由后来的地下水带来的。胶结作用的强烈程度取决于胶结物质的成分和含量。通常胶结物含量少而成分为硅质、铁质者，胶结作用强，岩石坚硬；反之，岩石较疏松。

② 交代作用

沉积物与周围物质互相交换物质，而形成新的成岩矿物（在成岩作用阶段形成的矿物）的作用称交代作用。例如，以碳酸钙（$CaCO_3$）为主的沉积物，在一定的条件下，其中部分钙离子被镁离子交代，而形成白云石[$CaMg(CO_3)_2$]。

成岩过程是一个复杂而漫长的过程。以上几种成岩方式在成岩过程中经常见到，但对于不同成分的沉积物和在成岩作用的不同阶段，它们的强度不同。并且它们不是孤立存在的，而是相互影响和密切联系的。

③ 压实作用

当沉积物越来越厚时，上覆沉积物的质量对下覆沉积物的压力越大，因此疏松沉积物被压固，体积缩小，孔隙度减小，密度增加，其中水分被排挤出去，使沉积物彼此连结紧密，固结成岩的作用称压实作用。如新鲜软泥等细粒沉积物孔隙度为80%，经压固成页岩后，孔隙度降低到20%以下，压实作用是黏土沉积物成岩的主要作用。其他的碎屑岩和化学岩受压实作用影响较小。

除上覆沉积物的质量以外，压实作用还与沉积物的类型和埋藏深度有关，沉积物埋藏越深，被固结的程度越好。

④ 重结晶作用

由于温度、压力的影响，矿物组分以溶解或固体扩散等方式使物质质点发生重新排列组合，矿物由非晶质变为晶质，小颗粒变为大颗粒的作用叫重结晶作用。一般不包括矿物之间的化学反应。

重结晶作用的强弱程度取决于原始沉积物的物质成分、质点大小、均一性、比重等。重结晶作用在化学岩和部分黏土岩的成岩过程中起主导作用。

(2) 后生作用

沉积岩形成之后，在外界条件的影响下，继续不断的发展变化，最后转变为变质岩或形成风化产物，一般把沉积岩形成之后，遭受风化或变质以前的变化称为后生作用。包括压实作用、压溶作用(在相当高的温度之下，压力引起物质局部溶解和重新分配，称为压溶作用，如碳酸盐岩中常见的缝合线等)、重结晶作用、交代作用等。这些作用继成岩作用之后，继续进行。压实作用使岩石的密度继续加大，孔隙度继续降低，但变化程度不及成岩阶段强烈。而重结晶作用在继成岩作用之后却更加明显，岩石中某些矿物经重结晶作用晶形变得更加粗大、自形程度好。交代作用也是相当强烈的后生作用，常见的如石膏的脱水作用和硬石膏的水化作用等。沉积岩在后生阶段的变化主要表现为结构的改变和新矿物(后生矿物) 的形成。

2.1.2.2　沉积岩的构造与颜色

1.沉积岩的构造

构造是指沉积岩石的组分的空间分布及其相互间的位置关系如层理、层面特征、砾石排列等。沉积岩的形成环境不同，常具有不同的构造。常见的构造有如下几种：

(1) 层理

岩层一层一层叠起来的这种现象称为沉积岩的层理，它是沉积岩特有的构造。层理是由于沉积过程中，不同时期的物质成分和沉积环境的变化所引起的。通过岩石的成分、颜色、结构的突变或渐变显现出层理。层与层之间的接触面称为层面。

① 根据层理的厚度分为六类：

块状层理 > 2 m

厚层状层理 2 ~ 0.5 m

中层状层理 0.5 ~ 0.1 m

薄层状层理 0.1 ~ 0.01 m

页状层理 0.01 ~ 0.001 m

显微层理 < 0.001 m

② 根据层理的形状又分为三类：

水平层理：层理平直，各个层理彼此平行(图 2.21(a))，它是在相当稳定的沉积环境中形成的，一般为较深的海洋及湖泊沉积所有。

波状层理：层面呈波浪状起伏(图 2.21(b))。它是在水的缓慢振荡下形成的，常见于浅海、湖泊及河漫滩沉寂中。在细砂岩和粉砾岩、泥灰岩、石灰岩中常见。

斜层理：层内的细层系与总的层理方向斜交。细层系的倾斜方向代表搬运介质(水、风等) 的流动方向。它又分为单向斜层理和交错斜层理(图 2.21(c)、(d))。单向斜层理中的细层和层系由于搬运介质作单向运动形成一个方向倾斜的斜层理，常见于河床沉积中；交错斜层理倾斜方向不一致反映了搬运介质运行方向频繁的变化，在滨海、浅海、浅湖以及风成沉积中常见。

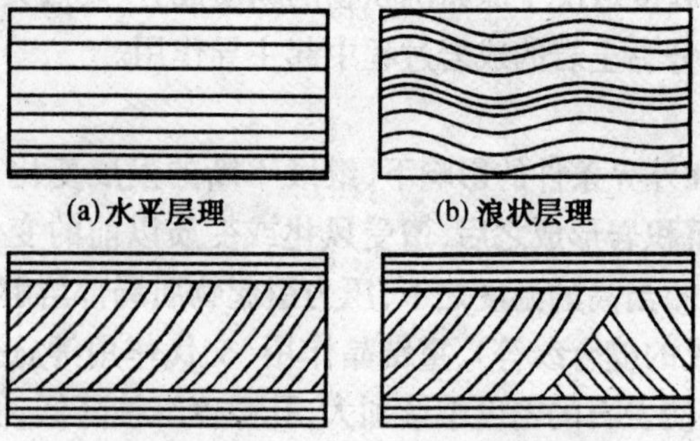

图 2.21　层理类型示意图

(2) 层面构造

沉积岩的层面构造种类繁多，其中常见的有波痕、泥裂、雨痕及印模等。

① 波痕

在沉积过程中，由于波浪或风的作用，使尚未固结的沉积物表面成波状起伏，而沉积物硬化成岩后，仍然保留下来的一种层面构造叫做波痕。波痕可以分为三类(图 2.22)。

水成波痕：由单向水流形成。见于河流或有底流的湖、海区。一般不对称，其陡斜向指示水流方向。重组分和粗碎屑集中在波谷处。

风成波痕：不对称，波峰与波谷圆滑。沉积物中重组分与较粗的颗粒集中在波峰处。

振荡波痕：由波浪作用形成。见于湖、海的浅水带。一般峰尖谷圆，多数对称，也有的不对称。

② 泥裂

未固结的沉积物，当水退后一度露出水面，经烈日暴晒而干涸，沉积物发生收缩、干裂，形成了多角形的裂缝，叫泥裂(图 2.23)。其裂缝常被后来的沉积物所充填。泥裂是近岸沉积如河漫滩、沼泽、盐湖或海滨等的特有构造，它可指明沉积环境的变迁和气候条件，也可指示地层的顶、底。

泥裂常见于黏土岩、粉砾岩或碳酸岩中。

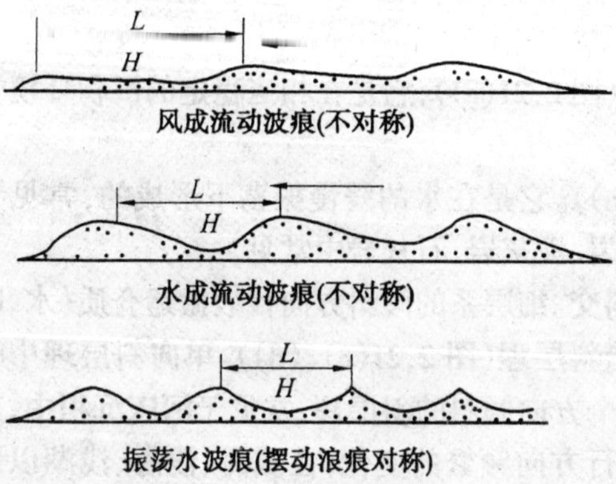

图 2.22　波痕示意图

H—波高；L—波长　← 水(风)流动方向

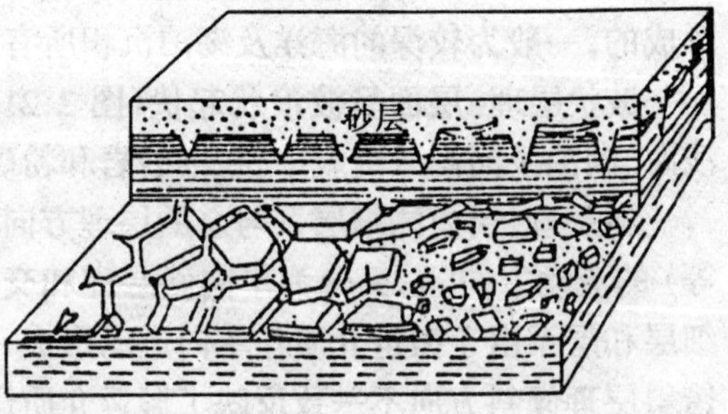

图 2.23　泥裂

③ 结核

结核是岩层中凝聚起来的矿物团块，为常见的化学成因的构造之一。其成分的颜色与围岩有显著的差别。常见的有钙质、磷质、铁质及硅质结核，如二叠系长兴灰岩中的燧石结核(硅质)非常普遍。结核的形状不一，有球状、椭球形或不规则形状等。内部构造不一，有的呈同心圆状或放射状等，有的呈房格状、花苞状等。大小不一，由数厘米至数十厘米，最大者达几米。根据结核形成时间又有同生结核、成岩结核和后生结核之分(图2.24)。

同生结核形成于沉积过程中，而成岩结核是在沉积阶段之后和沉积物固结之前形成；后生结核形成于沉积物固结之后，研究结核对阐明沉积、成岩或后生阶段的物质变化很有意义。

图2.24　结核的类型

④ 缝合线

缝合线是碳酸盐岩中常见的一种结构，在石英砾岩、硅质岩、盐岩中也可见。

缝合线是一种不均匀的锯齿状缝隙(图2.25)，其起伏幅度不一，从小于1 mm至大于10 cm。缝合线多平行于层面，也有斜交或正交的，沿缝合线缝隙常充填有黏土、沥青等物质。大多数缝合线形成于岩石固结之后，但有的也形成于成岩阶段。缝合线是碳酸盐岩中经常遇到的一种微裂缝，对油、气、水的运移有一定意义。

⑤ 叠层构造

叠层构造常见于碳酸盐岩、磷灰岩和铁质岩中。它是由碎屑物被单细胞藻类的丝状体捕获、黏结而形成的一种纹层结构。纹层的形态变化多端，有的平直，有的成波状弯曲，也有的成球形的叠层(图2.26)，其形态取决于形成环境的水动力条件，不同的水动力条件形成不同形态的纹层。叠层构造对研究沉积环境很有意义。

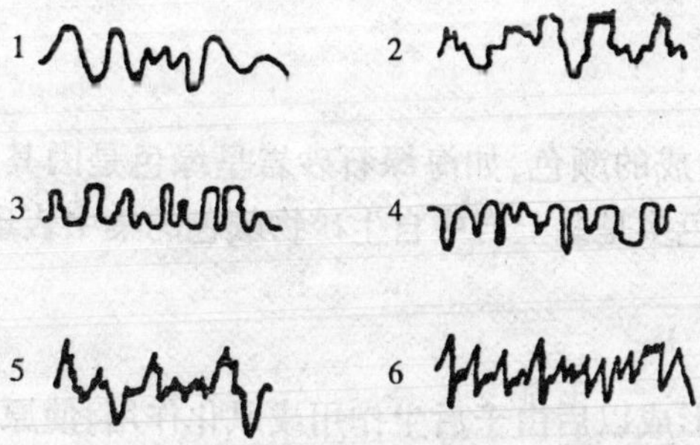

图2.25　缝合线素描示意图

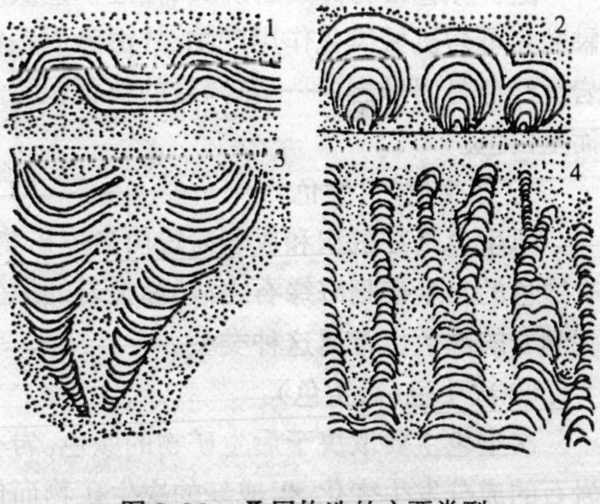

图2.26　叠层构造的主要类型

⑥ 虫迹、虫孔

虫迹、虫孔在地层中分布很广，通过它们可以研究沉积物的环境条件。

虫迹、虫孔是生物在未固结沉积物的表面或内部留下的活动痕迹或觅食、穴居的孔道。

虫迹的形态与环境条件有关，有的呈U形，有的呈螺旋形或不规则形等形状(图2.27)。生物的钻孔活动对原生层理的改造、破坏十分强烈，这是由于生物钻孔常造成种种不规则的构造。

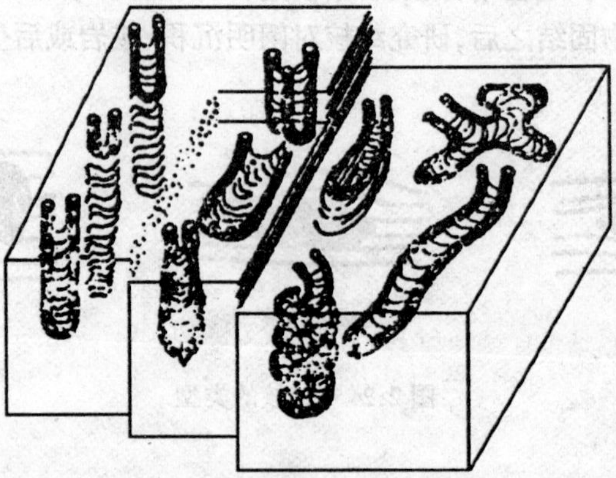

图2.27　虫迹、虫孔示意图

以上是沉积岩中常见的几种构造标志。在不同的岩类和环境中，这些构造标志的分布是不均衡的，有的标志明显，有的则不太明显，甚至有的标志不存在。

2.沉积岩的颜色

沉积岩的颜色是一种重要的直观标志。它可以反映岩石的成分、结构和成因。它可以作为分层、对比和推断古地理条件的重要标志之一。

(1) 颜色的成因类型

沉积岩的颜色根据成因可分为继承色、原生色和次生色。

① 继承色

这种颜色常为碎屑岩所具有。继承色决定于岩石中所含矿物碎屑颗粒的颜色，而碎屑颗粒为母岩机械风化作用产物。故由碎屑颗粒组成之碎屑岩继承了母岩的颜色，如长石砂岩呈红色是因母岩——花岗岩的长石颗粒呈红色的缘故，纯石英砂岩因为石英无色透明而呈白色。

② 原生色(自生色)

原生色是在沉积和成岩阶段由自生矿物造成的颜色，如海绿石砂岩呈绿色是因其中有绿色的自生矿物海绿石之故。黏土岩的原生色多是黏土岩中自生矿物颜色的集中表现。化学岩的颜色也常属这种类型。

③ 次生色(后生色)

次生色主要取决于后生矿物的颜色。岩石形成以后由于后生作用或风化作用，使原来岩石的成分发生变化，生成新的次生矿物而使岩石变色。如有时在露头上所见的红褐色可能是由于原来的黄铁矿分解生成的红色褐铁矿所致。

在研究沉积岩的颜色时，必须注意区分原生色、继承色和次生色。一般地说，原生色与继承色的颜色均匀稳定，分布面积广，与层理符合；次生色的颜色不均匀，呈斑点状延续分布或沿裂隙、孔洞分布，常切穿层理。原生色与继承色能较好的指示环境，而次生色则不能指示环境。

(2) 常见的颜色

沉积岩的颜色是良好的环境标志，常见的颜色有以下几种：

① 白色：因矿物中没有色素离子或因矿物中含钙量很高所致，如纯洁的岩盐、白云岩、石灰岩、高岭土和石英砂岩等。

② 灰色和黑色：这种颜色表明当时沉积时为还原或强还原环境。由于岩石含有有机质（碳、沥青质等）或因含二价铁的分散状黄铁矿颗粒而使岩石呈灰色或黑色。

③ 红色、褐红色、棕色和黄色：这些颜色通常决定于其中所含铁的氧化物和氢氧化物的量，这些颜色反映了岩石形成时的氧化或强氧化环境。其中黄色常见于炎热干燥的陆相沉积物中，而红色常见于炎热潮湿的陆相或海相沉积物中。

除以上颜色外，岩石还有绿色、蓝色、青色、紫色等颜色。总之，颜色是沉积岩的重要特征之一，不仅对于岩石的鉴定有重要意义，而且它对于石油和天然气勘探有更重要的实际意义，如原生色（有时又把继承色和自生色合称原生色）能说明沉积介质的物理化学性质及气候条件可作为划分沉积相，甚至划分地层，进行地层对比的重要依据。对黏土岩而言，原生色还是判断生油条件的重要标志。次生色的地质意义不大。

3.沉积岩的分类

根据沉积岩的成因、成分及结构等对沉积岩进行分类，而它的分类是相当复杂的。考虑到系统性和便于实用，通常把沉积岩分为以下四类：

(1) 碎屑岩

碎屑岩由母岩机械风化破碎而成的碎屑物质经压紧、胶结而成的岩石。

(2) 浊积岩

浊积岩是由浊流沉积作用形成的一种特殊的碎屑沉积岩。

(3) 黏土岩

黏土岩主要是由黏土矿物（多属胶体物质）组成的岩石，其中常含有少量细粒碎屑物质。

(4) 碳酸盐岩

碳酸盐岩是由方解石和白云石等碳酸盐矿物组成的沉积岩。

2.1.3　构造地质知识

2.1.3.1　地壳运动与地质构造

1.地壳运动的概念及其特点

地壳运动是由内力作用引起地壳结构改变和地壳内部物质变位的运动。地壳运动控制着地表海陆分布的轮廓，影响着各种地质作用的发生和发展，同时改变着岩层的原始产状并形成各种各样的构造形态。而各种地质构造与石油和天然气的关系非常密切，因此对石油工作者来讲，研究地质构造的形成和分布规律，具有十分重要的意义。

无数事实证明地壳内部物质运动是普遍的、永恒的。从古代到现代,地壳时刻也未停止过运动。在地壳中,从最古老的岩石到最新的岩石都保存有地壳运动的各种痕迹。地壳运动的例证不胜枚举,如岩层的变位和变形(褶皱、断裂等),第三纪以来的地貌和地物的变迁,如我国旅大附近和雷州半岛等地的古海滩已高出现代海面 40 ~ 80 m;我国舟山群岛、海南岛和台湾岛在第四纪早期都是与大陆相连的,后来由于台湾海峡地壳下沉才分开的;我国喜马拉雅山在 2 500 万年前才开始从海底升起,200 万年前才初具山的规模,自第三纪开始以来平均上升速度为 0.05 cm/年,但根据 1862 ~ 1932 年间的资料来看,平均上升速度已增为 1.82 cm/年。这些事实有力地说明了地壳运动的存在,类似的事实全球各地都有,足以证明地壳运动的普遍性和长期性。

地壳运动具有方向性。地壳运动的方向包括垂直运动(升降运动)和水平运动,两者常交替进行。

(1) 升降运动

升降运动指垂直于地表(即沿地球半径方向)的运动,表现为上升运动或下降运动。升降运动常表现为大型宽缓的隆起和凹陷,并引起一些正断层和高角度断层,升降运动还引起地势高低的变化和海陆变迁,有人把这种运动又称为造陆运动。

地壳的升降运动具有交替性、周期性和复杂性的特点。在地壳上的同一地点,常表现为互相交替的性质。时间上:上升为下降所代替,下降又常为上升所代替;空间上:甲地上升而乙地下降,或者相反,或者互相交替。地壳升降运动还常表现为升 — 降 — 升周期性的、有节奏的、非简单重复的特点。一个地区从下降开始到上升终止称为一个旋回。升降运动一般总是伴随着次一级的升降运动,有时次一级的升降运动又为更次一级的升降运动复杂化。地壳运动在不同时期、不同地区的表现是不相同的。

(2) 水平运动

水平运动指沿平行于地表方向(即沿地球切线方向)的运动。依地理方向(东、南、西、北)来表明其运动方向。水平运动常表现为岩层的水平移动,并使岩层在水平方向上遭受不同程度的挤压力或引张力,形成巨大而强烈的褶皱和断裂等构造,在地形上形成高大的山脉,有人称之为造山运动。

水平运动和升降运动是地壳运动的两个主导方向。比较而言,升降运动现象比较容易识别,而水平运动较难于观察。一般来说,对地壳运动表现出的缓慢变化往往不易察觉,只有用精密仪器,进行定期观测,才能了解其变化和地壳运动的方向、速度和幅度等。

总而言之,从地壳的发展历史来看,地壳运动总的表现形式,无论在大陆或大洋,越来越多的证据表明水平运动是大规模的、起主导作用的,而垂直运动是次要的,但从地壳的某一地区和某一阶段来看,可以是以水平运动为主,也可以是以垂直运动为主。

2.地壳运动与地质构造的关系

地壳运动是内力作用的结果,这种力可以使原来呈原始水平状态的沉积岩层的空间位置发生改变,从水平岩层变成倾斜岩层,又可以使岩层向上拱起或向下弯曲,岩层发生弯曲变形,甚至使岩层发生断裂或沿断裂产生位移。这种由地壳运动所造成的岩层产状和构造形态的改变称为地质构造。地壳运动是形成地质构造的原因,地质构造则是地壳运动的结果。

地质构造分为褶皱构造和断裂构造两大类，岩层发生弯曲变形叫做褶皱构造；岩层发生断裂或错动叫做断裂构造。褶皱和断裂构造与石油和天然气的关系非常密切，这方面的问题将在本章第二节讲述。

2.1.3.2　倾斜岩层

1.倾斜岩层的概念

倾斜岩层是指原来呈水平或近于水平的岩层，由于构造运动而发生了倾斜的岩层，即岩层层面和水平面形成一定的交角，并且岩层倾斜方向、倾角基本一致。它常常是构造的一部分，如褶曲构造的一翼，断层的一盘等，如图 2.28 所示。

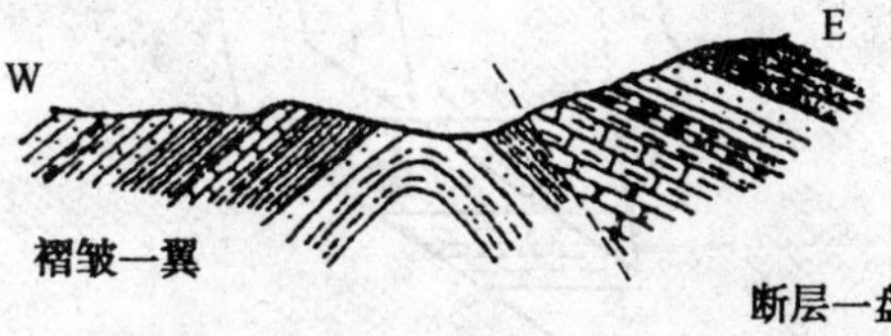

图 2.28　倾斜岩层示意图

还必须指出，倾斜岩层的原始状态一般虽是水平的或近于水平的，但并不都是如此，沉积在海洋、湖泊边缘、岛屿周围或者水底隆起等处的沉积岩层，由于原始地形的影响，往往出现厚度向一定方向减小或尖灭的现象，形成原始倾斜岩层(图 2.29)。

由于在石油和天然气勘探过程中，经常大量地碰到这样或那样的倾斜岩层，并且倾斜岩层是研究地质构造的基础。因此，我们必须了解倾斜岩层。

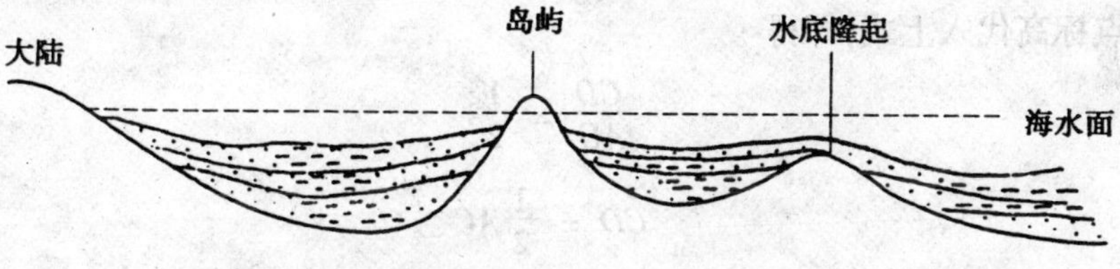

图 2.29　原始倾斜岩层产状示意图

2.倾斜层的产状要素

所谓产状是指岩层在地壳中的空间位置和产出状态。为了确定倾斜岩层的产状，通常采用岩层的走向、倾向和倾角表示。走向、倾向和倾角被称为岩层的产状要素(图 2.30)。

走向沿层面与水平面交线的方向，图 2.30 中 *AA* 线叫走向线，走向线的方向为岩层的走向。它指示了岩层在空间的水平延伸方向。走向一般用方位角来表示。

倾向沿倾斜岩层层面引出的垂直于走向线的直线叫倾斜线，如图 2.30 中的 *OB* 线，它在岩层面上的水平投影 *OC* 线即为倾向线，它所指的方向叫倾向(又叫真倾向)，也是用方位角表示。斜交于走向线引出的倾斜线为视倾斜线，它在水平面上的投影叫视倾向(又叫假倾向)。

倾角倾斜线 *OB* 与倾向线 *OC* 之间的夹角叫倾角，如图 2.30 中 $\angle BOC$。它是倾斜岩层的最大倾斜角，故又称真倾角。视倾斜线与其在水平面上的投影线的夹角叫视倾角。

3.倾斜岩层产状要素的确定方法

倾斜岩层的产状要素可以用地质罗盘在岩层层面上直接进行测量而得出，此方法简便，常被野外地质人员采用。除此而外，还可以在地质图上间接求得。即用三点法确定岩层的产状要素。

三点法求产状要素，是利用几何学上三点决定一个平面的原理。只要知道了同一层面上三个点的高度，便可用作图法求得产状要素，如图 2.31 所示。

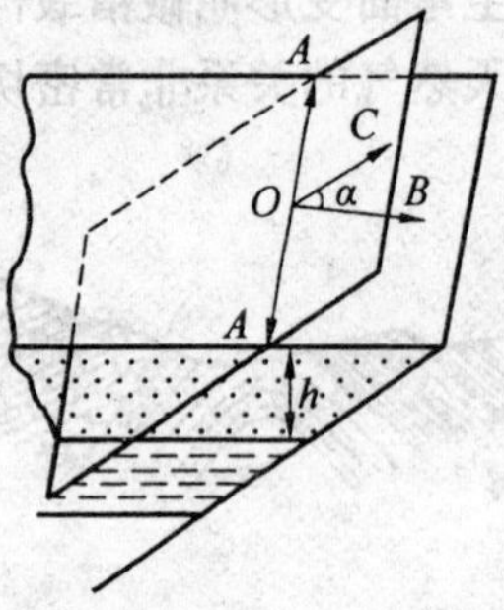

图 2.30　岩层产状要素图

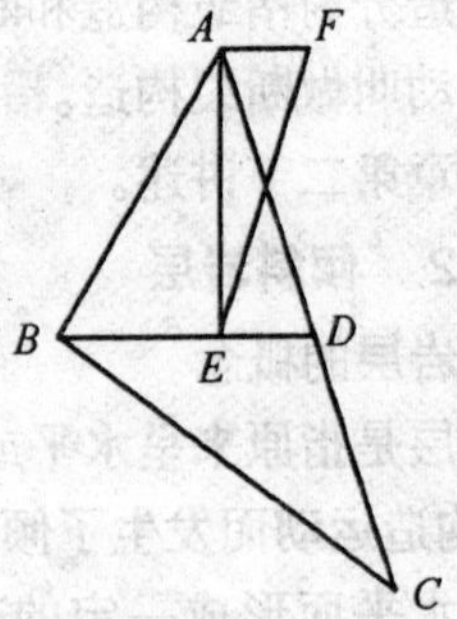

图 2.31　三点法求产状要素示意图

在图 2.31 中，已知同一岩层面上有 A、B、C 三点，它们的标高分别为：A 点 30 m，B 点 20 m，C 点 10 m。将 A、B、C 三点连成三角形，在高差最大的 AC 之间找出与 B 点标高相同的 D 点，连接 BD 线即为岩层的走向线。

D 点的位置可以通过计算求得

$$\frac{\text{点 } B \text{ 的标高} - \text{点 } C \text{ 的标高}}{\text{点 } A \text{ 的标高} - \text{点 } C \text{ 的标高}} = \frac{CD}{AC}$$

将各点标高代入上式，即得

$$\frac{CD}{AC} = \frac{1}{2}$$

则

$$CD = \frac{1}{2}AC$$

自点 A 作 BD 的垂线 AE，即为岩层的倾向线。

自点 A 作 AF 垂直于 AE，取 AF 线段等于 A，E 两点间之高差。连接 EF，$\angle AEF$ 即为岩层的倾角，然后在图上直接量出岩层的产状要素。

三点法可用来确定地下岩层的产状要素。

地下某一岩层的产状要素可通过该层所钻三口井的钻井资料加以确定。用补心海拔减去该层的井深即得该层面的海拔高程，用作图法可求得其产状要素，具体方法如下：

已知：某 1 井某层面海拔高程为 $-1\ 000$ m；

某 2 井某层面海拔高程为 $-1\ 500$ m；

某 3 井某层面海拔高程为 $-2\ 000$ m。

用作图法求出某层面的产状要素（图 2.32）。

步骤：

(1) 将 1、2、3 井的井位坐标按规定的比例尺展在图上；

(2) 将 1、2、3 井连成一个三角形（图 2.32），分别注上各井某层的海拔高程；

(3) 在 1、3 井之间（即 AC 线上）用内插法，取与 2 井（点 B）海拔高程相同的等高点 D，并与点 B 连成直线 BD，此线即为该层的走向线；

(4) 通过 1 井（A 点）作 BD 的垂线 AE，AE 线即为某层的倾向线；

(5) 在 EB 线上去 EF 线段等于 1 井与 2 井某层之海拔高差（500 m），并连接 AF，在 $\triangle AEF$ 中，$\angle EAF$ 即为某层的真倾角。用量角器在图上可直接量出倾角大小。此外，也可

用三角函数公式进行计算,即

$$\tan \angle EAF = \frac{EF}{AE}$$

用三点法求地下岩层产状要素时需注意:三口井应属同一岩层,且井间距离不宜太远,因为岩层产状可能有变化;三口井之间不能有断层通过,否则求出的产状要素不准确。

4.倾斜岩层厚度的确定方法

一般来说,沉积环境较稳定的情况下,地层厚度在横向上的变化不是很大;反之,地层厚度变化很大。如果了解了某一地层厚度和岩性变化规律,就可以进一步分析当时的沉积环境和构造情况。

我们把某一岩层顶面至底面间的垂直距离称为岩层的真厚度(Ture thinkness),以 H 表示。岩层厚度一般是指钻穿某岩层的井深厚度,称岩层铅垂厚度,又称钻厚,以 L 表示(图 2.33)。钻厚不能代表该岩层的真厚度,因为铅垂厚度往往随地层倾角的改变而改变,地层倾角越大,则钻厚也随之增大;相反,地层倾角变小,则钻厚也减小。

铅垂厚度(L) 与岩层真厚度(H) 之间(图 2.33) 有如下三角函数关系

$$H = L \cdot \cos \alpha$$

当 $\alpha = 0$ 时(α 为岩层倾角),$\cos \alpha = 1$,这时 $H = L$,说明岩层是水平的,当 $\alpha > 0$ 时,岩层是倾斜的,$L > H$,即铅垂厚度永远大于岩层真厚度。

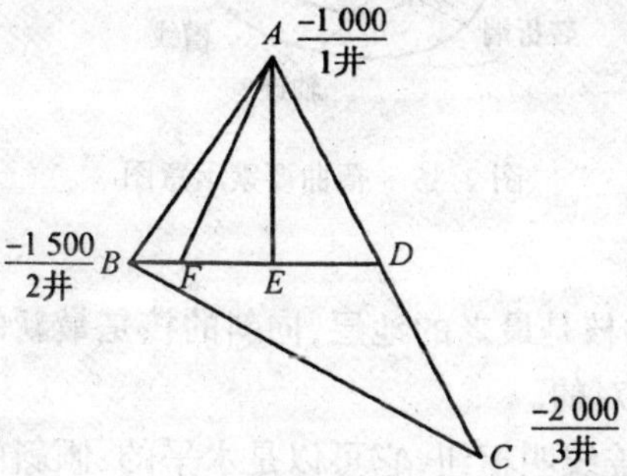

图 2.32　三点法求地下岩层产状要素图

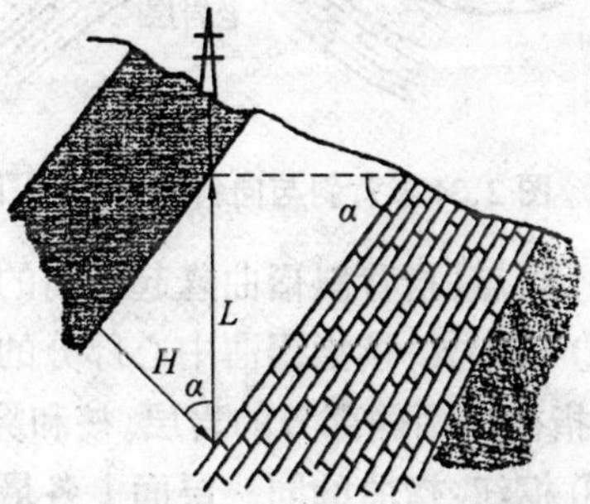

图 2.33　岩层的铅垂厚度与厚度关系图

2.1.3.3　褶皱构造

地壳表面沉积的水平岩层,在地壳运动过程中受构造力的作用,发生弯曲,未丧失其连续完整性,这样的构造称为褶皱构造。

褶皱(Fold) 是地壳上最常见的一种地质构造形态。褶皱大小不一,大褶皱长达几十到几百公里,而小的甚至为显微构造。研究褶皱的产状、形态、类型、形成方式及其分布特点,对于揭示一个地区的地质构造规律具有重要意义,同时研究褶皱对于指导石油和天然气勘探工作也非常重要。

1.褶曲构造的基本类型

褶曲是褶皱构造的基本单位,它是岩层的一个弯曲。两个或两个以上褶曲的组合叫褶皱。褶曲是地壳中广泛发育的构造形态,在石油勘探工作中,对褶曲的研究是最基本的工作之一。

褶曲的基本类型可分为背斜褶曲和向斜褶曲两种(图 2.34),它们常互相依存,共存于一个统一体中。

① 背斜构造:岩层向上拱起,核部由较老的岩层组成,翼部由较新的岩层组成,两翼新岩层对称重复出现在老岩层的两侧,正常情况下,两翼岩层产状相背倾斜。

② 向斜构造:岩层向下弯曲,核部由较新的岩层组成,翼部由老岩层组成,两翼老岩层对称重复出现在新岩层两侧。

2.褶曲的要素

为了说明一个褶曲构造中各组成部分的特征和相互关系,必须认识褶曲要素。褶曲要素主要包括高点、核和翼、枢纽、轴面和轴线、背线和槽线、转折端等,如图 2.35 所示。

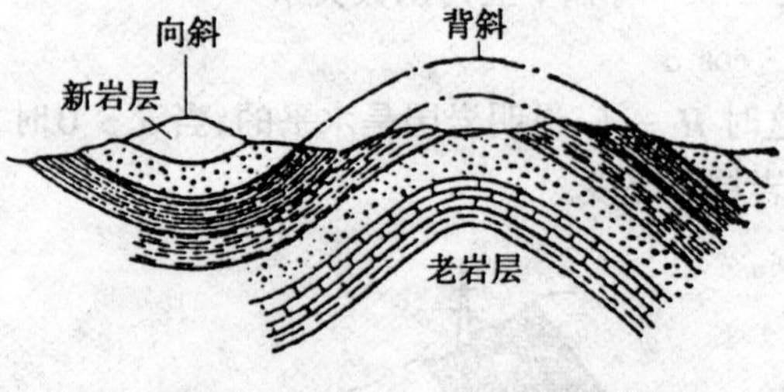

图 2.34　背斜与向斜构造示意图

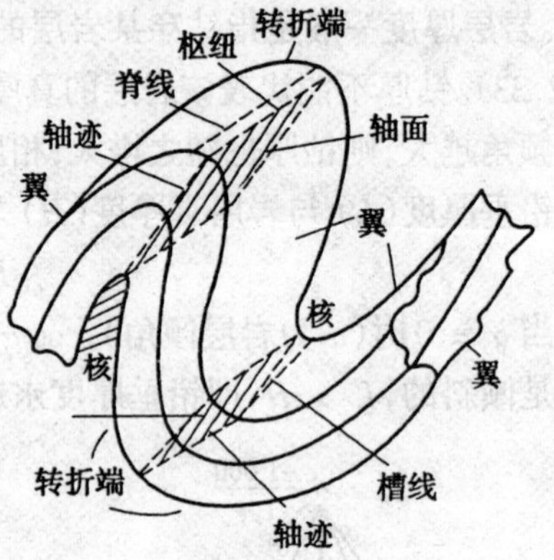

图 2.35　褶曲要素示意图

① 高点:指背斜褶曲隆起最高的部分。

② 核和翼:核指褶曲中心部分的岩层,背斜的核是最老的地层,向斜的核是最新的地层。翼指褶曲两侧部分的岩层。核和翼的范围是相对的。

③ 枢纽:褶曲的同一层面上各最大弯曲点的连线叫枢纽,它可以是水平的、倾斜的或波状起伏的。枢纽的起伏反映了褶曲在延伸方向上的变化。

④ 轴面和轴线:轴面指从顶角把褶曲平分为两半的一个假想面。它可以是一个平直的面,也可以是一个复杂的曲面,其产状可以是直立的,也可以是倾斜的或水平的。轴线是指轴面与水平面的交线。轴线方向代表褶曲延伸方向,其长度反映褶曲的规模。

⑤ 脊线和槽线:背斜中同一层面上弯曲的最高点的连线称为脊线。向斜中同一层上弯曲的最低点的连线称槽线。

⑥ 转折端:指由褶曲一翼过渡到另一翼的弯曲部分,它可以是圆滑的,也可以箱形的、尖棱的,这些形态与褶曲的强度有关,转折端形态如图 2.36 所示。

3.褶曲的形态分类

背斜构造的形态特征,反映了构造在形成过程中受地壳运动构造力的大小、方式以及受力的次数等。为了认识背斜构造在形态上的共同特征,搞清断层和裂缝的发育情况和分布规律,以便指导生产实践,提高探井成功率,必须对褶曲形态进行研究。

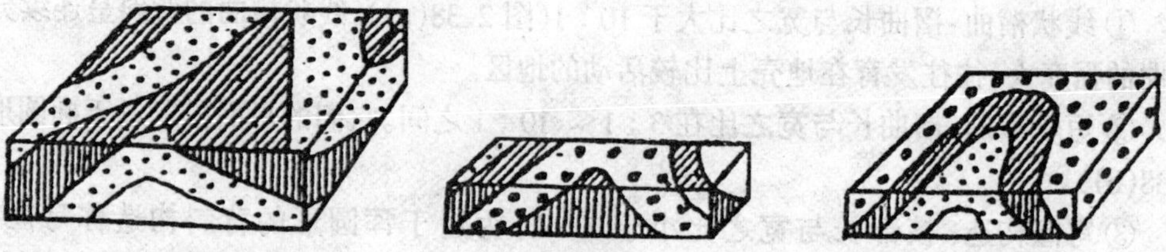

(a) 尖棱的　(b) 圆滑的　(c) 箱形的

图 2.36　褶曲的转折端

根据褶曲的要素性质以及各要素之间的关系进行分类。

(1) 褶曲在横剖面上的分类

根据褶曲构造轴面位置和两翼产状划分为五种褶曲，如图 2.37 所示。

① 直立褶曲：轴面直立，两翼倾角相近或相等，反映两侧受力均匀(图 2.37(a))。直立褶曲又称为对称褶曲。

② 倾斜褶曲：轴面倾斜，两翼倾向相反，倾角不等，一陡一缓，反映两侧受力不均(图 2.37(b))。倾斜褶曲又称为不对称褶曲。

③ 倒转褶曲：轴面弯曲且倾斜更大，两翼不对称，向同一方向倾斜，一翼岩层层序正常，一翼岩层层序倒转(图 2.37(c))。

④ 平卧褶曲：轴面水平或近于水平，两翼对称，两翼互相重叠，一翼岩层层序正常，另一翼岩层层序倒转(图 2.37(d))。

⑤ 翻卷褶曲：为轴面翻转向下弯曲的平卧褶曲(图 2.37(e))。

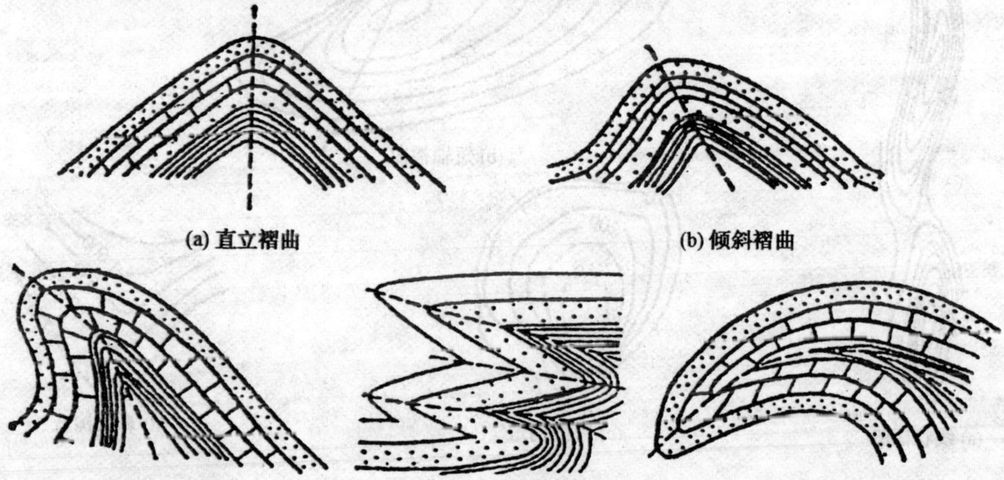

(a) 直立褶曲　(b) 倾斜褶曲

(c) 倒转褶曲　(d) 平卧褶曲　(e) 翻卷褶曲

图 2.37　褶曲在横剖面上的形态

上述五种褶曲，是在不同强度的水平挤压下形成的，故反映了褶曲强度从轻微到强烈，从简单到复杂的过程。

(2) 褶曲在平面上的分类

根据褶曲构造纵向长度和横向宽度之比分为：

① 线状褶曲：褶曲长与宽之比大于 10 : 1(图 2.38(a))，线状褶曲的背斜呈连续分布，褶曲的强度大，往往发育在地壳上比较活动的地区。

② 短轴褶曲：褶曲长与宽之比在 3 : 1 ~ 10 : 1 之间。它们的平面投影近于椭圆形(图 2.38(b))。

③ 穹窿构造：核部长与宽之比小于 3 : 1，为近于浑圆形的背斜构造称穹窿构造(2.38(c))，若为长与宽之比小于 3 : 1 的向斜构造称为构造盆地，这两种构造为背斜和向斜的特殊形式，四川、陕北等地是典型的构造盆地。

上述的短轴背斜和穹窿构造是良好的储油构造，世界上许多油田与它们有关。

④ 鼻状构造：又称半背斜，它的枢纽一端向下倾伏，一端抬起，构造等高线成不封闭的曲线，因其形似人的鼻子，故又称为鼻状构造(图 2.38(d))。

除上述类型外，与油、气关系密切的还有底辟构造和盐丘。

① 底辟构造：具有一个塑性很大、比重较小的物质组成的核心，如黏土、石膏、盐岩等，核心刺穿了上覆脆性岩层而形成了穹窿状构造，其特点是核心顶部的上覆岩层厚度变薄或完全缺失。顶部岩层倾角平缓，向两翼倾角变陡，然后又很快变缓，厚度也逐渐增加；另一特点是核部刺穿了上覆岩层与不同时代的地层之间呈断层接触关系。

② 盐丘：也是一种底辟构造，只不过它的核部是由盐类岩石组成的而已。

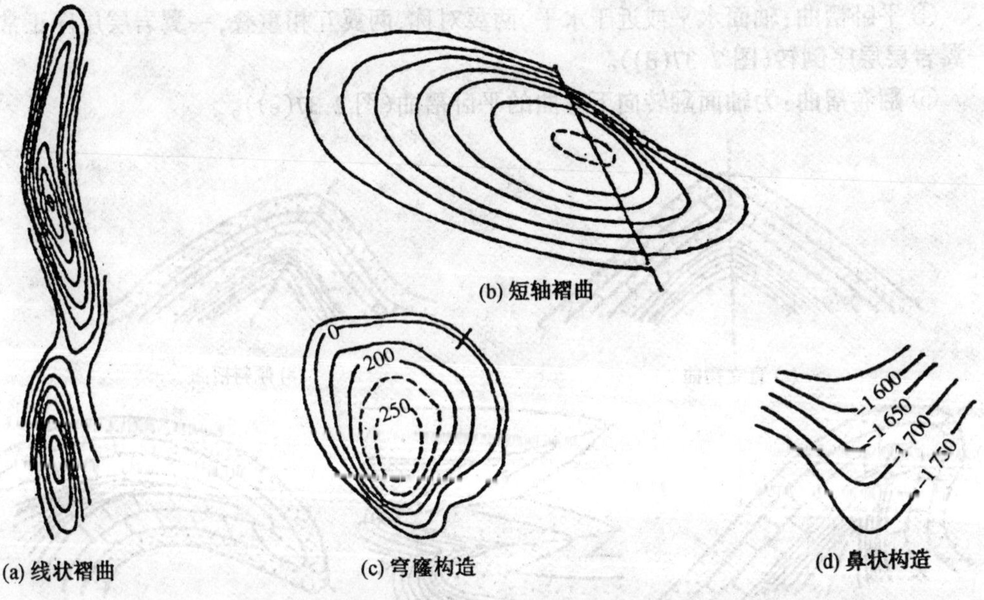

(a) 线状褶曲　(b) 短轴褶曲　(c) 穹窿构造　(d) 鼻状构造

图 2.38　褶曲在平面上的形态

4. 地面构造与地下构造的符合性

石油和天然气勘探的实践表明，由于各种地质因素的影响，不论是表现在构造的形态、褶皱的强烈程度、构造顶部的位置，还是断层、裂缝的发育和分布等方面，地面构造与地下构造都有一定的差异性。因此，探井的布置和井位的选择都必须考虑上、下构造的符合性。为了提高钻井的成功率，更有效地进行勘探工作，就必须搞清地下构造的形态和特征，尤其应当搞清构造顶部位移情况。在油、气勘探过程中，按照地面构造形态布置在构造高点的井，向下钻到一定层位时，往往就不在地下构造高点上，而是偏移到了构造的翼部，这除了井斜的影响以外，主要是由于地下构造的顶部发生了位移所引起的。因此，在布置探井时，必须考虑构造顶部位移的情况。

引起构造顶部位移的原因很多，一般有如下几方面的原因：

(1) 由于背斜构造两翼倾角不等，使轴面倾斜而引起构造顶部位移。地下构造顶部向背斜缓翼方向发生位移，如图 2.39 所示，图中 L 为构造顶部位移距离。

(2) 由于背斜构造两翼厚度不等，使其顶部发生位移。地下构造顶部向地层变薄一翼的方向发生位移，如图 2.40 所示，图中 L 为构造顶部位移距离。

在上述两方面原因中，有时在同一背斜构造中，两翼倾角和厚度可能都有变化，这时构造顶部位移的方向和距离决定于两者中起主导作用的因素。

(3) 由于岩石力学性质不同，也可以引起构造顶部位移，如图 2.41 所示，上部为塑性的石膏层，下部为脆性的石灰岩地层，当受到水平挤压力时，石膏很容易变形，而产生构造顶部位移的现象。

(4) 由于断层切割背斜构造，因断层的牵引作用可以导致构造顶部位移，如图 2.42 所示。

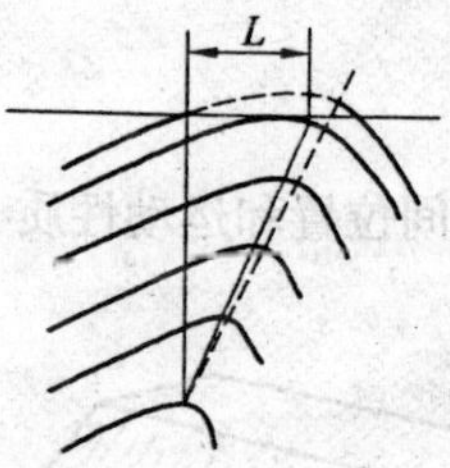

图 2.39　两翼倾角不等引起构造顶部位移

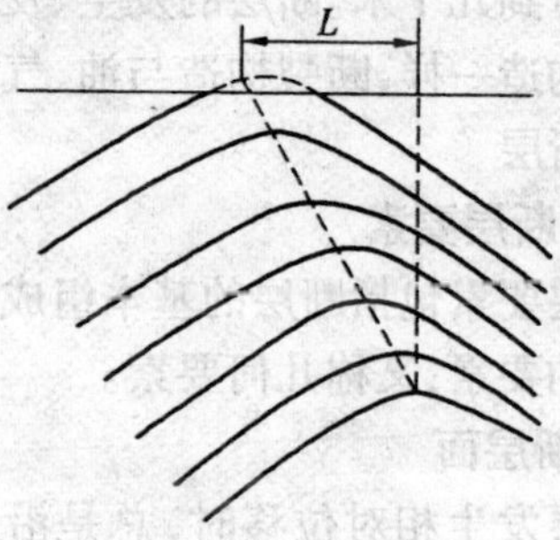

图 2.40　两翼厚度不等引起构造顶部位移

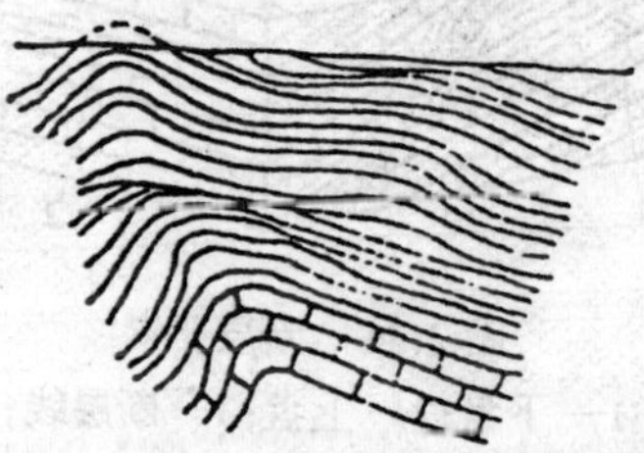

图 2.41　岩石力学性质不同引起构造顶部位移

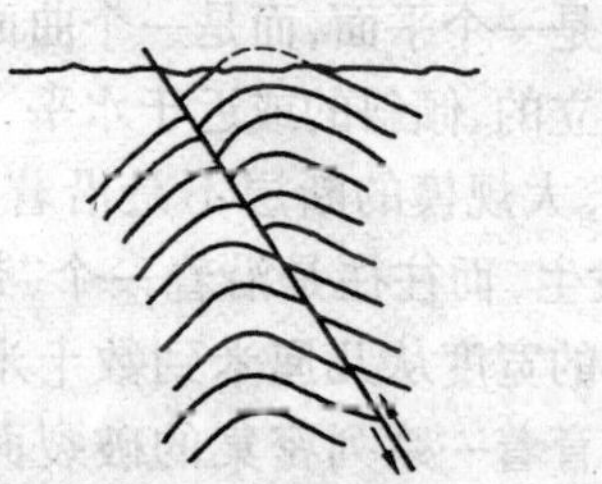

图 2.42　断层切割引起构造顶部位移

(5) 由于侵蚀古地形的影响，使上、下地层不整合，导致构造顶部位移，如图 2.43 所示。

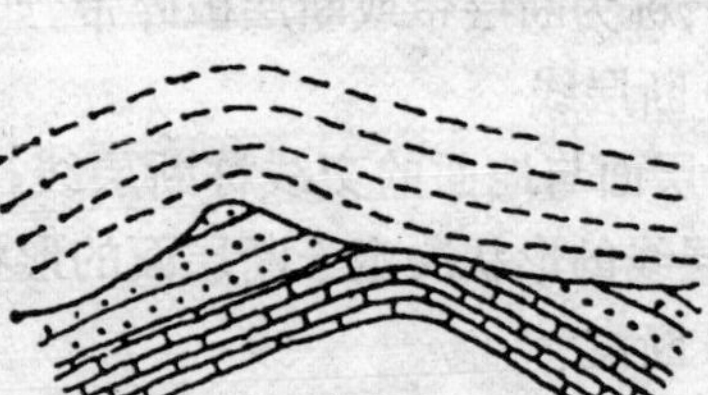

图 2.43　侵蚀古地形导致构造顶部位移

在实际工作中所遇到的构造顶部位移的情况，往往是很复杂的，必须对各方面的因素进行综合分析研究，才能得出正确的结论，特别是在新探区，应用地震资料确定地下构造顶部的位置,为钻探提供依据。

褶皱构造是油气聚集的主要场所,世界上大多数油气田都是在褶皱构造中发现的,其中主要是在背斜构造中发现的。在含油气区,一个背斜就可能成为一个油气田。除背斜构造外,鼻状构造如为断层切割或岩性变化形成封闭条件,也可成为油气聚集的场所。褶皱构造与油气的关系虽然极为密切,但也不是凡有良好构造条件的地方都可以找到油气田。实际上,有供油区,有良好的构造条件,有时钻探也会落空。因为油气藏的形成除了受构造因素影响外,还决定于其他许多因素,如生油、储油条件,盖层条件,油气运移以及保存条件等。

2.1.3.4 断裂构造

断裂是指岩层受力后破坏,发生了脆性变形,而丧失了岩层原有连续性、完整性的一种地质构造。它是地壳上发育最广泛的一种地质构造。

断裂构造分为两大类:沿断裂面两边的岩层未发生显著的相对位移,称为裂缝(又可称节理);如沿断裂面两边的岩层发生了显著的相对位移,称为断层。

断层在地壳中的分布非常广泛,其规模大小不一,延伸长度从几米到几千公里,断距从几米可到几千米。断层的发生、发展与褶皱之间在时间上、空间上都有着成因上的联系。与褶皱构造一样,断裂构造与油、气的关系也是非常密切的。

1.断层

(1) 断层要素

断层要素包括断层的基本组成部分以及阐明断层空间位置和运动性质有关的具有几何意义的要素,又称几何要素。

① 断层面

岩层发生相对位移时,总是沿着一个破裂面进行的,这个破裂面称为断层面。断层面往往不是一个平面,而是一个曲面,其产状可以是直立的、倾斜的或近于水平,但大多数是倾斜的。大规模的断层不是沿着一个单一的“面”发生,而往往是沿着一个“带”发生,这个带的的宽度从几厘米到数十米不等,其中或者发育着一系列密集的破裂面,或者杂乱堆积着断层两侧岩石的碎块、碎屑和断层角砾岩等,称为断层带或断层破碎带,如图 2.44 所示。

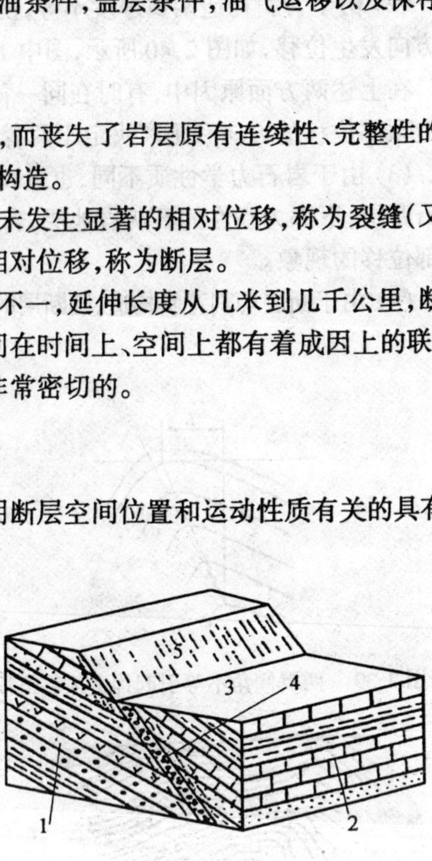

图 2.44 断层要素

1— 下盘;2— 上盘;3— 断层线;4— 断层破碎带;5— 断层面

② 断层线

断层面与地面的交线称断层线,亦即断层在地面的露头线,它反映了断层的延伸方向,断层线的形状决定于断层面的形状和地表起伏的形状。

③ 断盘

断层面两侧相对移动的岩块称断盘,如果断层面是倾斜的,位于断层面以上的岩块叫上盘;位于断层面以下的岩块叫下盘,从运动角度看,沿断层面相对上升的岩块称为上升盘;沿断层面相对下降的岩块称下降盘。

④ 断距

断层两盘相对移动开的距离叫断距，在不同的测量面上断距的名称和含义不同。

a. 在断层面上测量的断距，有下列几种(图 2.45(a))。

总断距：假定在错开前岩层上有一个点，错开后分为两个点，该两个点分别在上、下盘上，其间移动的距离叫总断距(图2.45(a) 的 *ab*)。

走向断距：总断距在断层面走向方向上的投影(图 2.45(a) 的 *ac*) 叫走向断距。

倾向断距：总断距在断层面倾向方向上的投影叫倾向断距(图 2.45(a) 的 *cb*)。

b. 在垂直岩层走向的剖面上测量的断距，有下列几种(图 2.45(b))。

地层断距：断层两侧同一地层的同一层面错开后的垂直距离称地层断距(图 2.45(b) 的 *ho*)。

铅直地层断距：断层两侧同一地层的同一层面之间在铅直方向上的距离称铅直地层断距(图2.45(b) 的 *hg*)。

水平错开：断层两侧同一地层的同一层面在水平方向上的距离称水平错开(图 2.45(b) 的 *hf*)。

在实际工作中，测量断层面上的各种断距是困难的，故经常采用的是垂直岩层走向剖面上所测得的断距。

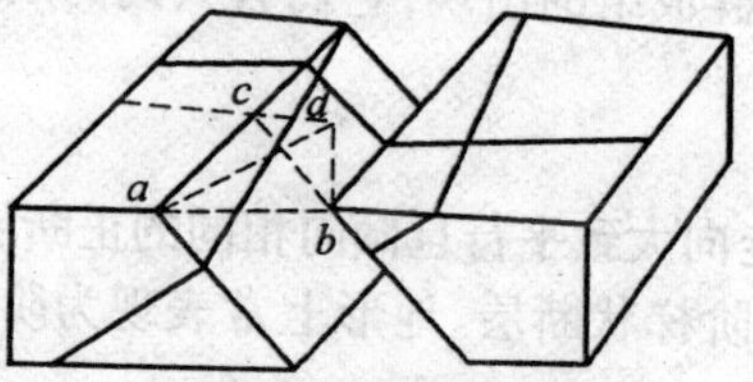

(a) 在断层面上测量的断距
ab–总断距；*ac*–走向断距；*cd*–倾向断距

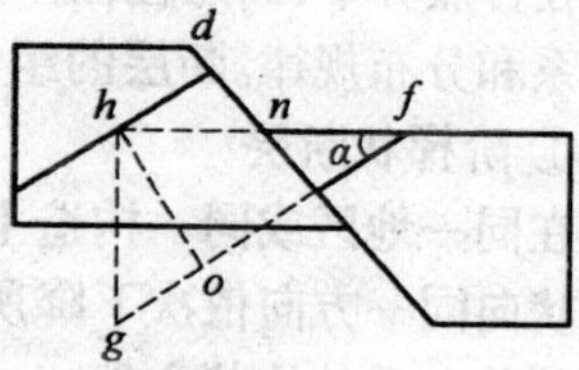

(b) 在垂直岩层走向的剖面上测量的断距
ho–地层断距；*hg*–铅直地层断距；*hf*– 水平错开

图 2.45　断层图解

(2) 断层类型

根据断层两盘沿断层面相对移动的性质，将断层分为：

① 正断层

上盘相对下降，下盘相对上升的断层称正断层(图 2.46)。正断层主要是受到引张力和重力作用形成的。断层面倾角较陡，通常在 45° 以上。正断层在地面或井下的标志为地层缺失。

② 逆断层

上盘相对上升，下盘相对下降的断层称逆断层(图 2.47)。逆断层主要是水平侧压力作用的结果。习惯上将断层面倾角小于 30° 的逆断层称为逆掩断层(图 2.48)。逆断层在地面或井下的标志为地层重复。

③ 平推断层

断层两盘沿断层面走向发生相对位移的断层称平推断层(图 2.49)。断层面常近于直立，断层线较平直。平推断层常是褶曲形成过程中在水平扭力作用下产生的，常与褶曲轴垂直或斜交。

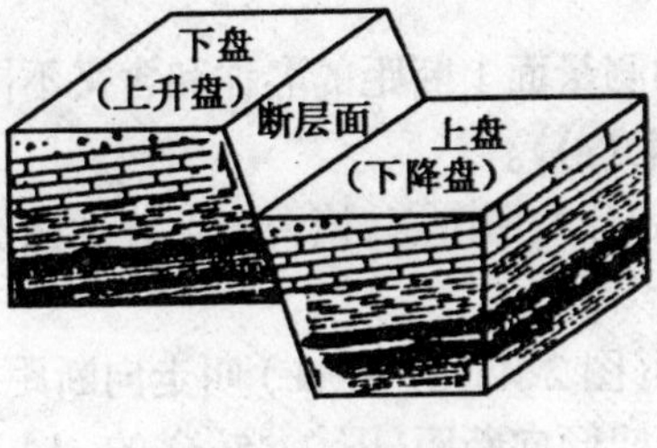

图 2.46　正断层

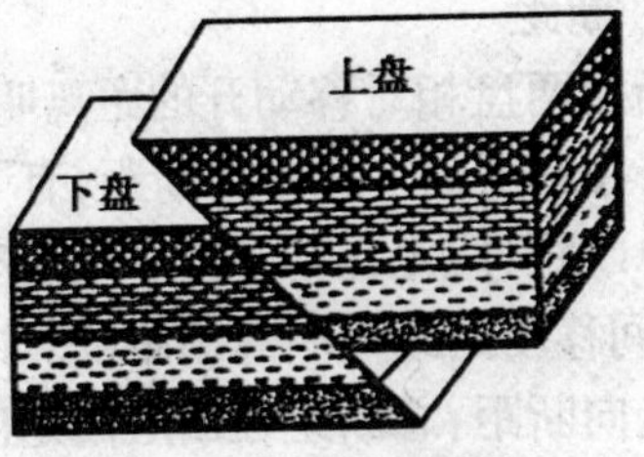

图 2.47　逆断层

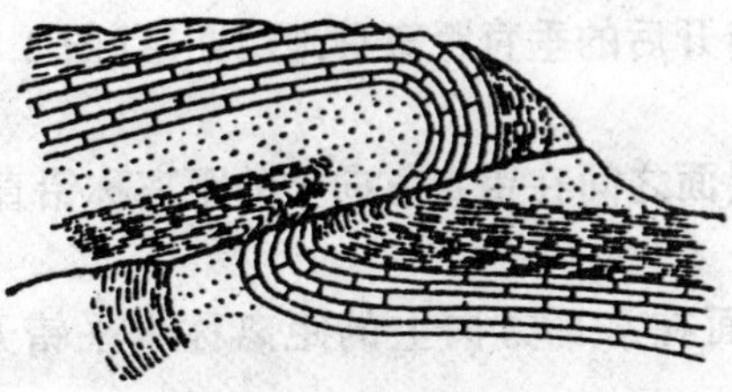

图 2.48　逆掩断层

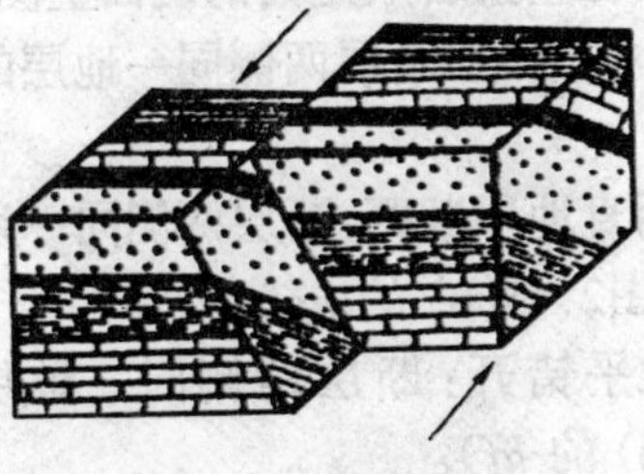

图 2.49　平推断层

(3) 断层的组合

在自然界中，断层往往不是孤立存在的，而是成群成组的出现，它们有共同的成因上的联系和分布规律。断层的组合形式有以下几种。

① 阶梯状断层

在同一地区或同一构造上，由两条或两条以上走向大致平行且倾向相同的正断层，呈阶梯状向同一方向依次下降所形成的断层组合称为阶梯状断层。地形上常表现为阶状下降或阶状上升的块状山地。

② 地堑构造

由两条或两条以上走向大致平行的断层将地层切为数块，中间的断块相对下降，两侧的断块相对上升，这种断层组合称为地堑构造。

③ 地垒构造

与地堑相反，断层面之间的断块相对上升，而两侧的断块相对下降，这种断层组合称为地垒构造。

地堑与地垒常常共生，两个地堑之间一定是地垒；在两个地垒之间就是地堑。在地形上，地堑常造成狭长的凹陷地带；地垒多构成块状山地。

④ 叠瓦状构造

为一组走向大致平行，倾向近于相等，并向同一方向逆冲的逆断层组，其上盘在剖面上呈叠瓦状，故称叠瓦状构造。它常发育于地壳强烈活动的地区。

(4) 井下断层的研究

断层是油气田中普遍存在的构造现象，在油气田勘探和开发过程中经常碰到井下断层。据国内外资料，绝大多数油气田都受到断层的影响，我国东部地区不少油气田是属于断块类型的油气田。断层与油气的关系具有两重性，一方面断层可能使油气藏遭到破坏；另一方面在适当的条件下，断层可以形成断层封闭类型的油气藏，断层对油气藏的形成和分布起着重要的控制作用。断层与勘探和钻井的关系也很密切，断层附近的岩层容易垮塌，钻遇断层面容易发生井漏。当钻遇正断层时，发现地层缺失，而钻遇逆断层时，发现地层重复。由于断层的存在可能使钻探目的层提前到达或推后。由以上看来，研究断层对油气的勘探和开发工作有着非常重要的实际意义。

根据以下几方面的标志，可综合判断井下是否有断层存在：

① 井下地层的缺失或重复

在钻井过程中，如发现有地层缺失，可能井下遇到了正断层，但必须了解分析区域地质情况，有无侵蚀不整合和超覆不整合存在，如没有不整合存在，则可以解释钻井剖面中地层的缺失是由于正断层之故。若在钻井过程中，发现有地层重复，应结合该区构造情况，分析有无倒转背斜、平卧褶曲等，因为它们也可能造成地层重复，如图2.50表明倒转背斜引起的井下地层重复。经研究确认无倒转背斜、平卧褶曲存在，则可认为是逆断层造成的地层重复。断层造成井下地层缺失与重复的情况如图2.51所示，2井为正常层序，经对比，1井缺失地层，而3井地层重复。

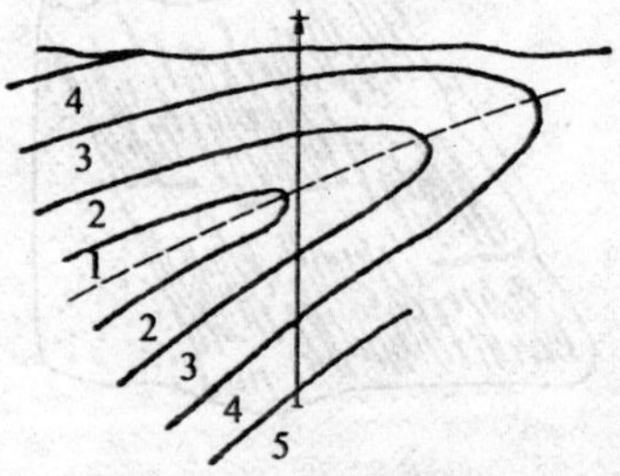

图2.50　倒转背斜引起的井下地层重复示意图

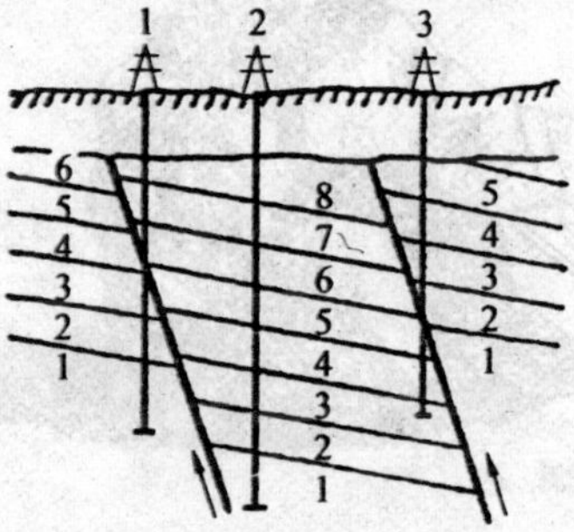

图2.51　断层造成井下地层缺失及重复示意图

② 标准层标高相差悬殊

近距离内标准层的标高相差悬殊，相邻的井中未出现地层的重复或缺失。但是若相邻两井标准层的标高相差极为悬殊，可能预示在两口井之间存在着未钻遇的断层，这种分析方法在钻井资料较多的情况下，比较可靠。在钻井资料较少的情况下，应当结合地震资料和区域地质资料进行分析，要注意到相邻的井标准层标高相差悬殊可能是由于地层产状突变或单斜、背斜的一翼出现扭曲等所引起的，利用标准层标高的变化确定断层如图2.52所示。

③ 近距离内同层厚度突变

对于岩性单一的层段，由于断层的影响，相邻两井钻遇同一层时，如发现其厚度突变（增厚或减薄），如图2.53所示，是断层存在的可能标志之一。应该指出，在沉积时由于地壳升降不均和古地形起伏也会造成同层厚度突变，故要作具体分析。

④ 钻井过程中的井漏、井塌等现象可作为参考

由于不同基质的断层对流体所起的作用不同，受张力作用形成的张性断层，是流体运移的良好通道；相反，压性断层则对地层流体起封隔作用。因此，当钻井中钻遇张性断层的断层面时，泥浆会产生大量漏失，出现异常的井漏。由于断层的存在，钻至断层附近，岩层易发生垮塌。此外，从取心中如发现有断层角砾岩（图2.54），岩心上有擦痕（图2.55），以

及岩石被揉搓等现象，说明可能遇到了断层。钻井过程中注意观察这些现象，对具体确定断层是很有帮助的。

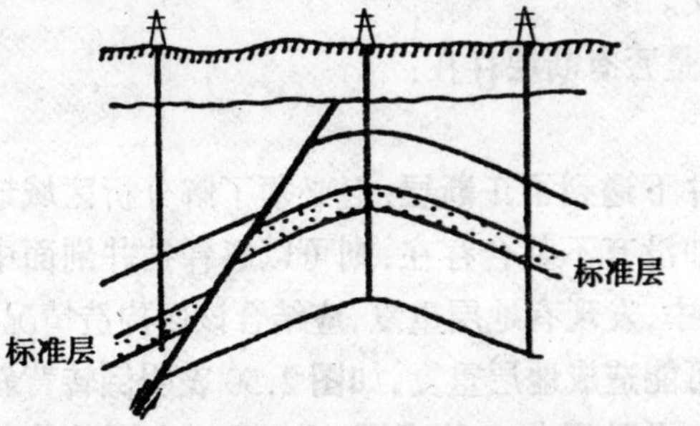

图 2.52　断层引起标准层标高相差悬殊示意图

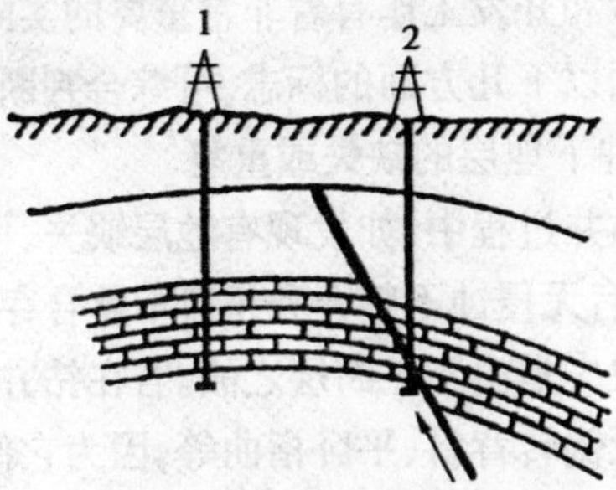

图 2.53　断层引起同层厚度突变示意图

图 2.54　断层角砾岩

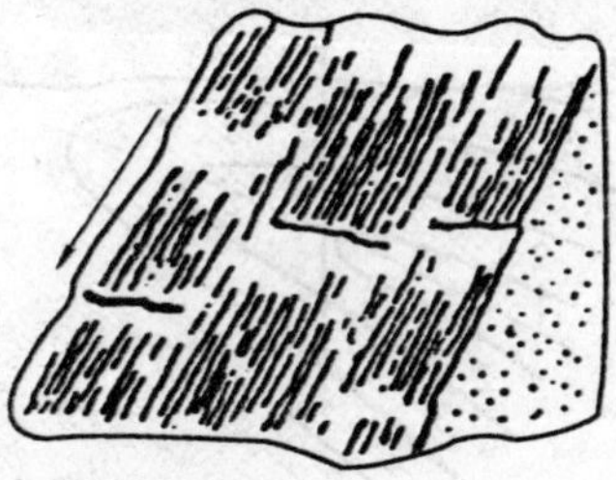

图 2.55　擦痕

除上述标志外，同一油气层内流体性质的差异，如油、气层折算压力不同以及油水(或油气)界面不一致等，也都是判断断层存在的标志。

在实际工作中，主要利用地质、钻井、地球物理测井以及试采等资料判断井下断层。必须着重指出：在钻井过程中确定断层时，绝不能单纯依靠某一项资料或某几个数据就作出结论，而必须利用各种资料进行综合分析，才能得出正确的结论，如在钻井过程中，有时根据地质、钻井等资料还不能判断断层的存在，就必须借助于地球物理测井资料，一般来说，地球物理测井资料是比较可靠的。把新钻井的电测资料与邻井的电测资料进行对比时，若发现两口井的电测曲线有重复现象，结合其他资料，说明井下可能存在逆断层；相反，若出现缺失现象，则可能存在正断层。

2.裂缝

裂缝在地壳中的分布相当普遍，除了疏松、塑性的岩石以外。无论出露在地表的或埋藏在地下的新老岩石，都有裂缝存在。

单个裂缝的形态是多种多样的，有平直的、弯曲的、分枝状的等，裂缝的大小相差悬殊，发育不均，但裂缝的发育和分布有一定规律，认识这个规律，对石油和天然气的勘探有重要意义。

(1) 裂缝的分类

裂缝的分类方法甚多，现在介绍一下几种主要的分类。

① 按裂缝的成因分

构造裂缝:岩石在构造运动中受构造力的影响而形成的裂缝称为构造裂缝。当其产生后又常常受到地下水的溶蚀作用和充填作用的改造,而变得很复杂。构造裂缝在岩石中分布很广泛,延伸较长较深,与油气关系最密切。

非构造裂缝:岩石在非构造作用或外力作用影响下形成的裂缝称非构造裂缝,包括由于成岩过程中因干裂、压缩和失水收缩以及重结晶等作用形成的成岩裂缝,由于地下水和温度的影响产生的风化裂缝以及冰川、山崩、地滑等原因形成的裂缝。

② 按裂缝的力学性质分

张裂缝:岩层受张应力作用沿最大张应力面所产生的裂缝称为张裂缝(图2.56)。这种裂缝有张开的裂口。裂缝面粗糙不平,裂缝面上无擦痕,张裂缝常分布于褶曲的轴部、转折端及其附近,且与岩层面垂直,裂缝中常为别的物质充填形成岩脉或矿脉。

剪裂缝:岩层受剪切力作用,沿最大剪切面形成两组"X"形交叉的裂缝称剪裂缝(图2.57)。剪裂缝在地层中成对出现。其中一组比另一组发育,两组相互交叉,交角近于90°。剪裂缝通常具有紧闭的裂口,裂缝面垂直光滑。延伸较远,方向稳定,裂缝面上常见岩块运动的痕迹,如擦痕,滑动沟、槽等。剪裂缝成组产生,分布密集,疏密相间,成束排列。

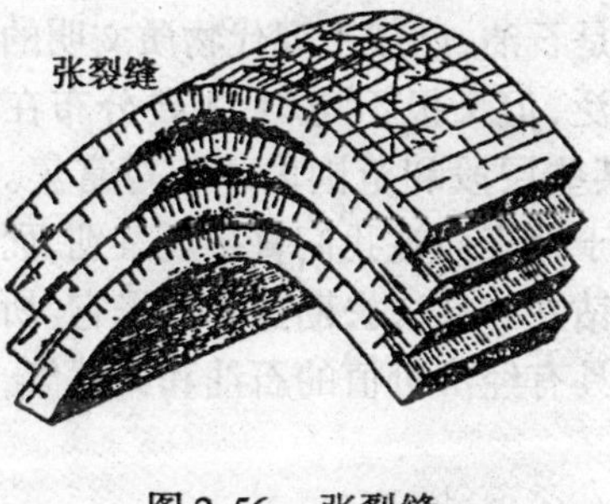

图2.56　张裂缝

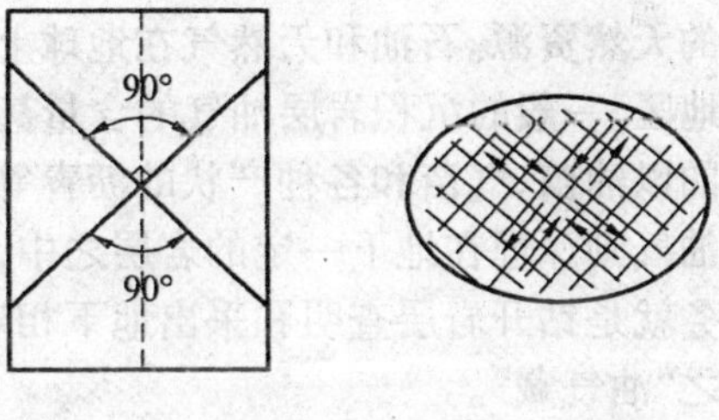

图2.57　剪裂缝

③ 按裂缝的张开及充填程度分

张开缝:裂缝未被矿物质所充填,缝壁明显分开,有显而易见的空隙,它们是裂缝性储集层中油气运移的主要通道。

半充填缝:裂缝被矿物质部分充填,有较明显的可见空隙。

充填缝:裂缝已被矿物质全部充填,无可见空隙,对油气运移不利。

④ 按裂缝产状与岩层产状的关系分

走向裂缝:裂缝走向与所在岩层走向平行者。

倾向裂缝:裂缝走向与所在岩层走向垂直者。

斜交裂缝:裂缝走向与所在岩层走向斜交者。

(2) 裂缝分布的特点

裂缝与褶皱的关系非常密切,在背斜构造上裂缝的分布有一定的规律。张裂缝与岩层发生褶皱时弯曲的程度有关,变形时弯曲越大,张应力越集中,张裂缝也最发育。背斜构造曲率大的地方,如构造轴部、高点、扭曲、背斜倾伏端以及岩层倾角突然化的陡带等部位。张裂缝较发育,是裂缝的相对密集带。

裂缝与断层的关系也很密切，断层是裂缝的继续和发展，而断层的产生又促进了裂缝的形成，在断层附近裂缝的密度显著地增加。例如，四川某构造翼部裂缝的密度为4～7条/m，断层附近裂缝的密度增为7～9条/m。此外，由于产生断层，使断层两盘产生一系列羽毛状分布的张裂缝，而使裂缝带加宽；断层的出现还会使裂缝的连通性变好，从而成为油气运移的重要通道。由上可见，断层对裂缝的发育程度的影响相当显著。

研究裂缝有很重要的实际意义，尤其对碳酸盐岩更为重要。由于裂缝的广泛发育，致密的碳酸盐岩层可能变成良好的储油气层，甚至形成高产油气田。盛产石油的中东地区，碳酸盐岩中裂缝是非常发育的，我国西南、华北等地区海相碳酸盐岩分布广泛，因此搞清裂缝的成因、性质、分布规律以及与油气富集的关系，才能有的放矢地指导油气的勘探与开发。

对于裂缝的研究，在生产实践中常采用地面裂缝调查、岩心研究、地球物理测井、次生矿物录井、钻井过程中的观察（如有无跳钻、放空、钻速加快、井漏、井喷等现象）等方法，通过对各种方法取得的资料进行综合分析，以了解裂缝的性质、特征和分布规律。

2.2　油气藏的基本特性

石油和天然气是宝贵的能源和化工原料。尤其是石油，已成了现代物质文明的一种最重要的天然资源。石油和天然气在地球上分布很广泛，但又极不均匀，主要分布在沉积岩发育地区，一般的沉积岩层油气的含量甚微，仅在某些层段和范围内才相对富集。这些油气有的以油苗、气苗和各种产状的沥青等形式出露于地表而被我们直接观察到，而绝大部分的油气则深埋在地下一定的岩层之中，只能通过钻井的方法去勘探和开采它。所以钻井的任务就是钻开岩层查明和采出地下相对富集的、具有经济价值的石油和天然气，即通常所称之“油气藏”。

2.2.1　油气藏基本要素

每一个油气藏都是在一定的地质条件下形成的。因此，每一个油气藏都具有各自的特点，但一般说来，构成一个油气藏都必须具备以下三个基本要素（图2.58）：

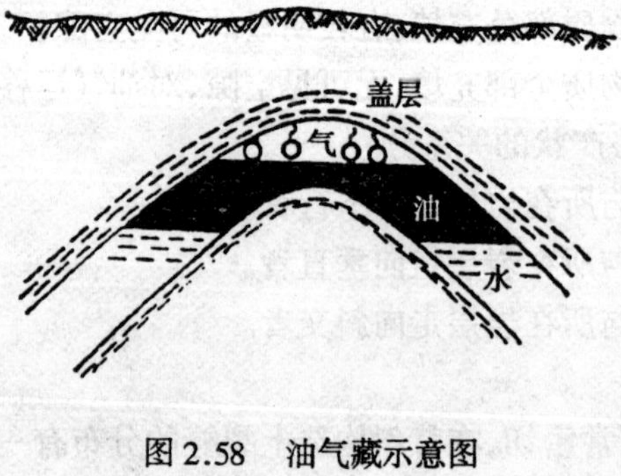

图2.58　油气藏示意图

(1) 储集层

储集层即油气储存的场所。储集层岩石的成分、结构和性质对形成油气藏极为重要。尤其是储集层的储集空间和渗滤通道决定了层内的含油量和油井的产量。

(2) 储集层内的流体

储集层内的流体包括石油、天然气和地层水。它们存在于储集岩石的孔隙空间内(储集空间),是构成油气藏的物质基础,绝大多数油气藏中均有水与油气共生,它们之间的关系非常密切。

(2) 圈闭

圈闭是储集层中能捕获油气的"天然容器",是保持油气不致散失的重要条件。它是由储层及与储层紧邻的不渗透岩层 —— 盖层受构造变动而拱形弯曲,因断层错断、地层不整合接触、岩性变化等而使储层的连续性中断,造成一定的遮挡条件所形成的。圈闭是形成油气藏的必要条件之一。下面分别介绍这三个基本要素。

2.2.1.1　储集层

油气是储存于地下岩石的孔隙、洞穴、裂缝等孔隙空间之中,就好像水充满在海绵里一样。岩石之所以能储集油气,正是因为它具备了两个重要的性质 —— 孔隙性和渗透性。我们把油气能在其中储集和渗滤的岩石称为储集层,把储集层的孔隙性和通透性称为储油物性。绝大多数油气藏都是以砂岩、石灰岩和白云岩为最主要的储集层,在特殊条件下,裂缝发育的页岩、泥岩和火成岩等也能成为储集层,但为数甚少。

1.储集层的基本特性

(1) 孔隙性

地壳上的各种岩石或多或少都有一些孔隙,但对储集油气最有意义的是沉积岩中的原生和次生孔隙,指在沉积和成岩过程中与岩石同时生成的原生孔隙(包括碎屑颗粒之间的粒间孔隙和层间孔隙)以及成岩后由外界条件,如构造运动、地下水的溶解作用、风化作用以及重结晶作用、白云岩化作用等所形成的次生孔隙。不论是原生的或次生的,只要岩石中孔隙发育,对油气的储集和流动均是有利的,对碳酸盐岩来说,次生孔隙尤其重要。

(2) 渗透性

如前所述,储油气岩石仅仅有孔隙还不够,还必须要求孔隙连通,才能使石油及天然气在岩层中流动。也就是说,岩石必须是可渗透的,即具有使流体通过的性能,否则油气就不可能聚集形成油气藏。或即使有分散的储集,其中的油气也无法开采出来,所以说渗透性是储集岩层最重要的性质之一。

2.储集层的类型

根据不同的研究目的,目前对储集层已提出许多种分类方法,其中有的按岩石类型,有的按成因,有的按储集层的物理性质等进行分类。在油气勘探中,一般采用按岩石性质不同划分储集层的类型。

(1) 碎屑岩类储集层

碎屑岩类储集层有砂岩(包括胶结疏松的砂层)、粉砂岩、砂砾岩和砾岩等。目前世界上已探明的油气储量有 40% 以上储集在这类岩层之中。而其中又以砂岩储集层分布最广,储油物性最好,而砾岩、砂砾岩分布较局限。

碎屑岩储集层在我国中、新生代的含油气盆地中有广泛分布,我国东北、华北、西北的油气多产自这类储集层。它是目前陆相含油气盆地中勘探工作的主要目的层。碎屑岩储集层是由成分复杂的各种矿物碎屑、岩石碎屑以及一定数量的胶结物组成。它的储集空间主要是原生孔隙,而次生孔隙和裂缝居次要地位。

(2) 碳酸盐岩储集层

随着世界石油及天然气工业的飞速发展，所发现的油气田类型日益增多，特别是碳酸盐岩大油气田的发现，引起了人们的广泛重视。20世纪60年代以来，碳酸盐岩油气田的产量和已探明的碳酸盐岩油气田的储量急剧增长，据统计目前世界上70多个产油气国家（或地区）中，几乎都发现有碳酸盐岩油气田或油气藏。碳酸盐岩油田的储量接近世界石油总储量的50%，而产量则已达世界总产量的60%以上。而且许多碳酸盐岩油田储量大，产量高。因此，碳酸盐岩油气田在世界石油和天然气工业中占着越来越重要的地位，是油气勘探的重要对象。碳酸盐岩储集层包括石灰岩、白云岩、生物碎屑灰岩、鲕状灰岩、礁灰岩等。

我国碳酸盐岩地层分布广泛，华北、华南地区均广泛发育有数千米甚至达万米的海相碳酸盐岩地层，特别是西南地区碳酸盐岩沉积厚度大、分布广泛。四川盆地目前发现的震旦系、二叠系、三叠系气层和侏罗系大安寨油层均属碳酸盐岩储集层。

碳酸盐岩储集层与碎屑岩类储集层比较，其储集空间要复杂得多，除原生孔隙外，由于次生作用往往对储集空间起着重要的改造作用，可以形成大量的裂隙、溶孔、溶洞等许许多多的次生储集空间，可使原来不具储集条件的碳酸盐岩被改造成为良好的储集层。碳酸盐岩储集层的储集空间通常分为孔隙、裂缝和溶洞三类：孔隙是指结构组分之间的空隙；溶洞是由溶解作用扩大了的孔隙，孔隙和溶洞是油气的主要储集空间；而裂缝主要为油气渗滤的通道，也能起一定的储集作用。裂缝与孔隙相互搭配，组成良好的储集空间和渗滤通道，是形成高产油气田的基础。

2.2.1.2　储集层内的流体

现在我们来讨论储集层中的流体，气藏常包括气和水，而油藏里经常包括气、油和水。由于油和气密度比水小，故油、气、水按密度不同在油气藏内有规律地分布(图2.58)。一般气最轻，它占据油气藏的顶部，气下面是油，最底部才是水，油－气、油－水间分别形成了一个界面。实际上，在这些界面之间(特别是油－水间)都有一个过渡带，油、气、水之间不是截然分开的。

2.2.1.3　圈闭

如前所述，圈闭是储集层中聚集和储存石油和天然气的场所，是聚集油气的天然容器，不同的圈闭类型决定了不同的油气藏类型和勘探方法，圈闭的位置和埋藏深度是设计探井井位、井深的依据之一，而且圈闭容积的大小又直接影响油气藏中油气的地质储量，所以研究圈闭是非常重要的。一个圈闭必须具备三个组成部分：储集层、盖层和一定的遮挡(或封闭)条件。在一定的地质条件下，三者结合起来，组成了圈闭。若没有储集层或没有盖层或不具遮挡条件，则圈闭不能形成。

根据圈闭的形成条件，圈闭可分成三种类型。

① 构造圈闭：构造运动使地层发生褶皱或断裂，这些褶皱或断裂在一定的条件下就可形成圈闭，如背斜圈闭、断层圈闭等。

② 地层圈闭：地壳升降运动引起海进、海退、沉积间断、剥蚀风化等，形成超覆不整合、侵蚀角度不整合、假整合等，其上部为不渗透地层覆盖即构成地层圈闭。

③ 岩性圈闭：在沉积盆地中，由于沉积条件的差异造成储集层在横向上发生岩性变化，并为不渗透地层遮挡时，即可形成岩性圈闭，如砂岩尖灭、透镜体等。

上述三种圈闭类型还可构成彼此相结合的过渡类型的圈闭，称复合圈闭。

综上所述，所谓油气藏，在石油地质学中是指："在单一圈团内，具有同一压力系统的油气聚集"。如果圈闭中只聚集石油，称为油藏；只聚集天然气则称为气藏。常说的"工业油气藏"是指在目前经济技术条件下值得开采的油气藏，即开采油气藏的投资低于所采出油气的经济价值。是否值得开采这个标准，随国家经济和技术条件的改变而改变。

2.2.2　油气藏的类型

近年来，一般以圈闭的成因作为油气藏分类的基础，将油气藏分为三个基本类型：构造油气藏、地层油气藏和岩性油气藏。

2.2.2.1　构造油气藏

构造油、气藏是指油气在构造圈闭中的聚集。基本特点在于聚集油气的圈闭是由于褶皱变动、断裂变动以及基底隆起等原因，使上覆的盖层和储层发生变形或变位而成。常见的有以下几种：

1.背斜油气藏

聚集油气的圈闭是背斜构造。背斜油气藏种类较多，从圈闭的成因上看，主要有以下四种：

(1) 与褶皱作用有关的背斜油气藏

与褶皱作用有关的背斜油气藏是指主要由侧压力的挤压作用形成的背斜圈闭，其主要特点是：两翼地层倾角陡，常呈不对称状，闭合高度较大，闭合面积较小，地层变形比较剧烈，同时经常伴生有断层，如老君庙油田 L 层油藏，如图 2.59 所示。

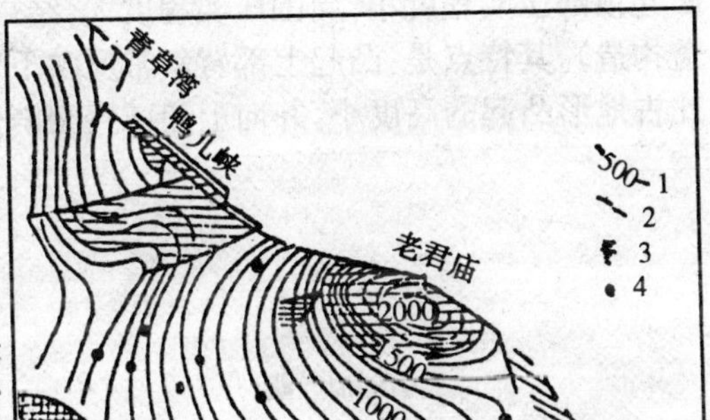

(a) 老君庙油田构造图

1—构造等高线；2—断层；3—油田；4—有油气显示的深井

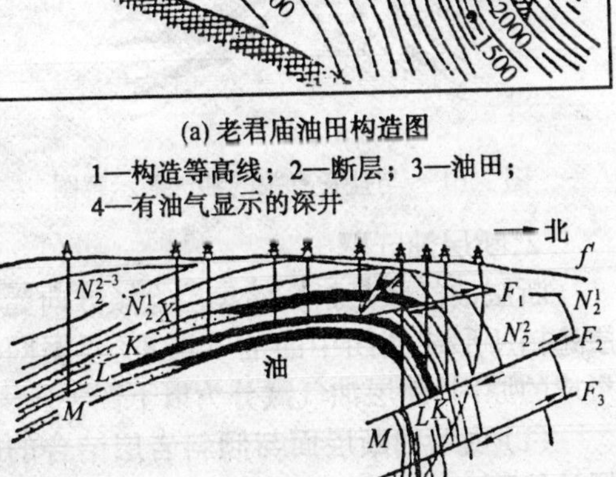

(b) 横剖面图

图 2.59　老君庙油田构造图

(2) 与基底活动有关的背斜油气藏在地台区

与基底活动有关的背斜油气藏在地台区是指由于基底隆起，使上覆地层隆起而形成的背斜圈闭。主要特点是：两翼地层倾角平缓，断层较少，闭合度较小，闭合面积较大。我国威远气田及大庆长垣属此类型，如图 2.60 所示。

(3) 与地下柔性物质活动有关的背斜油气藏

与地下柔性物质活动有关的背斜油气藏是指由于地下柔性物质受不均匀压力作用而向压力低的上方流动，使上覆地层弯曲变形而形成的背斜圈闭，在国外有广泛的分布。即常见为盐丘和泥火山，其中以盐丘为主，如图 2.61 所示。

(4) 与古地形凸起和差异压实作用有关的背斜油气藏

与古地形凸起和差异压实作用有关的背斜油气藏是指在成岩过程中，由于沉积厚度不同，负荷相差悬殊，产生差异压实作用，即

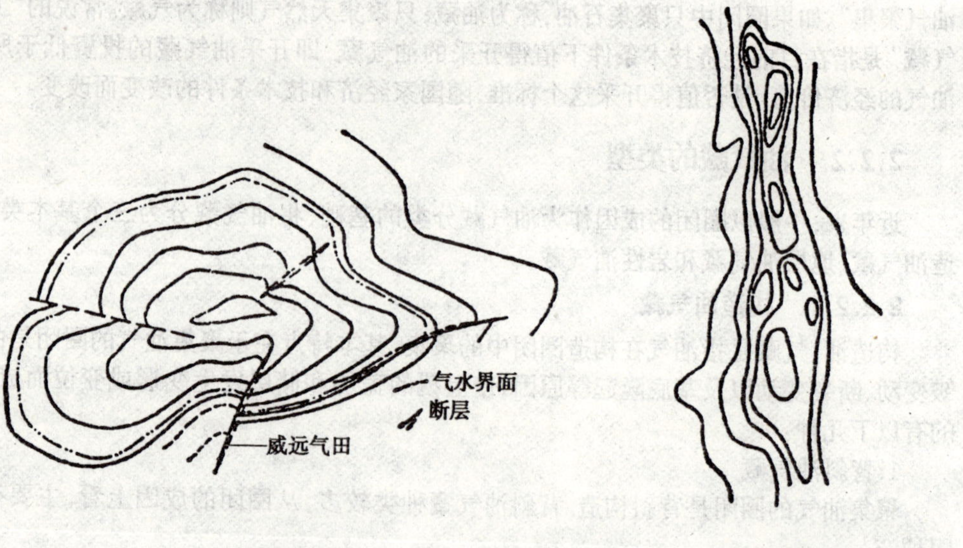

(a) 威远气田　　(b) 大庆长垣

图 2.60　与基底活动有关的背斜油气藏

凸起顶部压实程度小，周围压实程度大，结果在凸起的上覆岩层中，形成背斜构造(常称披盖构造)。其特点是：凸起上部背斜常反映下伏古地形凸起的分布范围和形状。其闭合度总比古地形凸起的高度小，并向上递减直至消失，倾角也向上变小，如图 2.62 所示。

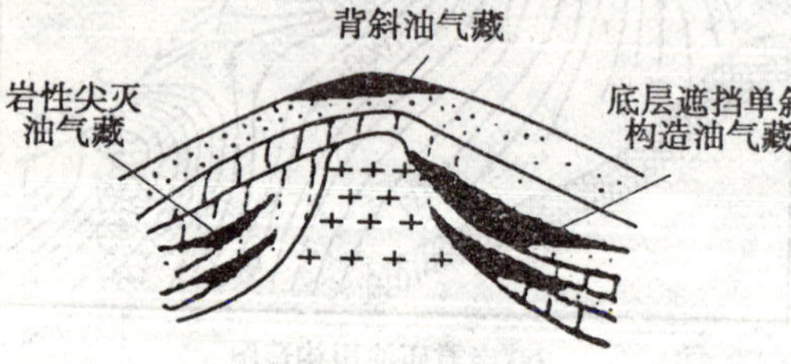

图 2.61　与盐丘有关的油气藏示意图

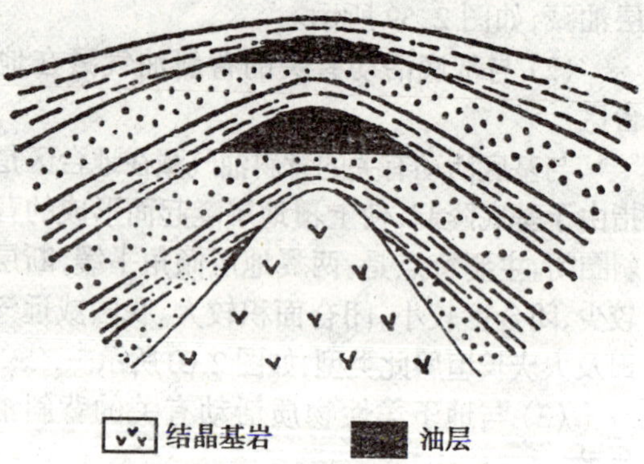

图 2.62　与潜山有关的背斜油气藏

2. 断层油气藏

断层油气藏是指在储集层上倾方向受断层遮挡所形成圈闭中的油气聚集。根据圈闭形成的原因，断层油气藏分为以下四种：

(1) 由弯曲断层面与倾斜岩层结合的断层油气藏

在储集层的上倾方向，为一向上倾突出的弯曲断层面所包围。在构造图上表现为构造等高线与断层线相交(图 2.63)。

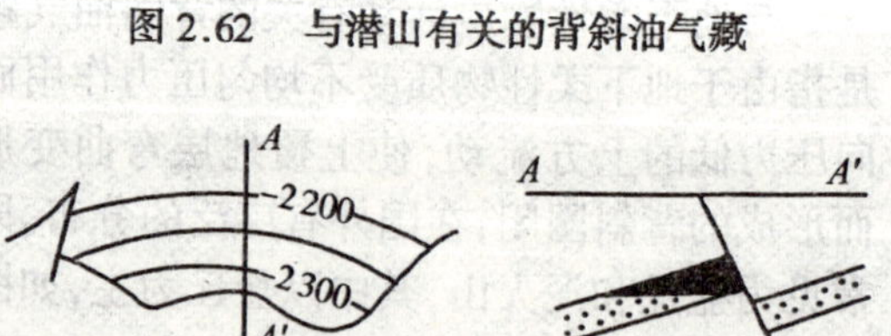

(a) 构造图　　(b) 剖面图

图 2.63　弯曲断层面与倾斜地层组成的油藏构造图及剖面图

(2) 由断层与鼻状构造结合组成的断层油气藏

鼻状构造的上倾方向为一断层所封闭。在构造图上为弯曲构造等高线与断层线相交(图 2.64)。

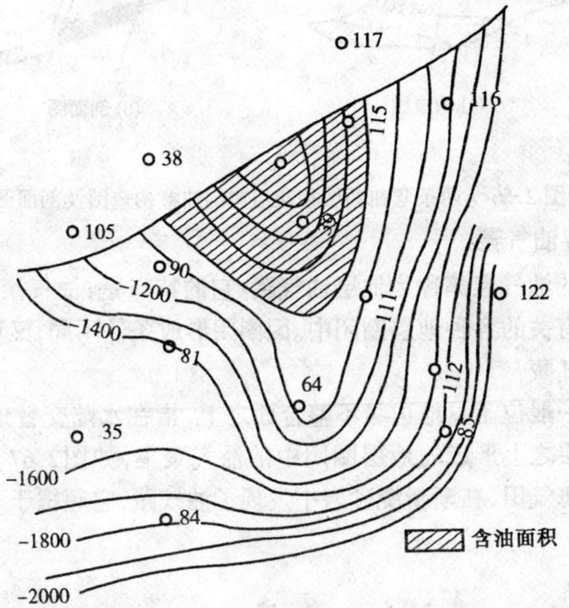

图 2.64　断层与鼻状构造结合组成的断层油气藏

(3) 由交叉断层与倾斜岩层结合组成的断层油气藏

在储集层的上倾方向，为两条相交断层所包围。在构造图上为构造等高线与交叉断层相交(图 2.65)。

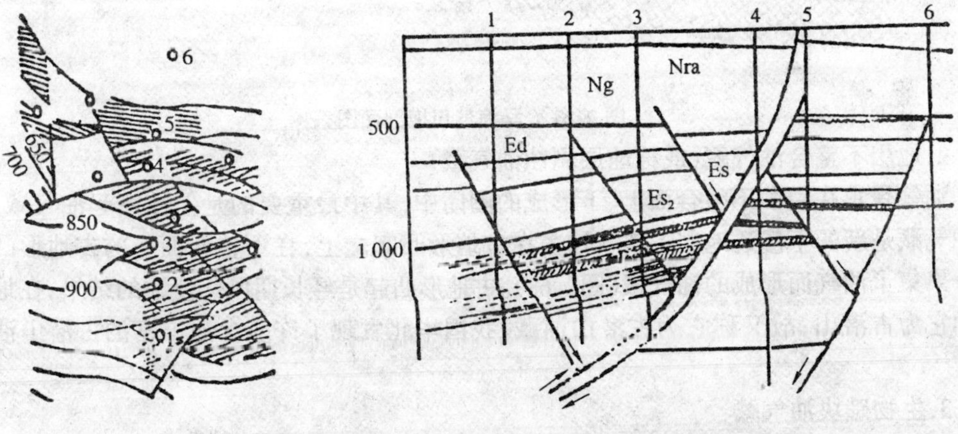

(a) 结构图　　(b) 剖面图

图 2.65　交叉断层与倾斜断层结合组成的油气藏构造图与剖面图

(4) 由两条弯曲断层面两侧相交组成的断层油气藏

两个弯曲断层面在两侧相交，而中间形成闭合空间，在构造图上表现为弯曲断层线组成似透镜状圈闭(图 2.66)。

除上述两种主要油气藏外,还有单斜油气藏、向斜油气藏及构造裂缝性油气藏等。

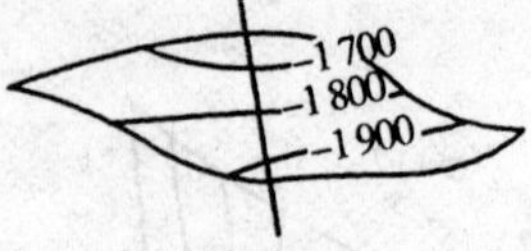

(a) 构造图

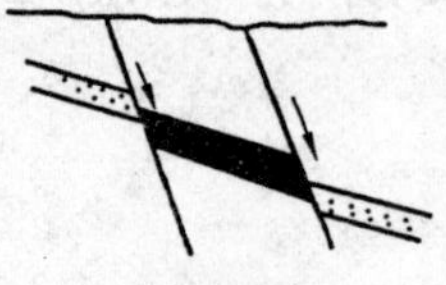

(b) 剖面图

图 2.66 两条弯曲断层相交组成的油藏构造图及剖面图

2.2.2.2 地层油气藏

在地层圈闭中的油气聚集称为地层油气藏。它的特点是:油气聚集在与地层超覆、沉积间断及剥蚀作用有关的各种地层圈闭中。因圈闭形成条件不同,又可分为以下几种:

1.地层超覆油气藏

地层超覆圈闭一般位于盆地边缘不整合面之上,指在水陆交替地带,在海侵过程中,新地层超覆于老地层之上形成的地层圈闭中的油气聚集,如图2.67 所示。我国西北柴达木含油盆地中的马海气田,在渐新统砂岩中发现了油气藏,它超覆于下伏的元古界变质岩系之上。

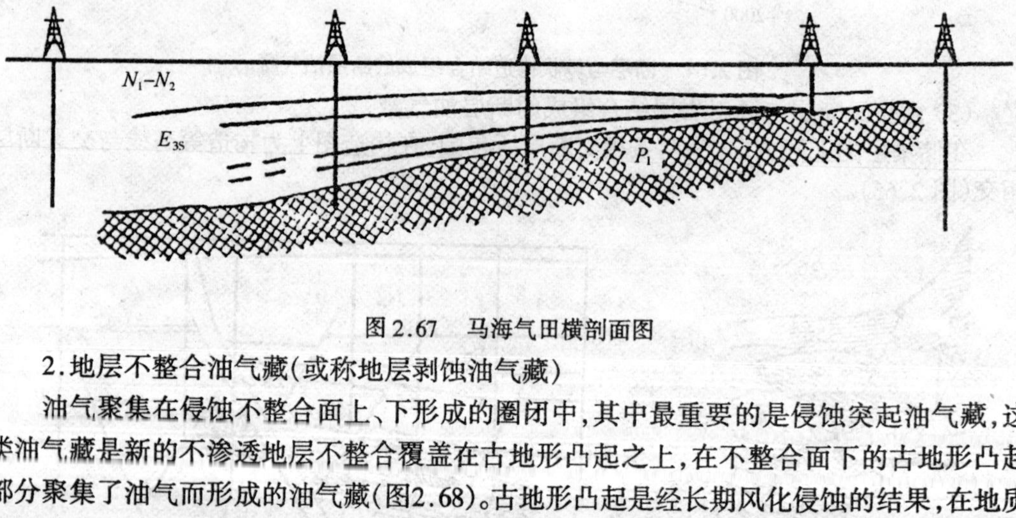

图 2.67 马海气田横剖面图

2.地层不整合油气藏(或称地层剥蚀油气藏)

油气聚集在侵蚀不整合面上、下形成的圈闭中,其中最重要的是侵蚀突起油气藏,这类油气藏是新的不渗透地层不整合覆盖在古地形凸起之上,在不整合面下的古地形凸起部分聚集了油气而形成的油气藏(图2.68)。古地形凸起是经长期风化侵蚀的结果,在地质上称它为古潜山,故又称它为古潜山油藏。我国华北发现了许多含油丰富的古潜山油气藏。

3.生物礁块油气藏

生物礁块油气藏指油气在生物礁块中的聚集。生物礁块是由于珊瑚、海绵、苔藓等造礁生物及有孔虫、腕足类、海百合等生物在阳光充足、温暖潮湿的气候和安静水域中长期大量生长、死亡后堆积而成。它们的厚度和面积变化都较大,常成带状分布。其延伸方向多与古海岸线平行。在同一礁块内孔隙度和渗透率变化也很大,含油丰富程度也不一,有的单井产量很高(日产万吨以上),有的产量很低。国外如加拿大的红水油田(图 2.69),墨西哥的黄金巷油田属此类型。

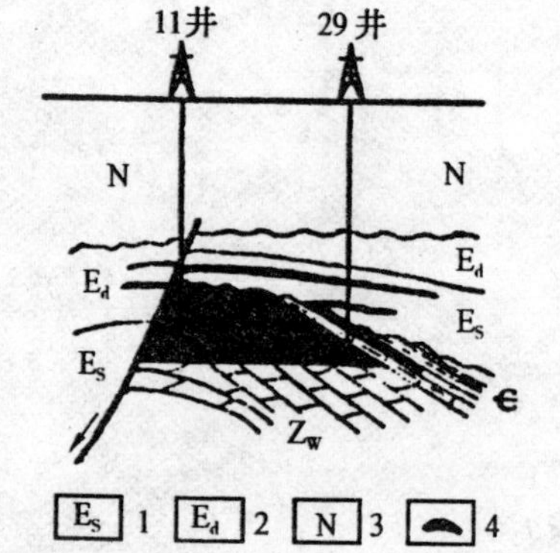

1—第三系沙河街组；2—第三系东营；
3—新第三系；4—油藏

图2.68　古潜山油藏剖面图

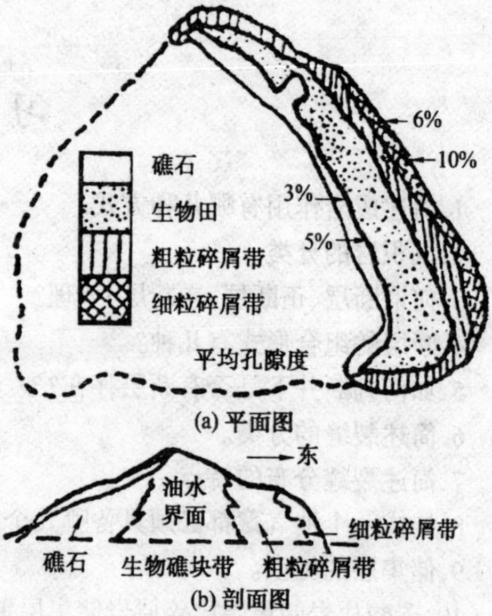

图2.69　红水油田礁块平面图和剖面图

2.2.2.3　岩性油气藏

由于沉积环境变迁而导致沉积物岩性或物性变化形成岩性尖灭圈闭，在这类圈闭中形成的油气聚集，称为岩性油气藏。主要特点是：在平面上常常成群成组连片分布或呈孤立的砂岩体存在。在剖面上储集层呈层状、羽状或互相参差交错。主要形成于滨海相、三角洲相、河流相及湖相沉积环境中。岩性油气藏常见有以下三种类型：

1.岩性尖灭油气藏

岩性尖灭油气藏指油气聚集在因岩性发生横向变化而形成的岩性尖灭圈闭中，如我国老君庙油田的 L 油层中 L_{1-4} 为背斜油藏，如图2.70所示。

2.透镜体油气藏

储集层呈透镜状，其周围均为不渗透层，油气聚集在这种透镜体圈闭中。最常见的如泥质岩中的砂岩透镜体，也可因渗透性不均，在低渗透的砂岩中出现高渗透的砂岩透镜体。透镜体岩性油气藏的规模一般皆不大，也可以是渐变的，也可以只占据其上部，下有底水，延长油田就具有多个透镜体岩性油藏，如图2.71所示。

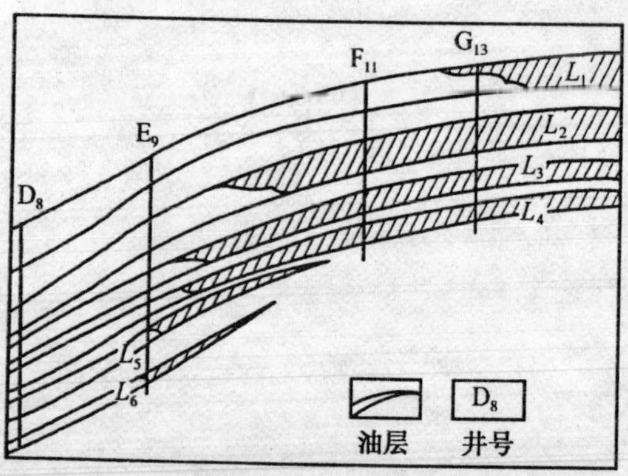

图2.70　老君庙 L_5、L_6 岩性尖灭油藏横剖面图

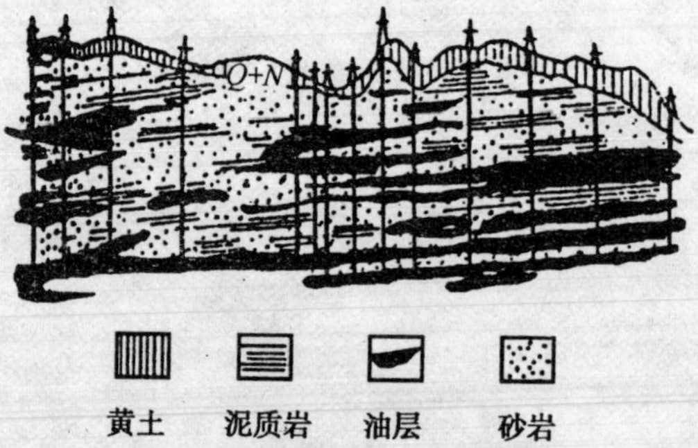

图2.71　延长油田剖面图

习　题

1.简述成岩作用有哪几种方式。
2.沉积岩的分类。
3.何谓断层、正断层、逆断层、节理?
4.断层的组合形式有几种?
5.如何判断井下是否有断层存在?
6.简述裂缝的分类。
7.简述裂缝分布的特点。
8.构成一个油气藏都必须具备哪几个基本要素?
9.储集层的类型。
10.碳酸盐岩储集层比碎屑岩储集层更加复杂和更加特殊表现在哪几个方面?
11.圈闭的组成。
12.圈闭的类型。
13.根据圈闭形成的原因,断层油气藏如何分类?

第3章

岩石基本物理力学性质

3.1 岩石的基本物理性质

岩石的物理性质是指由岩石固有的物质组成和结构特征所决定的密度、孔隙性、水理性、热理性等基本属性。

3.1.1 岩石的非均质性和各向异性

岩石的结构和构造特征决定了岩石的非均匀性、各向异性和裂隙性，岩石非均匀性、各向异性和裂隙性是岩石材料区别于其他力学材料的最突出的结构特征。

3.1.1.1 非均质性

岩石的非均质性是表征岩石的物理、力学等性质随空间变化而变化的一种性质。岩石组成物质粒度、圆度等性质的非均质性，决定了岩石的非均质性。岩浆岩中的晶体颗粒，有的小到显微镜也难观察，有的大到直径数十厘米；沉积岩中，有的小到肉眼不能看见，像石灰岩、泥岩和粉砂岩中的微细颗粒，也有的粒度达数十厘米，如砾岩中的粗大颗粒。同一地点同一种岩石，矿物或岩屑颗粒的尺寸往往也相差很大。一般地说，在其他条件相同的情况下，岩石组成物质的颗粒越细小，岩石越致密，颗粒大小越均匀、一致，则其力学性质越均匀。

岩石的非均质性可用试验数据的偏差系数 $\zeta(\%)$ 进行估计，即

$$\zeta = \frac{S}{\bar{X}} \times 100\% \tag{3.1}$$

$$S = \sqrt{\sum_{i=1}^{n} \frac{(X_i - \bar{X})^2}{n-1}} \tag{3.2}$$

式中 $\bar{X}$—— 各观测值的算术平均值；

X_i—— 第 i 个观测值；

n—— 试件个数。

K.B.Руппенейт 通过对砂岩弹性模量(垂直于层理) 进行试验后，得到了用于试验的不同砂岩的弹性模量的偏差系数，即：粗砂岩 17.0、中砂岩 17.8、细砂岩 4.4。由 K.B.Руппенейт 的试验结果可以看出，随着砂岩颗粒尺寸的减小，砂岩弹性模量的偏差系数减小，砂岩的力学性质变得越均匀。

3.1.1.2　各向异性

岩石的各向异性是由其生成条件所决定的。岩浆在运移、冷凝成岩过程中,会使片状、板状、柱状矿物做定向排列,形成典型的流纹结构、流线结构和流层结构等。岩石在变质作用过程中,会使原岩中那些本来没有明显方向性排列的片状、板状、柱状矿物,重新做定向排列,或新产生一些变质矿物做定向发育。从统计角度分析,有两种情况:一种是如前所述,具有定向排列,岩石表现为各向异性;另一种情况是岩石中的各种矿物都是沿着各个不同方向均匀排列,这样即使岩石含有某些具有明显软弱面的矿物,但是从统计角度来看,软弱面在各个方向上出现的概率是相同的,这就使得软弱面的作用在各个方向上分散了,因此从宏观来看,就可以把岩石近似地看作为均质体。上述这些构造往往造成岩石力学性质明显的非均匀性。沿着这些构造面,抗剪能力很弱,表现为明显的软弱面;垂直于结构面的方向上,承受拉力性能又很差。即使以受压而论,岩石也会因结构面的方向不同而表现出不同的强度特征。因此岩石的力学性质,不仅与组成岩石的矿物性质有关,也与岩石的构成片麻岩的麻理构造、片岩的片理构造和板岩的板理构造有关。层理是沉积岩最普遍的构造,也叫做层状构造,是由沉积岩石在成分或结构上的变化所表现出的层次叠置现象。

3.1.2　岩石的密度指标

岩石的密度是指单位体积岩石(包括岩石中孔隙体积)的质量(单位:kg/m^3)。岩石是由固相、液相和气相组成的,三相物质在岩石中所含的比例不同、矿物岩屑成分不同,密度也会发生变化。根据岩石试样的含水情况不同,岩石的密度可以分为天然密度(ρ)、干密度(ρ_d)和饱和密度(ρ_{sat}),一般未说明含水状态时指天然密度。

1.天然密度 $\rho(kg/m^3)$

天然密度是指岩石在自然条件下,单位体积的质量,即

$$\rho = \frac{m}{V} \tag{3.3}$$

式中　m—— 岩石试件的总质量;

　　　V—— 该试件的总体积。

2.干密度 $\rho_d(kg/m^3)$

干密度是指岩石孔隙中的液体全部被蒸发,试件中仅有固体和气体的状态下,其单位体积的质量,即

$$\rho_d = \frac{m_s}{V} \tag{3.4}$$

式中　m_s—— 岩石中固体的质量。

3.饱和密度 $\rho_{sat}(kg/m^3)$

饱和密度是指孔隙都被水充填时单位体积的质量,即

$$\rho_{sat} = \frac{m_s + V_V\rho_W}{V} \tag{3.5}$$

式中　V_V—— 孔隙的体积;

　　　ρ_W—— 水的密度。

4. 比重(G_s)

岩石比重是指岩石固体部分重与压力为1.013 25大气压,4 ℃时的同体积纯水重量的比值,即

$$G_s=\frac{W_s}{V_s\cdot\gamma_W}\tag{3.6}$$

式中　G_s——岩石的比重;

W_s——体积为V_s的固体岩石部分重;

V_s——岩石固体部分体积;

γ_W——压力为1.013 25大气压,4 ℃时的同体积纯水重量。

密度试验通常用称重法,在进行天然密度试验时,首先应该保持被测岩石的含水量,其次要注意岩石是否含有遇水溶解、遇水膨胀的矿物成分,若有类似的物质应该采用水下称重的方法进行试验,即先将试件的外表涂上一层厚度均匀的石蜡,然后在水中称物体的质量,并计算天然密度;饱和密度可采用48 h浸水法、抽真空法或煮沸法使岩石试件饱和,然后再称质量;而干密度的测试方法是先把试样放入105～110 ℃烘箱中,将岩石烘至恒重(一般约为24 h左右),再进行称重试验。

3.1.3　岩石的孔隙性

由于天然岩石属于多晶体材料,本身存在很多缺陷和相对较多的孔隙或裂隙。一般地层中的岩石孔隙度越发育,岩石(体)的强度就越小,塑性变形和渗透性就越大。所以详细地研究岩石的孔隙度是研究岩石(体)力学的基本问题之一。为了度量岩石中空隙发育的程度,通常用孔隙度来说明岩石孔隙性的好坏。

岩石中孔隙总体积与岩石总体积之比,称为岩石的总孔隙度或绝对孔隙度,即

$$\text{岩石绝对孔隙度}=\frac{\text{岩石中孔隙总体积}}{\text{岩石的总体积}}\times 100\%\tag{3.7a}$$

显然,岩石的绝对孔隙度越大,岩石中总孔隙的空间越大。但是,不同大小和形状的孔隙,对流体的储集和流动的影响是不同的。一般来说,碎屑岩的粒间孔隙比较规则、均匀,而碳酸盐岩的各种孔隙大小相差悬殊,形状比较复杂,根据孔隙的大小,可将岩石的孔隙分为三类:

(1)微毛细管孔隙。指管形孔径小于0.000 2 mm,裂缝宽度小于0.000 1 mm的孔隙。由于流体与周围介质分子的吸引力极大,以致在常温常压下,流体在这种孔隙中已不能流动,如黏土、致密页岩中的孔隙即属此类型。

(2)毛细管孔隙。指管形孔径在0.5～0.000 2 mm之间,裂缝宽度介于0.25～0.001 mm之间的孔隙。由于流体和岩石颗粒分子间的毛细管阻力的作用,流体不能自由流动,但在外力大于这种阻力时可以流动,一般砂岩的粒间孔隙多属此类型。

(3)超毛细管孔隙。指管形孔径大于0.5 mm,裂缝宽度大于0.25 mm的孔隙。在重力作用下,流体在其中可以自由流动。服从静水力学的一般定律,一些未胶结和胶结疏松的砂层的孔隙属于这种类型。

在油气田勘探和开采时,只有相互连通的超毛细管孔隙和部分毛细管孔隙才具有实

际意义，而微毛细管孔隙及一些彼此孤立互不连通的孔隙，即使含油气，也没有实际意义。因此，在实际工作中，常采用有效孔隙度概念。

$$\text{有效孔隙度} = \frac{\text{岩石中有效孔隙总体积}}{\text{岩石的总体积}} \times 100\% \tag{3.7b}$$

式(3.7b)中的岩石有效孔隙总体积是指岩石中能为流体所饱和、互相连通的孔隙体积的总和。

正常孔隙度的大小主要取决于岩石的类别、结构和构造，大部分又取决于岩石形成的方式。例如，岩浆缓慢冷却时形成的侵入岩的正常孔隙度较小，而岩浆快速冷却时形成的喷出岩的正常孔隙度往往较大。沉积岩石的正常孔隙度大都取决于它们的颗粒成分、胶结物以及胶结的类型。裂隙孔隙度的大小取决于岩石中发育的裂隙数量、密度、长度以及它们的张开度。

3.1.4 岩石的水理性

某一埋藏深度的地层中经常贮藏着地下水。在具有水力坡度的条件下，地下水便通过岩体的孔隙、裂隙、断裂和溶洞等进行渗透和流动。因此，在岩体中会引起水力学和物理化学的作用。岩石在水溶液的作用下所表现的性质称为岩石的水理性质，如岩石的吸水性、渗透性、膨胀性、崩解性和软化性等。

3.1.4.1 岩石的吸水性

在一定条件下，岩石吸收水分的性质称为吸水性。常用吸水率、饱水率和饱水系数等物理指标来表示。

(1) 吸水率(ω_a)

吸水率(ω_a)指岩石在常温常压下自由吸入水分的质量(m_{w1})与岩石干质量(m_s)之比，即

$$w_a = \frac{m_{w1}}{m_s} \times 100\% \tag{3.8}$$

岩石的吸水率大小主要取决于岩石中孔隙和裂隙的数量、大小和它们的张开与关闭程度，当然也受测试方法和要求的影响。大部分岩浆岩和变质岩的吸水率多在0.1% ~ 2.0%之间；沉积岩的吸水性较强，其吸水率多变化在0.2% ~ 7.0%之间。

(2) 饱水率(w_p)

饱水率(w_p)指岩石在高压(一般为15 MPa)或真空条件下吸入水分的质量(m_{w2})与岩石的干质量(m_s)之比，即

$$w_p = \frac{w_{w2}}{m_s} \times 100\% \tag{3.9}$$

岩石的饱和吸水率反映了岩石总开孔隙率的发育程度，因此亦可间接地用它来判定岩石的风化能力和抗冻性。

(3) 饱水系数 η_w

饱水系数 η_w 定义为岩石的吸水率(w_a)与饱水率(w_p)之比，即

$$\eta_w = \frac{w_a}{w_p} \tag{3.10}$$

它反映了岩石中大、小开孔隙的相对比例关系。一般来说，饱水系数越大，岩石中的大开孔隙相对越多，小开孔隙相对越少。另外饱水系数大，说明常压下吸水后余留的孔隙就越少，岩石容易被冻胀破坏，因而其抗冻性差。同时岩石的吸水性与岩石的力学性质密切相关，对于泥页岩地层和富含黏土矿物的地层，吸水率和饱水率越高就意味着其稳定性必然越差。

表3.1列出了某些岩石的比重、容重、孔隙度(%)和吸水率。

表3.1　某些岩石比重、容重、孔隙度及吸水率指标

岩石名称		比重	容重/(g·cm^{-3})	孔隙度/%	吸水率/%
岩浆岩	花岗岩	2.50 ~ 2.48	2.30 ~ 2.80	0.04 ~ 0.92	0.10 ~ 0.92
	正长岩	2.50 ~ 2.90	2.40 ~ 2.85		0.47 ~ 14.94
	闪长岩	2.60 ~ 3.10	2.52 ~ 2.96	0.25 ~ 3.00	0.30 ~ 0.48
	辉长岩	2.70 ~ 3.20	2.55 ~ 2.98	0.29 ~ 1.13	
	辉绿岩	2.60 ~ 3.10	2.53 ~ 2.97	0.40 ~ 5.38	0.22 ~ 5.00
	玢　岩	2.60 ~ 2.84	2.40 ~ 2.80		0.07 ~ 1.65
	班　岩	2.62 ~ 2.84	2.70 ~ 2.74	0.29 ~ 2.75	0.20 ~ 2.00
	粗面岩	2.40 ~ 2.70	2.30 ~ 2.67		
	安山岩	2.40 ~ 2.80	2.30 ~ 2.70	1.09 ~ 2.19	0.29
	玄武岩	2.60 ~ 3.30	2.50 ~ 3.10	0.35 ~ 3.00	0.31 ~ 2.69
	凝辉岩	2.56 ~ 2.78	2.29 ~ 2.50	1.50 ~ 4.90	0.12 ~ 7.45
沉积岩	砾　岩	2.67 ~ 2.71	2.42 ~ 2.66	0.34 ~ 9.30	0.20 ~ 5.00
	砂　岩	2.60 ~ 2.75	2.20 ~ 2.71	1.60 ~ 2.83	0.20 ~ 12.9
	页　岩	2.57 ~ 2.77	2.30 ~ 2.62	1.46 ~ 2.59	1.80 ~ 3.10
	石灰岩	2.48 ~ 2.85	2.30 ~ 2.77	0.53 ~ 2.00	0.10 ~ 4.45
变质岩	片麻岩	2.63 ~ 3.01	2.30 ~ 3.05	0.70 ~ 4.20	0.10 ~ 3.15
	片　岩	2.75 ~ 3.02	2.69 ~ 2.92	0.70 ~ 2.92	0.08 ~ 0.55
	石英岩	2.53 ~ 2.84	2.40 ~ 2.80	0.50 ~ 0.80	0.10 ~ 1.45
	大理岩	2.80 ~ 2.85	2.60 ~ 2.70	0.22 ~ 1.30	0.10 ~ 0.80
	板　岩	2.68 ~ 2.76	2.31 ~ 2.75	0.36 ~ 3.50	0.10 ~ 0.95

3.1.4.2　岩石渗透性

当停留在地层岩石孔隙中的油、气、水一旦出现压力差时，就要发生孔隙流动。流体通过岩石的难易程度称为渗透率，一般常用符号 K 来表示，它是石油工程和油藏工程中经常接触的一个参数，其基本方程式为

$$\frac{q}{A} = \frac{-K}{\mu}\frac{\mathrm{d}P}{\mathrm{d}L} \tag{3.11}$$

正确测量岩心的渗透率需要采用专门的渗透率测定仪测定。使已知黏度的流体从保持完整的岩心中通过，根据流体流过岩心的速度、压力差、岩心的横截面积和长度，可按式(3.11)求积分得出。由于通过岩心的液体的密度可以认为是常量，所以通过单位体积岩心的流量视为常数。但是当流体为可压缩流体，尤其是天然气时，由于压力变化，密度也会发生变化，因此必须对压力进行校核。当通过岩心的压力为 p_1 和 p_2 时，对式(3.11)积分得

$$\frac{q}{A}=\frac{K}{\mu}\frac{p_1-p_2}{L} \quad 或 \quad q=\frac{KA}{\mu}\frac{p_1-p_2}{L} \tag{3.12}$$

若将理想气体流过岩心时的平均压力，标准压力 p_0(1个大气压)时的体积流量 $Q=q\dfrac{p_1+p_2}{2p_0}$ 代入式(3.12)得

$$K=\frac{2QL\mu p_0}{A(p_1^2-p_2^2)} \tag{3.13}$$

式中 q——渗透速度(或流量)，cm^3/s；

Q——流过截面面积 A 的流量(cm^3/s)；

p_0——标准压力(或 $1.013\ 25\times10^5$ Pa)；

p_1、p_2——流过岩心前后的压力(10^5 Pa)；

L——测试岩心长度(cm)；

A——岩心的截面面积(cm^2)；

μ——流体的静黏滞系数(cp)；

K——渗透率(um^2)。

应当指出，以上形式的达西定律只适用于线性渗流。当速度超过临界值，线性渗流转化为非线性渗流，流动不再满足达西定律。

岩石的渗透性与孔隙性密切相关，一般而言，随有效孔隙度增大，岩石对流体的渗流能力增强，岩石逐渐变得疏松，强度逐渐降低。此外，岩石的渗透性，尤其是裂缝性储集层的渗透性对地应力变化敏感，其根本原因在于，地应力可以改变岩石中孔隙的张开度与连通性，甚至于使某些孔隙闭合，从而降低渗透率。在石油开采过程中，研究渗透性随地应力的变化规律对于油气田的高效开发，最大限度地提高采收率具有重要意义。

3.1.4.3 膨胀性、崩解性及软化性

泥页岩地层和富含黏土矿物的地层与外来流体接触后，因黏土矿物具有较强的亲水性，致使岩石中颗粒间的水膜增厚，或者水渗入矿物晶体内部，从而引起岩石的体积或长度膨胀，这就是岩石的膨胀性。由于吸水膨胀作用，致使岩石内部出现非均匀分布的应力，加之有的溶解物被溶掉，因而造成岩石中颗粒及其集合体分散，称之为岩石的崩解性。

岩石的软化性是指岩石浸水后引起其强度降低的性能，这种浸水造成岩石强度降低的作用称为水对岩石的软化作用。而岩石抵抗水软化作用的能力主要取决于岩石中亲水性和易溶性(可溶性)矿物或胶结物的类型和含量，此外也与岩石中孔隙及裂缝的发育程度密切相关。

泥页岩地层是石油钻井过程中遇到的最主要的地层类型，而黏土矿物又大量存在于

各种储集层和非储集层中，因此石油开发过程中，研究地层与外来水溶液接触时所表现出来的各种物理、化学作用过程对于石油开发具有重要的指导意义。

3.1.5　岩石的热理性

岩石的热理性是指岩石温度发生变化时所表现出来的物理性质。与其他力学材料一样，岩石也具有热胀冷缩的性质，并且有时表现得相当明显。当温度升高时，岩石不仅发生体积及线膨胀，而且其强度也要降低，变形特性也随之改变。表征岩石热理性的参数主要有体胀系数、线胀系数、热导率等。

1. 体胀系数及线胀系数

岩石受热后体积或长度发生膨胀的性质称为热胀性，常用体胀系数和线胀系数来度量。岩石的体胀系数(α_{vs})是指温度上升1 ℃所引起体积的增值与其初始体积之比

$$\alpha_{vs} = \frac{V_t - V_0}{V_0} \tag{3.14}$$

线胀系数(α_{ls})是指温度上升1 ℃所引起长度的增量与其初始长度之比

$$\alpha_{ls} = \frac{L_t - L_0}{L_0} \tag{3.15}$$

式中　V_0、L_0——分别为岩石的初始体积、初始线长度；

V_t、L_t——分别为岩石在 t ℃时的体积、线长度。

一般认为，岩石的体胀系数为线胀系数的3倍，即 $\alpha_{vs} = 3\alpha_{ls}$。某些岩石的线胀系数参考值见表3.2。

表3.2　某些岩石的线胀系数参考值

岩石名称	线胀系数/(10^{-5}℃)	岩石名称	线胀系数/(10^{-5}℃)
砂岩	1.0～2.0	粗粒花岗岩	0.0～6.0
白云岩	1.0～2.0	细粒花岗岩	1.0
灰岩	0.6～3.0	辉长岩	0.5～1.0
页岩	1.9～1.5	辉绿岩	1.0～2.0
大理岩	1.2～3.3	片麻岩	0.8～3.0

2. 热导率

岩石的热导率是度量岩石的热传导能力的参数。岩石的热导率(C_t)是指当温度上升1 ℃时，热量(Q_T)在单位时间内传递单位距离时的损耗值，即

$$C_t = \frac{Q_T}{L \cdot t \cdot T} \tag{3.16}$$

式中　L——热量传递的距离；

t——热量传递 L 距离所用的时间；

T——上升的温度。

岩石的热导率(C_t)不仅取决于它的矿物组成及结构构造，而且还与其赋存的环境关系密切。

岩石的热理性是稠油热采过程中，研究地层中热传播速度、热效率、地层热稳定性所必需的重要参数，同时也是钻井过程中分析井壁热稳定性所必需的基础参数。

岩石除具有密度、孔隙性、水理性、热理性等特征外，还具有放射性、磁性、导电性和弹性等特征。不同岩石所具有的放射性、磁性、导电性和弹性等特征的差异，是石油工业利用地球物理测井研究和分析地下岩层岩性、孔隙结构以及开展岩石力学研究的基础和依据。

3.2　岩石的强度特性

岩石强度是指岩石试件在荷载作用下开始破坏时承受的最大应力(强度极限) 以及应力和破坏之间的关系，它反映了岩石承受各种荷载的特性以及岩石抵抗破坏的能力和规律。岩石强度不仅取决于岩石的性质，还取决于同内部应力有关的量。因此只有首先确定受力状态，才能讨论岩石强度的概念。例如，岩石强度随外力的性质(静荷载和动荷载)及加载方式而变化，故拉伸、压缩、剪切的强度相差甚远；单向压缩、双向压缩、三轴压缩强度也相差很大。岩石强度有抗拉、抗压、抗剪等强度。

3.2.1　岩石的强度及测量

室内试验是获得岩石各种物理性质指标的重要手段。试验之前对岩石进行正确的取样和制备样品，是在实验室里准确地获得各种岩石力学性质的必备条件之一。岩石的正确取样和制备样品是一项很细致的工作，花费的时间可能比试验花费的时间还要多。

首先，采取的岩样必须能够真正地反映岩石的情况，岩样应随机地从岩石的不同部位采取。

其次，岩样的制备必须遵循一定的制作规范。大多数力学试验样品为圆柱体，典型样品的直径多采用 2.5 ~ 5.0 cm，视试验设备而定。一般对于较大块的岩石，可以先使用机器或人工将其切为小块，然后用小型钻具在岩块上钻取岩心，再用车床或表面光滑机将样品两个端面及周边打磨光滑。圆柱体样品的端面彼此之间应当严格地平行并垂直于圆柱体的轴线。这是因为样品断面的槽沟和孔洞处会形成应力集中点，致使岩样在相当低的荷重下被破坏。

最后，利用有限的实验样品进行岩石强度实验后，取平均值作为该岩石的强度值。

实验室钻取岩心、打磨岩心的过程中，一般都采用水介质作为冷却流体，但与其他材料不同，岩石材料在与水介质接触的过程中，受水浸泡的影响，岩石的力学性质会受到影响，因此在取心、打磨等制取岩石样品的过程中，应尽可能地缩短岩石与水的接触时间。对泥质胶结的岩石、泥页岩则不宜采用水介质作为冷却流体，此时应尽可能地采用压缩空气或液氮等介质作为冷却流体，以降低和消除取心过程对岩石强度测定结果的影响。

3.2.2　岩石单轴抗压强度

岩石的单轴抗压强度是指岩石在单轴压力作用下达到破坏的极限强度，在数值上等于破坏时的最大压应力。

岩石的单轴抗压强度试验一般是在压力机上进行的，即将岩石样品(一般是圆柱体)

置于压力机承压板之间轴向加荷，施力简图如图3.1所示，岩样被破坏时的应力值就是样品的抗压强度，关系式为

$$\sigma_c = \frac{P_c}{A} \tag{3.17}$$

式中　σ_c—— 岩石的单轴抗压强度；

P_c—— 岩石试件破坏时所加的轴向压力；

A—— 岩石试件横截面积。

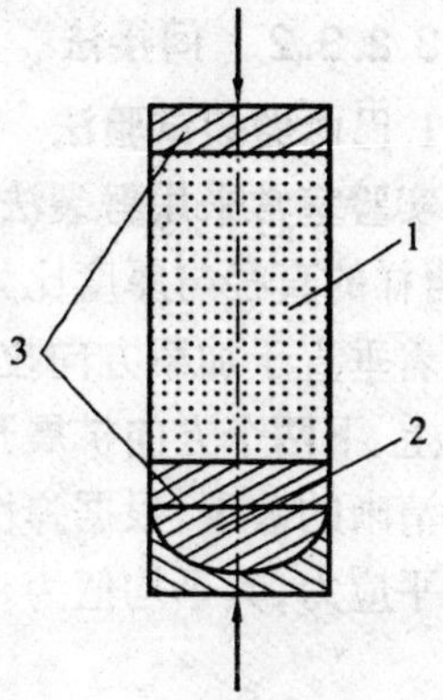

图3.1　单轴抗压缩试验

1— 岩样；2— 球座；3— 钢垫板

1972年，国际岩石力学学会建议岩石抗压强度实验室试验应满足下列标准：

(1) 圆柱体直径最好不少于54 mm；

(2) 高径比大约为2.5 ~ 2.0；

(3) 圆柱体端面要彼此平行并垂直于圆柱体的轴线，而且尽可能地磨平；

(4) 试验机最少应当有一个球形接头，需要涂少量矿物润滑油；

(5) 承压板必须磨光，样品需要放在承压板中心。

3.2.3　抗拉强度

岩石的抗拉强度是指岩石在单轴拉力作用下达到破坏的极限强度，在数值上等于被破坏时的最大拉应力。由于岩石是一种具有许多微裂隙的介质，在进行抗拉强度试验时，岩石试件的加工和试验环境的易变性，使实验室对岩石抗拉强度的获取比抗压强度的获取困难得多，分为直接法和间接法两种。根据试验结果，岩石抗拉强度要比其抗压强度小得多。许多岩石的抗拉强度不超过2 MPa，最坚硬的岩石也只有30 MPa左右，岩石的抗拉强度一般小于或等于岩石抗压强度的1/10。

3.2.3.1　直接法

实验室获取岩石抗拉强度的直接方法就是将岩石试样两端直接用夹子固定于拉力机上，然后对试件施加轴向拉力至岩石被破坏，如图3.2所示。根据试验结果，用下式计算岩石抗拉强度。

$$\sigma_t = \frac{P_t}{A} \tag{3.18}$$

式中　σ_t—— 岩石的单轴抗拉强度；

P_t—— 岩石试件被破坏时所加的轴向拉力。

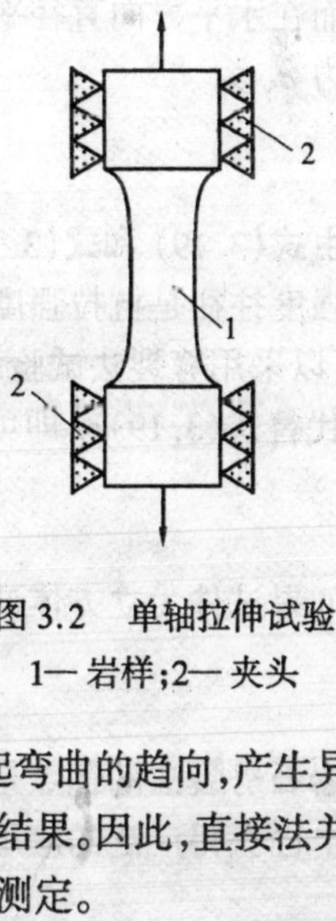

图3.2　单轴拉伸试验

1— 岩样；2— 夹头

在测定岩石抗拉强度的直接法试验中，最大的困难是试件的夹持问题。不仅要使拉应力均匀分布并便于夹持，而且还要将试件安装在拉伸夹持器中而不损伤试件的表面；此外，如果施加的荷载不能严格地与试件轴线平行，就有引起弯曲的趋向，产生异常的应力集中；再则，夹持过程本身就将在试件内产生压应力而影响结果。因此，直接法并不常用，人们又研究出大量的间接方法，进行实验室岩石抗拉强度的测定。

3.2.3.2　间接法

1.巴西劈裂试验法

实验室常采用劈裂法(俗称巴西法)测定岩石抗拉强度,一般采用圆柱体及立方体试件,岩样的直径与厚度比为 2 : 1,将薄圆盘试件沿其直径方向上加载,在沿着加载直径上分布着垂直于加载方向拉伸应力(图 3.3)。圆盘的破裂是从圆的中心开始,并沿着加载直径向上、下两个方向扩展开来。当拉应力达到岩样的抗拉强度 σ_t 时,试件在加载点联机上呈现清晰的破裂。根据弹性力学理论,沿着施加集中力 p_c 的直径方向产生近似均匀分布的水平应力,其平均值为

$$\sigma_x = \frac{2P_c}{\pi DL} \tag{3.19}$$

式中　p_c—— 作用于岩石试件上的压力;

D—— 岩石试件直径;

L—— 岩石试件长度。

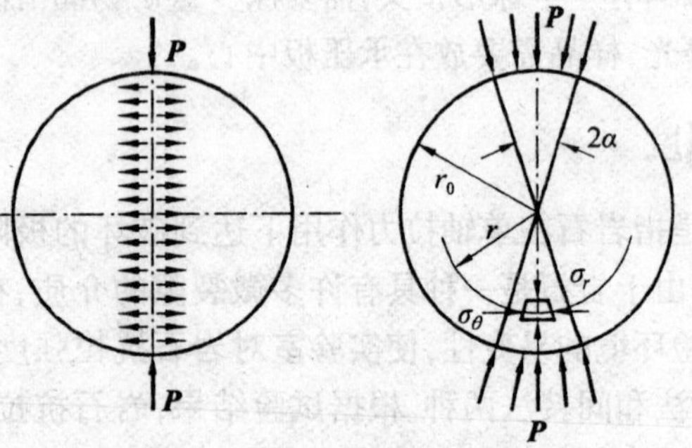

图 3.3　巴西劈裂试验

而在水平方向直径平面内产生非均匀分布的竖向压应力,其在试件中轴线上的最大压应力 σ_y 为

$$\sigma_y = \frac{6P_c}{\pi DL} \tag{3.20}$$

由式(3.19) 和式(3.20) 可知,圆柱状试件的压应力 σ_y 为拉应力 σ_x 的 3 倍,但是岩石抗压强度往往是抗拉强度的 10 倍,所以,在这种试验条件下试件总是表现为受拉破坏,因此,可以采用劈裂法试验结果求解岩石抗拉强度。此时,只需用试件破坏时的最大应力 P_{max} 代替式(3.19)p_c 即可得到岩石的抗拉强度 σ_t,即

$$\sigma_t = \frac{2P_{max}}{\pi DL} \tag{3.21}$$

如果试件为立方体试件,则抗拉强度(σ_t)为

$$\sigma_t = \frac{2P_{max}}{\pi a^2} \tag{3.22}$$

岩石劈裂法的优点是简便易行,无需特殊的设备,只需用普通的压力机就行,因此,在工程上已获得广泛的应用。

一般而言，岩石的抗拉强度与抗压强度之间存在线性关系，可近似表示如下

$$\sigma_c = \zeta \cdot \sigma_t \tag{3.23}$$

式中　ζ——岩石类型系数，随岩石的类型而变，一般在4～10之间变化。

2. 点荷载试验法

点荷载试验法是在20世纪70年代发展起来的一种简便的现场试验方法(图3.4)。该试验方法最大的特点是可利用现场取得的任何形状的岩块，可以是5 cm的钻孔岩芯，也可以是开挖后掉落下的不规则岩块，不作任何岩样加工直接进行试验。该试验装置是一个极为小巧的设备，其加载原理类似于劈裂法，不同的是劈裂法所施加的是线荷载，而点荷载法所施加的是点荷载。该方法所确定的实验值，可用点荷载强度指数 I_s 来表示，可按下式求得

$$I_s = \frac{P}{D^2} \tag{3.24}$$

式中　P——试验时所施加的极限荷载；

D——试验时两个加载点之间的距离。

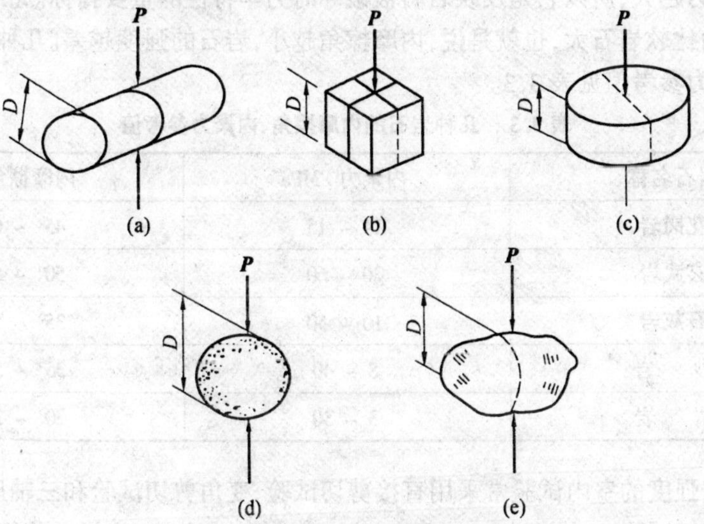

图3.4　点荷载及其试验方法示意图

(a)、(e) 径向加载；(b)、(c) 轴向加载；(d) 径向、轴加载均可

经过大量试验数据的统计分析，提出了表征一个点荷载强度指数与岩石抗拉强度之间的关系如下

$$R_t = 0.096\frac{P}{D^2} = 0.096 I_s \tag{3.25}$$

由于点荷载试验的结果离散性较大，因此要求每组试验必须达到一定的数量。通常进行15个试件的试验。最终按其平均值求得其强度指数并推算出岩石的抗拉强度。

$$R_t = \frac{1}{15}\sum_{i=1}^{15} 0.096 I_s \tag{3.26}$$

最近，由于许多岩体工程分类中都采用了点荷载强度指数作为一个定量的指标，因

此,有人建议采用直径为 5 cm 的钻孔岩芯作为标准试样进行试验。使点荷载试验的结果更趋合理,且具有较强的可比性。

3.2.4 抗剪强度

岩石抗剪强度是指岩石抵抗剪切破坏(滑动)的能力,是岩石力学需要研究的岩石的最重要特性之一,往往比抗压强度和抗拉强度更有意义。岩石抗剪强度可用内聚力(C)和内摩擦角(φ)表示。

内聚力是指由分子引力引起的物体中相同组成的各部分倾向于聚合在一起的力,又叫黏聚力或凝聚力。对于岩石,内聚力主要是由于岩石中相邻矿物颗粒表面上的分子(或原子核粒子)相互直接吸引而成。它在宏观上表现为没有正应力作用的剪切面的抗剪强度及该剪切面上不存在因内摩擦力而造成的抗剪强度。不同岩石的内聚力大小差别极大。

内摩擦角是岩石破坏时极限平衡剪切面上的正应力(σ)和内摩擦力(F)形成的合力(R)与该正应力之间形成的夹角,内摩擦角可以反映该种岩石内摩擦力的大小。内摩擦角越大,内摩擦力越大,所以它是反映岩石被破坏时力学特性的重要指标。此外,一般坚硬岩石的内摩擦角比软岩石大,也就是说,内摩擦角越小,岩石的强度越差。几种常见岩石的内摩擦角、内聚力参考值见表 3.3。

表 3.3 几种岩石的内摩擦角、内聚力参考值

岩石名称	内聚力 /MPa	内摩擦角 φ
花岗岩	14 ~ 15	45° ~ 60°
玄武岩	20 ~ 60	50° ~ 55°
石灰岩	10 ~ 50	35° ~ 50°
砂　岩	8 ~ 40	35° ~ 50°
页　岩	3 ~ 30	20° ~ 35°

岩石抗剪强度的室内试验常采用直接剪切试验、变角剪切试验和三轴压缩试验测定。

1. 直接剪切试验

室内岩石直接剪切试验是在直接剪切仪上进行的,仪器主要由上、下刚性匣子组成,对测定岩石本身剪切强度的试件,没有明确规定尺寸,一般可以采用 5 cm × 5 cm;对测定岩石软弱结构面抗剪切强度的试件,规定为 15 cm × 15 cm ~ 30 cm × 30 cm,并规定结构面上下岩石的厚度分别约为断面尺寸的$\frac{1}{2}$左右。在制备试样时,可以将试样沿着四周切成凹槽状,当试样不能作成规则形状时,可以将沙浆与试样浇制一起进行剪切。将配制好的岩样放在剪切仪的上、下匣之间,逐渐加大作用力,直至岩石发生剪切破坏。试验中,一般是上匣固定不动,下匣可以水平移动,上、下匣的错动面就是岩石的剪切面。

岩石抗剪切强度是在垂直压力 N 作用下,并且在水平方向施加剪切力 T,直到岩石被剪断为止。试验时,先在试样上施加垂直荷载 N,然后在水平方向逐渐施加水平剪切力 T,直到最大值 T_{max}。剪切面上的正应力(σ_n)和剪切力(τ)分别为

$$\begin{cases}\sigma_n = \dfrac{N}{A} \\ \tau = \dfrac{T}{A}\end{cases} \tag{3.27}$$

式中　A——试件剪切面积(m^2)。

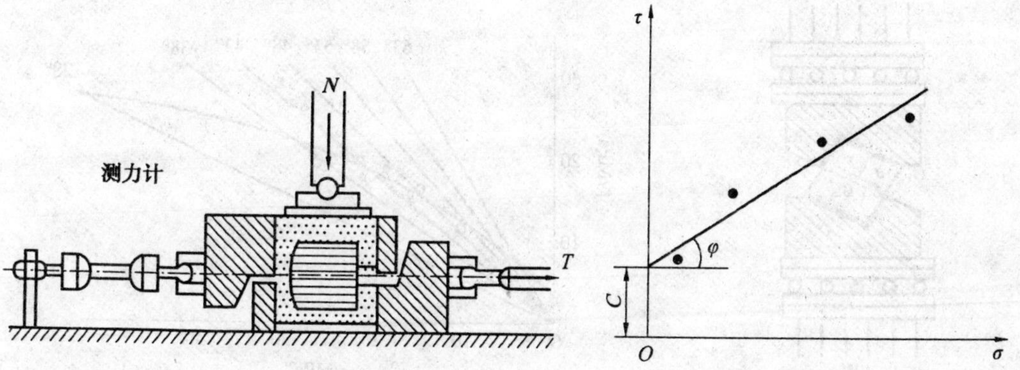

(a) 装置图　　(b) C、φ 值的确定示意图

图 3.5　直接剪切试验示意图

在逐渐施加水平剪切力(T)的同时观测上、下匣试样的相对水平位移以及垂直位移,从而绘制出剪应力(τ)与水平位移(δ_h)的关系曲线($\tau - \delta_h$ 曲线)以及垂直位移(δ_v)与水平位移(δ_h)的关系曲线($\delta_v - \delta_h$ 曲线)。

岩石的抗剪强度随作用在破坏面上的正应力大小而变化,一般来说,岩石在低应力作用下的抗剪强度较小,而受高应力作用时抗剪强度较大。

试验证明,$\tau_f - \sigma_n$ 强度线并不是严格的直线,但在正应力不大时($\sigma_n < 10$ MPa)可近似的看作直线,其方程式为

$$\tau_f = C + \sigma_n \cdot \tan\varphi \tag{3.28}$$

这就是著名的库仑方程式,根据直线在 τ_f 轴上的截距可求得岩石的内聚力 C,根据该线与水平方向的夹角,可以确定岩石的内摩擦角 φ。

直接剪切试验的优点是简单方便,不需要特殊的设备,但该方法所用试件的尺寸较小,不易反映岩石中裂缝、层理等弱面的情况。同时,试件受剪切面上的应力分布也不均匀,如果所加水平力偏离剪切面,则还会引起弯矩,误差较大。

2. 变角剪切试验

抗剪断试验在室内进行时,通常采用不同 α 值的夹具进行试验,一般采用 α 角度为 30°～70°(以采用较大的角度为好),如图 3.6(a) 所示。

在单轴压缩实验机上求得所施加的极限荷载。作用在剪切面上的正应力 σ 和剪应力 τ 可按下式求得

$$\begin{aligned}\sigma &= \frac{P}{A}(\cos\alpha + f\sin\alpha) \\ \tau &= \frac{P}{A}(\sin\alpha - f\cos\alpha)\end{aligned} \tag{3.29}$$

式中　P—— 试验机所施加的极限荷载；

f—— 滚珠排与上、下压板的摩擦系数；

A—— 剪切破坏面的面积；

α—— 夹具的倾斜角。

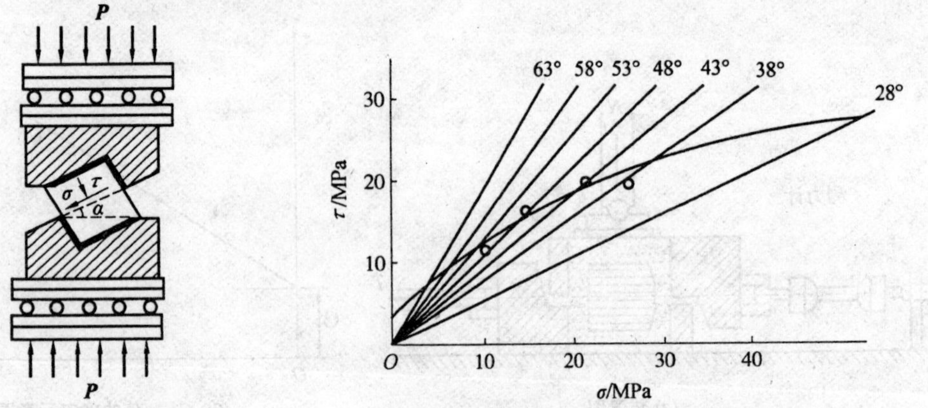

(a) 变角剪切仪示意图　　(b) 变角剪切仪试验结果示意图

图 3.6　变角剪切度

按上式求出相应的 σ 及 τ 值就可以在坐标纸上作出它们的关系曲线(图 3.6(b))，岩石的抗剪强度关系曲线是一条弧形曲线，一般简化成直线形式。这样就可以确定岩石抗剪强度的内聚力 C 和内摩擦角 φ。

从严格的意义上说，抗剪试验方法存在着一定的弊端。首先，从试验结果看，岩石试件的破坏强制规定在某个面上，它的破坏并不能真正地反应岩石的实际情况。因此，虽然工程岩体试样方法标准中也将其推荐为试验方法之一，但是作为抗剪强度试验，目前最常用的还是通过三向压缩应力试验而求得强度。

3. 三轴压缩试验

三轴压缩试验提供了定量测试岩石在复杂应力状态下的机械性质的一种良好手段。图 3.7 表示了几种三轴试验的方案。

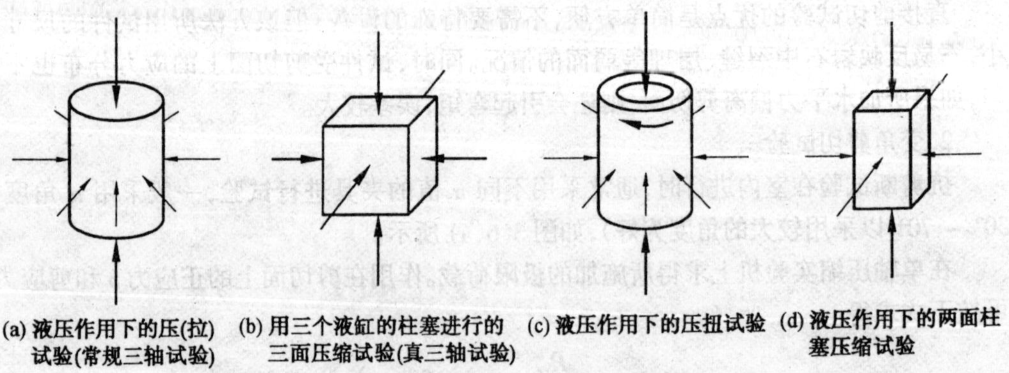

(a) 液压作用下的压(拉)试验(常规三轴试验)　(b) 用三个液缸的柱塞进行的三面压缩试验(真三轴试验)　(c) 液压作用下的压扭试验　(d) 液压作用下的两面柱塞压缩试验

图 3.7　三轴岩石试验方法

粗箭头表示压缩或扭转作用于岩样上；细箭头表示液体压力作用于岩样表面上

(1) 常规三轴试验

在上述几种三轴应力试验方案中，图3.7(a)方案是最常用的一种，称之为常规三轴试验。它是将圆柱形的岩样置于一个高压容器中，首先用液压 p 使其四周处于三向均匀压缩的应力状态下，然后保持此压力不变，对岩样进行纵向加载，直到使其破坏，试验的过程应记录下纵向的应力和应变的曲线关系。

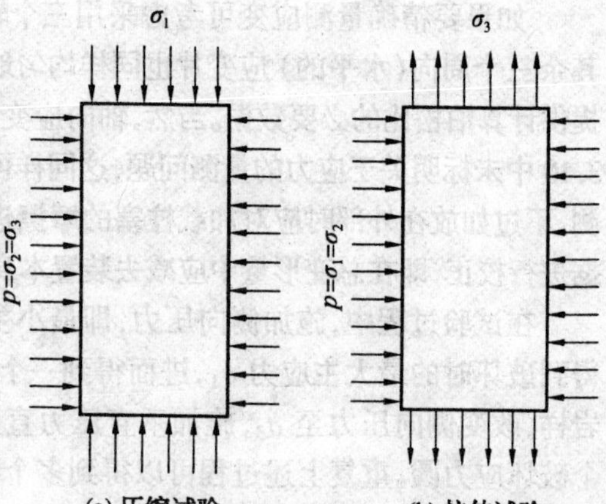

(a) 压缩试验　(b) 拉伸试验

图3.8　常规三轴试验

从图3.8可以看出，如果加载表面上不存在切向应力，这样的施载方案可以很好地保证完全均匀的应力状态。要完全做到这一点是有困难的，采用减小岩样纵向加载端面与压板间摩擦的办法可以近似地满足均匀应力的要求，至少在岩样的中间部分可以达到相当满意的结果。最早进行岩石三轴试验的是旺·卡尔曼(Von Karmlan, 1911)。图3.9是最早的三轴试验装置的简图，该装置的压力可达 6×10^8 Pa。用手压泵向装置中的低压室1供油(压力设为 p_1)推动活塞2上行，使高压室3中的压力升高(压力为低压室的25倍，因为活塞2的小柱塞与大活塞面积之比为1 : 25)，高压室3与空腔4连通，从而对岩样5造成围压。高压室中的液体系用小压缩性及高黏度的甘油。轴向荷载由柱塞6传给岩样(可将整个装置放在压力机的压板之间进行纵向加载)。岩样的轴向应变用精度为0.01 mm的百分表量测。

试验时为了防止供压液体侵入岩样，一般都采用密封保护套(例如，可用橡胶、塑料或铜套等)以隔绝岩样。图3.10是霍埃克(Hook)和富兰克林(Franklin)所推荐的一种岩样在高压室中的安装简图。

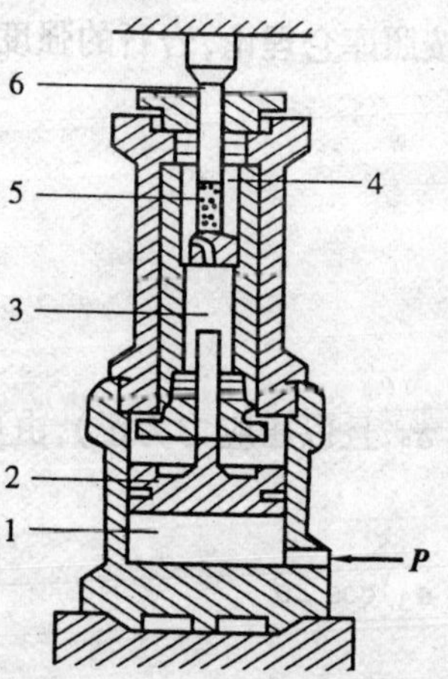

图3.9　卡尔曼的三轴试验装置

1— 低压室；2— 活塞；3— 高压室；
4— 空腔；5— 岩样；6— 柱塞

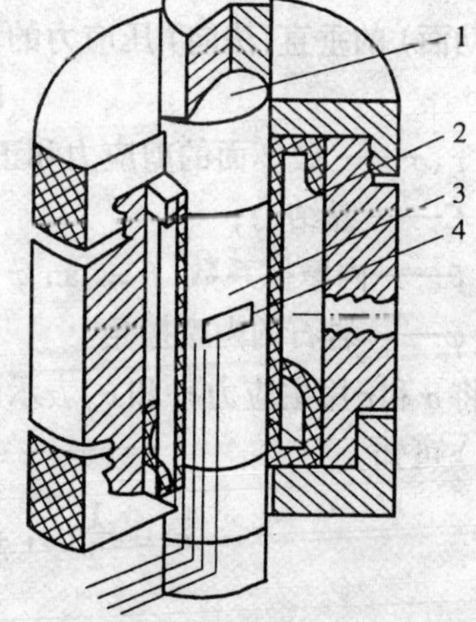

图3.10　岩样在高压室中安装图

1— 球座(淬火钢)；2— 密封保护套；
3— 岩样；4— 应变片

如果要精确量测应变可考虑采用三个轴向(垂直的)应变片均匀地贴在岩样的中部,其余三个周向(水平的)应变片也同样均匀地贴在岩样的表面上,这样周向的应变片还可以提供计算泊松比的必要数据。当然,轴向应变也可以在高压室外采用高级千分表来测量。图3.10中未标明关于应力的量测问题,这同样可以把应力计放在高压室内部或外部来实现量测。不过如放在外部时应对加载柱塞的摩擦进行校正。同样地,外部的应变计也应对变形数据进行校正,即在总变形量中应减去装置本身的变形量,从而获得岩样的真实变形量。

在试验过程中,施加侧向压力,即最小主应力 σ_3,然后逐渐增大垂向压力,直至破坏,得到破坏时的最大主应力 σ_1,进而得到一个破坏时的应力圆(图3.11(b))。再采用相同的岩样,改变侧向压力至 σ_3,施加垂直压力直至破坏,得到与之对应的 σ_1,进而又得到另一个破坏应力圆。重复上述过程可以得到多个破坏应力圆,绘制这些应力圆的包络线,即可得到岩石的抗剪强度曲线(图3.11(a))。如果把它近似看作是一根直线,则该线在纵轴上的截距即为岩石的内聚力 C,该线与水平线的夹角即为岩石的内摩擦角 φ。

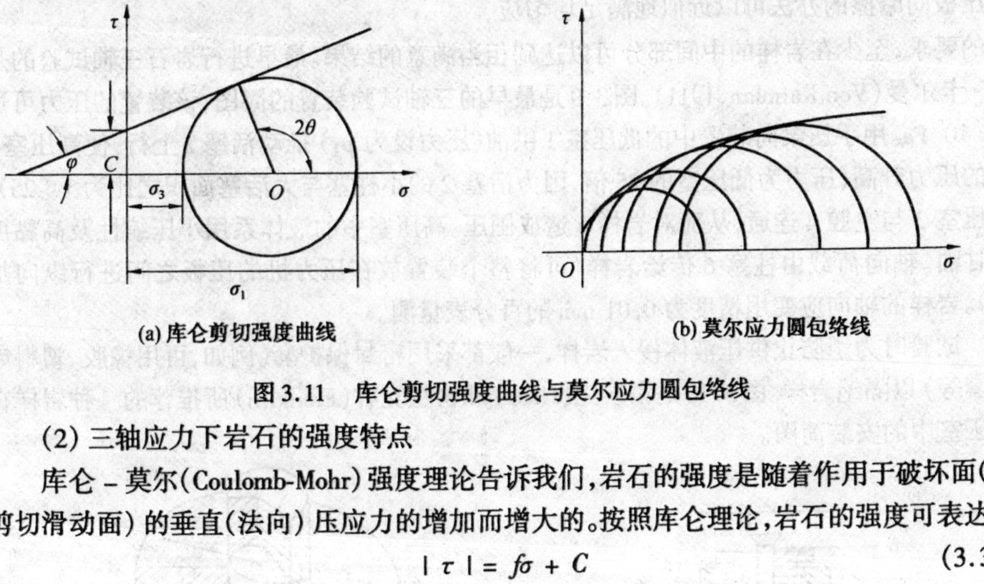

(a) 库仑剪切强度曲线　　(b) 莫尔应力圆包络线

图 3.11　库仑剪切强度曲线与莫尔应力圆包络线

(2) 三轴应力下岩石的强度特点

库仑 - 莫尔(Coulomb-Mohr)强度理论告诉我们,岩石的强度是随着作用于破坏面(或剪切滑动面)的垂直(法向)压应力的增加而增大的。按照库仑理论,岩石的强度可表达为

$$|\tau| = f\sigma + C \tag{3.30}$$

式中　τ、σ—— 破坏面的剪应力和正应力;

C—— 黏结力;

f—— 内摩擦系数,$f = \tan\varphi$;

φ—— 岩石的内摩擦角。

若将 σ 和 τ 用主应力 σ_1 和 σ_3 表示(这里 $\sigma_1 \geqslant \sigma_2 \geqslant \sigma_3$,且以压应力为正),由莫尔圆(图3.11(b))可知

$$\sigma = \frac{1}{2}(\sigma_1 + \sigma_3) + \frac{1}{2}(\sigma_1 - \sigma_3)\cos 2\theta \tag{3.31}$$

$$\tau = \frac{1}{2}(\sigma_1 - \sigma_3)\sin 2\theta \tag{3.32}$$

式中的 θ 是可能的剪切破坏面的法线与最大主应力 σ_1 方向之间的夹角或是该平面与最小主应力之间的夹角。并且有

$$\theta = \frac{\pi}{4} + \frac{\varphi}{2} \tag{3.33}$$

库仑剪切强度曲线在 $\tau - \sigma$ 平面上是一条直线，它与 σ 轴的斜率为 $f = \tan\varphi$，在 τ 轴上的截距为 C。此线表明，岩石的抗剪强度由两部分组成：一部分是黏结力（或即法向力为零时的抗剪强度）；另一部分是滑移面上的内摩擦力，它与正应力成正比关系。当莫尔应力圆与公式(3.30) 所给出的直线相切时，岩石便发生了破坏。

实践证明，岩石材料的剪切强度曲线在低围压情况下，多近似为直线，且破坏角的实测值与预测值也十分吻合。但库仑条件不适用于 $\sigma_3 < 0$（拉应力）的情况，也不适用于高围压的情况。

莫尔对库仑理论作了推广，提出岩石的强度曲线应是一系列不同应力水平的极限应力圆的包络线（图 3.11(b)），这样画在 $\tau - \sigma$ 平面上的岩石强度曲线变成了近似于斜率逐渐减小的抛物线，便可适用于高围压的情况。三轴试验的结果完全证实了这一点。图 3.12 中我们列出了卡尔曼在室温下的试验结果（应力 – 应变曲线）。

三轴试验能够在整个岩样试件内部产生真正均匀的和已知的应力分布，因而根据三轴试验获得的资料可以正确地画出摩尔包络线，得到的岩石抗剪强度比直接剪切试验更为可靠。三轴试验是获得岩石抗剪强度最好的方法之一，但是它需要昂贵的设备，同时试验也很费时间，并且很难独立地改变一个预定破坏面上的剪切力和正应力。表 3.4 和图 3.12 为实际的三轴应力试验及处理结果。

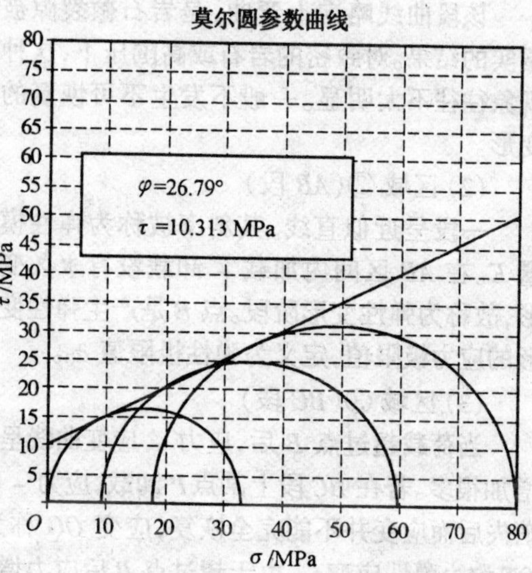

图 3.12　第3组岩样莫尔圆及莫尔包络线

表 3.4　三轴压力试验数据

组号	岩心号	围压 /MPa	试验结果		
			杨氏模量 /MPa	泊松比	抗压强度 /MPa
1	1 – 1	0	16 334	0.188	32.768
	1 – 2	9	18 079	0.206	59.002
	1 – 3	18	19 947	0.219	80.236

3.3　岩石的变形特性

岩石在荷载作用下，首先发生的物理现象就是变形，随着荷载的不断增加和作用时间的增长，会导致破坏。岩石在荷载作用下的变形可表现为弹性、韧性和流变变形，而且与所受应力状态有关。同一种岩石在不同受力状态下可能会有完全不同的变形特征。

3.3.1 岩石的应力 - 应变全过程

通过岩石的变形试验,可对岩石的变形特征进行全面深入的了解。由变形试验绘制的应力 - 应变曲线,即可对岩石的变形特征进行分析研究。岩石的变形试验有单轴和三轴试验。

图 3.13 给出的是典型的全应力 - 应变全过程曲线。可见,此应力 - 应变全过程曲线可分为四个特征区域:

(1) 区域 ①(*OA* 段)

该段曲线略向上弯曲,是岩石微裂隙被压实的结果。对致密的岩石或高围压下,这种现象往往不太明显。一般不发生不可恢复的变形。

(2) 区域 ②(*AB* 段)

一段呈近似直线,其斜率被称为弹性模量 E。在 *AB* 区间内加载 - 卸载没有永久变形,故称为弹性变形阶段。点 *B* 是产生弹性变形的应力极限值,定义为弹性极限值 σ_0。

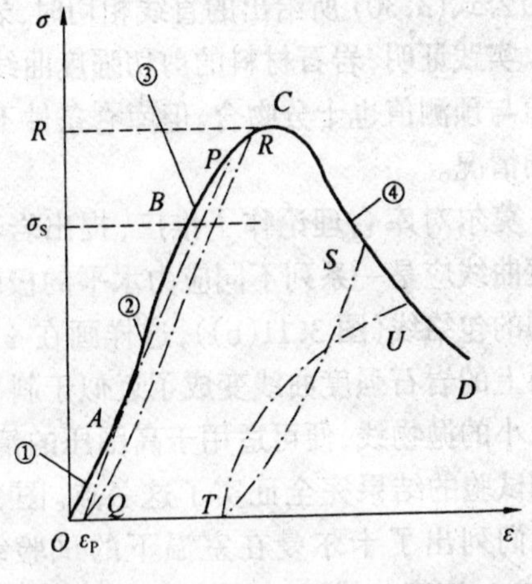

图 3.13 典型岩石的全应力 - 应变曲线

(3) 区域 ③(*BC* 段)

当荷载超过点 *B* 后,应力 - 应变曲线呈向下弯曲形状。这说明应力增加不大,而应变增加很多。若在 *BC* 段上某点 *P* 卸载,应力 - 应变曲线将沿 *PQ* 路径下降,这说明应力完全消失后而应变并不能完全恢复,应变 *OQ* 称为塑性应变 ε_P 或永久变形。恢复应变的部分 *QT* 称为弹性应变 ε_e。由于超过点 *B* 后应力增加不大,应变却有明显增加,而且出现永久变形,在岩石力学中又将点 *B* 对应的应力称为屈服极限应力 σ_S。如果在对应点(*P*)卸载后再重新加载,应力 - 应变曲线沿 *QR* 上升到与原曲线 *BC* 相联结,在 *P* 点以后荷载增加,应力 - 应变曲线仍沿 *BC* 上升到最高点 *C*。与最高点相对应的应力值(或峰值)称为抗压强度。它表示岩石在这种条件下所能承受的最大压应力,对一般岩石来说,抗压强度约为弹性极限的 1.5 ~ 3 倍。从点 *B* 开始,岩石内部不断产生微破裂以及颗粒间的相对滑动,到点 *C* 微破裂数量和扩展长度急据增加,有明显的非弹性体积膨胀和破裂面形成,直到发生破裂。因此点 *C* 的应力值时常被称为抗破坏强度 σ_C。

(4) 区域 ④(*CD* 段)

在岩石内部已形成宏观破裂面,但尚未完全形成破碎块。其抗压能力越来越小,应力 - 应变曲线逐渐下降,若在 *CD* 段上某点 *S* 卸载,曲线将沿 *ST* 路径下降,重新加载时则又沿 *TU* 应变曲线上升,直到点 *U* 与 *CD* 曲线联结。由于在岩石内部破裂面上的内聚力完全消失,所以岩石试件破碎成碎块。

对出现峰值点左侧的应力 - 应变曲线来说,可把岩石划分为(准) 弹性、半弹性和非弹性三类。1968 年,法默根据试验结果指出:(准) 弹性岩石多为细颗粒致密块状岩石,例如无气孔构造的喷出岩、岩浆岩和某些变质岩,它们具有弹脆性材料的性质,应力 - 应变曲线接近直线。半弹性岩石多为孔隙度小且具有相当大内聚力的粗颗粒岩浆岩和细颗粒致密的沉积岩,应力－应变曲线的斜率是随应力的增加而减小的;非弹性岩石多为内聚力低、空隙度较大的软弱的沉积岩,其应力－应变曲线的斜率通常显示出随荷载增加而增大的初始段,这说明在出现线性变形之前岩石内部裂缝被压实和闭合。

总之,由岩石的应力－应变全过程曲线可以看出:*OA* 段为岩石内部裂缝或孔隙被压密闭合的阶段,曲线的斜率随着应力的增加而增加。*AB* 段为线弹性变形阶段,应力－应变近似呈线性关系。从点 *B* 开始岩石试件便产生新的破裂,但在 *BC* 段破裂的传播速度比较缓慢而稳定。随着岩石所加荷载的增大,从点 *P* 就开始了破裂的快速传播,并使岩石试件导致于点 *C*(即峰点)发生破坏。超过点 *C* 后,由于应变速率的减缓就出现应力随着应变的继续增加而下降的变化,最后于点 *D* 发生破坏。

上述岩石的应力－应变全过程曲线可以看出峰值点右侧的曲线反映了岩石破裂后的力学性质。人们习惯用峰值左侧的曲线表示弹性或弹塑性岩石的应力－应变关系,以峰值应力代表岩石强度,超过峰值就认为岩石已经破坏,不再能承受荷载。这种认识现在看来与实际不大相符,因为从右侧曲线可以看出,它并不与水平轴相交,这表明岩石即使在破坏而且变形很大的情况下,仍具有一定的承载能力。

另外,还可以根据岩石的应力－应变全过程曲线判断该种岩石在高应力作用下是否易于发生破裂。曲线左侧岩石内积蓄的弹性应变能大约等于全过程曲线左侧的面积,而开始破裂后所消耗的能量又约等于全过程曲线右侧的面积,若前者大于后者,表示该岩石在高应力作用下破坏后尚剩部分能量,这部分变形能一旦有条件释放出来就有可能引起断裂或岩爆。试验研究表明,由于自然界岩石在矿物组成、孔隙度以及颗粒之间的连接力等方面存在着复杂的变化,这就必然导致岩石的应力－应变关系的差异。就岩石本身的变化性特征来说,矿物的成分、颗粒间连接力(其大小取决于成岩作用的程度、胶结物的类型和方式、变质和风化程度)以及孔隙度等,都是直接影响和控制岩石变形的因素。每种矿物都具有各自的应力－应变曲线,不同矿物晶粒的弹性极限不同。同一种矿物在不同受力方向上的弹性极限也各不相同。因此在同样的压力条件下,不论是单矿物岩石或复矿物岩石,都会处于不同的应变状态,即弹性、塑性或弹塑性等应变状态。孔隙发育,颗粒间连接力弱,岩石轻易变形,而且随受力方向不同而变化。

3.3.2　岩石应力－应变曲线的形态类型

米勒(Miller)根据28种岩石进行的单轴试验结果,将其应力－应变曲线划分成六种类型,如图3.14所示。

① 弹性类型:其应力应变关系为直线或近似直线,直到试件发生突然破坏为止,塑性变形不明显。例如玄武岩、石英岩、白云岩和极硬的石灰岩。

② 弹塑性类型:这类岩石在应力较小时其应力－应变曲线近似于直线,当荷载增加到一定值后,应力－应变曲线向下弯曲,原因在于在高应力下岩石内部形成微裂隙和部分破坏的缘故,随着荷载的增加曲线斜率逐渐变小直到破坏。例如较软的石灰岩、泥岩和凝灰岩等。

③ 塑弹性类型:这类岩石在应力较低时,应力－应变曲线略向上弯曲。原因是由于岩石在应力作用下其张开裂缝或原微裂缝闭合的结果。当荷载增加到一定值后,应力－应变曲线逐渐变直,直到发生破坏。例如砂岩、花岗岩、片岩和辉绿岩等。

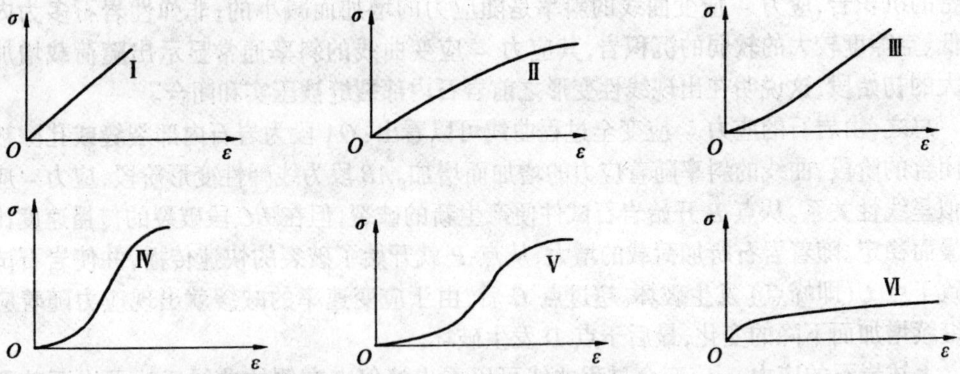

图 3.14　岩石应力 - 应变曲线类型

④ 塑弹塑性 Ⅰ 类:这类岩石在应力较小时应力 - 应变曲线向上弯曲,原因是塑弹性类岩石,当荷载增加到一定值后,变形曲线成直线,最后曲线向下弯曲,并形成S形。例如变质岩中的大理岩、片麻岩等。

⑤ 塑弹塑性 Ⅱ 类:这类岩石基本上与塑弹塑性 Ⅰ 类相同,也是S形,但曲线斜率变化较平缓,一般发生在压塑性较高的岩石中。例如片岩等。

⑥ 弹塑蠕变类型:其应力 - 应变曲线与岩盐类似。开始有很小的一段直线部分,然后有非弹性的曲线部分,而且继续不断产生与时间有关的蠕变。例如某软弱、松散和无内聚力的黏土砂岩等。

以上从岩石的应力 - 应变全过程和单轴变形特性方面,阐述了岩石的应力应变的复杂性和类型繁多的原因。下面进一步讨论如何根据岩石的应力 - 应变曲线确定岩石的弹性参数。

3.3.3　弹性参数的确定

任何物体在外力作用下都要发生形变,当外力的作用停止时,形变随之消失,这种形变就叫弹性形变。描述岩石弹性形变的主要参数有杨氏模量、体积模量、剪切模量以及泊松比等,统称它们为岩石的弹性参数。

1. 杨氏模量(E)

它是张应力与张应变的比值。设长为 L、截面积为 A 的岩石,在纵向上受到力 F(张力或压力)作用时伸长(或压缩)ΔL,则纵向张应力 F/A 与张应变 $\Delta L/L$ 之比值(图 3.15)为杨氏模量,则

$$E = \frac{F/A}{\Delta L/L} \quad 或 \quad E = \frac{\sigma}{\varepsilon_e} \qquad (3.34)$$

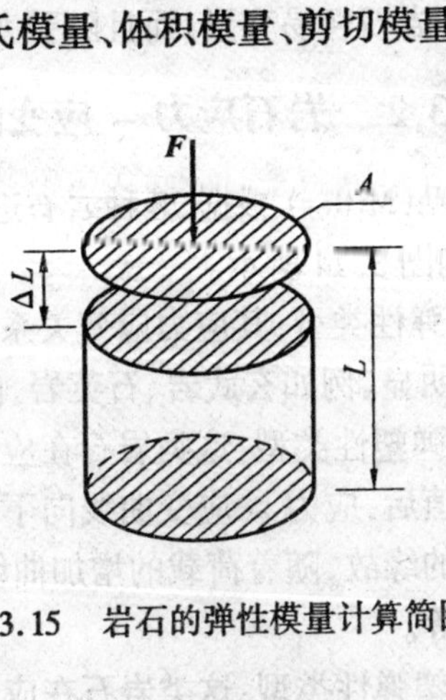

图 3.15　岩石的弹性模量计算简图

杨氏模量 E 与岩石的尺寸无关,它是岩石弹性变形强弱的标志。

2. 体积模量与压缩系数 β

岩石的体积弹性模量 K_V 是指在各向均匀压缩条件下,单位岩石体积的体积变化量

dV 或平均应力 σ_m 与体积应变 ε_V 的比，如图 3.16 所示，由定义有

$$K_V = \frac{dV}{\varepsilon_V} = \frac{\sigma_m}{\varepsilon_V} \qquad (3.35)$$

式中　dV—— 岩石在平均应力作用下单位体积的体积变化量，V 为岩石的初始单位体积；

σ_m—— 作用在岩石试件上的平均应力；

ε_V—— 岩石试件的体积应变；

K_V—— 岩石的体积弹性模量。

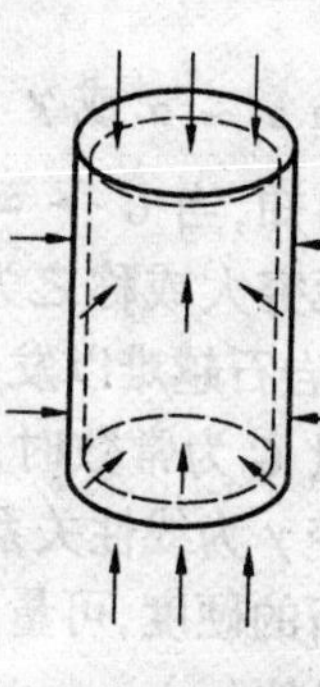

图 3.16　体积模量

当以压缩系数 β 描述岩石的压缩特性时，压缩系数的含义应理解为岩石随着压缩应力每增加 1 MPa 时，岩石体积 V 的相对减少量，即 $\beta = \frac{1}{V_0}\frac{dV}{dP}$。如果岩石在均匀的各向压缩变形中遵守胡克定律，则有：$\frac{1dV}{V_0 dP} = \frac{V_0 - V}{V_0 p}$，而且 $p = \sigma_m$，所以有

$$\beta = \frac{V_0 - V}{V_0 p} = \frac{V_0(1 - \frac{V}{V_0})}{V_0 \sigma_m} = \frac{\varepsilon_V}{\sigma_m}$$

固有

$$\beta = \frac{1}{K_V} \qquad (3.36)$$

式中　V_0—— 标准压力和温度下的岩石初始体积；

p—— 岩石所受的各向均匀压缩应力或平均静水压力；

$\frac{dV}{dp}$—— 为岩石在各向均匀压缩应力条件下的体积变化率。

3. 剪切模量 G

岩石的剪切模量是指作用在剪切面上的剪应力 τ 与相应的剪应变 γ 的比。按定义，剪切模量可用下式确定

$$G = \frac{\tau}{\gamma} \qquad (3.37)$$

如图 3.17 所示，如果作用在剪切面 A 上的剪切力为 $\boldsymbol{F}_t$，相距高度为 H 的剪切面在剪切力 $\boldsymbol{F}_t$ 作用下产生的变形为 u，剪切变形 u 随剪切力 $\boldsymbol{F}_t$ 的大小而变化。如果 $\boldsymbol{F}_t$ 越大，u 也越大；如果剪切面 A 加大，在不变剪切力 $\boldsymbol{F}_t$ 作用下，变形 u 减小。当引进比例系数 G 时，则有

$$u = \frac{1}{G}\frac{F_t}{\Delta A} \cdot H \qquad (3.38)$$

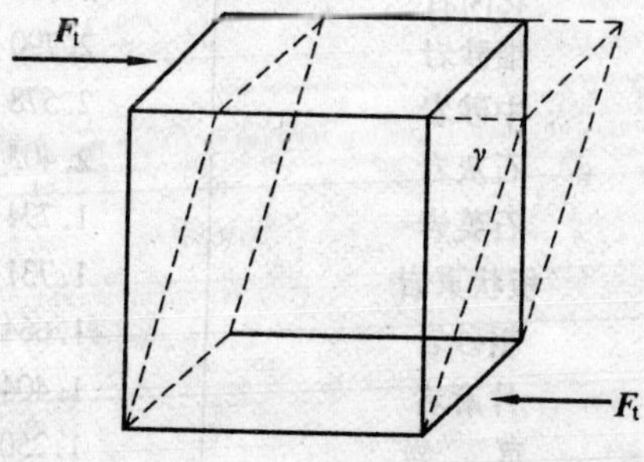

图 3.17　剪切模量示意图

式中，$\frac{u}{H}$ 为剪切变形率，它与变形后的形变角 α（当 α 很小时，$\tan\alpha = \alpha$）有下述关系

$$\frac{u}{H} = \tan\alpha \approx \alpha \text{ 或 } \gamma = \frac{1}{G}\cdot\tau \qquad (3.39)$$

由此可知，当 $G \to \infty$ 时，$u \to 0$，则岩石的抗剪能无穷大或称之为刚体。剪切模量 G 越大，说明岩石越难以发生剪切变形和破坏。当剪切模量 G 为常数时，岩石的剪切应力 τ 与剪切应变 γ 为线性关系，符合胡克定律。它反映了岩石的硬度，可量度岩石的抗压应力。

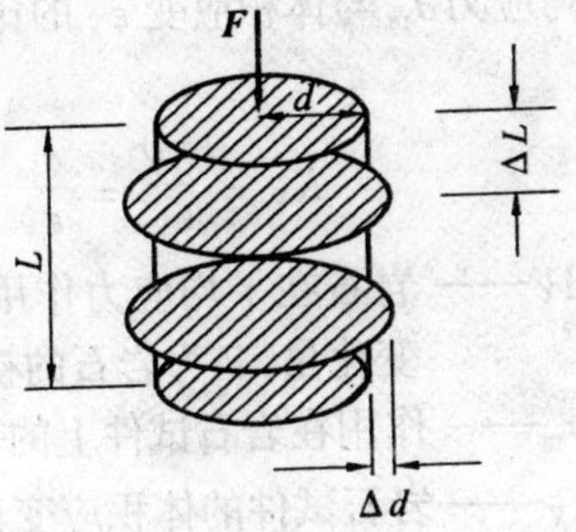

图 3.18　泊松比示意图

4. 泊松比(μ)

它是横向相对压缩与纵向相对伸长之比值。设长度为 L、直径为 d 的圆柱形岩石，当其受到压缩时，其长度缩短 ΔL，直径增加 Δd(图 3.18)，则 μ 等于

$$\mu = \frac{\Delta d/d}{\Delta L/L} \qquad (3.40)$$

表 3.5 给出了一些常见岩石的弹性模量和泊松比的值，可供参考。

表 3.5　岩石的弹性模量 E 和泊松比 μ 值

岩石种类	$E/10^4$ MPa	μ
闪长石	10.102 0 ~ 11.756 5	0.26 ~ 0.37
细粒花岗岩	8.120 1 ~ 8.206 5	0.24 ~ 0.29
斜长花岗岩	6.108 7 ~ 7.398 4	0.19 ~ 0.22
斑状花岗岩	5.493 8 ~ 5.753 7	0.13 ~ 0.23
花岗闪长岩	5.560 5 ~ 5.830 2	0.20 ~ 0.23
石英砂岩	5.310 5 ~ 5.868 5	0.12 ~ 0.14
片麻花岗岩	5.080 0 ~ 5.416 4	0.16 ~ 0.18
正长岩	4.837 8 ~ 5.310 4	0.18 ~ 0.26
片　岩	4.329 8 ~ 7.012 9	0.12 ~ 0.25
玄武岩	4.136 6 ~ 9.620 6	0.23 ~ 0.32
安山岩	3.848 2 ~ 7.696 5	0.21 ~ 0.32
绢云母页岩	3.367 7	—
花岗岩	2.982 3 ~ 6.108 7	0.17 ~ 0.36
细砂岩	2.790 0 ~ 4.762 2	0.15 ~ 0.52
中砂岩	2.578 2 ~ 4.030 8	0.10 ~ 0.22
石灰岩	2.405 6 ~ 3.289 6	0.18 ~ 0.35
石英岩	1.794 6 ~ 6.937 4	0.12 ~ 0.27
板状页岩	1.731 9 ~ 2.116 3	—
粗砂岩	1.664 2 ~ 4.030 6	0.10 ~ 0.45
片麻岩	1.404 3 ~ 5.512 5	0.20 ~ 0.34
页　岩	1.250 3 ~ 4.117 9	0.09 ~ 0.35
大理岩	0.962 0 ~ 7.482 7	0.06 ~ 0.35
碳质砂岩	0.548 2 ~ 2.078 1	0.08 ~ 0.25
泥灰岩	0.365 8 ~ 0.731 6	0.30 ~ 0.40
石　膏	0.115 7 ~ 0.769 8	0.30

岩石的应力－应变试验表明：岩石的弹性模量的泊松比的大小与岩石的矿物组成、结构构造、风化程度、孔隙度、含水量、软弱面相对于施加应力的方向等许多因素有关，往往都具有各向异性。当垂直于层理、片理方向加载时，弹性模量最小；相反，当平行于层理、片理或软弱面方向加载时，变形模量又最大；而斜交层理、片理或软弱面方向加载时，介于上述二者之间。在沉积岩中，平行层理面加载时的弹性模量与垂直层理面加载时的弹性模量之比，多数在1.08～2.05之间变化。在变质岩中，多数在2.0～8.0之间变化；在其他岩石中，多数在1.0～1.3之间变化。这些都说明了在层理发育的沉积岩中各向异性是最为显著的。表3.6给出了某些沉积岩的各向异性(室内试验结果)。

表3.6 某些沉积岩石的各向异性(室内静力试验结果)

岩石名称	弹性模量／(10^5 kg·cm^{-2})		泊松比 μ		抗压强度／(kg·cm^{-2})	
	∥	⊥	∥	⊥	∥	⊥
粗砂岩	1.93～4.18	1.73～4.51	0.10～0.45	0.12～0.36	1 185～1 575	1 423～1 760
中粒砂岩	2.87～4.19	2.68～3.37	0.12	0.10～0.22	1 170～2 160	1 470～2 060
细砂岩	2.83～4.95	2.98～4.60	0.10～0.22	0.15～0.33	1 378～2 410	1 335～2 205
粉砂岩	1.01～3.23	0.84～3.05	0.15～0.50	0.28～0.47	1 378～2 410	554～1 147

注：表中∥和⊥符号，是表示平行于和垂直于层理方向的试验条件

3.3.4 循环荷载下的变形特征

在岩石工程中，常常会遇到循环荷载的作用，岩石在这种条件下破坏时的应力往往低于其静力强度。岩石在循环荷载作用下的应力－应变关系，随加、卸荷载方法及卸载应力的大小不同而异，如图3.19。当在同一荷载下对岩块加、卸载时，如果卸载点(p)的应力低于岩石的弹性极限(B)，则卸载曲线基本上延加载曲线回到原点，表现为弹性恢复，如图3.19(a)所示。但应当注意，多数岩石的大部分弹性变形在卸载后能很快恢复，而小部分

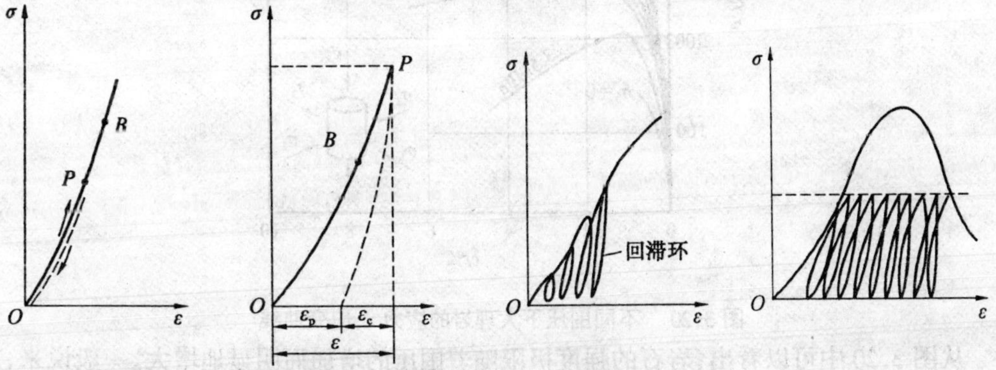

(a) 卸荷点在弹性极限点以下　(b) 卸荷点在弹性极限点以上　(c) 逐级循环加、卸载　(d) 常应力循环加、卸载

图3.19 循环加载卸荷的应力－应变曲线

(约 10% ~ 20%)需一段时间才能恢复,这种现象称为弹性后效。如果卸荷载点(P)的应力高于弹性极限(B),则卸载曲线偏离原加载曲线,也不再回到原点,变形除弹性变形(ε_e)外,还出现了塑性变形(ε_p)(图 3.19(b))。

在反复加载和卸载条件下,可得到如图 3.19(c) 和 3.19(d) 所示的应力 – 应变曲线。由图可知:

(1) 逐级一次循环加载条件下,其应力 – 应变曲线的外包线与连续加载条件下的曲线基本一致(图 3.19(c)),说明加、卸载过程并未改变岩块变形的基本特征,这种现象也称为岩石记忆。

(2) 每次加载和卸载曲线都不重合,且围成一环形面积,称为滞回环。

(3) 当应力在弹性极限以上某一较高值下反复加载、卸载时,由图 3.19(c) 可见。卸载后再加载曲线随反复加、卸载次数的增加而逐渐变陡,回滞环的面积变小。残余变形逐渐增加。岩块的总变形等于各次循环产生的残余变形之和,即累积变形。

(4) 由图 3.19(d) 可知,岩块的破坏产生在反复加、卸载曲线与全应力 – 应变曲线相交点,这时的循环加、卸载试验所给定的应力,称为疲劳强度。他是一个比单轴抗压强度低,且与循环持续时间等因素有关的值。

3.3.5 岩石在三向压应力下的变形特性

三轴压缩条件下的岩石变形性质通过三轴压缩试验进行研究,试验装置在前面已经介绍过,大理岩在三向压应力下的变形特性如图 3.20 所示。

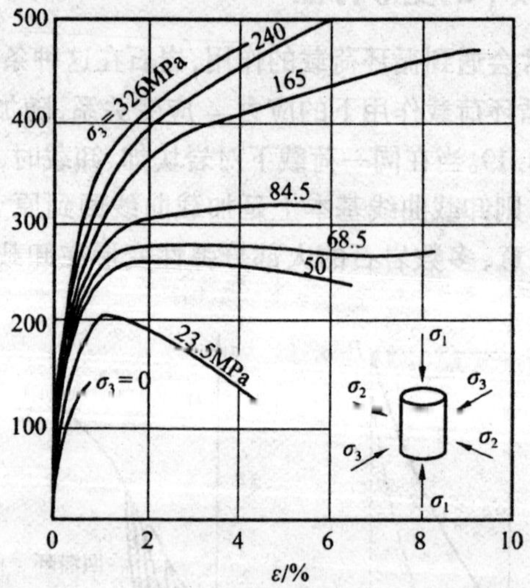

图 3.20 不同围压下大理岩的应力 – 应变曲线

从图 3.20 中可以看出,岩石的强度极限随着围压的增加而明显地增大。一般说来,压力对砂岩、花岗岩强度的影响要比对石灰岩、大理岩大。另外压力对强度的影响程度,不是在所有压力范围内都是一样的。在开始增大围压时,岩石的强度增加比较明显,再续增加围压时,相应的强度增量就变得越来越小;最后当压力很高时,有些岩石(例如石灰岩)的强度便趋于常数。在三轴应力作用下,岩石机械性质的另一个显著的变化,就是随着围压的增大,岩石表现出从脆性到塑性的转变,并且围压越大,岩石破坏前所呈现的塑性也越大。岩石在高围压下的塑性性质可以从应力 - 应变曲线看出来。一般认为,当岩石的总应变量达到3% ~ 5% 时就可以说该岩石已开始具有塑性性质或已实现了脆 - 塑的转变。

从图 3.20 分析可对围压对岩石变形的影响得出如下结论:

(1) 随着围压($\sigma_2 = \sigma_3$) 的增大,岩石的抗压强度显著增加;

(2) 随着围压($\sigma_2 = \sigma_3$) 的增大,岩石的变形显著增大;

(3) 随着围压($\sigma_2 = \sigma_3$) 的增大,岩石的弹性极限显著增大;

(4) 随着围压($\sigma_2 = \sigma_3$) 的增大,岩石的应力 - 应变曲线发生明显改变,岩石的性质发生了变化:由弹脆性 - 弹塑性 - 应变硬化。

3.4　岩石的流变特性

岩石的变形不仅表现出弹性和塑性,而且也具有流变性质。所谓流变性质就是岩石在力的作用下,其应力 - 应变关系与时间相关的性质。岩石的流变性包含蠕变、松弛和弹性后效。所谓的蠕变是指岩石在恒定的外力作用下,应变随时间的增长而增长的特性,也称作徐变;松弛是指在应变保持恒定的情况下,岩石的应力随时间的增长而减小的特性;弹性后效是指在卸载过程中弹性应变滞后于应力的现象。当前岩石流变力学主要研究蠕变、松弛和长期强度。

3.4.1　岩石的蠕变性质

3.4.1.1　蠕变特性和常规变形特性的联系

岩石的蠕变分为稳定蠕变与不稳定蠕变两类。

1. 稳定蠕变

当作用在岩石上的恒定荷载较小时,初始阶段的蠕变速度较快,变形趋近一稳定的极限值而不再增长,这就是稳定蠕变。

2. 不稳定蠕变

当荷载超过某一临界值时,蠕变的发展将导致岩石的变形不断发展,直到破坏,这就是不稳定蠕变。它的发展分成三个阶段,见图 3.27。典型的蠕变发展经过三个阶段。

(1) 初始蠕变阶段(Ⅰ)

有瞬时的弹性变形 *OA* 段,在施加外荷载并当外荷载维持一定的时间后,岩石将产生一部分随时间而增大的应变,此时的应变速率将随时间的增长逐渐减小,蠕变曲线呈下凹型,并向直线状态过渡。在此阶段,若卸去外荷载,则最先恢复的是岩石的瞬时应变,如图中的 *PQ* 段;之后随着时间的增加,其剩余应变亦能逐渐地恢复,如图中的 *QR* 段。*QR* 段曲线的存在,说明岩石具有随时间的增长应变逐渐恢复的特性,这一特性被称作为弹性后效。

(2) 稳定蠕变阶段(Ⅱ)

在这一阶段最明显的特点是应变与时间的关系近似呈直线变化,应变速率为一常数。若在第二阶段也将外荷载卸去,则同样会出现与第一阶段卸载时一样的现象,部分应变将逐渐恢复,弹性后效仍然存在,但是此时的应变已无法全部恢复,存在着部分不能恢复的永久变形。第二阶段的曲线斜率与作用在试件上的外荷载大小和岩石的黏滞系数 η 有关。通常可利用岩石的蠕变曲线,推算岩石的黏滞系数。

(3) 加速蠕变阶段(Ⅲ)

当应变达到点 C 后,岩石将进入非稳态蠕变阶段。这时点 C 为一拐点,之后岩石的应变速率剧烈增加,整个曲线呈上凹型,经过短暂时间后试件将发生破坏。点 C 往往被称作为蠕变极限应力,其意义类似于屈服应力。

3.4.1.2 岩石蠕变的影响因素

岩石蠕变的影响因素除了组成岩石矿物成分的不同而造成一定的变形差异之外,还将受到试验环境给予的影响,主要表现为以下几个方面:

(1) 应力水平对蠕变的影响

在不同的应力水平作用下的雪花石膏的蠕变曲线如图 3.22 所示。由这一组曲线可知:当在稍低的应力作用下,蠕变曲线只存在着前两个阶段,并不产生非稳态蠕变。它表明了在这样的应力作用下,试件不会发生破坏。变形最后将趋向于一个稳定值。相反,在较高应力作用下,试件经过短暂的第二阶段,立即进入非稳态蠕变阶段,直至破坏。而只有在中等应力水平(大约为岩石峰值应力的60% ~ 90%)的作用下,才能产生包含三个阶段完整的蠕变曲线。

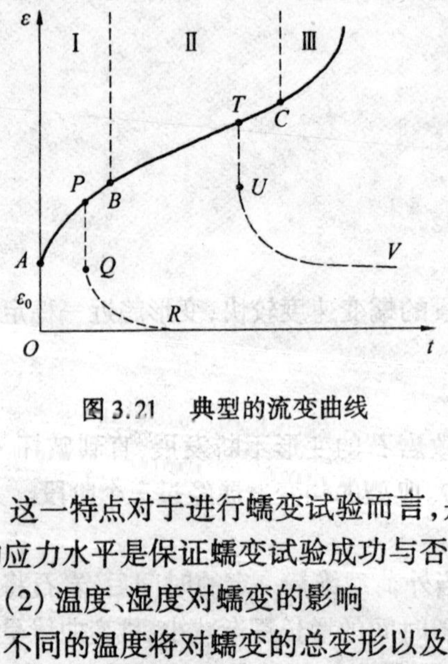

图 3.21 典型的流变曲线

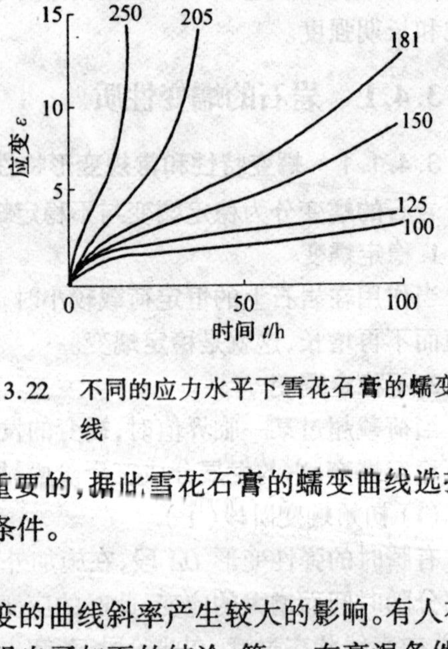

图 3.22 不同的应力水平下雪花石膏的蠕变曲线

这一特点对于进行蠕变试验而言,是极为重要的,据此雪花石膏的蠕变曲线选择合理的应力水平是保证蠕变试验成功与否的重要条件。

(2) 温度、湿度对蠕变的影响

不同的温度将对蠕变的总变形以及稳定蠕变的曲线斜率产生较大的影响。有人在相同荷载、不同温度条件下进行了蠕变对比试验,得出了如下的结论:第一,在高温条件下,总应变量低于较低温度条件下的应变量;第二,蠕变曲线第二阶段的斜率则是高温条件下要比低温时小得多。不同的湿度条件同样对蠕变特性产生较大的影响。通过试验可知,饱和试件的第二阶段蠕变应变速率和总应变量都将大于干燥状态下试件的试验结果。

此外,对于岩石蠕变试验来说,由于试验时所测得的应变量级都很小,故要求严格控制试验的温度和湿度,以免由于环境和二次仪器等变化而改变了岩石的蠕变特性。

3.4.1.3　蠕变特性和常规变形特性的联系

图 3.23 中长期蠕变试验的极限轨迹又称为蠕变终止轨迹线，表示试件加载到一定的应力水平以后，保持应力恒定，试件将发生蠕变。在适当的应力水平下，蠕变发展到一定程度，即应变达到某一值时蠕变就停止了，岩石试件处于稳定状态。蠕变终止轨迹线就是不同应力水平下，蠕变终止点的连线，这是事先通过大量试验获得的。当应力水平在 H 点以下时保持应力恒定，岩石试件不会发生蠕变。当应力水平达到点 E 时，保持应力恒定，则蠕变应变发展到点 F 将于蠕变终止轨迹线相交，蠕变就停止了。点 G 是临界点，应力水平在点 G 以下保持恒定，蠕变发展到最后还是会和蠕变终止轨迹线相交，蠕变停止，岩石试件不会发生破坏。若应力水平在点 G 保持恒定，则蠕变发展到最后就和全应力 - 应变曲线破坏后段相交，岩石试件发生破坏，这是岩石所能产生的最大蠕变应变值。若应力水平在点 G 以上保持恒定，最终将导致岩石试件发生破坏。因为蠕变发展到最后都要和全应力 - 应变曲线破坏后段相交。应力水平越高，从蠕变发生到破坏的时间越短。如从点 C 开始蠕变，到点 D 破坏；从点 A 开始蠕变，到点 B 就破坏了。

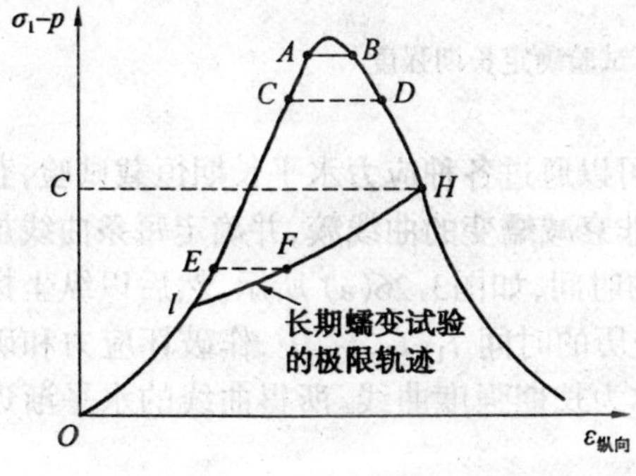

图 3.23　蠕变与应力 - 应变全过程曲线图

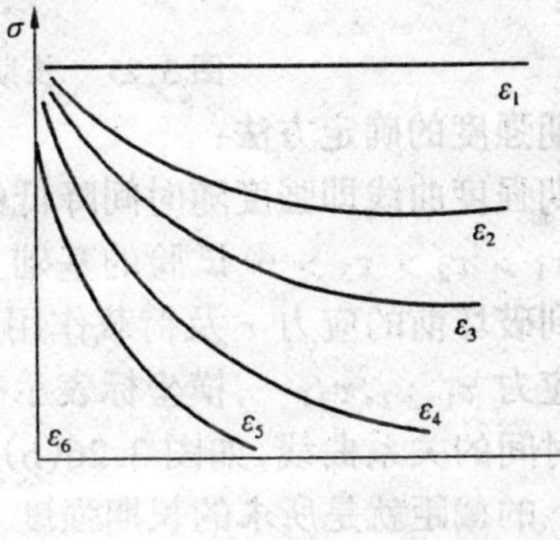

图 3.24　松弛曲线

3.4.2　岩石的松弛性质

松弛是指在保持恒定变形条件下应力随时间逐渐减小的性质，用松弛方程 $f(\sigma = const, \varepsilon, e, t) = 0$ 和松弛曲线表示，如图 3.24 所示。

松弛特性可划分为三种类型：

(1) 立即松弛 —— 变形保持恒定后，应力立即消失到零，这时松弛曲线与轴重合，如图 3.24 中，ε_6 曲线。

(2) 完全松弛 —— 变形保持恒定后，应力逐渐消失，直到应力为零，如图 3.24 中 ε_5，ε_4 曲线。

(3) 不完全松弛 —— 变形保持恒定后，应力逐渐松弛，但最终不能完全消失，而趋于某一定值，如图 3.24 中 ε_3，ε_2 曲线。此外，还有一种极端情况：变形保持恒定后应力始终不变，即不松弛，松弛曲线平行于 t 轴，如图 3.24 中 ε_1 曲线。

在同一变形条件下，不同材料其有不同类型的松弛特性。同一材料，在不同变形条件下也可能表现为不同类型的松弛特性。

3.4.3　岩石的长期强度

一般情况当荷载达到岩石瞬时强度时，岩石发生破坏。在岩石承受荷载低于瞬时强度的情况下，如果荷载持续作用的时间足够长，由于流变特性岩石也可能发生破坏。因此，岩石的强度是随外荷载作用时间的延长而降低的，通常把作用时间 $t \to \infty$ 的强度 S_∞，称为岩石的长期强度。

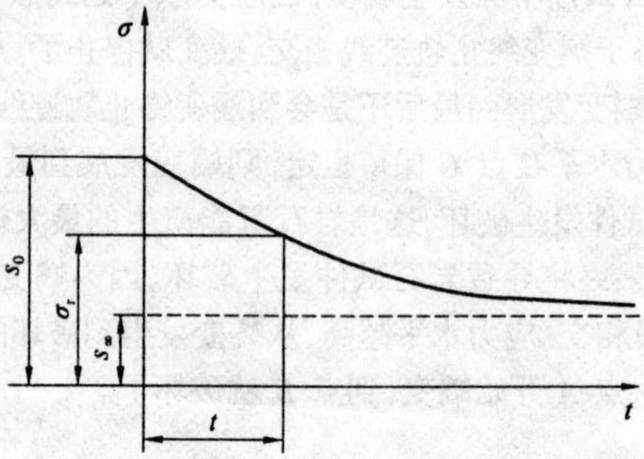

图 3.25　长期恒载破坏试验确定长期强度

长期强度的确定方法：

长期强度曲线即强度随时间降低的曲线，可以通过各种应力水平长期恒载试验，获取在荷载 $\tau_1 > \tau_2 > \tau_3 > \cdots$ 试脸的基础上，绘出非衰减蠕变的曲线簇，并确定每条曲线加速蠕变达到破坏前的应力 τ 及荷载作用所经历的时间，如图3.26(a) 所示。然后以纵坐标表示破坏应力 $\tau_1, \tau_2, \tau_3, \cdots$，横坐标表示破坏前经历的时间 $t_1, t_2, t_3, \cdots$，作破坏应力和破坏前经历时间的关系曲线，如图 3.26(b) 所示，称为长期强度曲线。所得曲线的水平渐近线在纵轴上的截距就是所求的长期强度。

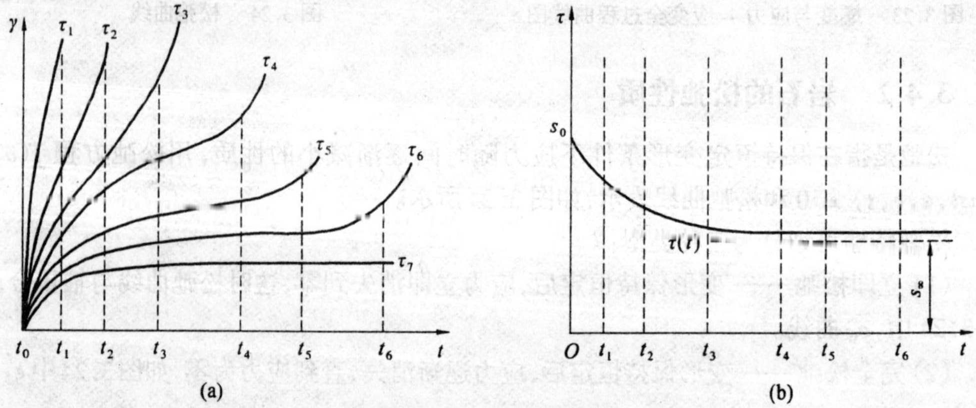

图 3.26　岩石蠕变曲线和长期强度曲线

岩石长期强度曲线如图 3.25 所示，可用指数型经验公式表示，即

$$\sigma_t = A + Be^{-\alpha t} \tag{3.41}$$

由 $t = 0$时，$\sigma_t = s_0$，得 $s_0 = A + B$；由 $t \to \infty$ 时，$\sigma \to s_\infty$，得 $s_\infty = A$；故得 $B = S_0 - A = s_0 - s_\infty$。因此式(3.41) 可写成

$$\sigma_t = s_\infty + (s_0 - s_\infty)e^{-\alpha t} \tag{3.42}$$

式中　α——由试验确定的另一个经验常数。

由式(3.42)可确定任意 t 时刻的岩石强度 σ_t。岩石长期强度是一个极有价值的时间效应指标。当衡量永久性的和使用期长的岩石工程的稳定性时,不应以瞬时强度而应以长期强度作为岩石强度的计算指标。

在恒定荷载长期作用下,岩石会在比瞬时强度小得多的情况下破坏,根据目前试验资料,对于大多数岩石,长期强度与瞬时强度之比(s_∞/s_0)为0.4~0.8,软岩和中等坚固岩石为0.4~0.6,坚固岩石为0.7~0.8。

3.4.4　岩石介质的力学模型

综上所述,岩石具有黏性材料、弹性材料及塑性材料的综合性质,是一种复杂的流变性材料。为了便于深入理论分析,预测岩石变形随时间而发展的状况,有必要对变形过程作出数学描述。通常采用流变学中的基本力学模拟元件来组合岩石材料的力学模型,并借以作出岩石流变性的数学描述。

3.4.4.1　基本模型元件

流变模型由以下三种基本元件构成:

(1) 胡克体(弹簧元件)

这种模型是线性弹性的,完全服从胡克定律,所以也称胡克体,如图3.27(a)所示。因为在应力作用下应变瞬时发生,而且应力与应变成正比关系,应力 σ 与应变 ε 的关系为:$\sigma = E\varepsilon$。由于弹性模量 E 为常数,于是有

$$\frac{d\sigma}{dt} = E\frac{d\varepsilon}{dt} \tag{3.43}$$

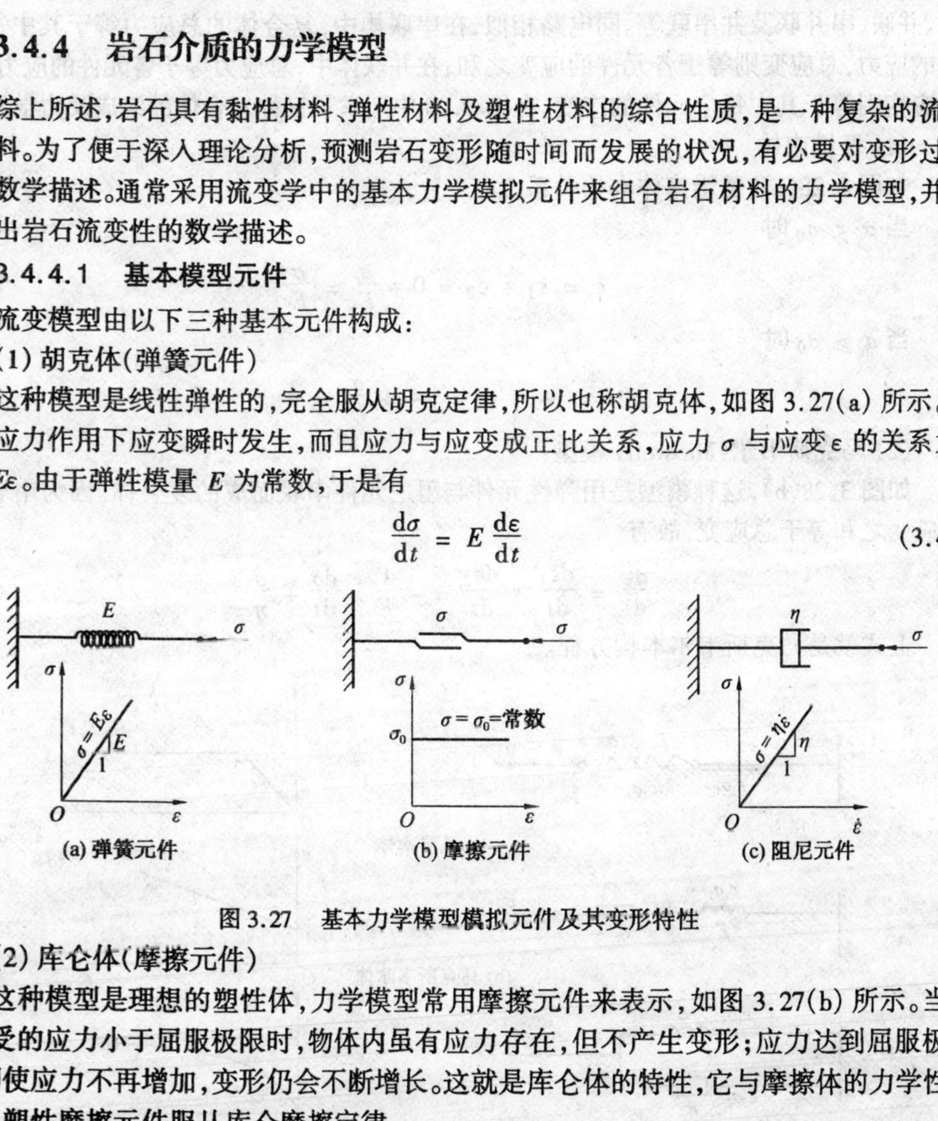

图3.27　基本力学模型模拟元件及其变形特性

(2) 库仑体(摩擦元件)

这种模型是理想的塑性体,力学模型常用摩擦元件来表示,如图3.27(b)所示。当材料所受的应力小于屈服极限时,物体内虽有应力存在,但不产生变形;应力达到屈服极限后,即使应力不再增加,变形仍会不断增长。这就是库仑体的特性,它与摩擦体的力学性质相同。塑性摩擦元件服从库仑摩擦定律。

$$\begin{cases} \varepsilon = 0 & \sigma < \sigma_0 \\ \varepsilon \to \infty & \sigma \geq \sigma_0 \end{cases} \tag{3.44}$$

式中　σ_0——岩石应力的屈服极限。

(3) 牛顿体(阻尼元件)

如图 3.27(c),这种模型完全服从牛顿黏性定律,它表示应力与应变速率成比例,即

$$\sigma = \eta \dot{\varepsilon} \quad 或 \quad \sigma = \eta \frac{d\varepsilon}{dt} \tag{3.45}$$

式中 t—— 时间;

η—— 流体的黏性系数。

3.4.4.2 常用的岩石介质模型

将上述三种基本元件组合成复合体,可用来模拟各种岩石的力学性质。组合方式为串联、并联、串并联及并串联等。同电路相似,在串联体中,复合体的总应力等于其中每个元件的应力,总应变则等于各元件的应变之和;在并联体中,总应力等于各元件的应力之和,总应变则等于其中每个元件的应变。在图 3.28 中列举了三种复合体的组成及力学性质。

(1) 圣维南体

如图 3.28(a),圣维南体本构关系为

当 $\sigma < \sigma_0$ 时

$$\varepsilon = \varepsilon_1 + \varepsilon_2 = 0 + \frac{\sigma}{E} = \frac{\sigma}{E} \tag{3.46}$$

当 $\sigma \geqslant \sigma_0$ 时

$$\varepsilon = \infty + \varepsilon_2 = \infty + \frac{\sigma}{E} = \infty \tag{3.47}$$

(2) 马克斯韦尔(Maxwell) 模型

如图 3.28(b),这种模型是用弹性元件与阻尼元件串联而成的复合体。因为串联元件的应变之和等于总应变,故有

$$\frac{d\varepsilon}{dt} = \frac{d\varepsilon_1}{dt} + \frac{d\varepsilon_2}{dt} = -\frac{1}{E} \times \frac{d\sigma}{dt} + \frac{\sigma}{\eta} \tag{3.48}$$

上式就是马克斯韦尔本构方程。

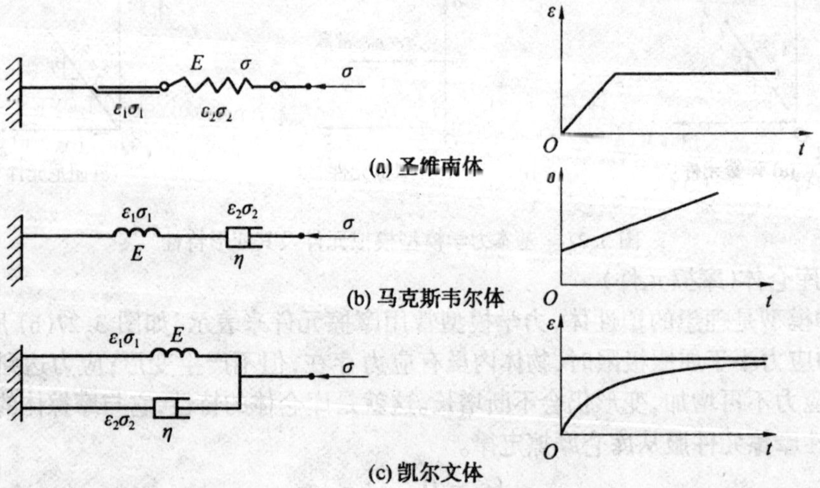

图 3.28 复合体的力学模型

(3) 凯尔文模型

如图 3.28(c),凯尔文模型是两个模型元件并联的复合体,根据两个基本力学模型元件并联的力学特性,有下列关系式

$$\sigma = \sigma_1 + \sigma_2 = E\varepsilon + \eta \frac{d\varepsilon}{dt} \tag{3.49}$$

如果当 $t = 0, \sigma = \sigma_0$ 则有

$$\sigma_0 = E\varepsilon + \eta \frac{d\varepsilon}{dt}$$

求解此微分方程,可获得凯尔文模型的应变方程

$$\varepsilon = \frac{\sigma_0}{E}(1 - e^{-\frac{E}{\eta}t}) \tag{3.50}$$

3.5　动态参数测试

动态测试系统利用声波在岩石中的传播来测定岩石的一些力学参数。波动理论告诉我们,声波在介质中传播有以下特点:

(1) 声波可以穿透介质,在不同介质中按不同速度传播;

(2) 在不同介质界面上,波会产生反射;

(3) 在障碍物相对波长不太长时,波可以发生绕射现象,使波速减慢;

(4) 波在弹性介质中传播时,其能量随传播距离增大,按一定规律减弱。介质不同,减弱程度不同,气体中减弱最大,液体次之,固体最少;

(5) 波在弹性介质中传播时,发射频率越高,衰减越大,相反频率低,则衰减小,传播距离加大。

在动态测试工作中即利用上述特点来研究岩石特性。通常假定岩石是完全弹性介质,波动在岩石内传播符合弹性波的传播规律。利用波动方程特点和弹性波的波形特征揭示岩石内部结构及应力状态。

3.5.1　声波速度测井的基本原理

图 3.29(a) 给出了声波速度测井原理示意图,图中 S_0、S_1、S_2 等表示各种波的传播方向。发射器以间隔 0.05 s 的时间径向发射一个声脉冲,声速的方向开角大于 60°,它们通过泥浆传向地层。由于方向开角较大,发射的声波分成许多路径到达探头。有的沿仪器外壳直接到达探头(直达波),有的沿泥浆与地层界面反射传播到达探头,如 S_2,有的沿井壁传播到达探头,称为滑行波,如 S_4。声波通过泥浆、地层界面产生折射角为 90° 的折射波所要求的入射角(临界角)α 在 10° ~ 56° 之间。又由于发射探头的方向(张开)角大于 60°,所以在任何地层都会产生沿泥浆与地层界面、在地层中间向前传播的滑行波 S_4(或称沿井壁柱面传播的侧面波)。

由于泥浆与地层接触良好,S_4 传播过程中各质点的振动必定会引起周围泥浆的振动,并在泥浆中产生相应的声波,它们相当于滑行波的子波源发出的子波。在这些子波中,最早到达接收器的是入射角为 α_i 的那一部分,并称之为首至波。声波测井测量的就是到达两个接收器的首波时差 Δt。

接收器除了接收到首波外,还会接收到直达波、反射波等。但是,选择合理的源距和间距,能够保证接收探头首先接收到首波,图 3.29(b) 给出了接收探头接收到的声波转换成电讯号的波形图。纵波滑行波产生的首波简称纵波首波,横波滑行波首波简称为横波首波。由于横波滑行波的速度小于纵波滑行波速度,所以纵波首波先到达接收探头。

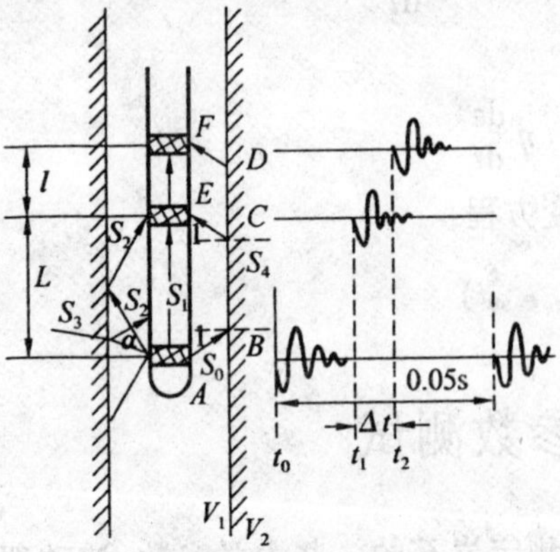

(a) 声波速度测井原理示意图

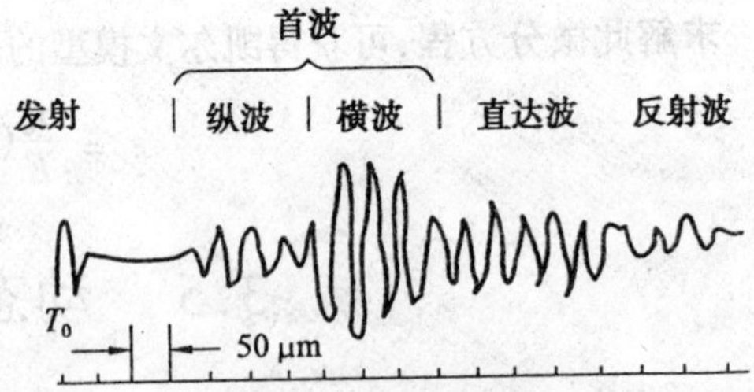

(b) 声波转换成电讯号的波形图

图 3.29　声波速度测井原理示意图与声波转换成电讯号的波形图

声波速度测井测量和记录的是首波到达两个接收器的时差 Δt 发射器在某时刻 t_1 发射声波,接收器 2 接收到第一正峰的时间为 t_2,故 $\Delta t = t_2 - t_1$。

在测量间距 L 一定的条件下,只需测量声波时差 Δt 就能知道地层声速 V_2。间距小,薄层显示清楚,但测量相对误差大。通常选取测距为 0.5 m 的测量仪进行测量,时差单位为 μs/m。

3.5.2　岩石的声波速度与动弹性模量

用声波测定岩石的弹性模量和泊松比等参数的实质是应用声波仪向岩石试件或地下岩体发射声波,测量传播以后的声速。由于岩石的某一部分受外力后又受到扰动力,这种扰动力又经过岩石内部某一质点连续传播到另一质点,即时就会出现弹性振动波。当弹性波在空气中的振动频率为 20 ~ 20 kHz 时,就是人们常说的声波(人耳可感受到的范围),高于 20 kHz 时,称为超声波,但习惯上仍称为声波。声波的纵波速度和横波速度可用式(3.58a) 和(3.58b) 表示。

纵波速度
$$V_p = \sqrt{\frac{E_d}{\rho}\frac{1-\mu_d}{(1+\mu_d)(1-2\mu_d)}} \tag{3.58a}$$

横波速度
$$V_s = \sqrt{\frac{E_d}{\rho}\frac{1}{2(1+\mu_d)}} \tag{3.58b}$$

式中 E_d—— 岩石的动弹性模量(MPa);

μ_d—— 岩石的动泊松比(一般取 0.25);

ρ—— 岩石的体积密度(kg/m^3)。

通常人们采用式(3.58a) 来计算岩石的动弹性模量 E_d, μ_d,即

$$E_d = \frac{V_p{}^2\rho(1+\mu_d)(1-2\mu_a)}{1-\mu_d} \tag{3.59}$$

而
$$\mu_d = \frac{\frac{1}{2}\left(\frac{V_p}{V_s}\right)^2 - 1}{\left(\frac{V_p}{V_s}\right)^2 - 1} \tag{3.60}$$

式中　V_p—— 岩石的纵波速度(m/s)；

V_s—— 岩石的横波速度(m/s)。

表3.7　各向同性岩石弹性常数之间的关系

系统	E,μ	K,G	λ,G	K,μ	K,λ	K,E	λ,μ
弹性模量 $E=$	E	$\frac{9KG}{3K+G}$	$\frac{3\lambda+2G}{\lambda+G}G$	$3K(1-2\mu)$	$\frac{9K(K-\lambda)}{3K-\lambda}$	E	$\frac{\lambda(1+\mu)(1-2\mu)}{\mu}$
泊松比 $\mu=$	μ	$\frac{3K-2G}{2(3K+G)}$	$\frac{\lambda}{2(\lambda+G)}$	μ	$\frac{\lambda}{3K-\lambda}$	$\frac{3K-E}{6K}$	μ
剪切模量 $G=$	$\frac{E}{2(1+\mu)}$	G	μ	$\frac{3K(1-2\mu)}{2(1+\mu)}$	$\frac{3}{2}(K-\lambda)$	$\frac{3KE}{9K-E}$	$\frac{\lambda(1-2\mu)}{2\mu}$
体积模量 $K=$	$\frac{E}{3(1-2\mu)}$	K	$\lambda+\frac{2}{3}G$	K	K	K	$\frac{\lambda(1+\mu)}{3\mu}$
拉梅常数 $\lambda=$	$\frac{E\mu}{(1+\mu)(1-2\mu)}$	$K-\frac{2}{3}G$	λ	$\frac{3K\mu}{1+\mu}$	λ	$\frac{3K(3K-E)}{9K-E}$	λ

由式(3.58a)和(3.58b)可知，当把两式相除时，可得

$$\frac{V_p}{V_s} = \left[\frac{2(1-\mu_d)}{1-2\mu_d}\right]^{\frac{1}{2}} \tag{3.61}$$

显然，声波(纵波和横波)的比只与动泊松比有关。当取 $\mu_d = 0.25$ 时，岩石的纵波速度 V_P 为横波速度 V_s 的$\sqrt{3}$倍。这一结果在实际工作中可以帮助我们在已知 V_p 的情况下大致估算出 V_s 的近似值。

如果遇到无法识别横波前沿，不能确定横波速度 V_s 值时，可按下列方法处理：

(1) 选择与所测岩石试件岩性相同，完整程度近似的已知岩石的泊松比 μ_d 来代替要测岩石的 μ_d，然后用式(3.59)计算动态 E_d；

(2) 选用岩石试件的动、静泊松比 μ_d 或 μ_s 来代替相应岩石的泊松比；

(3) 选用经验数据来代替现场岩石(体)的动泊松比 μ_d 的值。

影响岩石声波速度(或弹性模量)的因素是多方面的：主要包括岩石的类型、结构(面)、密度、孔隙度、各向异性、应力、含水量和温度等。岩石的密度越大、超致密，其平均波速越大。岩石的颗粒越小，波速越大，波速与密度呈线性关系。

波速与孔隙度的关系为，孔隙度增加，波速减小。在沉积岩中，孔隙度 φ 与 V_p 的关系如图3.30所示。对于层状岩石，按雷热夫斯基资料：平行于层面的纵波速度 V_p 与垂直层

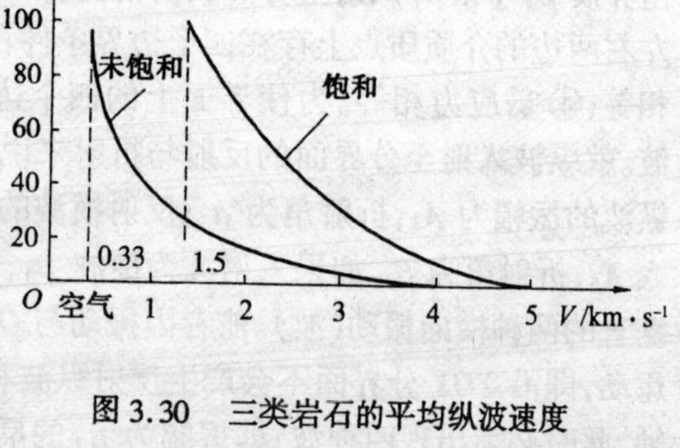

图3.30　三类岩石的平均纵波速度

面的纵波速度 V_p 上的比在 1.04(灰岩) ~ 1.19(砂岩) 之间变化。

压力增加,声波速度增加。特别是在低压时,增加的较快。

岩石中的含水量增大时,纵波速度也随之增加。温度增加时,纵波速度减小,相反,纵波速度上升。

3.5.3　岩石的静、动弹性模量之间的关系

实践表明:岩性相近的岩石可以应用岩石的动弹性模量代替静弹性模量。原因是上述的测定方法为声波测定法,它具有测量快、设备轻便的特点;更为重要的是,不用取芯可直接在所钻井眼内进行测量分析,既能适用于岩石试件又能用于现场岩体等优点。

对于各向同性,均质的理想弹性岩石(体)来说,其 $E_s = E_d$。但从岩石的成因来看,多数岩石又属于非理想的弹性材料,所以二者之间又存在一定的差异。对于坚硬、致密的岩石,二者差异很小,对于松散粗糙的岩石,二者差异将会很大。另一方面的原因是由于天然岩石不是连续的介质,它是由若干的矿物颗粒以某种方式胶结在一起的一个整体。不同岩石的颗粒具有不同的粒度。颗粒之间的连接情况各不相同,有的颗粒之间却被其他矿物成分所充填,因此从宏观来看,某些岩石可能是很均匀致密的,但从微观来看,岩石又是不均匀的、具有不同结构的集合体,在集合体中存在大量的微裂隙和某些不整合、因而岩石内部处处都有许多细小的和不同性质的固 - 气或固 - 液交界面。图 3.31 给出了纵波(V_p)、横波(V_s) 入射至理想分界面时的反射和折射示意图。

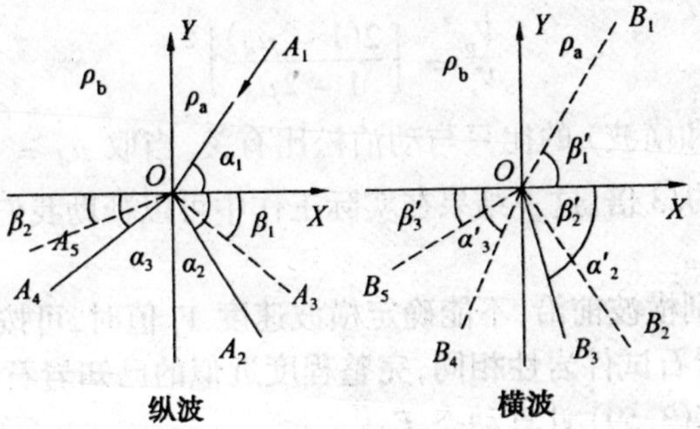

图 3.31　纵波、横波入射至理想分界面时的反射和折射示意图之间的关系

其中,图 3.31 左图为纵波 A_1 由介质 ρ_a 中沿 α_1 入射至分界面的情况,右图为横彼 B_1 由介质 ρ_a 中沿 β_1 入射至分界面的情况。根据光学中的惠更斯原理,在分界面上,即分界面左右两边的介质质点上存在四个边界条件:① 法向位移相等;② 切向位移相等;③ 正应力相等;④ 剪应力相等。为使界面上的四个边界条件都得到满足,必须同时产生两种反射波。就纵波入射至分界面的反射与折射来说,其反射纵波的振幅为 A_2,反射角为 α_2;折射纵波的振幅为 A_4,折射角为 α_3;反射横波的振幅为 A_3,反射角为 β_1;而折射横波的振幅为入 A_5,折射角为 β_2。如果入射波为横波 B_1,这时,则入射的横波会分解为与 OZ 轴平行和垂直的两种横向振动(波)。前者因振动与 OZ 轴平行,故不存在与分界面 YOX 相互垂直的运动,即沿 YOX 分界面不会产生反射纵波和折射纵波。但由于入射横波的振幅垂直于 OZ 轴,此时必须出现四种波:即振幅为 B_2 的反射横波,反射角为 β'_2;振幅为 B_5 的折射横波,

折射角为 β'_3；振幅为 B_3 与 B_4 的反射纵彼和折射纵波，其反射角和折射角分别为 a'_2 和 a'_3。因而在岩石内部交界面两侧物质的波阻抗相差很大。换句话说，岩石内部存在大量的微观折射和反射面。当超声波波长 $L_P \gg$ 岩石颗粒直径 d_s 时，由于这时的超声波频率较低，分辨率也低，则它们对超声波参数没有什么实际的影响。但是，若超声波的频率很高时，波长 L_P 与颗粒直径为同一数量级时，这些微观结构面会对超声波各种参数产生明显的影响。于是声波在传播过程中，纵、横波将会发生复杂的变化。因此在声波测量中，常以彼长 $L_P \geqslant 3d_s$ 作为岩石均质与非均质的上限条件。当满足此条件时，认为岩石是均质的。

图 3.32 给出了岩石的静 - 动弹性模量之间的关系。对于具体的岩石来说，通过其静动态弹性模量，并将其数值绘制在如图 3.32 所示的关系图上，经过回归分析，可建立它们之间的相关关系方程。例如，长石砂岩类二者之间的关系为

$$E_s = 7.83 + 0.73E_d \tag{3.62}$$

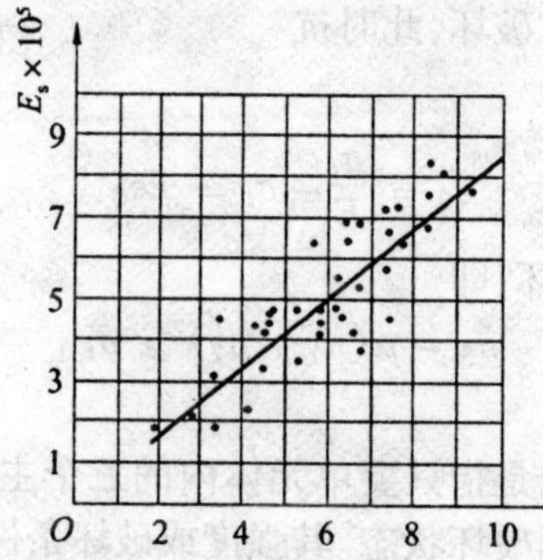

图 3.32　岩石的静 - 动弹性模量

3.6　岩石破坏机理及强度理论

从岩石破坏的现象看，小到几厘米的岩石大到工程岩体，破坏形式雷同，并可归纳为两种，拉断与剪切破坏，因此有一定的规律可寻。在单向拉压条件下，可从试验获得破坏的经验关系。但是三向应力条件下，不同应力的组合有无穷多种，因此无法仅仅依靠试验获得其破坏关系。因此在三向应力状态，对岩石破坏的研究需要结合理论分析和试验研究两个方面。用来判断岩石在一定条件是否破坏需用破坏准则。即：表征岩石破坏条件的应力状态与岩石强度参数间的函数关系，或称岩石破坏判据。在岩石力学中，常用的破坏准则主要有最大正应力和正应变理论、最大剪应力理论、库仑 - 纳维尔破坏准则、莫尔破坏准则、格里菲斯和八面体强破坏准则等。现代关于岩石破坏的理论分析一般归结为寻求破坏时的主应力之间的关系，即：$\sigma = f(\sigma_2, \sigma_3)$。

研究的方法有：1. 理论分析；2. 试验研究；3. 理论与试验相结合研究。下面介绍一些主要的强度理论（或破坏准则）。

3.6.1　最大正应力与应变理论（朗肯 - Rankine）

该理论的主要观点是，岩石中某个面上的拉应变达到临界值时就会发生破坏，而与所处的应力状态无关如图 3.33 所示。其强度条件为

$$\varepsilon_3 \leqslant \varepsilon_t \tag{3.63}$$

式中　ε_t—— 拉应变的极限值；

ε_3—— 拉应变。

假设岩石在破坏之前为弹性体，在 $\sigma_1 > \sigma_2 > \sigma_3$ 条件下，ε_3 是最小主应变。按弹性力学：则有：$\varepsilon_3 = \dfrac{\sigma_3 - \mu(\sigma_1 + \sigma_2)}{E}$，即

$$E\varepsilon_3 = \sigma_3 - \mu(\sigma_1 + \sigma_2)$$

若 $\varepsilon_3 < 0$，则产生拉应变。由于 $E > 0$，因此产生拉应变的条件是

$$\mu(\sigma_1 + \sigma_2) > \sigma_3$$

若 $\varepsilon_3 = 0$，$\varepsilon_0 < 0$，则产生拉破坏，此时抗拉强度为

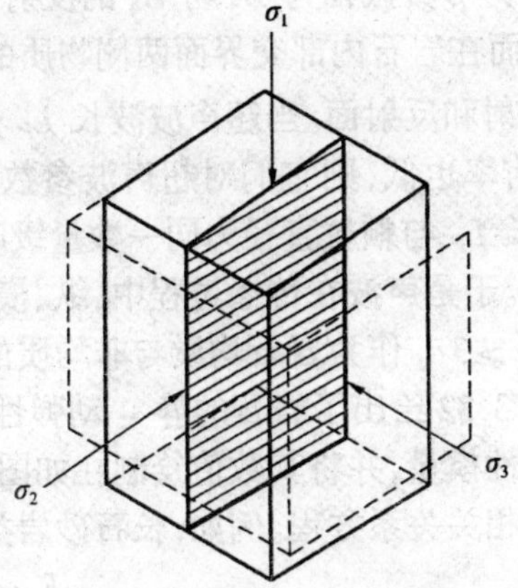

图 3.33　拉伸破坏

$$\varepsilon_0 = \frac{\sigma_t}{E} \Rightarrow \sigma_t = E\varepsilon_0$$

按最大线应变理论：$\varepsilon_3 \geqslant \varepsilon_0$ 破坏，即

$$\sigma_3 - \mu(\sigma_1 + \sigma_2) \geqslant \sigma_t \tag{3.64}$$

式中　ε_0—— 允许的拉应变。

由此可知：最大正应力理论是指只要单元体内的三个主应力之中有一个达到单轴抗压或抗拉强度时，单元体就达到破坏状态。其强度或破坏条件可写成

$$\sigma_3 \geqslant -\sigma_t, \sigma_1 \leqslant -R_C$$

或

$$(\sigma_1^2 - R^2)(\sigma_2^2 - R^2)(\sigma_3^2 - R^2) = 0 \tag{3.65}$$

最大正应变理论（朗肯 - Rankine）认为：只要单元体内任意一个方向的正应变达到单轴压缩或拉伸中的破坏数值，就发生破坏。其强度条件为

$$\varepsilon \leqslant \varepsilon_\mu = \frac{R}{E} \tag{3.66}$$

3.6.2　最大剪切应力理论（特雷斯卡 - H.Tresca 和八面体剪切应力理论）

3.6.2.1　最大剪应力理论

最大剪应力理论（maximum principal shear stress theory）又称“第三强度理论”。该理论认为：岩石材料在复杂应力状态下的最大剪应力达到简单拉伸或压缩屈服的最大剪应力时，材料就发生破坏。由此，弹性失效准则的强度条件为

$$\sigma_1 - \sigma_3 \leqslant |\sigma| \tag{3.67}$$

式中　σ_1 和 σ_3—— 分别为材料在复杂应力状态下的最大主应力和最小主应力；

$\sigma_1 - \sigma_3$—— 当量应力；

$|\sigma|$ —— 材料的许用应力。

试验表明，该理论和材料破坏的结果比较吻合，不但能说明塑性材料的流动破坏，还能说明脆性材料的剪断。特雷斯卡理论认为：晶格之间的错动是产生塑性变形的根本原因。岩石的破坏取决于最大剪应力。其强度条件为：

$$\tau_{max} - \tau_{\mu}$$

$$\tau_{max} = \frac{\sigma_1 - \sigma_3}{2} \quad (在负载应力状态下) \tag{3.68}$$

$$\tau_{\mu} = \frac{R}{2} \quad (在单轴压缩或拉伸) \tag{3.69}$$

如果将上述式(3.68)、(3.69)代入式(3.67),可得最大剪切应力理论的强度条件。表 3.8 给出了几种岩石的拉伸应变极限值。

表 3.8　几种岩石的拉伸应变极限值

岩石名称	岩芯规格 /mm	试件高于直径比 h/d	极限拉伸应变值 e_t
石英岩 *A*	41	2	0.000 120
石英岩 *B*	41	2	0.000 100
石英岩 *C*	28	2	0.000 081
石英岩 *D*	41	2	0.000 130
石英岩 *E*	41	2	0.000 152
熔岩 *A*	41	2	0.000 153
熔岩 *B*	41	2	0.000 138
玄武岩 *B*	54	2.5	0.000 175
苏长岩	41	2	0.000 173
砾岩 *A*	41	2	0.000 086
砾岩 *B*	41	2	0.000 073
砾岩 *C*	41	2	0.000 083
砂 岩	41	2	0.000 090
页岩 *A*	41	2	0.000 116
页岩 *B*	41	2	0.001 500
页岩 *C*	28	2	0.000 095

3.6.2.2　八面体剪切应力理论

在真三轴应力状态下,根据岩石剪切破坏面的倾角不同,可采用不同的剪切破坏面对单元正六面体进行不断地截取,可得到的一系列连续八面体(即广义八面体)。由于正交八面体应力空间可以反映主应力、双剪应力和静水应力。因此可以利用这三种应力分别建立起反映连续八面体应力空间的多项式强度模型,并利用单轴特征试验点和平面四个特征试验点得到内摩擦角和粘聚力参数方程。这些参数方程不仅表明了多轴强度与单轴强度的关系,而且还可用其计算岩石的特征强度,从而简化岩石参数的测定方法。

八面体 —— 是指在空间坐标中每个卦限取一等斜面,由八个等斜面构成的多面体称为八面体,如图 3.34 所示。该理论的假设

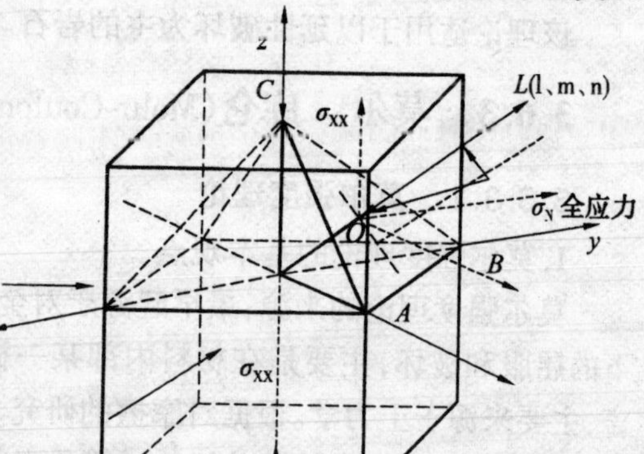

图 3.34　八面体应力、应力强度示意图

条件是:外力达到材料的危险状态,取决于八面体的剪切应力。该理论认为:只要八面体上的剪力 τ_8达到了临界值就会引起岩石发生破坏。其强度条件为

$$\begin{cases}\tau_{oct} \leqslant \tau_s \\ \tau_{oct} = \dfrac{1}{3}\sqrt{(\sigma_1-\sigma_2)^2+(\sigma_2-\sigma_3)^2+(\sigma_3-\sigma_1)^2}\end{cases} \tag{3.70}$$

八面体应力大小

$$\tau_8 = \frac{1}{3}\sqrt{(\sigma_1-\sigma_2)^2+(\sigma_2-\sigma_3)^2+(\sigma_3-\sigma_1)^2} \tag{3.71}$$

在单向受力时八面体危险点的剪切应力为

$$\tau_s = \frac{20.5R}{3} \tag{3.72}$$

3.6.2.3　米赛斯的屈服强度条件

米赛斯准则认为:当 τ_8 达到八面上的极限剪应力时,岩石屈服(或破坏)条件为

$$\begin{cases}\tau_{8S} = \dfrac{2}{3}\sigma'_s \\ (\sigma_1-\sigma_2)^2+(\sigma_2-\sigma_3)^2+(\sigma_3-\sigma_1)^2 = 2(\sigma'_1)^2\end{cases} \tag{3.73}$$

3.6.2.4　德鲁克 - 普拉格的屈服强度条件

德鲁克 - 普拉格准则认为:在三轴应力状态下,岩石的破坏应满足下述计算条件:该强度条件可以反映主应力、剪应力和静水应力之间的关系。

$$\begin{cases}aI_1+\sqrt{J_2} = K_f \\ I_1 = \sigma_1+\sigma_2+\sigma_3 \\ J_2 = \dfrac{1}{6}[(\sigma_1-\sigma_2)^2+(\sigma_2-\sigma_3)^2+(\sigma_3-\sigma_1)^2] \\ a = \dfrac{\sin\varphi}{\sqrt{9+3\sin^2\varphi}} \\ K_f = \dfrac{\sqrt{3}\cos\varphi}{\sqrt{3+\sin^2\varphi}}C\end{cases} \tag{3.74}$$

该理论适用于以延性破坏为主的岩石。其优点是考虑了中间主应力的作用。

3.6.3　莫尔 - 库仑(Mohr-Coulomb)强度理论

3.6.3.1　莫尔强度理论

1.莫尔强度理论的基本观点

莫尔强度理论的来源:最早起源于对金属摩擦的研究。莫尔认为,材料在压应力作用下的屈服和破坏,主要是在材料内部某一截面上的剪应力到达一定限度。对岩石力学而言,主要来源于土力学。根据对摩擦的研究,滑动面上的剪切位移既与剪应力有关,又与正应力有关,图 3.35 为剪切破坏的一般示意图。因此,强度准则的一般形式为

$$\tau = f(\sigma) \tag{3.75}$$

注意:上式一般是非线性关系,在 $\tau - \sigma$ 图上一般是曲线,直线是其特例,也是最简单

的情况，如图 3.36 所示。判断岩石中一点是否会发生剪切破坏时，莫尔应力圆图上可直接反映实际研究点应力状态，如果应力圆与包络线相切或相割，则研究点将产生破坏；如果应力圆位于包络线下方就不会产生破坏。

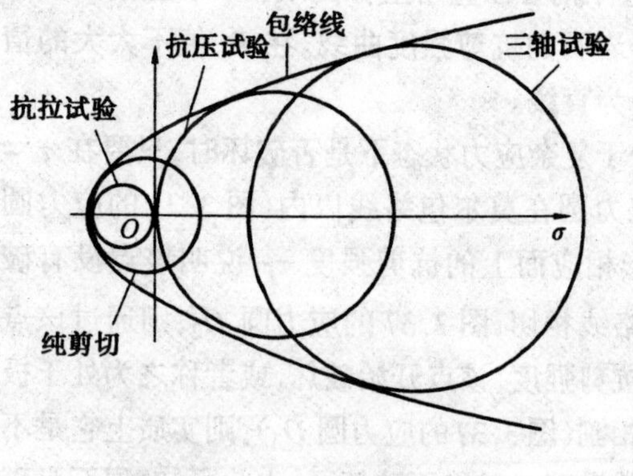

图 3.35　极限应力圆的包络线

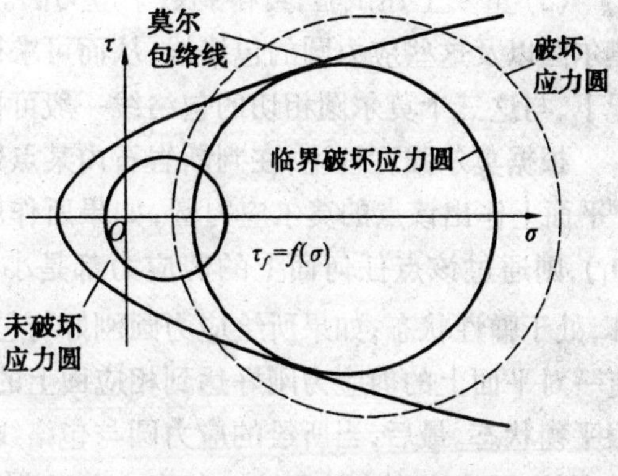

图 3.36　莫尔包络线判别岩石破坏的应力圆图

2. 莫尔强度理论的基本特征

(1) 莫尔强度理论实质上是一种剪强度理论。它既适用于塑性岩石也适用于脆性岩石。

(2) 反映了岩石抗拉强度远小于抗压强度这一特性，并能解释岩石在三向等拉时发生破坏，而在三向等压时不会破坏(曲线在受压区不闭合) 的特点。

(3) 忽略了中间主应力 σ_2 的影响。

3. 极限莫尔应力圆的试验方法

例如采用如"长江 500 型"的垂直总荷载为 5 000 kN，侧压力为 150 MPa(都借助液压施加荷载)，岩石试件尺寸为 9 cm × 20 cm 的圆柱体。利用三轴应力试验机进行了多次(例如 3 次) 试验就可得出极限莫尔应力圆。试验方法如图 3.37 所示。

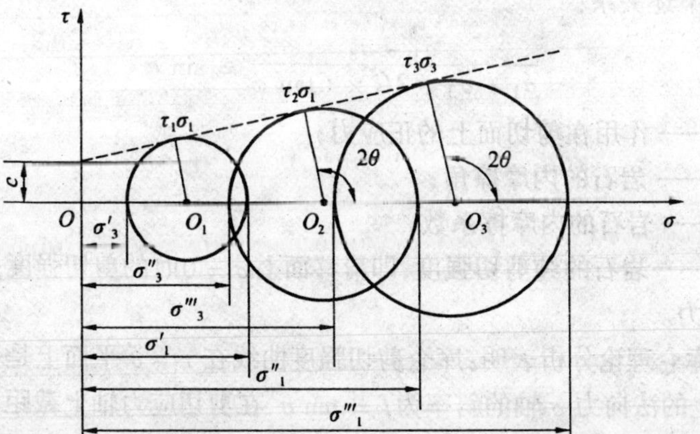

图 3.37　极限莫尔应力圆

(1) 先将试件施加侧向压力，最小主应力(即围压 $P_c = \sigma'_3$)，然后逐渐增加垂直压力，直到岩石达到破坏;从而得到一个破坏时的应力圆 O_1。

(2) 采用相同的岩样,改变侧向压力(围压),即 $P_c = \sigma''_3$,再施加垂直压力,直到使岩石破坏;于是又得到一个破坏时的应力圆 O_2。

(3) 重复上述试验,可得到数个应力圆。这样就可在直角坐标图纸(τ,σ) 上画出三个莫尔圆以及这些应力圆的包络线,从而可求得岩石的抗剪强度曲线。在 P_c 值不太大的情况下,与这三个莫尔圆相切的包络线一般可视为直线。

根据莫尔强度理论,在判断岩石内某点处于复杂应力状态下是否破坏时,只要在 $\tau-\sigma$ 平面上作出该点的莫尔应力圆,如果所作应力圆在莫尔包络线以内(图 3.37 的应力圆 O_1),则通过该点任何面上的剪应力都是小于相应面上的抗剪强度 τ_f,说明该点没有破坏,处于弹性状态;如果所绘应力圆刚好与包络线相切,图 3.37 的应力圆 O_2,则通过该点有一对平面上的剪应力刚好达到相应面上的抗剪强度,该点开始破坏,或者称之为处于极限平衡状态。最后,当所绘的应力圆与包络线相割(图 3.37 的应力圆 O_3),则实质上它是不存在的,因为当应力达到这一状态之前,该点就沿着一对平面破坏了。由此可知,岩石是否发生破坏,一方面与岩石内的剪应力有关,同时与正应力也有很大的关系,因为正应力直接影响着抗剪强度的大小。

3.6.3.2 莫尔 - 库仑强度理论

在莫尔理论基础上,库仑假设岩石的剪切强度曲线是直线(按莫尔理论得到的岩石强度曲线一般是曲线,直线是其特例),并称其为莫尔 - 库仑理论。

莫尔 - 库仑理论的假设条件为:材料内部某一点的破坏主要取决于最大、最小主应力(σ_1、σ_3),而与中间主应力无关。破坏包络线上的所有点都反映了材料破坏时的剪切应力 τ 与正应力 σ 之间的关系或破坏条件。其一般式为

$$|\tau| = C + \sigma \times \tan\varphi \quad 或 \quad |\tau| = C + f \times \sigma \tag{3.76}$$

为简化起见,岩石力学中大多数采用直线形式的包络线。其方程式用最大和最小主应力表示时,可得下述关系:

$$\frac{\sigma_1 - \sigma_3}{\sigma_1 + \sigma_3 + 2C \times C\tan\varphi} = \sin\varphi \tag{3.77}$$

式中 σ—— 作用在剪切面上的正应力;

φ—— 岩石的内摩擦角;

f—— 岩石的内摩擦系数;

C—— 岩石的纯剪切强度,即滑移面上 $\sigma = 0$ 时的剪切强度,也称内聚力或黏结力。

由莫尔 - 库仑理论分析表明:库仑剪切强度曲线在 $\tau-\sigma$ 平面上是一条直线,该直线与剪切破坏面上的法向力 σ 轴的斜率为 $f = \tan\sigma$,在剪切应力轴上截距为 C。此线表明岩石的剪切强度由两部分组成:一部分是粘结力(或法向应力为零时的抗剪强度);另一部分是滑移破坏面上的内摩擦力,它与正应力成正比关系。岩石的破坏一般表现为剪切破坏。其中:剪切破坏面上的法向力 σ 与轴向力 σ_1 之间的夹角为 θ。当莫尔应力圆与式(3.76) 所给出直线相切时,岩石就发生破坏。

另外,该直线法线的倾角等于 2θ,其大小为 $\theta = \frac{\pi}{4} + \frac{\varphi}{2}$。当采用主应力表示莫尔 - 库仑强度准则时,也可将式(3.77)改写成下述形式

$$\sigma_1 = \sigma_3 \cot^2\left(\frac{\pi}{4} - \frac{\varphi}{2}\right) + 2C \cdot \cot\left(\frac{\pi}{4} - \frac{\varphi}{2}\right) \tag{3.78}$$

将 $\sigma_3 = 0$ 代入式(3.78)中,得到岩石单轴抗压强度值 $\sigma_c = \frac{2C \cdot \cos\varphi}{1 - \sin\varphi}$,此时莫尔 - 库仑强度准则的形式变成

$$\sigma_1 = \sigma_c + \sigma_3 \times \tan^2\theta \tag{3.79}$$

3.6.3.3 几种形式包络线的适用条件

对于不同的岩石,莫尔包络线类型并不完全一致,因此不能用一个统一的公式来表示,一般可以划分为以下三种类型,其破坏准则与适用条件也是不相同的。

① 抛物线型:如图 3.38(a)所示。

$$\tau^2 = n(\sigma + \sigma_2) \tag{3.80}$$

适用于岩性较坚硬至较软弱的岩石,如泥灰岩、砂岩、泥页岩等岩石。

② 双曲线型:如图 3.38(b)所示。

$$\tau^2 = (\sigma + \sigma_t)^2 \tan^2\varphi_0 + (\sigma + \sigma_t)\sigma_t \tag{3.81}$$

式中 $\tan\varphi_0 = \frac{1}{2}\sqrt{\frac{\sigma_c}{\sigma_t} - 3}$;

φ_0——包络线渐近线倾角。

适用于砂岩、灰岩、花岗岩等坚硬、较坚硬岩石。

③ 直线型:如图 3.38(b)所示,与库仑 - 纳维尔判据相同,即

$$\sigma_1 = \frac{2c + \sigma_3(\sqrt{1 + f^2} + f)}{\sqrt{1 + f^2} + f} \tag{3.82}$$

适用于剪破坏,不适用于拉(伸)破坏、膨胀或蠕变破坏。

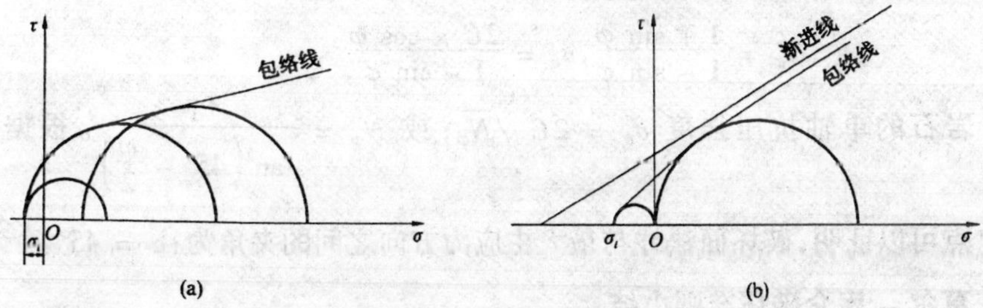

图 3.38 抛物线型判据和直线型判据

3.6.3.4 关于包络线形状的选择

关于岩石的包络线的形状,目前存在许多假定,有人假定为抛物线,也有人假定为双曲线或摆线。一般而言,对于软弱岩石,可以认为是抛物线,对于坚硬岩石可以认为是双曲线或摆线;大部分岩石工作者认为,当压力不大时(例如当 σ 的值小于 10 MPa 时),采用直线在实际应用上也够了。

为了简化运算,岩石力学中大多数采用直线形的包络线,如图 3.39(a)所示。也就是说,岩石的强度条件可用库仑方程表示

$$\tau_f = C + \sigma \times \tan\varphi \tag{3.83}$$

式中　C—— 岩石的粘聚力(MPa),强度线在竖轴上的截矩。

φ—— 岩石的内摩擦角,强度线与横轴的夹角。

这个方程式为库仑首先提出,后为莫尔采用新的理论加以解释,因而上述方程式通常称为莫尔 - 库仑强度准则,它是目前岩石力学中用得最多的强度理论。按照上述理论,列出莫尔 - 库仑强度准则如下

$$\tau \geqslant \tau_f = C + \sigma \times \tan\varphi \tag{3.84}$$

式中　τ—— 岩石内任一平面上的剪应力,由应力分析求得。

有时为了分析和计算上的要求,常采用最大和最小主应力 σ_1 和 σ_3 表示莫尔 - 库仑破坏准则。根据图 3.39(b) 的几何关系,可推导出下式

$$\sigma_1 = \frac{2C \times \cot\varphi + \sigma_3(1 + \sin\varphi)}{1 - \sin\varphi}$$

或

$$\frac{\sigma_1 - \sigma_3}{\sigma_1 + \sigma_3 + 2C \times \cot\varphi} = \sin\varphi \tag{3.85}$$

① 如果式(3.85) 中的最小主应力 $\sigma_3 = 0$,可得岩石单轴抗压强度公式为

$$\sigma_1 = \sigma_c = \frac{2C \times \cos\varphi}{1 - \sin\varphi} \tag{3.86(a)}$$

② 若 $\sigma_1 = 0$,则可求得表现抗拉强度 σ_t

$$\sigma_t = \frac{2C \cdot \cos\varphi}{1 - \sin\varphi} \tag{3.86b}$$

它是强度线(直线) 在 σ_3 轴线上的截矩,不同于实测的抗拉强度,这是因为在负象限内的莫尔包络线是曲率较大的曲线,而 σ_t 是按直线包络线算得的。

③ 用主应力 σ_1 和 σ_3 表示 M - C 破坏准则的另一种形式可由图 3.39(a)、(b) 几何关系求得

$$\sigma_1 = \sigma_3 N_\varphi + 2C \times \sigma_c \tag{3.87}$$

式中
$$N_\varphi = \frac{1 + \sin\varphi}{1 - \sin\varphi},\sigma_c = \frac{2C \times \cos\varphi}{1 - \sin\varphi}$$

可以证明,岩石的单轴抗压强度 $\sigma_c = 2C\sqrt{N_\varphi}$;或 $N_\varphi = \dfrac{1}{\tan^2\left(45^\circ - \dfrac{\varphi}{2}\right)}$。根据图 2.39(a) 中的 T 点可以证明,破坏面法线与最大主应力方向之间的夹角为:$\alpha = 45^\circ + \dfrac{\varphi}{2}$。

3.6.3.5　莫尔 - 库仑破坏准则小结

关于岩石的包络线的形状,目前存在许多假定,有人假定为抛物线,也有人假定为双曲线或摆线。一般而言,对于软弱岩石,可以认为是抛物线;对于坚硬岩石可以认为是双曲线或摆线;大部分岩石工作者认为,当压力不大时(例如当 σ 的值小于 10 MPa 时),采用直线在实际应用上也够了。

1. 莫尔 - 库仑准则中包含的物理量、意义及相互关系

粘结力(也被称为内聚力或固有剪切强度);摩擦角系数 $f(f = \tan\varphi)$;摩擦角 φ;破断角 α;单轴抗压强度 σ_c;系数 N_φ。

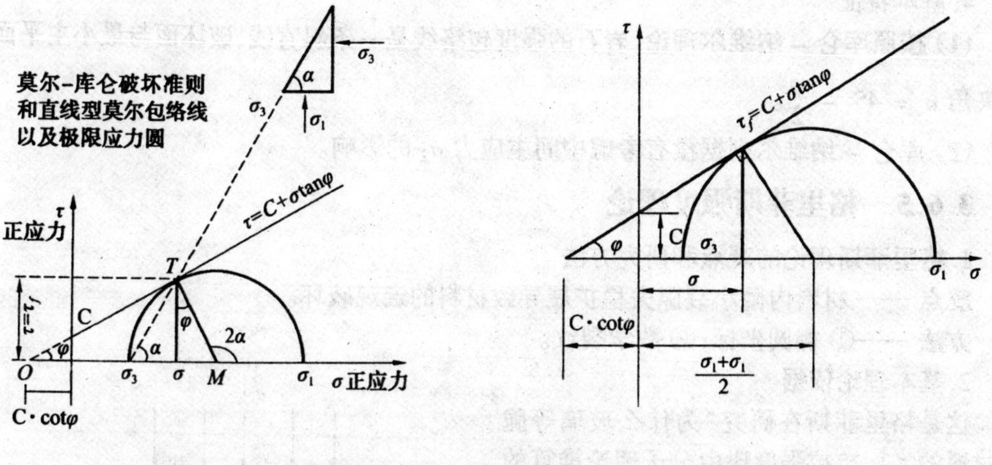

图 3.39　莫尔 - 库仑破坏准则和直线型莫尔包络线以及极限应力圆

2. 破断角与摩擦角之间的关系

$$\theta = \frac{\pi}{4} + \frac{\varphi}{2}$$

3. 黏结力、摩擦角和单轴抗压强度之间的关系

$$\sigma_c = \frac{1 + \sin\varphi}{1 - \sin\varphi}$$

4. 系数 N 与摩擦角之间的关系

$$N_\phi = \frac{1 + \sin\varphi}{1 - \sin\varphi}$$

5. 莫尔 - 库仑准则的几种形式

(1) $|\tau| - f\cdot\sigma = C$（原理形式，在剪切面已知条件下才适用实际使用不方便）；

(2) $\tau_m = \sigma_m\cdot\sin\varphi + c\cdot\cos\varphi$；$\tau_m = \frac{\sigma_1 - \sigma_3}{2}$；$\sigma_m = \frac{\sigma_1 = \sigma_3}{2}$（方便使用，但不常使用）；

(3) $\sigma_1 = \sigma_3\tan^2\alpha + \sigma_c$（以破断角 α 和单轴抗压强度 σ_c 表示的准则，有时使用）；

(4) $\sigma_1 = N\sigma_3 + \sigma_c$（以 σ_1、σ_3 和 σ_c 表示的准则，最方便使用）。

3.6.4　库仑 - 纳维尔强度理论

1. 库仑 - 纳维尔理论依据

固体内任一点发生剪切破坏时，破坏面上的剪应力(τ)应等于或大于材料本身的抗剪切强度(C)和作用于该面上由法向应力引起的摩擦阻力($\sigma\times\tan\varphi$)之和。

2. 破坏准则

$$\tau = c + \cot\varphi, \sigma_1 = \frac{2c + \sigma_3(\sqrt{1 + f^2} + f)}{\sqrt{1 + f^2} - f} \tag{3.88}$$

3. 适用条件

库仑 - 纳维尔判据适用于坚硬、较坚硬的脆性岩石产生剪切破坏的情况，而不适用于拉伸破坏的情况。

4. 基本特征

(1) 按照库仑 - 纳维尔理论，岩石的强度包络线是一条斜直线，破坏面与最小主平面的夹角 $\alpha = 45° - \frac{\varphi}{2}$。

(2) 库仑 - 纳维尔判据没有考虑中间主应力 σ_2 的影响。

3.6.5 格里菲斯强度理论

1. 格里菲斯理论的观点和研究方法

观点 —— 材料内微小裂隙失稳扩展导致材料的宏观破坏。

方法 ——① 椭圆坐标；② 数学裂纹。

2. 基本理论依据

这是格里菲斯在研究“为什么玻璃等脆性材料的实际抗拉强度比由分子理论推算的强度低得多”时提出了脆性破坏理论。

格里菲斯认为：脆性材料中包含有大量的微裂纹和微孔洞，如图 3.40 所示。材料的破坏是由于在这些微裂纹(或孔洞) 的尖端处存在严重的应力(或拉应力) 集中(即应力最大) 现象，在局部拉应力作用下，一旦拉应力集中达到或超过岩石的拉伸强度，微裂纹失稳扩展，交叉联合，而导致材料的破坏。岩石就是这样一种包含大量微裂纹和孔洞的脆性材料。因此，格里菲斯理论为岩石破坏判据提供了一个重要理论基础。

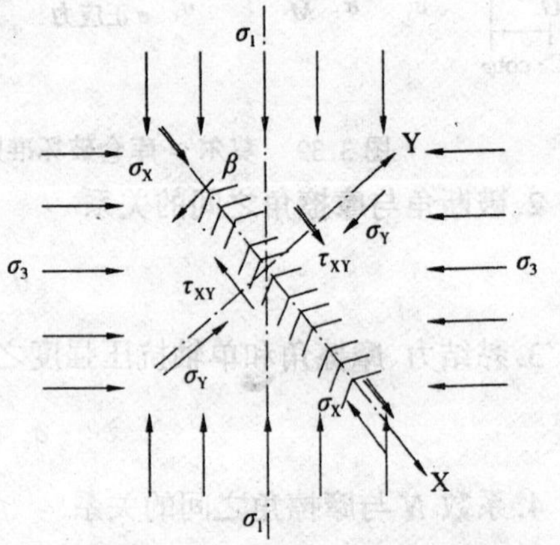

图 3.40 微裂隙受力示意图

3. 格里菲斯的基本假设条件

① 岩石的裂隙可视为极扁的扁椭圆裂隙；

② 裂隙失稳扩展可按平面应力问题处理；

③ 裂隙之间互不影响。按照格里菲斯理论，岩石的微观破坏是微裂隙的受拉破坏，宏观破坏是微裂隙的失稳扩展并汇合成宏观裂隙。

4. 格里菲斯的裂纹失稳扩展条件

按岩石力学的习惯，我们规定，以压为正，拉为负，而且 $\sigma_1 > \sigma_2 > \sigma_3$。由此，可得下述格里菲斯强度理论的破坏准则：

① 当 $\sigma_1 + 3\sigma_3 > 0$ 时，满足

$$(\sigma_1 - \sigma_3)^2 + 8\sigma_1(\sigma_1 + \sigma_3) = 0 \tag{3.89}$$

发生破坏。

② 当 $\sigma_1 + 3\sigma_3 < 0$ 时，满足

$$\sigma_c = -8\sigma_t \tag{3.90}$$

发生破坏。

③ 破坏角的大小可由下式计算

$$\beta = \frac{1}{2}\arccos\frac{\sigma_1 - \sigma_3}{2(\sigma_1 + \sigma_3)}, \sigma_1 + 3\sigma_3 > 0 \tag{3.91a}$$

$$\sigma_3 = R_t;\beta = 0;\sigma + 3\sigma_3 < 0 \tag{3.91b}$$

上式在剪切应力平面内为一个抛物线，在 σ_1、σ_3 主应力平面内，如图 4.41 所示。

式中　σ_c—— 单向抗压强度；

　　　σ_t—— 单向抗拉强度。

按格氏理论，岩石的拉压强度是抗拉强度的 8 倍。

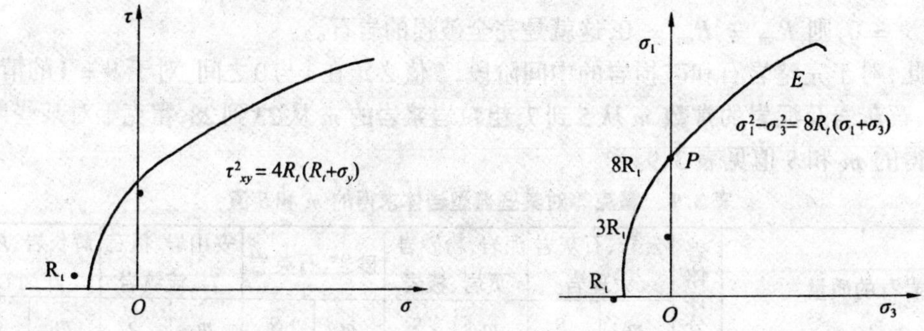

图 3.41　格里菲斯准则在 $\tau - \sigma$ 和 $\sigma_1 - \sigma_3$ 平面内的曲线图

5. 修正的格里菲斯理论

格里菲斯理论没有考虑裂隙受压和裂隙面摩擦的情况，只能用于裂隙严格受拉的情况，因此 Maclintock 和 Walsh 考虑到裂隙在压应力作用下，一旦压应力达到某一临界值时裂隙发生闭合的情况，对格里菲斯理论进行了修正，得到了修正的格里菲斯准则

$$\sigma_1(\sqrt{f^2 + 1} - f) - \sigma_3(\sqrt{f^2 + 1} + f) = -4\sigma_t \tag{3.92}$$

式中　σ_t—— 岩石的抗拉强度。

由于抗拉强度测量比较困难，因此用抗压强度代替抗拉强度。当 $\sigma_3 = 0;\sigma_1 = \sigma_c$ 时，从上式可求出

$$\sigma_c = -\frac{4 \times \sigma_t}{\sqrt{1 + f^2} - f} \tag{3.93}$$

将式(3.93) 代入式(3.92) 可得到以抗压强度表示的修正的格里菲斯准则

$$\frac{\sigma_1}{\sigma_c} = \frac{\sigma_3}{\sigma_c} \times \frac{\sqrt{1 + f^2} + f}{\sqrt{1 + f^2} - f} + 1 \tag{3.94}$$

式中　f—— 裂隙面的摩擦系数。

3.6.6　霍克 - 布朗强度理论

霍克 - 布朗发现，大多数岩石材料(完整的岩块) 的三轴压缩试验破坏时的主应力之间可以用下列方程式来描述

$$\frac{\sigma_1}{R_c} = \frac{\sigma_3}{R_c} + \left(\frac{m\sigma_3}{R_c} + S\right)^{\frac{1}{2}} \tag{3.95}$$

式中　S、m—— 常数，取决于岩石性质，在承受应力 σ_1、σ_3 以前，岩石扰动或损伤的程

度。m 与岩石性质有关，S 与岩石完整性有关。

R_c——完整岩块单轴抗压强度(MPa)。

若式中 $\sigma_3 = 0$，可得岩石的单轴抗压强度：$R_{Cm} = R_C\sqrt{S}$

若式中 $\sigma_1 = 0$，可得岩石的单轴抗拉强度：$R_{tm} = \frac{1}{2}R_C[m - \sqrt{m^2 + 4S}]$

这两个方程式定出了 S 的界限值，若 $S = 1$，则 $R_{cm} = R_c$，即为完整岩块的值；若 $S = 0$，则 $R_{cm} = R_{tm} = 0$，这就是完全破损的岩石。

因此，对于完整岩石和破损岩的中间阶段，S 值必定在1与0之间，对于 $S = 1$ 的情况，大理岩、石灰岩及泥岩的常数 m 从5到7，粗粒岩浆岩的 m 从23到28，霍克等对某些典型岩体求得的 m 和 S 值见表3.9。

表3.9　霍克等对某些典型岩体求得的 m 和 S 值

岩石的质量	岩体评分	云岩、石灰岩大理岩		泥岩、粉砂岩、页岩、板岩		砂岩、石英岩		安山岩、粗玄岩、流纹岩		辉长岩、片岩花岗岩	
		m	S	m	S	m	S	m	S	m	S
完整岩石(试验室试样)	100	7	1	10	1	15	1	17	1	25	1
质量很好的岩体紧密结合，未扰动岩石含3 m左右间距的未风化节理	85	3.5	0.1	5	0.1	7.5	0.1	8.5	0.1	12.5	0.1
质量好的岩体新鲜致密轻度风化的岩石稍受扰动，含1～3 m间距节理	65	0.7	0.004	1	0.004	1.5	0.004	1.7	0.004	2.5	0.004
质量一般的岩体含几组间距0.3～1.0 m的中等风化节理	44	0.14	10	0.2	10	0.3	10	0.34	10	0.5	10
质量差的岩体含间距30～500 mm的许多风化节理，含断层泥清洁的废石堆	23	0.04	10	0.05	10	0.08	10	0.09	10	0.13	10
质量很差的岩体含间距小于50 mm的许多严重风化节理，节理含有断层泥细颗粒的废石堆	3	0.007	0	0.01	0	0.015	0	0.017			

3.6.7　对强度理论的评价

目前使用的岩石各种强度准则都有一定的局限性，因而有一定的使用范围。

1. 莫尔理论

较适合于松散材料，也适合于完整岩石，裂隙岩体的强度和破裂面的方向与该理论预计的有较大差别；不能充分解释拉伸破坏；而将剪断和滑移两个相继过程作为一个过程处理。

2. 莫尔－库仑准则理论

莫尔－库仑准则较全面地反映了岩石的强度特点，不仅适用于塑性材料，也适用于脆性材料的剪切破坏。由于岩石大多是剪切破坏，故适用性较广，简单实用。莫尔－库仑准则不能说明强度的非线性变化，因此比较粗糙。

① 可以解释岩石在三向等压时不破坏的现象(在右半区敞开)；

② 可以解释岩石在三向受拉可以破坏的现象(在左半区封闭)；

③ 可以解释岩石抗拉强度小于抗压强度的现象；

④ 不能充分解释拉伸破坏。

3. 最大线应变理论

最大线应变理论与破坏的物理过程相抵触，因为张(拉伸)破裂势必涉及局部拉应力集中，并不一定在最小主应力方向上发生。

4. 格里菲斯理论

可以说明裂隙开始时的情况。但对岩石这样的非均匀材料，裂隙开始时的应力要低于破坏时的应力，而且两者之间的关系复杂，因此还不能用来说明岩石的拉伸破坏。

实际岩石的破坏是渐渐发生破坏的。由于岩石的非均匀性，岩体内一点的受力达到强度时发生破坏，将应力转移到周围岩体，导致周围岩体应力增大，于是破坏依次发展，直至形成宏观破裂面。

3.6.8 岩体强度分析

1. 均质岩体强度分析

目前用得最多的还是莫尔－库仑准则(式(3.77))

2. 节理岩体强度分析

$$\sigma_1\cos\beta\times\sin(\varphi_j-\beta)+\sigma_3\cos\beta\times\cos(\varphi_j-\beta)+C_j\cos\varphi_j\geqslant 0 \tag{3.96}$$

这就是判断节理面稳定情况的判别式(式中等号表示极限平衡状态)。如果式(3.96)的左端小于零，则节理面处于不稳定状态。

3. 结构面方位对强度的影响

当结构面处于极限平衡状态，即式(3.96)取等号时，经过三角运算，可以求得结构面(节理面)极限平衡条件的另一种形式表示的公式(结构面方位用倾角 β 表示)

$$\sigma_1-\sigma_3=\frac{2C_j+2\sigma_3\cdot\tan\varphi_j}{(1-\tan\varphi_j\times\cot\beta)\sin 2\beta} \tag{3.97}$$

上式中：C_j，φ_j 均为常数。假如 σ_3 固定不变，则上式的 $\sigma_1-\sigma_3$ 随着 β 而变化，式(3.97)为破坏时应力差 $\sigma_1-\sigma_3$ 随 β 而变化的方程式。

4. 结构面粗糙度对强度的影响

$$P_w=\frac{C_j}{\tan\varphi_j}+\sigma_3+(\sigma_1-\sigma_3)\left(\cos^2\beta-\frac{\sin\beta\times\cos\beta}{\tan\varphi_j}\right) \tag{3.98}$$

计算时，可以先用 $C_j=0$ 和 $\varphi_j=\varphi+i$ 代入上式求得一个 P_w，再用 $C_j\neq 0$ 和 $\varphi_j=\varphi$ 代入上式计算另一个 P_w，从中取较小的一个 P_w。

习 题

1. 岩石按地质成因分哪几类，各大类有什么特点？

2. 岩石有哪些基本物理性质？

3. 何谓岩石的应力 - 应变全过程曲线？有哪些特点？

4. 进行岩石强度测量时，岩石的取样和制备有哪些要求？

5. 岩石的单轴抗压强度的测试方法？

6. 简述巴西劈裂试验法测试抗拉强度的原理及测试方法。

7. 简述岩石抗剪强度有几种测试方法即如何去求内聚力和内摩擦角。

8. 在三轴压缩条件下，岩石的力学性质会发生哪些变化？

9. 简述岩石在反复加载和卸载条件下的变形特征。

10. 典型的岩石蠕变曲线有什么特征？

11. 有哪三种基本的力学介质模型？

12. 岩石的蠕变和常规全应力 - 应变关系曲线的联系？

13. 简述长期强度的定义及测试方法。

14. 简述岩石动态参数的测试方法，及岩石动、静态参数的关系。

15. 简答朗肯 - Rankine 的最大正应变理论的观点。

16. 简答最大剪应力理论的观点。

17. 什么叫八面体和其强度条件？

18. 简述极限莫尔应力圆的试验方法。

19. 简述莫尔 - 库仑强度理论的强度条件？

20. 试根据右图的几何关系推导下述公式。

$$\sigma_1 = N\sigma_3 + \sigma_C$$

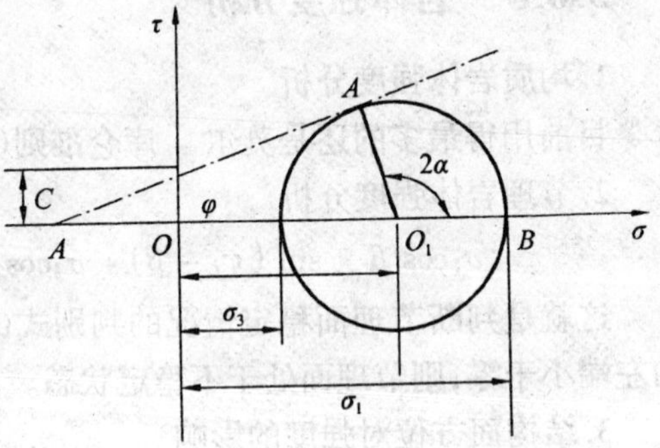

20 题图　岩石的库仑剪切强度曲线

21. 试述莫尔 - 库仑准则中包含的物理量、意义及相互关系。

22. 试述格里菲斯强度理论的观点和基本假设条件。

23. 已知岩石所受最大主应力 $\sigma_1 = 611.79\ \mathrm{kg/cm^2}$，最小主应力 $\sigma_3 = -190.83\ \mathrm{kg/cm^2}$。单向抗拉强度 $\sigma_t = -86.0\ \mathrm{kg/cm^2}$。试用格里菲斯强度准则判断其稳定性。

24. 某均质岩石的强度曲线方程为：$\tau\sigma\tan\varphi + C$。其中，$\varphi = 30°$，$C = 40$ MPa。

(1) 试求岩石的单轴抗压强度。

(2) 求当围压等于 15 MPa 时岩石的三轴抗压强度。

(3) 当围压为 30 MPa，施加 200 MPa 的轴压，判断该岩石是否破坏。

第4章 油田地应力测量和计算

埋藏在地下岩体内的应力称为地应力或原岩应力。随着地质构造运动与地形的不断变化,又引起地应力的积聚或释放,形成现存的原地应力或叫残余应力。而当工程挖掘后,应力受扰动影响而形成的应力称为二次应力或诱导应力;就相对油田开发和矿山开采而言,不受扰动影响的部分应力可称之为初始应力。

按照陈宗基教授的观点,地应力的来源可归结为五个方面。即岩体自重、地质构造运动、地质构造形态、剥蚀作用和封闭应力。地质构造运动引起的应力,包括古构造运动和新构造运动的构造应力,前者是历史构造运动残留的遗迹,后者是导致现今地层产生断裂、褶皱、地壳变形、层间错动,乃至发生地震的源泉。封闭应力是地壳经受高温高压引起岩石变形时,由于岩石颗粒的晶体之间发生摩擦,部分变形受到阻碍而将应力积聚封闭于岩石之中,并处于平衡状态,即使卸载,其变形往往仍不能完全恢复,故称封闭应力。

掌握上述各种因素以及地下岩层(岩体内部)的应力和应力状态、构成地应力的应力场、岩石与其他材料的根本区别、地应力测定的原理及方法,并熟悉地应力的分布状态和变化规律,充分利用有利的地应力场,是实现油气井钻井优化设计,优化油气田开发方案,安全和低成本施工,油气藏保护,进行矿山开采以及建筑工程的基础。

4.1 地应力的成因及分布特点

在地应力研究中有些理论问题一直为人们所关注,例如地应力在地球内部的分布状况、地应力的成因,地应力分布规律和地应力对油气井井眼围岩和井壁岩石的应力分布的影响等基本理论和研究方法,无论过去还是现在仍在进行着讨论和研究,至今还没有一个系统的阐述。本章试图就地应力的形成、影响因素等问题进行探讨。

4.1.1 地应力的主要成因

产生地应力的原因是十分复杂的,主要与地球的各种运动过程有关。其中包括:板块边界受压、地幔热对流、地心引力、地球的内应力、岩浆岩的侵入以及地球上温度分布的不均,水压梯度变化、地表剥蚀或其他物理、化学变化等因素也是引起地应力(或地应力场)的原因。如图 4.1(a)、(b) 所示。其中构造应力场和重力应力场是现今地应力场的主要组成部分。

1. 大陆板块边界受挤压引起的应力场

中国大陆板块除受印度洋和太平洋板块的推挤(推挤速度约为数厘米每年)外;同时受西伯利亚和菲律宾板块的约束。大陆板块在次边界条件下,就会发生变形,产生水平方向的压应力场。有的在挤压过程中发生抬升,有的却会下沉。如图 4.2(a)、(b) 所示。

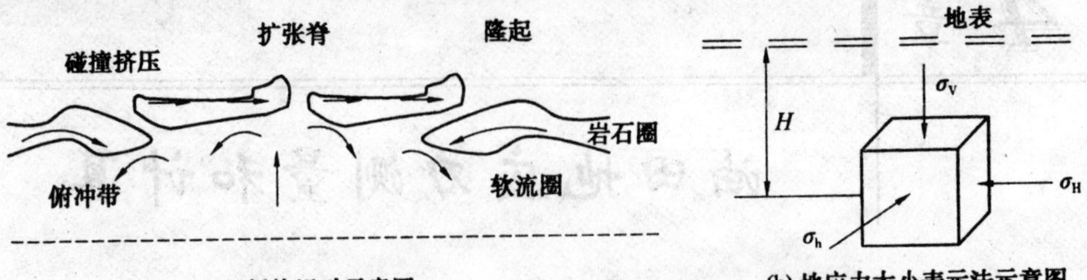

(a) 板块运动示意图　　(b) 地应力大小表示法示意图

图 4.1　板块运动示意图及地应力大小表示法示意图

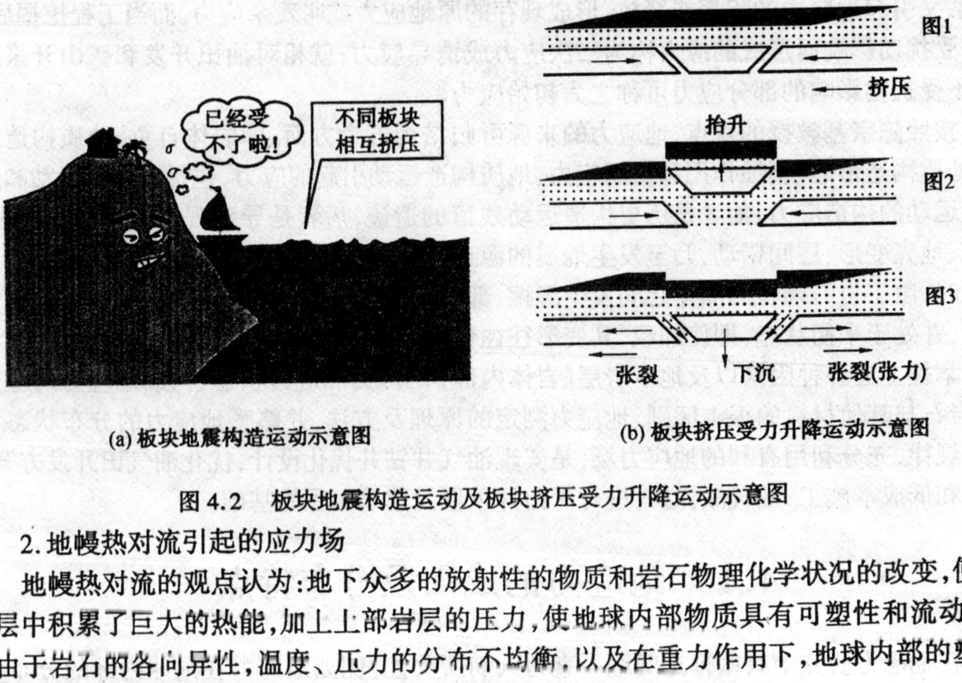

(a) 板块地震构造运动示意图　　(b) 板块挤压受力升降运动示意图

图 4.2　板块地震构造运动及板块挤压受力升降运动示意图

2. 地幔热对流引起的应力场

地幔热对流的观点认为:地下众多的放射性的物质和岩石物理化学状况的改变,使得岩层中积累了巨大的热能,加上上部岩层的压力,使地球内部物质具有可塑性和流动性。又由于岩石的各向异性,温度、压力的分布不均衡,以及在重力作用下,地球内部的塑性物质就会像液体或气体那样发生对流现象(热流循环过程)。

在热循环过程中,当下部高温物质上升至地壳时,对流作用又会使高温物质发生水平方向的移动,带动地壳随之移动而产生水平位移;冷却后下沉时又会造成地壳随之下降,下降部位会受到来自两侧的压力作用,从而使得地壳产生挤压变形,形成褶皱。如图 4.3 所示。

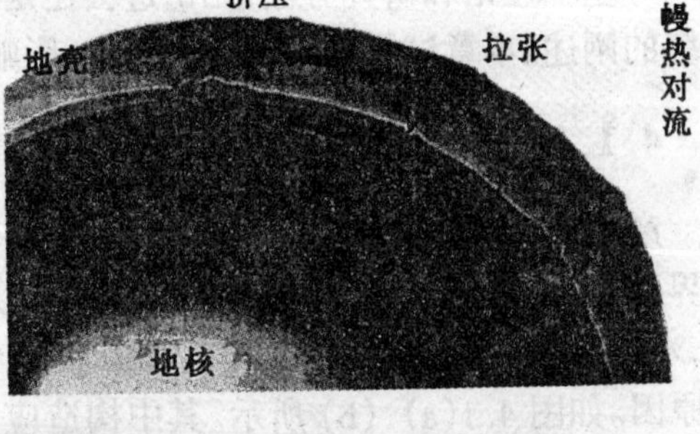

图 4.3　地幔热对流示意图

我国从西昌、渡口到昆明的裂谷地区正位于这一地幔热对流地区。该裂谷有一个以西藏中部为中心的上升流的大对流环，而在华北 - 山西地堑带存在一下降流。地幔物质的下降，会引起很大的水平方向的挤压应力。

3. 地心引力引起的应力场

地心引力引起的应力场又叫做重力应力场。重力应力场是各种应力场中惟一能够计算的应力场。地壳中任意一点的自重应力等于单位面积的上覆岩层的重量。即：重力应力为垂直方向的应力，它是地壳中所有各点垂向应力的主要组成部分。但是，因为板块的移动，岩浆的侵入和对流，岩体的非均匀扩容、温度的不均匀和地层中流体的压力梯度都会引起垂向应力的变化，垂向应力一般不完全等于自重应力。

4. 岩浆侵入引起的应力场

岩浆侵入挤压、冷凝收缩和成岩，均在周围地层中产生相应的应力场。

注意：不同的热膨胀以及热力学过程会使其发生变化。

5. 地温梯度引起的应力场

地温梯度随深度增加而增加，一般为 3°/100 m，它会引起地层中不同深度岩石的膨胀，从而引起压应力，其中有的可达到相同深度自重应力的几分之一。相反遇冷时会产生收缩。

6. 地表剥蚀引起的应力场

地表岩石受风化、水冲蚀以及其他能量的搬运而产生剥蚀。值得注意的是：剥蚀会导致岩体内仍然存在着比地层厚度所引起的自重应力还要大得多的水平应力。

4.1.2 油田地应力(场)和原地应力(概念)

在讨论了地应力的形成之后，下面首先介绍地应力研究中常用的一些概念，地应力的大小、方向；以及与作用面的关系等三个要素来表述的一种张量。地应力是地球内部应力的统称，地应力场就是地应力在一个空间范围内的分布。

1. 地应力研究中常用的术语

(1) 天然应力——在任何人工扰动之前(水力工程、矿山钻探工程、油气井钻井工程，开发之前)存在于地壳岩体中的应力。

(2) 感生(扰动)应力——受工程活动扰动(建长江三峡大坝、矿山采矿、油气井钻井)的天然应力。

(3) 重力应力——由于上覆岩层重量引起的应力。它分垂直应力(Oz 轴)与水平应力(Ox 与 Oy 轴)。对于坚埂的岩石：岩石的泊松比 $\mu = 0.2 \sim 0.3, w \approx 0.25 \sim 0.43$，所以地壳内岩石的自重应力(垂直应力)总大于水平应力。

(4) 残余应力——各类工程施工过程中形成应力后，仍然在岩石(体)中存在的应力叫做残余应力。这种应力可认为是存在于不受外界作用的隔离体内的应力。

(5) 构造应力——它是由岩石圈(板块)的相对位移引起的应力。即：由构造运动引起的地应力。它们分为活动的和残余的两类：活动的构造应力是近期和现代地壳运动正在积累的应力，也是地应力中最活跃最重要的一种，常导致岩体的变形与破坏。

关于构造应力的起源，既可用李四光的地质力学观点加以解释，即地球自转速度的变化产生的离心惯性力和纬向惯性力而引起的；又可用板块运动的观点进行解释，板块运动的观点认为：构造应力是由于地幔热对流使板块之间相互碰撞、挤压而引起的。

构造应力可以分解为球形应力，即各向相等的应力，它叠加在原有压力之上，直接影响着各种化学反应的平衡。该应力也是成岩、成矿和变质作用的影响因素。另一部分是差应力，即岩体中受外力作用普遍产生差应力，该差应力会引起地壳物质变形，产生各种构造形迹。

印度板块以每年 5 cm 的速度从西南方向向北 - 北偏东方向推移，使得在我国西部地区形成强烈挤压带，这是我国西部构造应力场的决定因素。华北地区目前处于太平洋板块俯冲带的内侧，使华北地区一方面受西偏北 - 南偏东方向的拉张，另一方面又受南偏西和正西方向的挤压。

(6) 剩余应力 —— 是指地壳受风化剥蚀，承载岩体由于卸载作用而残留在岩体中自相平衡的应力，致使垂直应力相应降低，水平应力则保持不变。由于卸载作用，在岩体内引起高的水平应力不具有方向性，常是 $Ox = Oy$；而残余构造应力引起的高水平应力具方向性，Ox 与 Oy 相差较大。

(7) 变异应力 —— 是由岩体的物理状态、化学性质或赋存条件的变化而引起的应力，通常只具有局部意义。例如岩浆的侵入，沿接触带产生很大的压应力；喷出时，岩浆迅速冷凝，沿某一方向产生收缩应力，而使岩体应力分布具有明显的各向异性。

(8) 热应力 —— 是指因温度变化不能使岩石(体) 自由伸缩而产生的应力，或材料本身温度不均匀使伸缩受制约而产生的应力，并称为热应力。大小可根据应力与应变成正比的关系进行计算。

(9) 物理化学应力 —— 由于岩石中的物理或化学变化产生的应力。物理化学应力是研究地壳物质受构造作用产生的物理和化学变化相互关联的。比如风化作用中的物理风化作用，是指岩石在风化应力的影响下，产生一种单纯的机械破坏作用；化学风化作用是指岩石在水和各种水溶液的化学作用和有机体的生物化学作用下所引起的破坏过程。而构造物理化学特别关注构造作用产生或引起的压力、温度及其他的物理化学条件的变化。研究这些构造附加参量对各种化学平衡的影响，逐渐发展成为独立的学科研究领域。

(10) 局部应力 —— 局部应力是指在一个相对小的地质区域内的应力状态。如图 4.5 中的各个区域中某一岩石(体) 或岩石内任意一点处的应力(状态)，这点将在应力、应力状态和应力张量及分解中详细说明。

(11) 封闭应力 —— 由于岩石是非均质介质，它的颗粒大小、力学性质以及热传导系数等各不相同。1980 年陈宗基教授提出：当地壳经受压力或温度变化后，由于晶体与晶体之间存在有一定的摩擦力，岩石中各种晶体将产生变形。在变形过程中，局部将受到阻碍，引起应力积累。在这种情况下，即便卸载，变形也往往不能完全恢复。因此，岩石中有部分应力被封存着，并且处于平衡状态。这部分应力称为封闭应力。他认为在进行矿山开采，修建巷道或油气井钻井施工中出现的应力释放(或岩爆)，就是封闭应力释放的结果。在高地应力区域钻探取得的岩芯呈饼状，也说明有封闭应力的存在。

(12) 古应力 —— 以前存在的但目前不再存在的应力(或应力状态)

(13) 远场应力 —— 受非均匀性干扰的应力(或应力状态)。

(14) 近场应力 —— 非均匀性干扰的应力(或应力状态)。

2. 地应力场概念

地应力场按空间区域划分可分为全球、区域和局部地应力场；按时间划分可分为古地应力场和现今地应力场；按主应力作用方式可划分为挤压、拉张和剪切地应力场。根据构造力学观点，对于背斜等裂缝性储层构造，可利用地层的几何信息、岩性信息（如速度、密度）可估算出地层的应力场。其中主要包括：

(1) 地应力场

所谓地应力场通常是指地壳内各点的应力状态在空间分布的总和。即应力状态随空间点的变化，但在一定地质阶段是相对稳定的。研究地应力场就是研究其分布规律，确定地壳上某一点或某一地区，在特定地质时代和条件下受力作用所引起的应力方向、性质、大小以及发展演化等特征。因此，只有最近某一时期的地质构造是未经破坏或改造的才能确切地反映这个时期的地应力场。

(2) 构造应力场

构造应力场是指与地质构造运动有关的地应力场，通常指的是导致构造运动的地应力场。有人也将由于构造运动而产生的地应力场简称为构造应力场。在地质力学中，构造应力场是指形成构造体系和构造型式的地应力场，包括构造体系和构造型式的地应力场，连同它内部在形成这些构造体系和构造型式时的应力分布状况。有多少类型的构造体系，就有多少种类的构造应力场。

(3) 现今和古构造应力场

现今应力场是指现今存在的或正在活动的地应力场，而存在于某一地质时期内的应力场称之为古构造应力场。特别是第四纪以来，岩石、地层发生的构造变形和升降，也要用适当的仪器装置及其他方法，直接测量现今地应力的活动。

总之，地应力是引起采矿、水利水电、土木建筑和其他各种矿山开采工程变形和破坏的根本作用力，是确定石油工程力学属性，油气田开采，分析研究油气井工程中井眼围岩（壁的）稳定性，实现油气藏、煤层气钻探开发设计和作出科学化决策的前提，对防止和解决煤矿瓦斯爆炸，地热能开发工程的设计和地球动力学的研究都具有重要的意义。

3. 断层形成时地应力的倾斜特点

一般在深度 H 处，岩体所受的地应力存在三种应力状态，可用三个主应力来表示。其中一个为垂向主地应力（即上覆岩层压力）；另两个为相互垂直的水平地应力。产生区域性构造运动的原因相当复杂，其作用的大小与方向也会随时间和地点的不同而异。历史上的造山运动所形成并遗留下来的各种类型的的断层、褶皱，可供我们分析判断当时的地质构造力的大小、方向（图 4.4）。

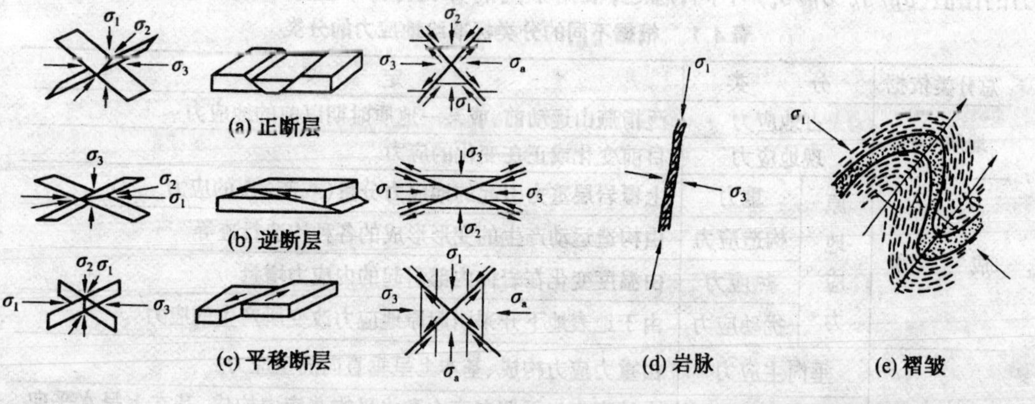

图 4.4　断层关系示意图

4. 局部构造应力与活动断层的关系

我国近年来分别在西南、西北和华北地区的某些主要活动断裂附近进行了地应力的测量工作发现：在活动断层应力集中程度较高的断裂带，由于持续活动又将导致其附近地区应力进一步重新分布，所以在活断层或活动断块的特定部位，往往形成很高的局部构造应力集中区。如图 4.5 所示。

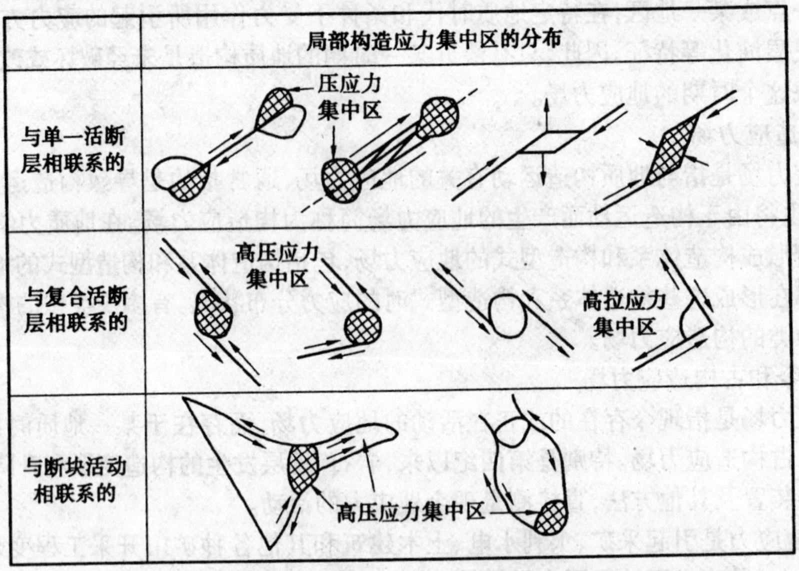

图 4.5　局部构造应力集中区断层之间的关系示意图

从工程建设的角度出发，断裂可划分为活动断裂和非活动断裂。两者对工程的影响显然是不同的。过去人们对活动断裂在工程中的作用及其附近的应力场给予了足够的重视。对于非活动断裂，往往只把其作为一种重要的结构面，从断裂带物质的物理力学性质、水力学性质等方面进行研究。然而，对这类断裂附近的地应力问题研究很少。

假设 $\sigma_1 > \sigma_2 > \sigma_3 > \sigma_0$ 时，产生正断层、逆断层和走向滑动断层，其地应力的大小和方向也是不同的。实际的断层方向可能是倾斜的，断层除了相对滑动外，还可能产生旋转。在石油工程上，应测定现今的地应力大小。不同井深、不同性质的地层，地应力大小和地应力的比值（σ_H/σ_h、σ_H/σ_v）不同；总之，根据不同的分类标准，地应力的分类见表 4.1。

表 4.1　根据不同的分类标准给地应力的分类

总分类依据	分类		定义
地质年代	古地应力		泛指燕山运动前，或某一地质时期以前的地应力
	现地应力		目前变化或正在变化的应力
成因	原地应力	重力	上覆岩层重力引起的地应力分量（或产生）的应力
		构造应力	由构造运动产生的变形形成的各种构造行迹等
		热应力	由温度变化在岩体内部引起的内应力增量
		扰动应力	由于地表地下开采引起原地应力改变所产生的应力
应力方向	垂向主应力		由重力应力构成、基本上呈垂直向的主应力
	水平主应力		由地壳中岩石侧向应力和水平构造应力构成、基本上呈水平向的主应力

4.2 原地应力与应力状态及应力张量

4.2.1 原地应力概念

在绪论中曾经提到,地下工程与地面工程的特点之一就是先有应力,后有工程。所谓"地应力"是指存在于地壳中的未受工程扰动的天然应力,也称岩体的原岩应力、初始应力或绝对应力,广义上也指地球体内的应力。它包括由地热、重力、地球自转速度变化及其他因素产生的应力。原地应力产生的原因及其演变规律,目前还不十分清楚。20世纪初,瑞典地质学者海姆(Hcim)认为:垂直应力与上覆岩层重量有关,水平应力与垂直应力相等。后来瑞典人哈斯特首先在斯勘地那维亚半岛开创了原岩应力的测量;它是目前确定原岩应力的比较可靠的方法,另一种方法是通过洞壁位移的测量来反演地应力。对于油气井工程,习惯称为井眼围岩和井壁岩石;对于地面挖掘工程(例如水力电力中的边坡工程)则称为工程岩体或工程围岩。

4.2.2 原地应力的基本构成

4.2.2.1 上覆岩层压(应)力和侧压系数 λ

1.上覆岩层压力

$$\sigma_v = \int_0^H \rho_b g(h)\mathrm{d}h \quad 或 \quad \sigma_{ev} = \sigma_0 - \alpha P_p \tag{4.1}$$

在地层温度一般不超过200 ℃的深部地层,岩体主要表现为弹性体,重力应力为

$$\sigma_v = \rho \cdot g \cdot H;\sigma_x^1 = \frac{\mu}{1-\mu}\rho \cdot g \cdot H;\sigma_y^1 = \frac{\mu}{1-\mu}\rho \cdot g \cdot H \tag{4.2}$$

式中 ρ—— 地层岩石密度;

μ—— 地层岩石泊松比;

σ_v、σ_x^1、σ_y^1—— 为上覆岩层压力和由其产生的水平方向(x、y轴)的地应力。

2.侧压系数 λ 的确定方法

(1)一般的确定方法

假设沿埋深(z)处的水平面不产生横向变形,最大和最小水平地应力相等(且等于零),轴向应变为零。即:$\varepsilon_{xx} = \varepsilon_{yy} = 0$;$\varepsilon_{zz} = 0$。由广义胡克定律可求得侧压系数

$$\lambda_i = \frac{\sigma_{xx}}{\sigma_{zz}} \quad 或 \quad \lambda_i = \frac{\sigma_{xx}}{\rho g z} \tag{4.3}$$

一般室内测得的泊松比 $\mu = 0.15 - 0.30$;$\lambda = 0.18 - 0.43$。因此在弹性岩体中,水平侧向压力小于垂向压(应)力。

(2)1993年胡博罗克等人,利用钻井资料,在研究最大和最小水平地应力时,给出了下述计算不同类型岩石侧压系数的计算公式,例如

$$\lambda = 1 - \sin\varphi \quad 或 \quad \lambda = 1 + \frac{2}{3}\sin\varphi \tag{4.4}$$

其中 $$\varphi = \arcsin\left(\frac{1}{1 + 4\Delta/(P_{e+\Delta}^{b} - P_{e-\Delta}^{b})}\right)$$

式中 Δ—— 压力变化增量；

a、b—— 与岩石性质有关的回归系数。

3.几点认识

(1) 对于各向均质同性线弹性岩石：$\mu = 0.2 - 0.3$；$\lambda < 1.0$；

(2) 对于理想的塑性岩石：$\mu = 0.5$；$\lambda = 1.0$；即上述静水应力状态；

(3) 对于无黏结力松散岩石：μ、λ 需由 $M - C$，胡克定律进行确定，$\tau = \tan\varphi$；

(4) 地层的重力、构造应力是产生垂向和水平地应力的基本因素；

(5) 地应力状态取决于沉积压实、构造运动和压力变化(与时间、温度、构造类型、层理、断层及裂缝等有关)。

4.2.2.2 构造应力

由于地质构造、板块运动、地震活动等地壳动力学方面的原因所附加的应力分量称之为构造应力。构造应力的存在会使地层显示出明显的各向异性，因此原地应力也是各向异性的。其最大水平主地应力方向通常与构造应力的合矢量方向一致。如果用上覆岩层压力表示水平构造应力的大小，则有

$$\sigma_x^2 = \omega_x \times \sigma_v；\sigma_y^2 = \omega_y \times \sigma_v \tag{4.5}$$

式中 ω_x、ω_y—— 水平方向(x、y 坐标轴) 的构造应力系数；

σ_x^2、σ_y^2—— 构造运动在水平方向(x、y 坐标轴) 引起的构造应力。

4.2.2.3 温度产生的附加应力

由于各种原因和因素的影响，当地层温度升高时，多数岩石因膨胀将转变为应力，即

$$\sigma_{x、v}^2 = 2G\frac{1+\mu}{1-2\mu}\cdot\alpha\cdot(T - T_0) \tag{4.6}$$

式中 G、α—— 为岩石的剪切模量、膨胀系数；

T_0、T—— 为岩石的初始和当前地温度；

σ_x^3、σ_y^3—— 温度升降在水平方向(x、y 坐标轴) 引起的应力。

4.2.2.4 原地总应力

由于地层岩石呈三向应力状态，三个主应力方向的主应力分别为最大、最小水平主地应力和垂向应力分量(σ_H、σ_h、σ_v)，其大小可用下式表示

$$\sigma_H = \sigma_x^1 + \sigma_x^2 + \sigma_x^3；\sigma_h = \sigma_y^1 + \sigma_y^2 + \sigma_y^3；\sigma_z = \sigma_v \tag{4.7}$$

该式反映了(受多种因素影响) 地下岩层的物化特征、不同埋深处实际应力的规律。

4.2.3 地下岩石某点的应力状态和应力张量的分解

如前所述，地应力状态是指作用在地下岩体(石) 内不同应力空间方位截面上所存在的应力(σ_{ij}，τ_{ij}) 的总和。假设地下某点 P 处的面积为 dA，微小面积 dA 和其受力在三个坐标轴上的分量分别为：dA_x，dA_y，dA_z；dF_x，dF_y，dF_z；当从岩体内取出一单元六面体时，由应力定义和剪切互等定理，可得下述以应力张量形式表示的地下岩石空间点 P 处的应力

状态。如图 4.6 给出的建立岩体内某点应力状态图所示。

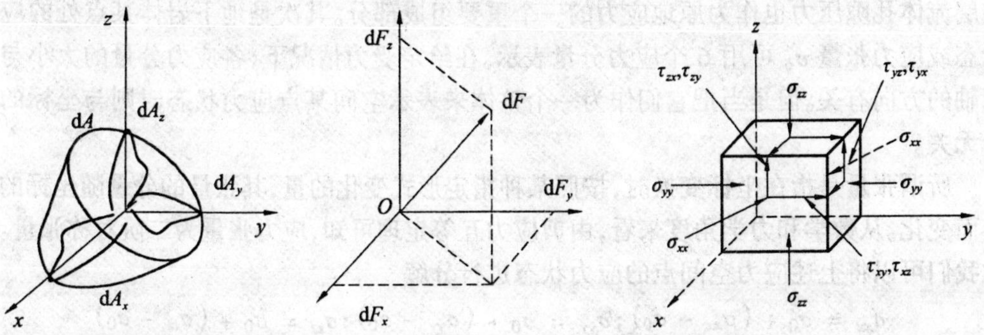

(a)　　(b)　　(c) 与原地应力状态对应的O-xyz坐标系

图 4.6　建立岩体内部某点应力状态的示意图

4.2.3.1　地下岩体某点处的应力状态(张量表达式)

1. 由应力极限定义有

$$\sigma = \lim(\mathrm{d}F/\mathrm{d}A_{\mathrm{d}A\to 0})$$

2. 当从井眼围岩中(或井壁上)取出单元六面体时,如图 4.6(c) 所示。单元体各截面上受下述各种应力的作用

(1) 前截面上(或 *abcd* 平面) 作用有:

$\sigma_{xx} = \lim|_{\mathrm{d}A\to 0}(\mathrm{d}F_x/\mathrm{d}A_x)$——称之为垂直于主平面上的正应力;

$\tau_{xy} = \lim|_{\mathrm{d}A\to 0}(\mathrm{d}F_y/\mathrm{d}A_y)$——它是垂直于 Ox 轴(或 Oxz 平面),平行于 Oy 轴(或 Oxy 平面) 的剪切应力;

$\tau_{xz} = \lim|_{\mathrm{d}A\to 0}(\mathrm{d}F_z/\mathrm{d}A_z)$——它是垂直于 Oy 轴(或 Oxy 平面),平行于 Oz 轴(或 Oxz 平面) 的剪切应力。

(2) 在右截面上(或 *defc* 平面) 作用有:$\sigma_{yy}, \tau_{yx}, \tau_{yz}$

(3) 在上截面上(或 *dcfg* 平面) 作用有:$\sigma_{zz}, \tau_{zx}, \tau_{zy}$

3. 根据剪切互等定理可知,应为:$\tau_{xy} = \tau_{yx}, \tau_{yz} = \tau_{zy}, \tau_{xz} = \tau_{zx}$。所以,单元体上只作用有 6 个独立的应力分量。即:$\sigma_{xx}, \sigma_{yy}, \sigma_{zz}, \tau_{xy}, \tau_{yz}, \tau_{zx}$

4. 应力状态“或应力状态矢量 $\vec{OP}$” 的表达形式

$$\{\sigma_{ij}\} = \begin{Bmatrix} \sigma_{xx} & \tau_{xy} & \tau_{xz} \\ \tau_{yx} & \sigma_{yy} & \tau_{yz} \\ \tau_{zx} & \tau_{zy} & \sigma_{zz} \end{Bmatrix} \tag{4.8a}$$

或

$$\{\sigma_{ij}\} = [\sigma_{xx} \quad \sigma_{yy} \quad \sigma_{zz} \quad \tau_{xy} \quad \tau_{yz} \quad \tau_{zx}] \tag{4.8b}$$

其中,正应力 σ_{ij} 的角标代表与该正应力的作用面相垂直的坐标轴和该正应力的作用方向;剪应力 τ_{ij} 的第一个角标表示与作用面相垂直的坐标轴,第二个角标表示剪应力的作用方向。

4.2.3.2　应力状态或应力张量的分解

现代地应力测量和理论分析证明:地应力大多数为三向不等压的、空间的、非稳定的,又由于岩石的变形和破坏取决于本身所受有效应力的大小。因此，在岩石力学中，常常把地层流体孔隙压力也作为原地应力的一个重要组成部分。其次是地下岩体某点处的应力状态或应力张量 σ_{ij} 可用6个应力分量表示。在给定受力情况下，各应力分量的大小与坐标轴的方向有关。但是当把它们作为一个整体来表示空间某点应力状态时则与坐标的选择无关。

所谓张量是指在坐标变换时，按照某种指定形式变化的量，其张量的分量随坐标的变换而变化。从数学和力学角度来看，由剪应力互等定理可知，应力张量为二阶对称张量。因此我们可以将上述应力空间点的应力状态进行分解

$$\sigma_{xx} = \sigma_0 + (\sigma_{xx} - \sigma_0);\sigma_{yy} = \sigma_0 + (\sigma_{yy} - \sigma_0);\sigma_{zz} = \sigma_0 + (\sigma_{zz} - \sigma_0)$$

则有

$$(\sigma_{ij}) = \begin{Bmatrix} \sigma_0 & 0 & 0 \\ 0 & \sigma_o & 0 \\ 0 & 0 & \sigma_0 \end{Bmatrix} + \begin{Bmatrix} \sigma_{xx} - \sigma_0 & \tau_{xy} & \tau_{xz} \\ \tau_{yz} & \sigma_{yy} - \sigma_0 & \tau_{yz} \\ \tau_{zx} & \tau_{zy} & \sigma_{zz} - \sigma_0 \end{Bmatrix} \tag{4.9}$$

式中 $\sigma_0 = \dfrac{\sigma_{xx} + \sigma_{yy} + \sigma_{zz}}{3}$ 为平均应力

$$(\delta_{ij}\sigma_0) = \begin{Bmatrix} \sigma_0 & 0 & 0 \\ 0 & \sigma_o & 0 \\ 0 & 0 & \sigma_0 \end{Bmatrix} \begin{vmatrix} 1 & 0 & 0 \\ 0 & 1 & 0 \\ 0 & 0 & 1 \end{vmatrix} \text{为球形应力张量}$$

$$(S_{ij}) = \begin{Bmatrix} \sigma_{xx} - \sigma_0 & \tau_{xy} & \tau_{xz} \\ \tau_{yz} & \sigma_{yy} - \sigma_0 & \tau_{yz} \\ \tau_{zx} & \tau_{zy} & \sigma_{zz} - \sigma_0 \end{Bmatrix} \text{称之为应力偏张量}$$

式中

$$S_{xx} = \sigma_{xx} - \sigma_m;S_{yy} = \sigma_{yy} - \sigma_m;S_{zz} = \sigma_{zz} - \sigma_m$$

$$\sigma_m = \frac{1}{3}(\sigma_{xx} + \sigma_{yy} + \sigma_{zz})$$

或

$$\sigma_m = \frac{1}{3}(\sigma_1 + \sigma_2 + \sigma_3)$$

或

$$\{\sigma_{ij}\} = \sigma_m \times \delta_{ij} + S_{ij} = \begin{Bmatrix} \sigma_m & 0 & 0 \\ 0 & \sigma_m & 0 \\ 0 & 0 & \sigma_m \end{Bmatrix} \begin{Bmatrix} 1 & 0 & 0 \\ 0 & 1 & 0 \\ 0 & 0 & 1 \end{Bmatrix} + \begin{Bmatrix} S_{xx} & \tau_{xy} & \tau_{xz} \\ \tau_{yx} & S_{yy} & \tau_{yz} \\ \tau_{zx} & \tau_{zy} & S_{zz} \end{Bmatrix} \tag{4.10}$$

4.2.3.3 球应力张 $\sigma_0\delta_{ij}$ 应力偏量 S_{ij} 的物理意义

球形应力张量是指三个主应力相等的应力状态 σ_0，它表示各个方向受相同的压应力或拉应力，所对应的变形是弹性体积变化而无形状变化；应力偏张量反映了实际应力状态偏离均匀应力状态的程度，它所代表的应力状态只产生形状改变而无体积变化。

同样可用主应力表示应力张量(σ_{ij})和偏应力张量(S_{ij})不变量。

其中 $S_{xx} = \sigma_{xx} - \sigma_m;S_{yy} = \sigma_{yy} - \sigma_m;S_{zz} = \sigma_{zz} - \sigma_m$；

$$\sigma_m = \frac{1}{3}(\sigma_{xx} + \sigma_{yy} + \sigma_{zz}) \quad \text{或} \quad \sigma_m = \frac{1}{3}(\sigma_1 + \sigma_2 + \sigma_3)$$

试问：如何以主应力形式表示应力张量(σ_{ij})和偏应力张量(S_{ij})不变量？

4.2.4　应力空间斜截面上的应力状态和主应力

图4.7给出了建立应力空间斜截面上任意一点的受力状态和坐标系几何关系。假设已知单元体某点所受6个独立应力分量的大小与方向，四面体 $OABC$ 斜截面，图4.7中 O' 的面积为 A；斜截面面积 A 在三个坐标轴上的投影分别为 A_x，A_y，A_z。斜截面上受全应力 σ_N 的作用，而且 σ_N 在坐标轴 σ_x，σ_y，σ_z 上方向的分量为 σ_{Nx}，σ_{Ny}，σ_{Nz}；其法向应力为 σ_{Nx}，σ_{Ny}，σ_{Nz}；剪切应力为 τ_n；外法线的方向余弦为 l，m，n。

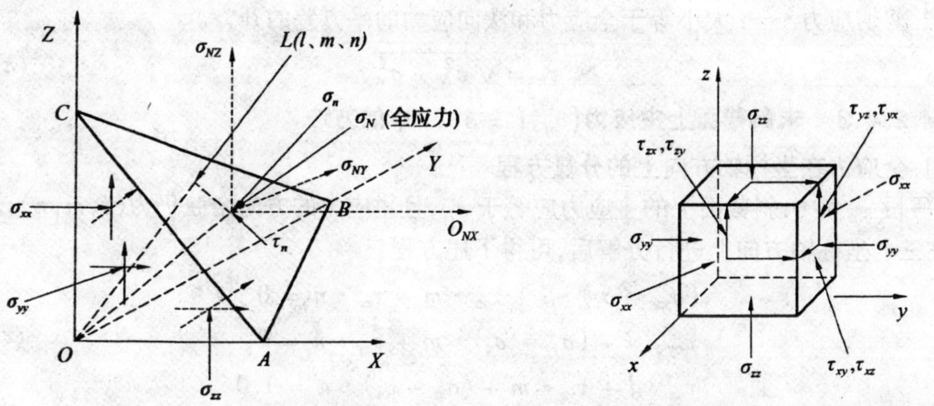

(a) 斜截面上的受力状态示意图　　　(b) 与原地应力对应的应力示意图

图4.7　斜截面上的受力状态与原地应力对应的应力示意图

4.2.4.1　斜截面上所受的全应力 σ_N 方程

由四面体 $OABC$ 力的平衡和方向余弦之间的关系(沿坐标轴 x，y，z 方向上)、我们可以求得下述应力分量方程

$$A \times \sigma_{Nx} = A_x \times \sigma_{Nx} + A_y \times \tau_{yx} + A_z \times \tau_{zx} \tag{4.11}$$

因为
$$A_x \times OA = A \times OO' \text{ 或 } \frac{A_x}{A} = \frac{OO'}{OA} = \cos\alpha = l$$

同理可得：$\cos\beta = m$；$\cos\gamma = n$。所以式(4.11)可变成下述形式：

$$\begin{aligned} \sigma_{Nx} &= \sigma_{xx} \cdot l + \tau_{yx} \cdot m + \tau_{zx} \cdot n \\ \sigma_{Ny} &= \tau_{xy} \cdot l + \sigma_{yy} \cdot m + \tau_{zy} \cdot n \\ \sigma_{Nz} &= \tau_{xz} \cdot l + \tau_{yz} \cdot m + \sigma_{zz} \cdot n \end{aligned} \tag{4.12}$$

$$\sigma_N = \begin{pmatrix} \sigma_{Nx} \\ \sigma_{Ny} \\ \sigma_{Nz} \end{pmatrix} = (\sigma_{ij}) \begin{pmatrix} l \\ m \\ n \end{pmatrix} = \begin{pmatrix} \sigma_{xx} & \tau_{xy} & \tau_{xz} \\ \tau_{yx} & \sigma_{yy} & \tau_{yz} \\ \tau_{zx} & \tau_{zy} & \sigma_{zz} \end{pmatrix} \begin{pmatrix} l \\ m \\ n \end{pmatrix} \tag{4.13}$$

可见，只要知道或给定斜截面上的方向余弦、四面体上的各应力分量，即可以利用上述式(4.12)、(4.13)确定各坐标轴上的分量和全应力的大小

$$\sigma_N = \sqrt{\sigma_{Nx}^2 + \sigma_{Ny}^2 + \sigma_{Nz}^2}$$

4.2.4.2 斜截面上的法向应力和剪切应力

1.法向应力

因为斜截面上的法向应力 σ_n 为全应力 σ_N 沿法线方向的分量,其大小应等于 σ_N 在三个坐标轴上的应力分量 $\sigma_{Nx}, \sigma_{Ny}, \sigma_{Nz}$ 在斜截面 ABC 的法线方向上的投影的代数和。

$$\sigma_n = \sigma_{Nx} \cdot l + \tau_{yx} \times m + \tau_{zx} \times n \tag{4.14}$$

如果将式(4.13) 代入式(4.14),可得(其中考虑了剪切互等关系)

$$\sigma_n = \sigma_{xx} \cdot l^2 + \sigma_{xx} \cdot m^2 + \sigma_{xx} \cdot n^2 + 2(\tau_{xy}lm + \tau_{yz}mn + \tau_{zx}nl) \tag{4.15}$$

2.剪切应力 —— 大小等于全应力和法向应力的平方差的开方。

$$\tau_n = \sqrt{\sigma_N^2 - \sigma_n^2} \tag{4.16}$$

4.2.4.3 求斜截面上主应力($\sigma_n, i = 1,2,3$) 的方法

1.全应力在坐标轴方向上的分量方程

假设 $\tau_n = 0$,斜截面上的主应力应等于 σ_N,且主应力的方向余弦仍为(l, m, n);那么 σ_N 在三个坐标轴方向上进行分解后,可得下述方程

$$\begin{aligned} (\sigma_{xx} - \sigma_i) \cdot l + \tau_{yx} \cdot m + \tau_{zx} \cdot n &= 0 \\ \tau_{xy} \cdot l + (\sigma_{yy} - \sigma_i) \cdot m + \tau_{zy} \cdot n &= 0 \\ \tau_{xz} \cdot l + \tau_{yz} \cdot m + (\sigma_{zz} - \sigma_i) \cdot n &= 1.0 \end{aligned} \tag{4.17}$$

再由法线方向余弦满足的条件,即斜截面上方向余弦的平方之和

$$l^2 + m^2 + n^2 = 0 \tag{4.18}$$

2.求解方向余弦和主应力的方法

(1) 求解方向余弦的方法

由式(4.17)、(4.18) 可知,只要联立求解该方程组,可求得主应力和主应力方向的方向余弦 l, m, n。又因为式(4.17) 为齐次线性方程组,并由方程式(4.18) 可知:方向余弦不可能同时为零。所以只有当式(4.17) 中的系数行列式等于零时,才有可能求得非零的解。即

$$\begin{vmatrix} \sigma_{xx} - \sigma_i & \tau_{xy} & \tau_{yz} \\ \tau_{yx} & \sigma_{yy} - \sigma_i & \tau_{yz} \\ \tau_{zx} & \tau_{zy} & \sigma_{zz} - \sigma_i \end{vmatrix} = 0 \tag{4.19}$$

显然只要将式(4.19) 展开,即可得到下述求解主应力的方程,式中

$$\sigma_i^3 - I_1 \times \sigma_i^2 - I_2 \times \sigma_i - I_3 = 0 \tag{4.20}$$

$$I_1(\sigma_{ij}) = \sigma_{xx} + \sigma_{yy} + \sigma_{zz}$$

$$I_2(\sigma_{ij}) = -(\sigma_{xx}\sigma_{yy} + \sigma_{yy}\sigma_{zz} + \sigma_{zz}\sigma_{xx}) + \tau_{xy}^2 + \tau_{yz}^2 + \tau_{zx}^2$$

$$I_3(\sigma_{ij}) = \begin{vmatrix} \sigma_{xx} & \tau_{yx} & \tau_{yz} \\ \tau_{xy} & \sigma_{yy} & \tau_{zy} \\ \tau_{zx} & \tau_{yz} & \sigma_{zz} \end{vmatrix}$$

(2) 求解主应力的方法

① 如果式中的第三张量不变量 $I_3 = 0$,式(4.20) 变成一元二次方程,可直接求解;

② 如果式中的应力张量第三不变量 $I_3 \neq 0$,式(4.20)需为三阶方程,可由卡尔丹式求解,方法参考数学手册。

(3) 方程式(4.20)的几点说明:

① I_1、I_2、I_3 的意义分别称之为与所选择的坐标轴无关的应力张量第一、第二和第三不变量(尽管在坐标变换时,应力空间点 P 的应力分量会发生改变,但主应力是不变的),它在塑性力学中具有广泛的应用。

② 如果将所求出的主应力代入式(4.17)中的任意两式,我们就可以求出与主应力相对应的三个方向余弦 l、m、n 和主应力的方向。

③ 用应力张量不变量便于求得球应力和偏应力张量的大小。

4.3　地应力测量技术与测量方法

地应力测量是指探明地壳中各点应力状态的测量方法。地应力测量对地质构造研究、地震预报和矿山、水利、国防等工程中有关问题的解决具有理论和实际意义。它是地质力学研究的重要内容之一,通过测量发现,最大主应力的方向几乎都是接近水平的。

4.3.1　地应力测量与石油工程的关系

油气勘探开发的对象是地层岩石和流体,储层岩石和流体所承受的地应力是研究地质和工程问题的外载,因此在油气勘探开发过程中都涉及地应力范畴。

(1) 在钻井过程中:井壁稳定性与岩石力学性质、地层剖面地应力状态的关系;

(2) 在采油过程中:油井出砂与岩石力学性质、油层应力环境、出砂指数有关;

(3) 在油层改造中:地应力场状态,地层岩石力学性质决定着水力压裂的裂缝形态、方位、高度和宽度,影响着压裂增产效果;

(4) 在注水开发中:如果对地应力研究不够,会使井网布置和调整不理想,导致无水采油期缩短、驱油效率低、出现水窜和水淹、在地应力异常地区会导致套管缩径和损害、错断;

(5) 在稠油热采中:热蒸汽的注入会使开发区的应力场发生巨大的变化;

(6) 在传统的射孔方案中:由于没有进行分层地应力剖面研究,致使开发区过程中造成剖面上的水窜和气窜。

总之:地应力是水平井设计、钻井的科学依据,又是斜井和井眼轨道预测评价的重要依据;它是油气田开发系统工程的重要环节,是油气勘探开发前期工程和基础工作之一。

4.3.2　地应力研究的主要内容与影响因素

地应力测量的主要内容包括地应力的大小、方向、分布规律、以及其演变过程。古地应力场和现今应力场。其中既要研究宏观的、区域的还要进行局部的、开发单元的、单井的、平面的、剖面的、分层的特殊微观应力分布以及应力场的状态。其中:地层岩石的力学性质、地应力场剖面与性质、地应力数据与分布规律是油气勘探与开发中研究的主要方面。

4.3.2.1 影响地应力的主要因素

岩石力学性质、储层孔隙压力、地层温度、构造应力、重力以及地层剥蚀等。

4.3.2.2 地应力测量原理及途径

地应力测量原理为:一可利用岩石的应力、应变关系(如应力恢复法、应力解除法和钻孔加深法等)加以测量;二可利用岩石受应力作用时的物理效应(如声波法和地电阻率法等)加以测量。现有测量方法测量出的地应力,既包含构造应力,又包含其他因素(如重力、地热等)引起的非构造应力。地应力测量对石油工程钻井、油气藏开采、地质构造研究、矿山开采、水利工程、地震预报和国防等工程中有关问题的解决具有理论和实际意义。它是地质力学研究的重要内容之一,通过测量发现,最大主应力的方向几乎都是接近水平的。

就测量途径来讲,目前国际上比较公认的、结果比较可靠的深部地层地应力测量方法有现场水力压裂试验法和声发射凯塞耳(Kaiser)效应等方法,以及复合地应力测量方法。地应力的方向测量主要有:井壁剥落形状反演法,双井径测井、*FMI* 测井资料分析等。

4.3.2.3 影响地应力的因素

(1) 构造应力

与其性质、方向、大小等参数有关。

(2) 断层类型

假设断层所在的地点的主应力方向之一基本上是垂直的,那么断层的类型可分成下述三种,其中

① 走向断层 —— 垂向应力为中间应力 $\sigma_z = \sigma_2$,断层走向与最大水平主应力方向的交角小于 45°;

② 正断层 —— 垂向应力 σ_z 为最大主应力 $\sigma_z = \sigma_1$,断层走向为中间主应力 σ_2 的方向;

③ 逆断层 —— 垂向应力 σ_z 为最小主应力 $\sigma_z = \sigma_3$,断层走向为中间主应力 σ_2 的方向。

(3) 埋藏深度

由地应力测量得知,我国大部分地区的分布是 $\sigma_H > \sigma_h > \sigma_v$;在埋藏深度较深的地层,$\sigma_v > \sigma_H > \sigma_h$。

(4) 岩性变化规律

三大类岩石的应力分布规律不同。

① 岩浆岩:埋深小于 850 m 时,水平地应力较高,分散度大;大于此深度后,水平地应力的差值大;

② 沉积岩:据世界范围内 122 组的统计,水平地应力为线性关系;

③ 变质岩:在 31 ~ 2 500 m 以内,最大(小)水平地应力分散度大。

(5) 构造应力较差地区

最大和最小水平地应力随岩石的泊松比(μ)增大而增加。

(6) 地质构造形态

例如:构造起伏变化、陡翼、等高线的变化等。

(7) 地层流体孔隙压力、温度的变化

(8) 油田开发等因素

构造应力、地层埋藏深度、断层类型、不同岩性 σ_H、σ_h 的变化规律。在构造应力松弛地区 σ_H、σ_h 随 μ 增大而增大；在硬地层中，构造应力分量大，σ_H、σ_h 随 Pp、地温增大而增大；地层剥蚀会使 σ_v 成为最小主应力。

例如在断层影响中，为了研究方便，地质学家将断层分成了逆断层，正断层和平移断层三类：即 $\sigma_v = \sigma_2$，断层走向与 σ_H 方向交角小于45°；$\sigma_v = \sigma_1$，断层走向为 σ_2 的方向；$\sigma_v = \sigma_3$，断层走向为 σ_2 的方向。

4.3.2.4　地应力测量分类

1.按测量原理

(1) 直接测量；(2) 间接测量。

2.按测量内容

(1) 绝对测量值；(2) 相对测量值。

3.按石油工程油田研究方法划分

(1) 矿场应力测量；

(2) 地震与地质资料定性分析法；

(3) 岩心测量法；

(4) 地应力计算法。① 有限元数值模拟地应力场法(二维和三维)；② 钻井参数(钻压、转速、钻速、水力压裂等) 反演法；③ 分层地应力剖面解释法。

例如：a.地层倾角测井；b.横波测井；c.长源距声波测井；d.常规测井法等。

4.用水力压裂资料回归分析获取地应力分布方程

下面针对现场常用的水力压裂试验法和声发射凯塞尔(Kaiser) 效应等方法进行剖析。

4.3.3　水力压裂试验测定地应力的方法

4.3.3.1　基本的假设条件

(1) 测段岩石为均质各向同性的线弹性体、渗透率低；

(2) 水力压裂可简化成一个无限大平板中有一圆孔，圆孔轴与垂向应力平行，在平板内作用有两个水平主应力 σ_H、σ_h 的模型，如图 4.8 所示；

(3) 水力压裂初始裂缝面为垂直并平行于孔轴的；

(4) 有相当长的一段裂缝面和最小水平主应力方向垂直。

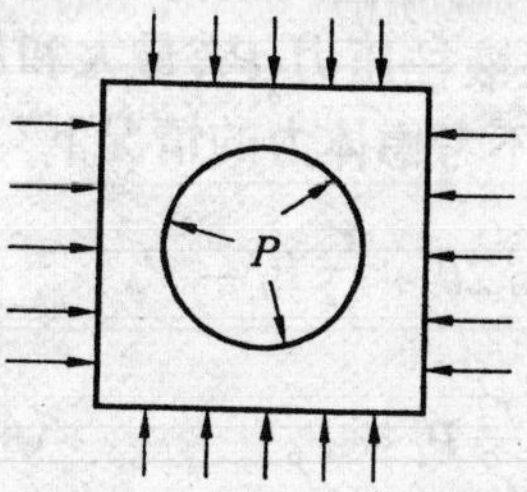

(a) 井壁受力力学模型

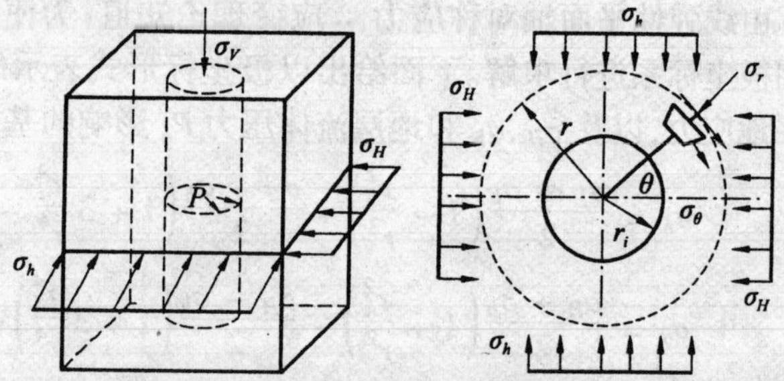

(b) 井壁岩石应状态受力图

图 4.8　井壁受力力学模型及井壁岩石应力状态受力图

4.3.3.2　水力压裂试验曲线中的有关概念

深埋地下的岩石在工程扰动之前，就承受应力作用，该应力称原地应力。原地应力一般为三向不等压、空间的非稳定应力场。就石油工程来讲，原地应力可分 σ_0、σ_H、σ_h。图4.9给出了实测水力压裂试验曲线，有关概念如下：

(1) P_L—— 漏失压力：开始偏离直线点的压力；

(2) P_f—— 破裂压力：压力的最高点（地层发生破裂，流体漏失时的井底压力）；

(3) P_e—— 延伸压力：压力开始趋于平缓的点（使裂缝向地层深处扩展的井底压力）；

(4) P_r—— 重新开启压力：重新开泵，使闭合裂缝重新张开的压力。

水力压裂试验是在固井射孔后，将油气层上、下用封隔器封隔起来进行。现场试验方法是目前进行深部绝对应力测量的直接方法。

4.3.3.3　水力压裂试验原理

水力压裂试验法是通过在裸眼井段进行地层破裂实验、测量出地层的破裂压力、裂缝延伸压力、瞬时停泵压力、裂缝闭合压力、裂缝重新开启压力等，然后再利用破裂压力计算公式（例如伊顿法、黄氏法等）进行反算。这种方法可以比较准确的测定出最小水平主地应力 σ_h 的大小。所测量的最大水平主地应力 σ_H 的精度受地层孔隙压力、渗透率、孔隙连通性（程度）的影响较大。典型的地层破裂压力试验曲线如图 4.9 所示。

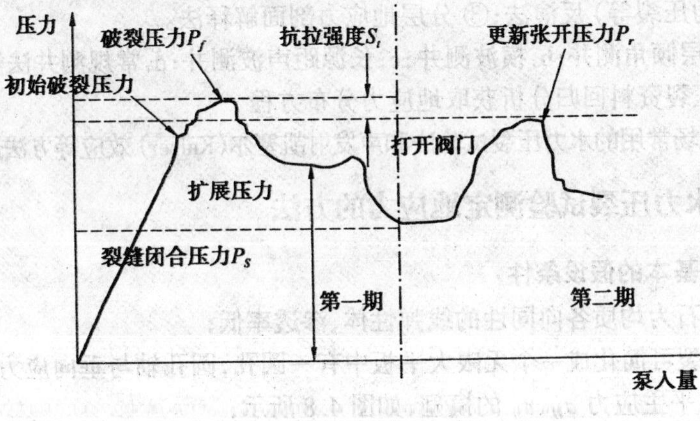

图 4.9　典型的地层破裂压力试验曲线

(1) 极坐标下的井眼围岩和井壁岩石应力方程

由线弹性平面轴对称应力 - 应变理论知道：为使求解井眼稳定性问题的过程简便，常用极坐标系进行求解。下面给出以极坐标形式表示的受井眼液柱压力 P_i，最大和最小水平地应力，以及 σ_H、σ_h 和地层流体压力 P_p 影响的基本方程（不考虑体力的情况下）。

$$\sigma_r = \frac{\sigma_H + \sigma_h}{2}\left(1 - \frac{r_i^2}{r^2}\right) + \frac{\sigma_H - \sigma_h}{2}\left(1 + 3\frac{r_i^4}{r^4} - 4\frac{r_i^2}{r^2}\right)\cos 2\theta + \frac{r_i^2}{r^2}P_i - P_p$$

$$\sigma_\theta = \frac{\sigma_H + \sigma_h}{2}\left(1 + \frac{r_i^2}{r^2}\right) - \frac{\sigma_H - \sigma_h}{2}\left(1 + 3\frac{r_i^4}{r^4}\right)\cos 2\theta - \frac{r_i^2}{r^2}P_i - P_p \tag{4.21}$$

$$\tau_{r\theta} = \frac{\sigma_H - \sigma_h}{2}\left(1 - 3\frac{r_i^4}{r^4} + 2\frac{r_i^2}{r^2}\right)\sin 2\theta$$

(2) 井壁岩石应力方程

由式(4.21) 可知:当式中计算半径 $r = r_i$ 时,该式可以改写为

$$\begin{aligned} \sigma_r &= P_i - P_p \\ \sigma_\theta &= \sigma_H + \sigma_h - 2(\sigma_H - \sigma_h)\cos 2\theta - P_i - P_p \\ \tau_{r\theta} &= 0 \end{aligned} \tag{4.22}$$

(3) 水力压裂试验地应力确定机理

另外,从式中也可以看出:当 P_i 增大时,切向应力 σ_θ 变小,而当 Pi 增大到一定程度时,切向应力 σ_θ 变成负值,即岩石所受应力由压到拉。当拉应力达到足以克服岩石抗拉强度时,地层将发生破裂。而且破裂发生在切向应力最小处,即:$\theta = 0°$、180° 处。

若令

$$\sigma_\theta = 3\sigma_h - \sigma_H - P_i - P_p = -S_t \tag{4.23}$$

我们可以得到岩石产生拉伸破裂(坏) 时井内液柱压力(即地层的破裂压力) 为

$$P_f = 3\sigma_h - \sigma_H - P_p + S_t \tag{4.24}$$

表(6.2) 给出了某油田两区块五口井的水力压裂基本数据及地应力计算结果。

表 6.2　某油田两区块五口井的水力压裂基本数据及地应力计算结果

区块	井号	层位	h/m	P_f/MPa	P_s/MPa	P_p/MPa	σ_H/MPa	σ_h/MPa
200	200 - 5	S_3 中	3 886.55	96.34	74.04	43.75	84.04	74.04
	200 - 6	S_3 中	3 533.55	95.84	66.94	39.48	67.51	66.94
209	200 - 18	S_3 中	2 923.3	66.62	56.72	32.09	87.47	56.72
	200 - 18	S_3 中	2 904.7	65.48	56.23	31.87	87.36	56.23
	200 - 18	S_3 中	3 055.35	71.77	57.66	33.69	83.96	57.67

当地层被压裂后,如果瞬时停泵,裂缝将不再向前扩展,但仍保持开启状态,此时的压力 P_S 应该与垂直裂缝的最小地应力平衡(即 $\sigma_h = P_S$)。

如果再次重新开泵,并使闭合的裂缝重新张开,由于此时要张开闭合的裂缝所需的压力 P_r 与地层的破裂压力 P_f 相比,不需要再次克服地层岩石的抗拉强度 S_t。因此,可近似的认为地层岩石的抗拉强度 $S_t = P_f - P_r$。从压裂试验曲线图(图 4.9) 上直接读出压力值后可用下式(反算法) 计算地层的地应力,其中:σ_r,σ_θ 为

$$\begin{aligned} \sigma_r &= P_S \\ \sigma_\theta &= 3\sigma_h - P_f - P_p + S_t \end{aligned} \tag{4.25}$$

(4) 水力压裂试验地应力测量方法

① 当地层压裂后瞬时停泵 → 裂缝不再向前扩展(t 时间后会闭合) → 此时的停泵压力 $P_S = \sigma_h$(垂直裂缝)

② 当瞬时停泵重新开泵后 → 闭合裂缝重新开启 → 此时裂缝开启压力 P_r 与 P_f 相比相差 S_t,即

$$S_t = P_f - P_r$$

③ 利用压裂曲线上 P_f、P_S、P_r 三个数值,可直接反算出地层的地应力

$$\sigma_h = P_S$$
$$\sigma_H = 3\sigma_h - P_f - P_p + S_t = 3P_S - P_p - P_f \tag{4.26}$$
$$S_t = P_f - P_r$$

4.3.3.4 裂缝中压力的变化规律

关泵前,压裂液由井底沿裂缝面流入裂缝尖端使裂缝扩展。由于流体流动过程中要受裂缝壁摩擦阻力的作用,因此在裂缝面距离井眼不同的位置处,其流动压力按线性关系减小。如图 4.10 所示。其大小可由下式计算

$$P_c = P_{cd} - 2P_S L_0(x - R) \tag{4.27}$$

式中 P_{cd}——井底压力;

$2L_0$——关泵前的裂缝长度;

x——距离井眼的距离;

R——压降剃度(可由岩石断裂韧性等于裂缝尖端的应力集中系数条件来求得)。

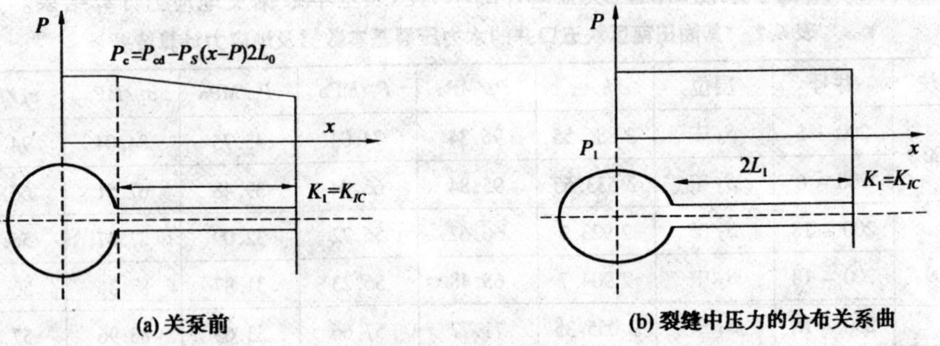

图 4.10 关泵前和关泵后裂缝中压力的分布关系曲

关泵瞬间:压裂液停止流动,$P_S \to 0$,此时裂缝尖端的压力增大,应力集中系数超过岩石的断裂韧性;使停泵瞬间裂缝突然向前延伸,直到 P(流体压力)达到一个均匀值 P_L(它对应于 $k_{Ic} = k_c P_L$,对应于瞬间停泵压力)。此时裂缝长度 $2L_1 > 2L_0$;裂缝中流体压力 $P = P_L$ 时,裂缝停止扩展;而且有:$k_I(P_c) = k_{I\cdot c}$。随着停泵时间的延长,由于流体向裂缝面以及井壁内渗透,流体的压力会降低,导致 $k_I(P_c)$ 下降;当下降到零 $k_I(P_c) = 0$ 时,裂缝开始闭合。此时的流体压力为裂缝闭合压力 P_{FcP},它的大小等于作用在裂缝面上的法向地层应力的平均值。其大小为

$$P_{FCP} = \frac{1}{A}\int_0^h\int_0^1 S(x,y)\,\mathrm{d}x\mathrm{d}y \tag{4.28}$$

式中:$S(x、y)$ 作用在裂缝面上法向有效地层应力。

由于井眼周围应力集中的影响,只有当裂缝趋向于无限大时,P_{FcP} 才等于最小水平地应力。但实际上只要裂缝长度超过 5 倍的井眼半径时,两者之间的误差将小于 5%。实际上,由于裂缝长度很难确定,所以为了使测量的结果可靠,可以进行多次关泵操作,闭合压力趋向于稳定时的值即可代表最小水平主地应力的值。

4.3.3.5　裂缝闭合点 B 的确定方法

对于不同性质的地层，瞬时停泵后裂缝中压力下降的规律相差很大，主要受岩石渗透性大小控制；对于渗透性小的地层，裂缝闭合压力近似等于瞬时停泵压力；而渗透性大的地层，可用裂缝闭合前后的压力降低速度来确定裂缝闭合的压力。主要的方法是：$P \to t^{1/2}$ 曲线时，其斜线的交点即为裂缝开始闭合点。其他的方法还有，例如：

(1) 最大曲率点法，它是$(\partial P/\partial t) \to t$ 曲线；

(2)$P - \mathrm{Log}(t)$曲线；

(3)$\mathrm{Log}(P) - \mathrm{Log}(t)$ 等曲线。

利用水力压裂试验数据求算最大水平主地应力可能会导致较大的误差，研究表明：其最大误差可在 30% ~ 50%，主要受岩石孔隙度、渗透性、压裂液黏性的影响。地层性质不明确时，水力压裂试验难以确定最大水平主地应力。

4.3.3.6　油田的实测结果

(1) 大庆朝阳沟(42 口井、54 次压裂数据) 地区

$$\sigma_h = -3.1 + 0.03H;\sigma_H = -5.9 + 0.03H;\sigma_0 = 0.022H \quad (4.29)$$

(2) 用回归分析获取地应力分布方程及关泵前后裂缝中压力分布的关系曲线图。例如

① 胜利油田(1 300 ~ 3 000 m) 井段

$$\sigma_h = -11.65 + 0.022H;\sigma_H = -22.5 - 0.034H;\sigma_0 = 0.021 - 0.026H \quad (4.30)$$

② 华北油田(1 500 ~ 3 200 m) 井段

$$\sigma_h = -5.87 + 0.02H;\sigma_H = -10.5 - 0.031H;\sigma_0 = 0.021H \quad (4.31)$$

4.3.4　凯塞尔效应和其他试验方法

4.3.4.1　声发射凯塞尔效应测定地应力的原理与方法

1. 声发射凯塞尔效应和测定原理

当取心井深大于 2 000 m 时，若按照常规声发射实验方法对岩心进行单轴压缩实验，岩样常常在凯塞尔点出现之前就会发生破坏，采集到的信号就是岩心破裂的信号，而不是凯塞尔效应信号，因此就无法用声发射凯塞尔效应来测定岩心所处地层的原地应力大小。为此需要在围压下进行声发射凯塞尔效应实验。

声发射效应测定地应力是利用了岩石具有记忆的特性，所谓岩石的记忆特性是指岩石材料在工作过程中，对过去所有应力状态都具有记忆性，或者说现实的应力状态取决于岩石变形的整个历史或路径。其原因是岩石在工程中既有能力储存，也有能力耗散，即材料对力的响应，不仅取决于现实的应力状态，也取决于全部过去的应力状态。

2. 围压下声发射凯塞尔效应试验宗旨

凯塞尔效应表明：声发射活动的频率或振幅与应力有一定的关系。在单调增加应力的作用下，当应力达到过去已施加过的最大应力时，声发射明显增加。凯塞尔效应的物理机

制认为:岩石受力后发生微破裂,微破裂发生的频率随应力增加而增加,破裂过程是不可逆的。但是,由于破裂面上的摩擦滑动也能产生声发射信号,这种摩擦滑动是可逆的。声发射凯塞尔效应试验可以测量岩样曾经承受过的最大压应力。在轴向加载过程中声发射率突然增大的点与对应的轴向力就是该岩样沿所钻孔方向曾经经受过的最大压应力。其宗旨是在提高岩样的抗压强度,希望凯塞尔点出现在岩样破坏之前,并能清晰的辨别出破坏规律。

3. 试验凯塞尔应力点

声发射凯塞尔效应实验可以测得野外曾经承受过的最大压应力。该类实验一般要在压缩机上进行,测定单向应力。在轴向加载过程中,声发射频率突然增大的点是与轴向应力对应的(沿岩样钻取方向曾经受过的最大压应力),该点称之为凯塞尔应力点。

4. 试验方法

目前进行凯赛尔试验的方法:一般采用与钻井岩心轴线垂直的水平面内,沿增量为 45° 的方向钻取三块岩样,并测量三个方向的正应力,同时求出水平最大、最小主应力。凯赛尔试验方法是在 MTS 电液伺服系统上,以某一加载速率均匀地给岩样施加轴向载荷,声发射探头牢固的粘贴在岩心侧面上,用它来接收受载过程中岩石的声发射信号,同时将岩石所受的载荷和信号输入 Locan AT－14ch 声发射仪器上进行数据处理、记录,并给出岩样的声发射信号随载荷变化的关系曲线图。

这样,由上述凯塞尔效应原理,在声发射信号关系曲线图上就可以找出突然明显增加处的声发射信号,记录下此处的载荷大小,即为岩石在地下该方向上所受的地应力。由此就可以求得试验岩石在深部地层所受的地应力(指主应力)。

要测得三个地应力,至少应在四个方向(一个垂直方向、三个在轴线正交水平面内彼此相隔 45° 的水平方向)取出四个小岩心,取样如图(4.11)所示的取心示意图。如果测得同一岩心与岩心轴线正交水平面内彼此相隔 45° 的三个方向的凯塞尔点的应力和岩心轴向的凯塞尔点应力,如图 4.11 所示的取心示意图。如果岩心是从直井中取出的,那么根据岩石的弹性力学理论,可由下式确定三个主地应力的大小

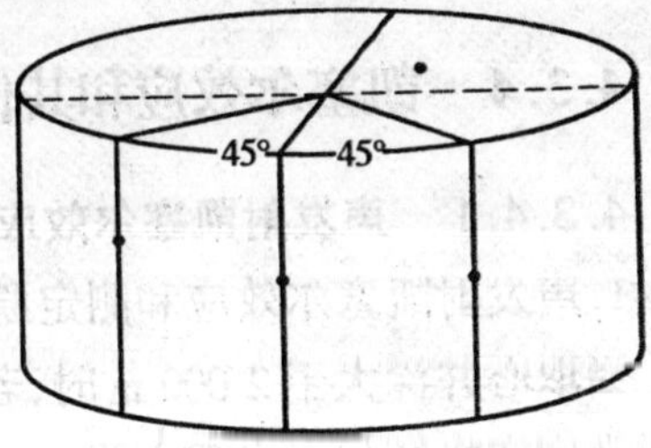

图 4.11　声发射岩心试验取样示意图

$$\sigma_v = \sigma_{\perp} + \alpha \cdot P_p \tag{4.32}$$

$$\sigma_H = \frac{\sigma_\sigma + \sigma_{90^\circ}}{2} + \frac{\sigma_\sigma - \sigma_{90^\circ}}{2}(1 + \tan^2 2\theta)^{1/2} + \alpha \cdot P_p$$

$$\sigma_h = \frac{\sigma_\sigma + \sigma_{90^\circ}}{2} - \frac{\sigma_\sigma - \sigma_{90^\circ}}{2}(1 + \tan^2 2\theta)^{1/2} + \alpha \cdot P_p \tag{4.33}$$

$$\tan 2\theta = \frac{\sigma_\sigma + \sigma_{90^\circ} - \sigma_{45^\circ}}{\sigma_\sigma + \sigma_{90^\circ}}$$

式中　σ_H、σ_h、σ_v—— 分别为上覆岩层应力、最大、最小水平主地应力；

$\sigma_{\perp}$ —— 是指围压下的垂直方向的凯塞尔电处的应力；

σ_0、σ_{45}、σ_{90}—— 为井眼围岩0°、45°、90°处三个水平方向岩心的凯塞尔应力；

P_c—— 高压井眼内岩心所受的围压。

4.3.4.2　深层声发射凯塞尔效应测定地应力校正

当所取岩心的井深大于3 000 m时，按常规声发射试验常常在凯塞尔点出现之前就发生破坏，采集到的信号是岩样的破裂信号，而不是凯塞尔效应信号，因此就无法用凯塞尔效应来测定岩心所在井深处地层的原地应力大小。为此，提出了围压下的声发射凯塞尔效应试验。目的在于提高岩样的抗压强度，希望凯塞尔点出现在岩样破坏点之前，能够清晰地辨别出凯塞尔点，同时也提出了一个问题，即凯塞尔点出现于围压之间有何种相关性。研究表明：从理论上很难获取凯塞尔点与围压之间的关系，但是通过试验可以获得一些不同岩性（沉积岩）的凯塞尔点与围压之间的普遍规律。然后根据这些规律就可以解释岩心所处地层的原地应力大小。

围压下的声发射凯塞尔效应试验与常规凯塞尔试验法的区别是：除了加围压和信号接收方式不同外，基本上与常规凯塞尔试验法相同。图4.12为围压下的试验装置。

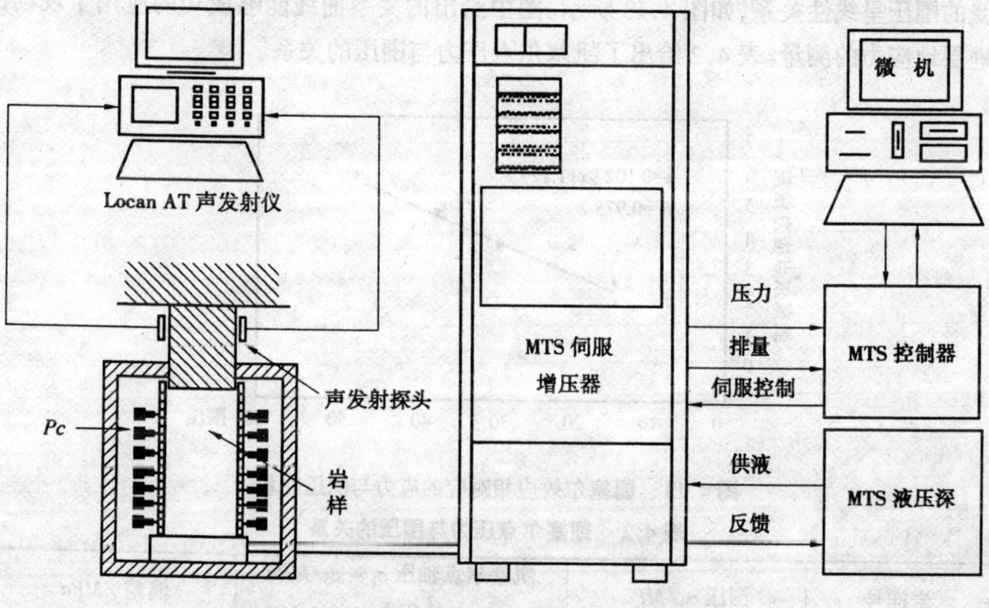

图4.12　声发射法测地应力的流程图

其试验方法也是在MTS电液伺服系统上，以某一加载速率均匀地给在高压井筒内的岩样施加轴向载荷（岩样同时受围压作用），声发射探头牢固的粘贴在柱塞上，柱塞与岩心端面密切接触，用它来接收受载过程中岩石的声发射信号，岩石所受的载荷以及信号同时输入Locan AT－14ch声发射仪器上进行数据处理、记录，并给出岩样的声发射信号随载荷变化的关系曲线图。这样就可以从声发射信号曲线图上，找出与围压相对应条件下的凯塞尔点处所受载荷的应力值。

4.3.4.3 深层声发射凯塞尔效应地应力解释

解释围压条件下凯塞尔试验的关键是：取若干块尺寸彼此相近的岩样，在高压井筒内维亚条件下，施加一定的轴向载荷，寻找不同围压条件下凯塞尔点处的受载荷应力值，并寻找出凯塞尔点处的受载荷应力值与围压之间的一些规律。

用实验测得的凯塞尔效应对应的应力减去由现场测井资料得到的垂向主应力，可以得到两者的差值随围压变化的关系曲线，将凯塞尔效应对应的应力减去回归得到的直线表达式，就可以得到围压下凯塞尔效应对应的应力与零围压下应力的下述转换关系式。

$$\sigma^0 = (\sigma_1 - \sigma_3) - (0.102\,9\sigma_3 + 1.229\,3) \tag{4.34}$$

式中 $\sigma_1 - \sigma_3$—— 与试验测定的凯塞尔效应相对应的应力；

σ_3—— 围压值；

σ_0—— 为与零围压下测定德凯塞尔效应相应方向的正应力。

在这种条件下，我们获得了 $\sigma_0, \sigma_{45°}, \sigma_{90}$ 和 $\sigma_\perp$ 的应力值。再利用式(4.33a、b)计算出主地应力。围压下的岩石凯塞尔效应是测定深层地应力的一种有效方法。它克服了单轴岩石凯塞尔效应测定地应力的局限性。研究表明：围压下岩石的凯塞尔 效应相对应的应力与所受的围压呈线性关系，如图 4.13 所示。图中给出的关系曲线能够成功的应用于现场深部地层地应力的测量。表 4.2 给出了凯塞尔点压力与围压的关系。

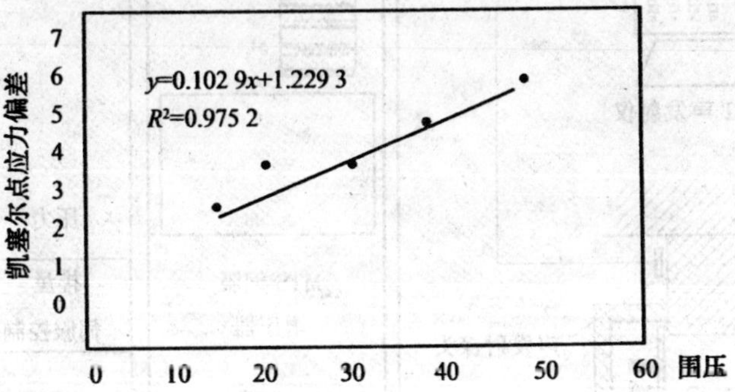

图 4.13 凯塞尔效应相对应的应力与围压关系

表 4.2 凯塞尔点压力与围压的关系

岩样号	围压 σ_3/MPa	凯塞尔点轴压 $\sigma_1 - \sigma_5/MPa$ 真实 K 点处的应力：145 MPa	偏差 /MPa
1	15	128.7	−2.7
2	20	128.4	3.4
3	30	119.1	4.1
4	40	110.7	5.7
5	50	100.9	6.2

4.3.5　复合地应力测量方法和动态地应力理论

围压下的声发射凯塞尔效应试验尽管是一种深层地应力测试的好方法。但一直受到岩心高标准要求的限制(困扰),因为它要求岩心全尺寸,整体连续,长度不小于 15 cm,实际上由于岩心往往存在裂缝,从而导致岩样不足而造成无法进行试验;同时由于深井取心困难,取心收获率较低(因为取心过程岩心容易发生断裂)。为此,为适应深层地应力的测量,采用结合声波各向异性和声发射凯塞尔效应地应力测量的新方法,可以解决一直困扰凯塞尔试验对岩心完整性的高标准要求,还可以完善超深井地层的地应力测试方法,同时为超深井水力压裂设计、维持井壁稳定的安全泥浆密度的确定提供重要的参数。

4.3.5.1　复合地应力测量方法

假设岩石未受力作用时,岩石为均匀各向同性,在应力场作用下,裂缝性孔隙受到不同程度的压缩,最大水平主应力方向所受压缩程度最高,而最小水平主应力方向受到最低程度的压缩。当岩心被钻开后,岩心发生应力释放(卸载),岩心内的孔隙在水平各个方向上的恢复程度是不同的,它反映到声波速度的差别。当沿原最大水平主应力方向卸载程度最大,则沿最大水平主应力方向有最小的声波速度,沿最小水平主应力方向有最大的声波速度。

如果测量到地应力的最大、最小相对位置,就可以解决一直困扰凯塞尔试验对岩心的高标准要求(全尺寸、整体连续、长度不小于 15 cm,由于岩心往往存在裂缝,导致岩样不足而造成无法试验),与声波速度各向异性方法相结合,只要在较短的长度内(甚至 3 cm 厚的薄层岩心),沿事先利用波速各向异性方法测出的水平地应力的最大、最小相对位置,就可取岩心进行声发射凯塞尔试验,测量的地应力大小可表示为

$$\sigma_H = \sigma_{KH} + \alpha \cdot P_p ; \sigma_h = \sigma_{Kh} + \alpha \cdot P_p \tag{4.35}$$

式中　σ_H、σ_h—— 分别为最大、最小水平地应力;

σ_{kH}、σ_{kh}—— 分别为最大、最小水平地应力方向上的凯塞尔点应力;

P_p、α—— 地层的孔隙压力和有效应力系数。

下面为塔里木油田某井,侏罗系地层垮塌严重,为了确定维持井壁稳定的安全泥浆密度,需要测定地应力的大小。该地层工程取心率和完整率差,不能满足凯塞尔试验对岩心的高标准要求,但是下第三系底部的岩心完整性很好,岩性基本一致。所以可以利用该层系底部岩心做试验获得的凯塞尔点应力与围压之间的关系,再结合声波速度各向异性方法和围压凯塞尔试验对侏罗系地层薄片岩心进行地应力测量。并通过对第三系底部岩心进行的声发射凯塞尔效应试验,获得了下述凯塞尔点应力与围压 Pc 之间的关系式。

$$\sigma_{pc} = \sigma_0 + 3.745\,6Pc + 8.41 \tag{4.36}$$

下面给出了利用侏罗系 3 880.12 m、3 882.65 m、3 884.07 m 和 3 887.85 m 处地层薄片岩心,进行波速试验测得的四组试件水平面上各个方向的速度大小。以及水平地应力最小、最大相对位置。如表 4.3、表 4.5。对每组试件在相应方位分别取两块岩样进行声发射试验(围压 10 MPa),就可获得每组试件凯塞尔点的应力,将其代入式(4.35)、(4.36) 即可获得 σ_{kH}、σ_{kh}。

表 4.3　水平地应力最小、最大相对位置

序号	深度 /m	水平最大地应力相对位置 /°	水平最小地应力相对位置 /°
1	3 880.12	135	45
2	3 882.65	130	40
3	3 884.07	145	55
4	3 887.85	135	40

其中:表 4.4 给出的计算结果是由公式(4.35)计算的,测试条件为,围压:10 MPa,孔隙压力:1.3 MPa/100 m,有效应力系数:0.8。

表 4.4　最大、最小水平地应力测试结果

序号	水平最大地应力 /(MPa/100 m)			水平最小地应力 /(MPa/100 m)		
	σ_{pc}	σ_{KH}	σ_H	σ_{pc}	σ_{KH}	σ_H
1	2.752	1.570	2.61	1.782	0.600	1.64
2	2.791	1.610	2.65	1.792	0.611	1.65
3	2.883	1.702	2.74	1.860	0.679	1.72
4	2.841	1.661	2.70	1.822	0.642	1.68

测试结果表明:与差应变地应力测试结果相比,两者相差不大,说明这种方法测试的地应力是可行的(见表 4.5)。结合声波各向异性围压下的声发射凯塞尔效应地应力测量的新方法,解决了困扰凯塞尔试验对岩心的高标准要求,利用薄层岩心可测出水平主地应力的大小,从而为深层地应力的测试提供了一种新的方法(其精度易受岩石各向异性影响)。

表 4.5　测试结果与其他测试结果的比较

岩样井深 /m	测试方法	地应力 /(MPa/100 m)	
		水平最大	水平最小
3 680	差应变	2.520	1.702
3 880 ~ 3 888	复合法	2.61 ~ 2.64	1.64 ~ 1.72

4.3.5.2　动态地应力理论中的流动模型

在注水和生产过程中,实际上是一个地层变形和流动的偶合问题,地层中的流体流动的同时压力将发生变化,因此会引起地层变形,其表现主要在于水平主地应力的变化。

对于垂向地应力的变化可以认为:由于地面没有约束可以自由变形,或者说垂向地应力一般不受注水和油井生产的影响。当地应力发生变化后,会引起地层渗流参数(如渗透

率、孔隙度、压缩系数等）的改变，进一步影响流体的流动规律。由于两个过程同时发生，必须同时考虑。

为研究动态地应力，需要分别建立渗流场和应力场方程，在进行渗流场计算时，认为位移是已知的，而在计算应力场过程中，认为压力是已知的，于是可通过对两场进行叠代可实现偶合分析。因此，从分析和计算方法上讲，该方法不是真正的偶合方法，实际上是将两种应力场进行交叉迭代的过程。

下面简要给出有关地应力动态变化的理论基础以及主要的计算思路，最后以某油田某区块为例，进行地应力的动态预测。

1.流动模型基本假设条件

(1) 油藏为二维油水两相渗流，油层为水平状态；

(2) 油藏的渗透率各向异性；

(3) 油藏流体具有微小的可压缩性，且压缩系数保持不变。

关于动态地应力理论中的流动模型、应力平衡微分方程、应变和位移方程（几何方程）、弹性应力－应变关系（物理或本构方程）和其边界条件（包括位移、力和混合边界条件），见附录A。

2.耦合计算方法与计算实例

(1) 计算方法

针对固体变形和流体流动问题，分别采用有限元方法和有限差分法可以充分发挥这两种计算方法的优势。实际上，这两种过程是同时随时间发生变化的，即油藏压力变化后影响到地应力的变化，这就需要一个合理的耦合计算方法。例如，采用时间顺序耦合的方法不但能够保证分析的精度，而且求解速度也比较快。图(4.14)给出了该种方法的计算流程图。

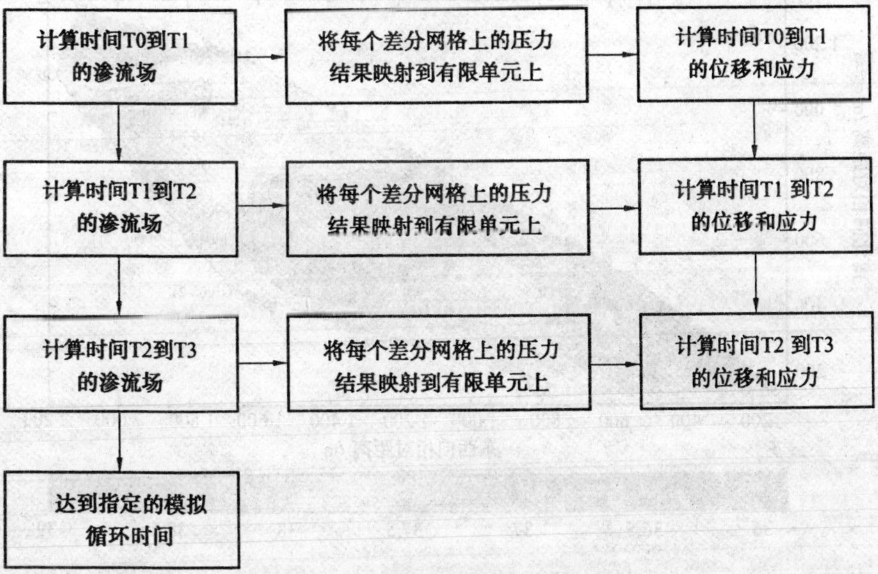

图4.14　耦合计算方法流程图

(2) 计算实例

石油工程科技工作者，结合油田现场的实际情况，计算了2004年9月份的水平最小和最大主应力，并以图形的形式给出了每个主应力分布图形，所给出的应力分布图形便于观察、分析和取值。如图(4.15～4.18)所示。

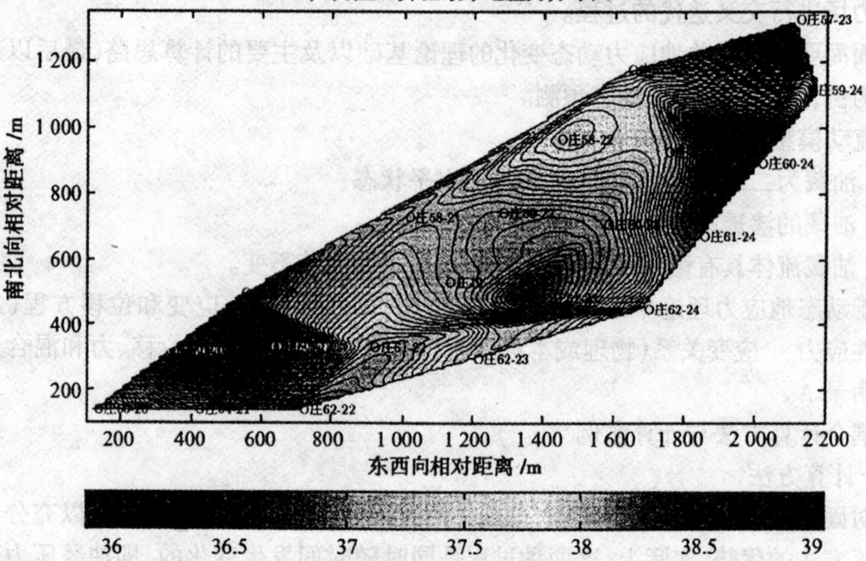

图 4.15　应力分布云图

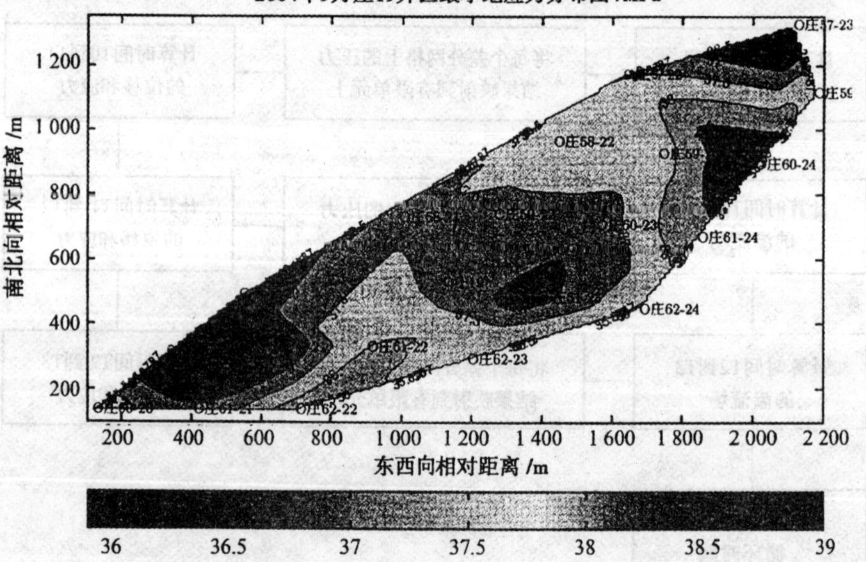

图 4.16　应力分布等值线图

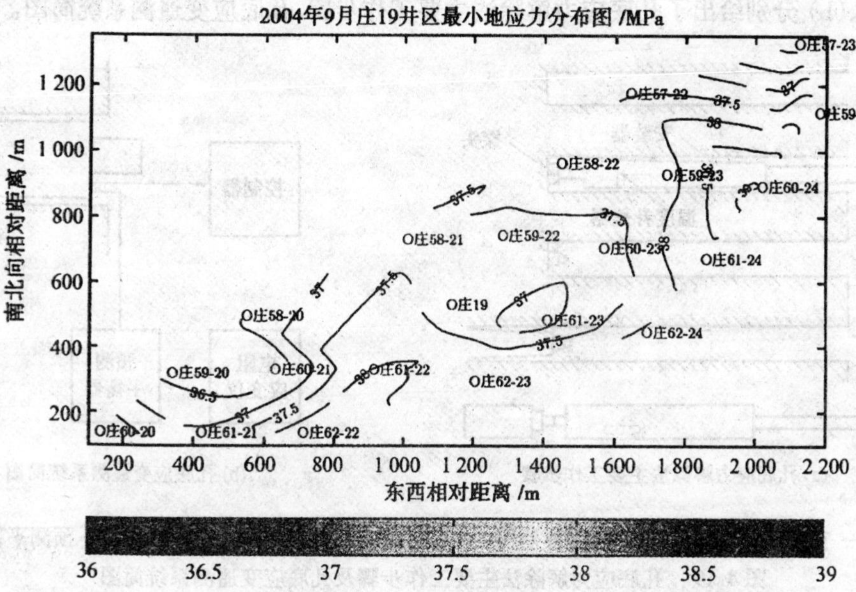

图4.17　应力分布等值线图

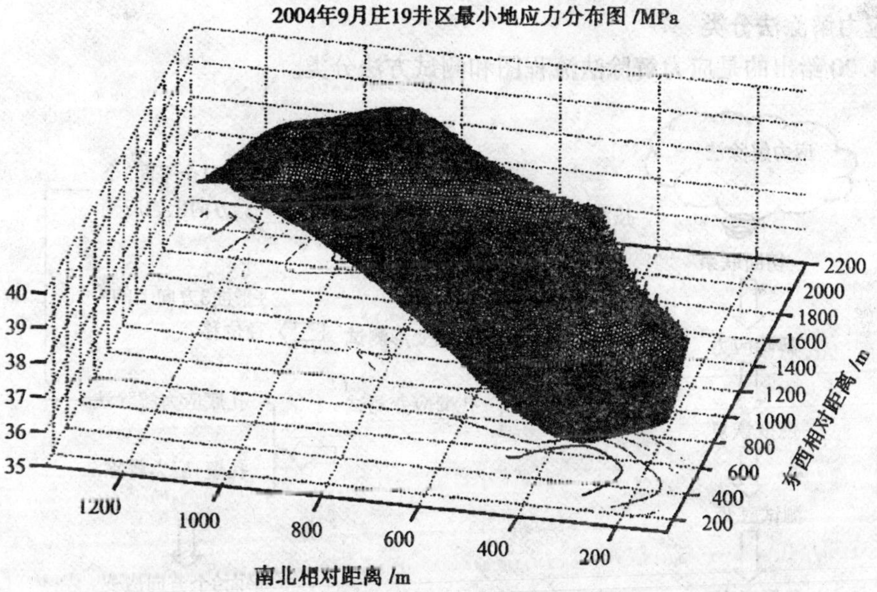

图4.18　应力分布三维图

4.3.6　应力解除法和应力恢复法简介

4.3.6.1　应力解除法

1.基本原理

当需要测定岩体中某点的应力状态时，人为的将该处岩体单元和周围的岩体分离，此时，岩体单元上所受的拉力将被解除。同时，该单元体的几何尺寸也将产生弹性恢复。图

4.19(a)、(b) 分别给出了孔底应力解除法主要工作步骤,孔底应变遥测系统简图。

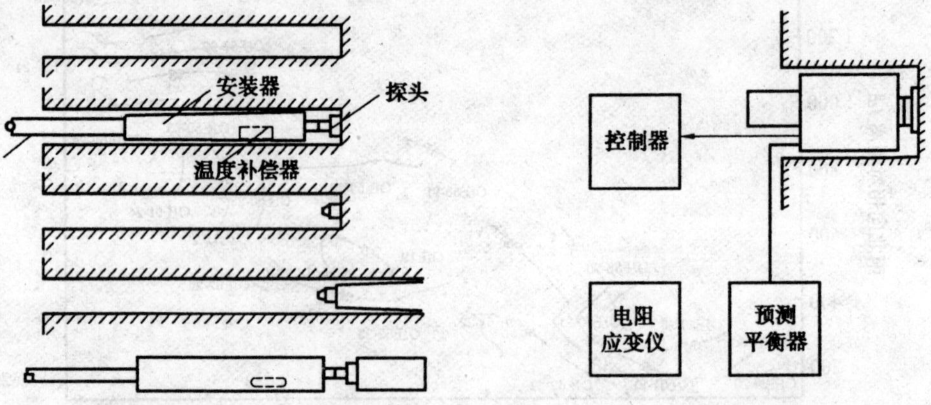

(a) 孔底应力解除法主要工作步骤　　(b) 孔底应变遥测系统简图

(a)1— 安装器;2— 探头;3— 温度补偿器　　(b)1— 控制器;2— 电阻应变仪;3— 预测平衡器

图 4.19　孔底应力解除法主要工作步骤及孔底应变遥测系统简图

假设地下岩体为连续、均质和各向同性的弹性体,那么应用一定的仪器,测定弹性恢复的应变值或变形值,就可借助弹性理论的求解方法计算岩体单元所受的应力状态。

2. 应力解除法分类

图 4.20 给出的是应力解除法流程图和测试方法分类。

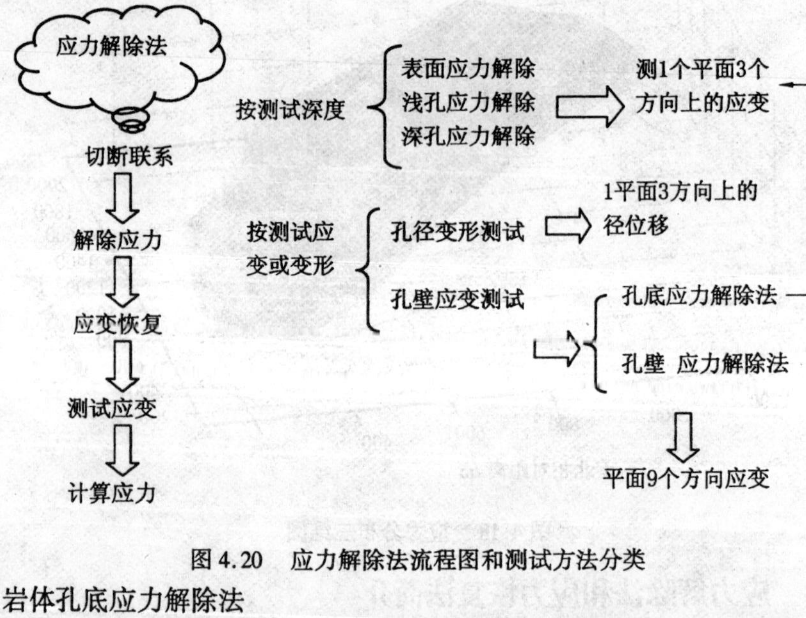

图 4.20　应力解除法流程图和测试方法分类

(1) 岩体孔底应力解除法

基本原理 —— 该方法是向岩体中的测点先钻出一个平底钻孔,在孔底中心处粘贴应变传感器;其次是套孔钻出岩芯,使孔底平面完全卸载。将应变传感器放置孔底平面中心,测得孔底平面中心恢复应变,同时在室内测得岩石的弹性常数,然后计算孔底中心处的平面应力状态。由于孔底应力解除法只需要钻出一段不长的岩芯,所以对比较破碎的岩体也能应用。

(2) 套孔(表面) 应力解除法

图 4.21 给出的是表面应力解除法。其中:孔径变形测试,孔壁应力解除法均属于套孔应力解除法。前者测试套孔应力解除后的孔径变化,后者测试套孔应力解除后的孔壁应变。其原理和操作步骤基本相同。

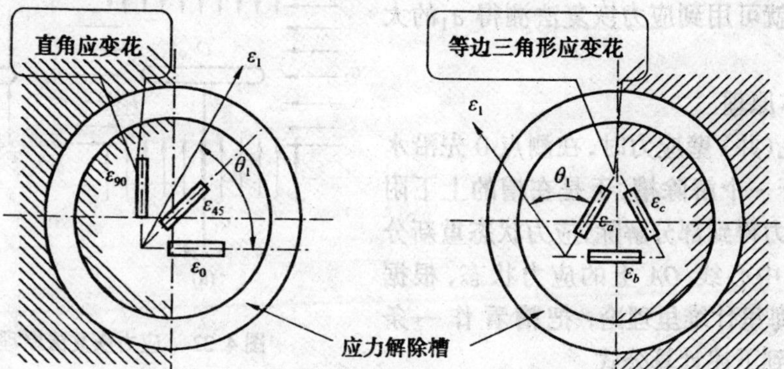

图 4.21　套孔(表面) 应力解除法

基本原理 —— 对岩体中某点进行应力量测时,先向该点钻进一定深度的超前小孔,在此小孔中埋设钻孔传感器,再通过钻取一段同心的圆形岩芯使其应力释放。这样根据恢复应变及岩石的弹性常数,即可求得该点的应力状态。

上述应力解除法,可由测试数据换算成应力,根据测试参数的不同,可采用下述两种方法进行计算。

3. 计算公式

(1) 由应变换算成应力的计算公式。

(2) 由径向位移换算成应力的计算公式。

换算的基本理论和方法在弹性力学中学过。这里仅以(2) 为例加以说明。

由孔径变形测试换算初始应力,在大多数试验场合下,往往进行简化计算。假设钻孔方向和 σ_3 一致,并认为 $\sigma_3 = 0$,则

$$\frac{\delta}{d} = \frac{1}{E}\{[\sigma_1 + \sigma_2] + 2(\sigma_1 - \sigma_2)(1 - \mu^2)\cos 2\theta\} \tag{4.37}$$

式中　δ—— 钻孔直径变化值;

d—— 钻孔直径;

θ—— 量测方向和水平轴的夹角;

E、μ—— 岩石弹性模量与泊松比。

在实际计算中,由于考虑到应力解除是逐步向深处进行的,实际上不是平面变形而是平面应力,则有

$$\frac{\sigma_1}{\sigma_2} = \frac{E}{4}\left[(\delta_0 + \delta_{90}) + \frac{1}{\sqrt{2}}\sqrt{(\delta_0 - \delta_{45})^2 + (\delta_{45} - \delta_{90})^2}\right] \tag{4.38}$$

式中　δ_0、δ_{45}、δ_{90}—— 分别为 0°,45° 和 90° 三个方向上同时测定的孔径变化。

4.3.6.2 应力恢复法

应力恢复法是用来直接测量岩体应力大小的一种测试方法，目前此法仅用于岩体表层。当已知某岩体中的主应力方向时，采用本法比较方便。

如图4.22所示。当洞室某侧墙上的表层围岩应力的主应力 σ_1、σ_2 方向各为垂直于水平方向时，就可用到应力恢复法测得 σ_1 的大小。

1.基本原理

在侧孔(井)壁应力时，在测点0先沿水平方向钻开一个解除槽，于是在槽的上下附近，围岩应力得到部分解除，应力状态重新分布。在槽的中心线 OA 上的应力状态，根据H.N.穆斯海里什维里理论，把槽看作一条缝，就可得到下述计算公式

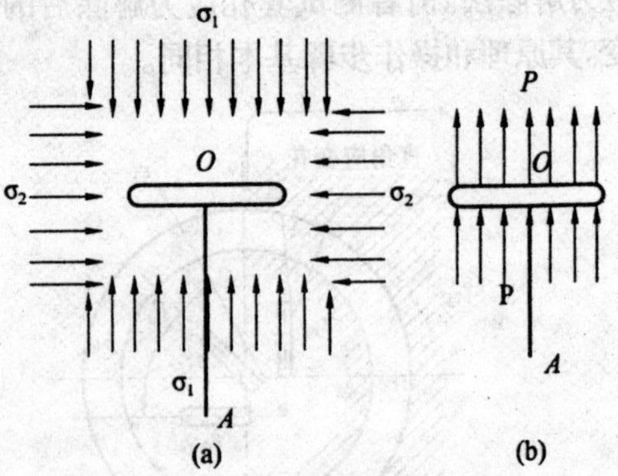

图4.22 应力恢复法原理图

$$\sigma_{1x} = 2\sigma_1 \frac{\rho^4 - 4\rho^2 - 1}{(\rho^2 + 1)} + \sigma_2$$

$$\sigma_{2x} = \sigma_1 \frac{\rho^6 - 3\rho^4 + 3\rho^2 - 1}{(\rho^2 + 1)^3} \tag{4.39}$$

式中 σ_{1x}、σ_{1y}——OA 线上某点 B 上的应力分量；

ρ——B 点离槽中心 O 的距离的倒数。

当在槽中埋设压力枕，并由压力枕对槽加压，若施加压力为 p，则在 OA 线上 B 点产生的应力分量为

$$\sigma_{2x} = -2\rho \frac{\rho^4 - 4\rho^2 - 1}{(\rho^2 + 1)^3}$$

$$\sigma_{2y} = -2\rho \frac{3\rho^4 + 1}{(\rho^2 + 1)^3} \tag{4.40}$$

当所施加的力 $P = \sigma_1$ 时，这时 B 点的总应力分量为

$$\sigma_x = \sigma_{1x} + \sigma_{2x} = \sigma_2$$

$$\sigma_y = \sigma_{1y} + \sigma_{2y} = \sigma_1 \tag{4.41}$$

可见，当所施加的力 $P = \sigma_1$ 时，岩体中的应力状态已完全恢复，所求应力 σ_1 即可由 P 值而得知，这就是应力恢复法的基本原理。

2.实验方法步骤

(1) 在选定的试验点上，沿解除槽的中垂线上安装好量测元件(图4.23)；

(2) 记录量测元件 —— 应变计的读数。

(3) 开凿解除凿，岩体产生变形并记录应变计上的读数。

(4) 在开挖好的解除凿中埋设压力枕，并用水泥砂浆充填空隙。

(5) 待充填水泥浆达到一定强度后，即将压力枕联接油泵，通过压力枕对岩体施加压力。随着压力 p 的增加，岩体变形逐渐恢复。逐点记录压力 p 与恢复变形的关系。

(6) 假设岩体为理想弹性体,则当应变计回复到初始读数时,此时压力枕对岩体所施加的压力 p 即为所求岩体的主应力。

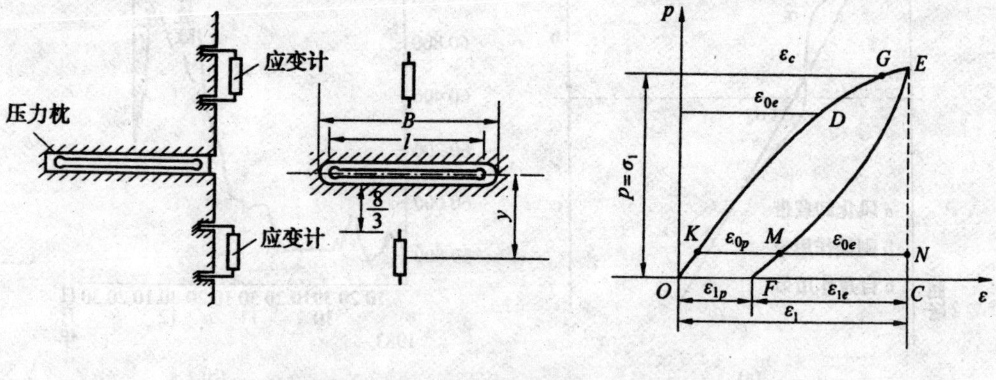

图 4.23　应力恢复法布置和应力应变示意图

3. 由应力 - 应变曲线求岩体应力

如图 4.23, ODE 为压力枕加荷曲线,压力枕不仅加压到初始读数(点 D)ε_{0e},即恢复了弹性变形,而且 ε 继续加压到点 E 即可得到全应变。

4.4　地应力分布规律和我国的分区特点

自 20 世纪 70 年代以来,经过国内外众多学者的共同努力,通过理论研究,地质调查和大量的地应力测量资料的分析研究,已初步认识到浅部地壳应力分布的一些基本规律。其中重力所引起的水平主应力不仅与深度和上覆岩层密度有关,还与岩石的性质,主要是泊松比有关。根据全球现场应力测量的结果,对全球地应力的大小和方向有了以下认识。

4.4.1　地应力分布的基本规律

1. 我国部分地区主压应力的分布

王士天教授等(1988 年)注意到:在靠近断层部位,主压应力往往发生不同程度的偏转,一个主应力基本是垂直的,另外两个主应力基本是水平的。

研究表明:在地层深度 25 ~ 5 000 m 范围内,地层倾角不太大的地区,垂直应力随深度成线性增长,其增长率大致相当于岩石的平均容量。水平应力与垂直应力之间的大小比值有一个临界深度,因地区而异。在临界深度以下,水平应力不再大于垂直应力。

就主压应力的方向而言,我国龙羊峡地区现今主压应力的方向总体呈 NE 向,但在拉西瓦坝区的拉西瓦断裂和伊黑龙断层附近,主压应力的方向却转为近 SN 向。两条断层的产状分别为 N20 ~ 30W/NE/55 和 N18 ~ 60W/SW/54。我国华北地区,主压应力的主导方向为 NW 到近 EW 方向;四川地震活跃的地区,地应力的大小和方向随时间变化得很明显的甘肃六盘山主应力方向在 3 年内有 20° ~ 30° 的改变。图 4.24(a),(b) 分别为地应力随深度变化的关系曲线和库尔勒地应力日均值曲线图。

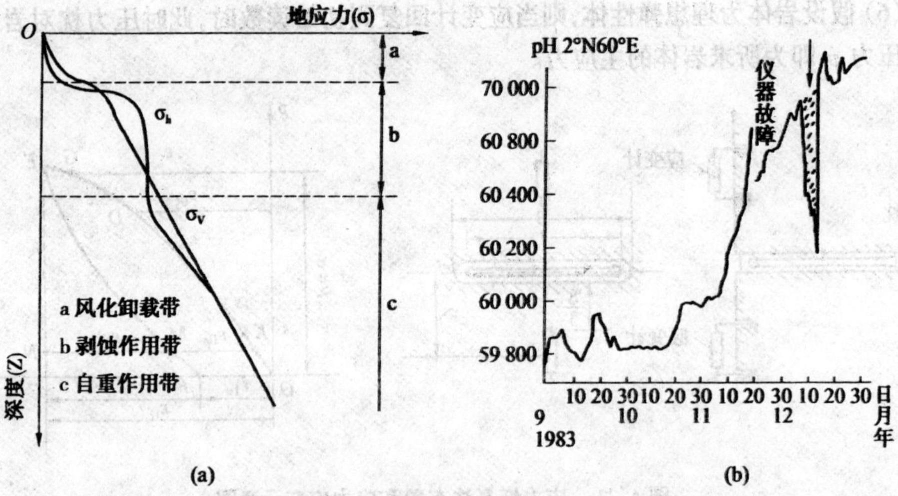

图 4.24　地应力随深度变化的关系曲线和库尔勒地应力日均值曲线图

2. 地层中高水平应力有着广泛的分布

由地应力测量与研究表明，全球各地都存在像图 4.24(a) 所示的地应力分布规律。有些地区水平地应力超过垂向应力几倍甚至几十倍；高的水平挤压应力在火成岩地层中所占比例大于 50%，而在沉积岩地层中所占比例只有 20% 左右；从岩性来看，水平地应力最高的地段是最坚硬的块状弹性岩石。

研究表明：现今地层最大水平主应力方向与古构造应力方向存在着不同的规律，一种是一个水平最大主应力大于另一个水平主应力或垂直主应力。只有在局部地区，如大陆或全球几大洋中的高地区才处于拉张应力状态，即垂直应力大于两个水平主应力。最大水平主应力的方向与古构造应力方向基本一致。地应力方向与描述区块地下的背斜、断层等地质构造的成因、规模、走向、形态等有着十分密切的关系，充分说明这些地区的现今地层最大水平地应力方向与古构造地应力场的方向保持着一致的关系。另一种是两个方向完全不同，反映出现今构造与古构造形态之间已无任何联系。

3. 人为的影响

局部区域的地质构造特点以及大规模开发、开采和修建工程等人为的活动对区域的应力场有很大的影响。上述结论是近 20 年来现代应力研究最有权威性的成果，它能有力地证实现代板块的运动特征，能基本查明现代板块内部的应力状态。

4.4.2　实测垂直应力和平均水平应力

1. 垂直(自重) 应力和最小水平地应力

岩体中任意一点以上(地层埋藏厚度) 岩石产生重力作用所引起的应力状态称为自重应力。海姆根据静水压力理论认为：自重应力状态为岩石容重和上覆岩体厚度的乘积，即在地表以下任一点的深度 H 处，岩体的垂直应力为

$$\sigma_v = \gamma \cdot H \tag{4.42}$$

式中　γ—— 岩体的加权平均容重，kN/m^3；

H—— 上覆岩体厚度，m。

当埋深较小，而且上覆岩体为多层不同岩石时，σ_v 需由下式计算

$$\sigma_v = \sum \gamma_i \cdot H_i \tag{4.43}$$

式中 γ_i—— 岩体第 i 层岩体的容重，kN/m³；

H_i—— 上覆岩体第 i 层的厚度，m。

对于具有一定强度的岩体来讲，在埋藏深度不大的工程条件下，可按弹性理论求得岩体的最小水平地应力 σ_h 为

$$\sigma_h = \frac{\mu}{1-\mu}\gamma \cdot H = \lambda \cdot \gamma \cdot H \tag{4.44}$$

式中 $\lambda = \mu/(1-\mu)$—— 侧压系数，定义为水平地应力与垂直地应力的比；

μ—— 岩石的泊松比。

注意：岩石的泊松比通常在0.1 ~ 0.35之间，而坚硬岩石的 μ 小于松软岩石，如果按式(4.44)计算，λ 的大小应在0.1 ~ 0.54之间。实际上该值多数在0.25 ~ 0.43之间。地应力测量的结果表明：按上述方法确定的 λ 值和实际测量的结果存在较大的差异。

当 μ 取0.5时，显然 $\lambda = 1.0$，所以海姆的观点为金尼克公式的一个特例，但是这一点也不能得到实际的证实。可见，真实地层中的值通常受到构造应力的影响。

2.垂直应力和平均水平应力曲线图

全球实测垂直应力 σ_v 的统计资料分析表明：在深度为25 ~ 2 700 m的范围内，σ_v 呈线性增长，大致相当于按平均容重等于27 kN/m计算出来的重力，如图4.25(a)，(b) 所示。

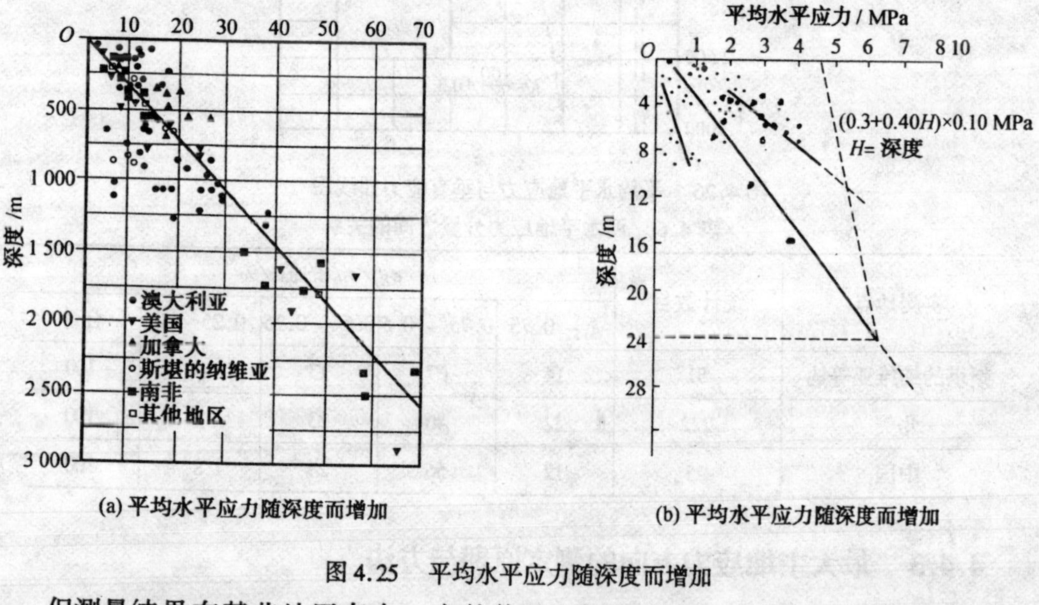

(a) 平均水平应力随深度而增加

(b) 平均水平应力随深度而增加

图4.25 平均水平应力随深度而增加

但测量结果在某些地区存在一定的偏差。我国 $\sigma_v/\gamma_H = 0.8 \sim 1.2$ 的仅占5%，$\sigma_v/\gamma_H < 0.8$的占16%，而$\sigma_v/\gamma_H > 1.2$的占79%。前苏联测量资料表明，$\sigma_v/\gamma_H < 0.8$的占4%，$\sigma_v/\gamma_H = 0.8 \sim 1.2$的占23%，$\sigma_v/\gamma_H > 1.2$的占73%。上述偏差除一部分归结于测量误差外，板块移动、岩浆对流和侵入、扩容、不均匀膨胀等也可引起垂直应力的异常。

值得注意的是，在世界多数地区并不存在真正的垂直应力，即没有一个主应力的方向完全与地表垂直。但在绝大多数测点发现，确有一个主应力接近于垂直方向，其与垂直方向的偏差不大于20°。这一事实说明，地应力的垂直分量主要受重力的控制，也受到其他因素的影响。图(4.25(a))是Hoek和Brown总结出的世界各国随深度变化的规律。

3.两水平应力之间的比例关系

实测资料表明，绝大多数(几乎所有)地区均有两个主应力位于水平或接近水平的平面内，其与水平面的夹角一般不大于30°。图4.26给出了平均水平地应力与垂直应力的比值K之间的关系曲线，表4.6给出了两水平地应力分量之间的关系。在接近地表及浅地层中，水平应力大于垂直应力，但随深度增加会出现$\lambda = 1$状况，其与水平面的夹角一般不大于30°。

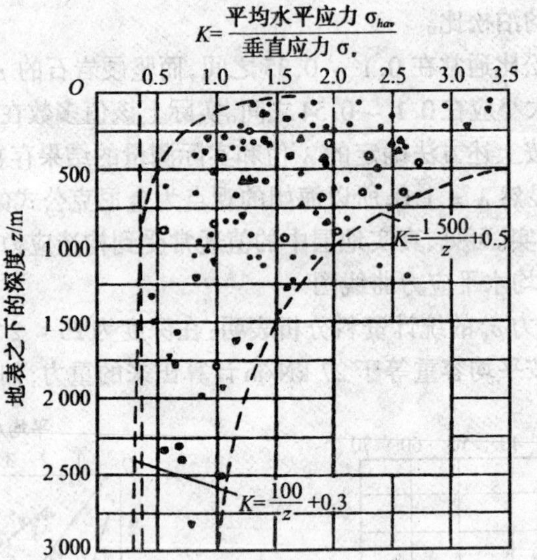

图4.26　平均水平地应力与垂直应力曲线图

表4.6　两水平地应力分量之间的关系

实测地点	统计数目	σ_{Hy}/σ_{Hx}的值/%				
		1～0.75	0.75～0.5	0.5～0.25	0.25～0	合计
斯堪的纳维亚等地	51	14	67	13	6	100
北美	222	22	46	23	9	100
中国	25	12	56	24	8	100

4.4.3　最大主地应力方向的测定原理与方法

中国地质科学院地质研究所根据成像测井资料(井下超声波电视)，在1 200 m深度以下进行的理论分析和室内试验已经证明：钻孔崩落是最小水平主应力方向上挤压应力最大集中处钻孔壁的压剪破裂导致的剥落现象，是地应力作用的结果。下面利用1 200～2 000 m的钻孔崩落资料来确定最大和最小水平应力场方向和大小的方法。

1.钻孔崩落形状反演法测量原理

(1) 钻孔崩落方位确定最大水平主应力方向。

在钻孔近于直立的情况下,崩落椭圆长轴方位平行于最小水平主应力方向,垂直最大水平主应力方向,因此可以利用成像测井资料来量取崩落椭圆长轴方向,经统计平均后,可以得到最大水平主应力方向。

(2) 钻孔崩落形状反演现场地应力的大小。

根据1985年Zoback等人提出的模型,在井壁发生破坏处的岩石内聚力和内摩擦角已知情况下,用崩落深度(r_b)和崩落角(θ_b)可以确定现场地应力的大小。图4.27(a),(b)分别给出了井壁崩落模型示意图和井壁崩落椭圆受力图。

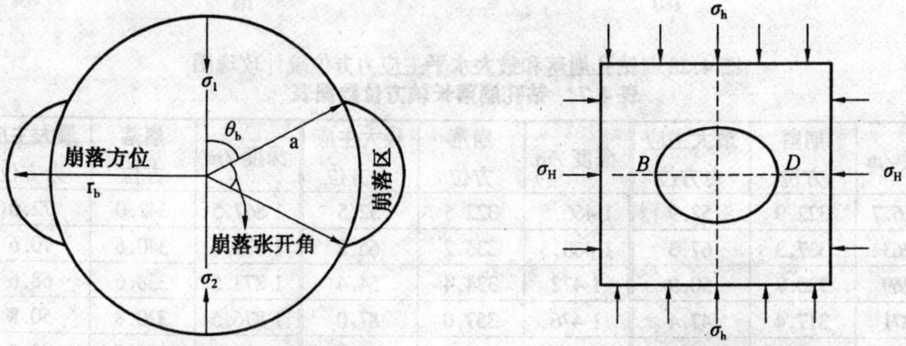

(a) 井壁崩落模型示意图　　(b) 井壁崩落椭圆受力图

图4.27　井壁崩落模型示意图及井壁崩落椭圆受力图

(3) 测量原理。

假设远场最大和最小水平主应力分别为 σ_H 和 σ_h,井内泥浆流体对井壁的压力为 P_w,岩层内流体压力为 P,则井孔周围的应力状态是沿径向方向离开井轴距离 r 的函数。根据线弹性力学理论,可求得在极坐标系下的径向应力(σ_r)、周向应力(σ_θ)和切向剪应力($\tau_{r\theta}$)分量的表达式见附录B。

根据纳维-库仑破坏准则,在给定现场地应力的条件下,井壁发生破坏的最大内聚力值为

$$S_0 = \sqrt{(1+\mu^2)\left\{\left[\left(\frac{\sigma_\theta-\sigma_r}{2}\right)^2+\tau_{r\theta}^2\right]\right\}} - \frac{\mu}{2}(\sigma_\theta+\sigma_r) \tag{4.45}$$

当式(4.45)得到满足时,发生崩落,即如果式(4.45)的右边小于左边,井孔是稳定的;右边大于或等于左边,则发生崩落。

(4) 数据采集与处理和最大主应力方向的确定。

在1 200 ~ 2 015 m的范围内,采集了82个声波成像测井横断面图像资料,通过对NW和SE两象限近似对称的崩落优势方位分别进行了测量,平均后取得了崩落椭圆长轴方位角,并计算了相应的最大主应力方位,如图4.28所示。表4.7为钻孔崩落长轴方位数据表。对这82个数据进行方向统计,得到平均崩落方位为328.4° ± 3.3°,对应的最大水平主应力方位为N54.8°E,置信误差为3.3°。表4.8为相应岩石单轴及三轴压缩与变形试验数据表,表4.9给出了最大和最小水平主地应力(σ_H,σ_h)的大小。

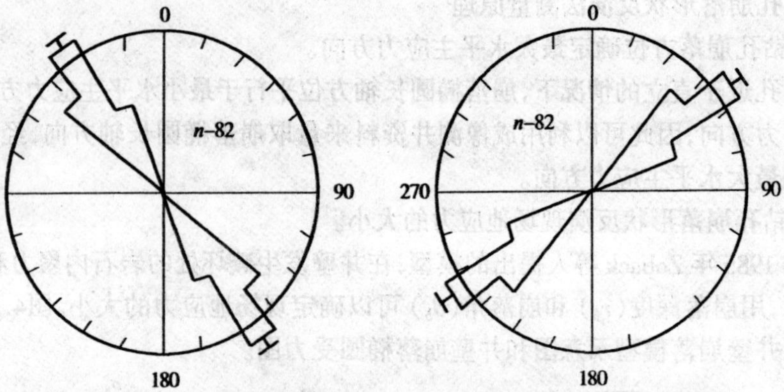

图 4.28 钻孔崩落和最大水平主应力方位统计玫瑰图

表 4.7 钻孔崩落长轴方位数据表

深度 /m	崩落方位	最大主应力方位	深度 /m	崩落方位	最大主应力方位	深度 /m	崩落方位	最大主应力方位
1 216.7	322.9	52.9	1 466.5	322.5	52.5	1 867.5	342.0	72.0
1 263	337.3	67.3	1 468.5	336.2	66.2	1 870.5	340.6	70.6
1 269	320.9	50.9	1 472	324.4	54.4	1 873.5	338.6	68.6
1 271	317.4	47.4	1 476	357.0	87.0	1 876.5	320.8	50.8
1 341	324.8	54.8	1 478.4	333.5	66.5	1 879.5	331.5	61.5
1 361	324.7	54.7	1 485.4	322.1	52.1	1 899.2	322.3	52.3
1 365	319.6	49.6	1 487.4	318.5	48.5	1 901.2	333.0	63.0
1 367	321.8	41.8	1 491.8	324.2	54.2	1 905.2	329.0	59.0
1 376.19	317.3	47.3	1 493.8	333.5	63.5	1 907.2	317.0	47.0
1 377.5	312.5	42.5	1 495.8	319.2	49.2	1 908.5	329.8	59.8
1 379.5	326.7	46.7	1 498.3	321.7	51.7	1 910.5	312.4	42.4
1 385.5	337.5	67.5	1 500.3	335.0	65.0	1 912.5	323.5	53.5
1 387.5	318.9	48.9	1 502.3	314.7	44.7	1 914.5	321.0	51.0
1 393.5	356.7	86.7	1 505.0	313.0	43.0	1 916.0	323.0	53.0
1 395	335.0	65.0	1 507.0	333.1	53.1	1 918.0	323.5	52.5
1 403	320.6	50.6	1 633.5	321.1	51.1	1 986.7	313.7	43.7
1 405	345.3	75.3	1 637.0	312.8	42.8	1 991.4	307.4	37.4
1 407	337.0	67.0	1 649.0	332.1	62.1	1 992.7	314.9	44.9
1 427	328.2	58.2	1 651.0	326.0	46.0	1 995.5	309.5	39.5
1 428.8	338.0	68.0	1 655.0	319.0	49.0	2 000.0	317.2	47.2
1 430.8	328.0	58.0	1 697.77	324.8	54.8	2 002.5	324.5	54.5
1 438.3	306.5	36.5	1 706.0	346.1	76.1	2 007.0	313.2	33.2
1 440.5	335.8	65.8	1 710.0	316.2	46.2	2 007.6	323.0	53.0
1 444.8	323.5	53.5	1 712.0	336.5	56.5	2 011.4	320.6	50.6
1 446.8	330.0	60.0	1 732.0	317.2	47.2	2 013.5	314.8	44.8
1 454.8	319.0	49.0	1 734.0	357.2	87.2	2 015	284.8	14.8
1 458.8	324.1	54.1	1 859.0	316.8	46.8			
1 464.5	320.5	50.5	1 861.5	317.0	47.0			

表4.8　岩石单轴及三轴压缩与变形试验数据表

样号	直径 /mm	高度 /mm	密度 /(g·cm^{-3})	围压 /MPa	轴向破坏应力 /MPa	弹性模量 /GPa	泊松比
片麻岩							
5(1)	39.5	80.3	2.889	0	46.96	33.14	0.158
6(2)	39.5	80.7	2.999	0	102.51	27.65	0.165
8(4)	39.6	80.6	2.639	0	116.74	35.32	0.199
1	39.4	80.4	2.998	5	92.21	62.56	0.291
7(3)	39.5	80.2	3.002	5	201.82	67.07	0.290
2	39.5	80.6	2.998	10	174.49	50.36	0.212
3	39.4	80.6	2.991	15	237.87	77.06	0.220
4	39.6	80.6	2.643	20	276.79	61.23	0.183
角闪岩							
A1-5	40.0	81.1	3.029	0	124.12	44.15	0.217
A1-6	40.0	81.1	3.013	0	114.36	36.83	0.362
A3-8	40.0	80.9	3.007	0	150.95	46.41	0.189
A1-2	40.0	81.0	3.025	5	144.29	53.33	0.263
A1-1	40.0	81.1	3.016	10	137.37	71.08	0.184
A2-7	40.0	80.9	3.020	10	220.03	57.04	
A1-4	40.0	81.0	3.005	15	226.38	73.70	0.197
A1-3	40.0	81.0	3.003	20	263.90	69.55	0.274
留辉岩							
B-6	40.0	80.6	3.413	0	178.32	128.21	0.259
B-7	40.0	80.6	3.516	0	176.42	121.81	0.246
B-8	40.0	80.4	3.243	0	94.31	135.52	0.272
B-2	40.0	81.1	3.295	5	169.23	188.12	0.447
B-1	40.0	80.6	3.315	10	241.98	115.96	0.281
B-3	40.0	81.1	3.348	15	154.29	103.10	0.243
B-5	40.0	81.4	3.399	15	263.78	126.472	0.408
B-4	40.0	81.4	3.507	20	312.14	157.28	

表 4.9　最大和最小水平主地应力(σ_H,σ_h)的大小

深度 /m	θ_b/°	S_H/MPa	S_h/MPa	深度 /m	θ_b/°	S_H/MPa	S_h/MPa
1 269	45	41.4	25.3	1 505	34	51.6	32.3
1 430	40	48.4	30.3	1 655	34	55.2	34.5
1 454.8	35	47.6	29.8	1 706	34	56.4	35.3
1 491.8	35	50.8	31.8	1 870	32	60.0	38.0
1 493.8	38	48.0	30.0	1 879.5	30	64.0	40.3
1 495.8	35	50.8	31.8	1 914.5	29	69.6	43.5
1 498.3	37	49.2	30.8	1 918	30	67.0	42.0
1 500	38	48.0	30.0	2 000	30	70.4	44.0
1 502	36	50.0	31.3				

(5) 三个主应力大小随深度变化的曲线。

根据所确定的不同深度处三个主应力的大小,绘制了如图 4.29(a) 所示的主应力随深度变化的关系曲线。在 1 269 ~ 2 000 m 范围内,地应力随深度近似呈线性变化,最大主应力由 1 269 m 的 40.4 MPa 到 2 000 m 的 70.4 MPa,最小主应力由 25.3 MPa 到 44.0 MPa。三个主应力的大小关系为:$\sigma_H > \sigma_v > \sigma_h$,表明主孔原地应力为走滑应力状态。

同时 Zoback(1992 年) 搜集了大量包括我国东部在内的最大主应力方向数据,利用世界应力图项目中的震源机制解和钻孔崩落数据,发表的震源机制解和钻孔崩落数据和大陆科学钻主孔井壁崩落确定的最大主应力方向数据一起,编制了如图 4.29(b) 所示的最大主应力($\sigma_{H\max}$) 方向分布图。

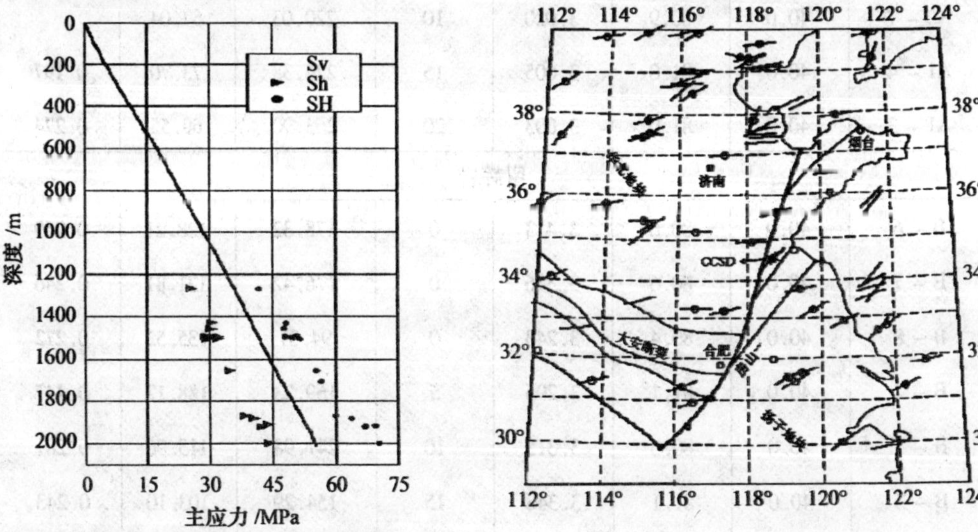

(a) 主应力随深度变化的关系曲线　　(b) 最大主应力方向分布图

图 4.29　主应力随深度变化的关系曲线和最大主应力方向分布图

由钻孔崩落法研究发现:钻孔崩落长轴方位是最大主应力方向的可靠度量,在这方面已有许多利用钻孔崩落来限定应力场方位的成功实例。总之,地震震源机制解、钻孔崩落资料所反映的最大水平主应力方向基本一致,均为北东东向,因此,钻孔崩落资料所反映的原地水平主压应力方向能反映区域应力状态,其原地主应力大小与震源机制解确定的主孔所在地区的走滑应力格局相吻合。

注释:BO为钻孔崩落指示的最大主应力方向;SS,TF,NF为震源机制解指示的最大主应力方向和应力格局,SS为走滑,TF为逆冲断裂作用,NF为正断裂作用。

2. 构造水平主地应力方向的测量原理与方法

(1) 井壁崩落椭圆地应力方向测量原理

目前确定构造水平主地应力方向的方法,主要是通过油田四壁(多臂)井径测井测得大量测井曲线,从中通过解释井壁崩落形成的椭圆井眼来间接确定地应力的方向。这种方法是目前常用的且比较准确的一种方法。

根据弹性力学理论,如果一个无限大的平面内存在两个主应力(σ_H,σ_h,而且$\sigma_H > \sigma_h$)作用在板内半径为r的圆孔上,那么由弹性力学中的应力平衡微分方程的求解方法,当不考虑孔隙流体压力、渗透率、构造作用等影响,只将岩石看成是各向均质同性的线弹性体时,可以求得圆孔孔壁任意一点处的径向、切向和剪切应力的大小,即

$$\begin{cases}\sigma_r = 0 \\ \sigma_\theta = (\sigma_H + \sigma_h) - 2(\sigma_H - \sigma_h)\cos 2\theta \\ \tau_{r\theta} = 0\end{cases} \tag{4.46}$$

式中　θ——从σ_H水平主地应力方向逆时针计算到计算点位置方向的角度。

显然,在井壁上只存在切向应力,而且它是坐标辐角θ的函数。由计算式可以看出:当$\theta = 0,\pi$时,即在平行于最大水平主地应力方向的井壁上时,切向应力分量有最小值,$\sigma_{\theta\min} = 3\sigma_h - \sigma_H$。因此,随着地层埋藏深度的增加,水平主地应力不断增大,最小切向应力也随之增人。当最小切向应力达到或超过地层岩石破坏强度时,井壁就会发生崩落,从而形成椭圆井眼,椭圆井眼的长轴方向就是最小水平主地应力方向。

(2) 井壁岩石崩落椭圆地应力方向的测量方法

我国的多数油田使用斯伦贝谢公司提供的测量装置,即HDT和SHDT地层倾角测井仪。HDT适用于井斜角小于36°,SHDT适用于井斜角小于72°的井眼。下面介绍SHDT井径测井仪测量地应力方向的方法,如图4.30所示。

① 四组(每组两条曲线)微聚焦电阻率曲线。

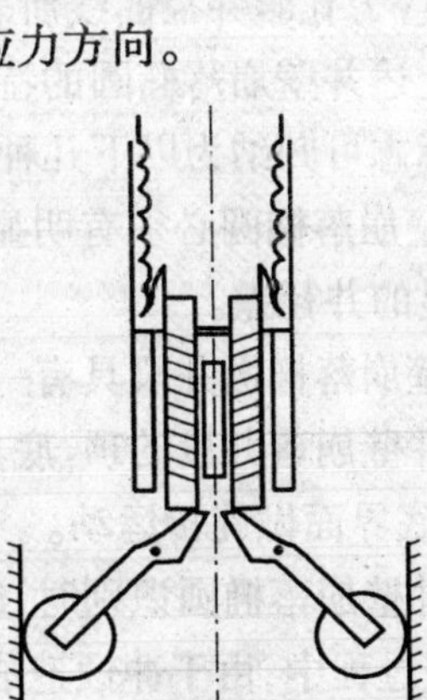

图4.30　井径测井仪示意图

通过曲线的对比，可确定出地层面上的四个点 M_1, M_2, M_3, M_4 和沿井眼轴线方向的高度 z_1, z_2, z_3, z_4。

② 两条井径曲线。

它们分别是由测量仪上的极板 Ⅰ，Ⅲ 和极板 Ⅱ，Ⅵ 组成的两套井径测量装置，它可记录下正交的1,3臂和2,4臂方向的大小 $d_{1,3}, d_{2,4}$。

③ 井斜角 α，Ⅰ 号极板的相对于井斜方位的方位角 R_B 和井斜方位角 A_{ZIM} 的确定。

对于HDT地层倾角仪来讲，除了测井方位角 A_{ZIM} 外，其余都相同，改测 Ⅰ 号极板方位角 Ω。关于 Ⅰ 号极板方位角的确定方法是：

a. 对于 HDT 地层倾角仪来讲，Ⅰ 号极板的方位角 P_{IAZ} 应为：$P_{IAZ} = \Omega$；

b. 对于 SHDT 地层倾角仪来讲，可以假设：$\boldsymbol{I}$ 为单位矢量，在仪器坐标系(O, D, F, A)中，它的坐标为：$\boldsymbol{I} = (0,1,0)$，而 $\boldsymbol{I}$ 在坐标系(O, F, B, V)中的坐标为：$(O, F, B, V)\boldsymbol{I} = (I_F, I_B, I_V)$。由此可得

$$\tan \alpha = \frac{I_F}{I_\theta} = \frac{\sin R_B}{\cos R_B \cos D_{EVI}} = \frac{\tan R_B}{\cos D_{EVI}} \tag{4.47}$$

则 Ⅰ 号极板的方位角 P_{IAZ} 改写为

$$P_{IAZ} = A_{ZIM} + \arctan\left(\frac{\tan R_B}{\cos D_{EVI}}\right) \tag{4.48}$$

如果 D_{EVI}(井斜角) $< 5°$，则有：$P_{IAZ} \approx A_{ZIM} + R_B$。

④ 井壁崩落椭圆长轴方位角 Ω 的确定。

当 C13 井径曲线表现为长轴井径时，其长轴的方位角 Ω 应为：$\Omega = P_{IAZ}$

如果 C24 井径曲线表现为长轴井径时，其长轴的方位角 Ω 应为：$\Omega = P_{IAZ} \pm 90°$。

(3) 井壁岩石崩落椭圆的识别标志

现代构造应力场导致井壁崩落椭圆具有明显的长轴方位。表现在地层倾角测井记录仪上则是：一条井径曲线比较平直或等于钻头的直径，而另一条井径曲线则比钻头直径大得多，而非应力孔眼井径曲线所表现出的形式没有明显的长短轴。

根据上述井壁崩落椭圆的特征，可用如图 4.27(a) 所示的井壁崩落椭圆表示，井径崩落井段的标志可归纳为以下几种。

① 井壁崩落椭圆必须有明显的扩径现象，在四壁地层倾角测量的井径记录图上表现为具有明显的井径差。

② 井壁崩落椭圆井段具有一定的长度，在这段长度上长轴取向基本一致。

③ 在井壁崩落井段的顶、底界面上，测量曲线方位有所变化，变化范围为 0° ~ 360°，表现为：顶底界面做旋转运动。

④ 在井壁崩落椭圆识别时，值得注意的问题是要排除以下两种情况。

a. 钻井过程中，由于冲蚀造成的井径扩大，井径扩大的特征是长短轴差别很小。

b. 钻井过程中，由于键槽或井眼坍塌引起的井径扩大。这种情况的主要特征是：井径朝某一方向扩大，井眼坍塌造成的井径扩大往往不在一个方位上。表 4.10 为某油田 79 地块地层最大水平主地应力方位统计表。

表 4.10　某油田 79 地块地层最大水平主地应力方位统计表

井名	井段 /m	长轴 /in	短轴 /in	σ_H 应力的方位
310	1 767 ~ 1 777	13.5	12.0	160
	2 040 ~ 2 080	14.5	13.0	180
	2 180 ~ 2 198	17.0	14.0	190
83	2 603 ~ 2 620	12.5	10.5	120
	2 520 ~ 2 632	11.0	9.0	125
	2 715 ~ 2 743	11.0	9.0	140

4.4.4　我国地应力分布的主要特点

1.按行政区域划分,大致可将我国分成三类地区

(1) 强烈构造应力区,包括台湾、西藏、新疆、甘肃、青海、云南、宁夏和四川西部。

(2) 中等构造应力区,包括河北、山西、吉林延吉地区、山东、辽宁南部、吉林延吉地区、安徽中部、福建和广东沿海地区以及广西等。

(3) 较弱构造应力区,包括江苏、浙江、湖南、湖北、河南、贵州、黑龙江、四川东部、吉林和内蒙古大部分地区。

2.我国地应力分布的主要特点

(1) 华北地区地应力测量的较多,地应力特征较为明显。以太行山为界,东西区域有较大差别。太行山以东,主压应力方向接近 EW 向;太行山以西,主压应力方向接近 SN 向。

(2) 由东北地区实测地应力资料结合震源资料解释可以看出:主压应力方向以 NEE 为主。

(3) 我国西部地区实测地应力资料表明:主压应力方向以 NNE 为主,个别为近 SN 向。例如,甘肃金川地区,测得的主压应力方向平均值为 N10°W,实测结果与震源解释一致。而秦岭构造带以南的华南地区,主压应力方向以 NWW 至 NW 方向,例如,安徽某地区测得的主压应力方向为 N63°W 向。在滇西南北构造带上进行的测量结果表明:该断裂带附近的最大主压应力方向为近 EW 向。从此断裂向西,包括澜沧江断裂以北,鲜水河断裂以南,最大主压应力方向逐渐转向 NW 向或 NNW 方向。

(4) 新疆、西藏地区的地应力自 1982 年开始进行地应力测量,1982 年乌什地区的主压应力方向为 N53°W 向,该方向与该地区震源资料解释是一致的。

(5) 根据国家地震局收集整理的我国东部地区大量水力压裂地应力资料,在所测量的深度范围内,对地应力测量数据按深度进行线性回归分析得到下述地应力经验计算式。

① 辽河油田(497 ~ 3 473 m)

$$\sigma_H = -2.342 + 0.026\,57H, \sigma_h = -0.776\,5 + 0.018\,247H, \sigma_v = 0.021H$$

② 大港油田(0 ~ 4 000 m)

$$\sigma_H = 0.7 + 0.023H, \sigma_h = 0.5 + 0.018H, \sigma_v = 0.021H$$

③ 华北油田(1 500 ~ 3 200 m)

$$\sigma_H = -10.5 + 0.03H, \sigma_h = -5.87 + 0.021H, \sigma_v = 0.021H$$

④ 中原油田(1 830 ~ 3 881 m)

$$\sigma_H = -27.1 + 0.036H, \sigma_h = -16.6 + 0.024H, \sigma_v = 0.022 + 0.026H$$

⑤ 胜利油田(1 300 ~ 3 300 m)

$$\sigma_H = -22.58 + 0.034H, \sigma_h = -11.65 + 0.022H, \sigma_v = (0.021 - 0.022)H$$

由以上关系式可以看出:当井深超过一定深度后,从渤海湾盆地总体上看,三个主应力满足 $\sigma_H > \sigma_v > \sigma_h$,其垂向应力为中间主应力。这说明该地区断层活动是以走向滑动为主,油井压裂中将出现垂直裂缝。

上述分析是从区域性的宏观测量角度来分析地应力随深度变化的平均规律。而岩性、局部的地质构造、地震和油气井开采等工程干扰也会对局部应力场产生明显的影响,而且油气勘探和开发涉及某一区块和某些地区,其中的地应力是不尽相同的。关于影响地应力的因素,请参考地应力起因和相关文献。

4.5 地应力计算模式与参数的确定

岩石是构成地壳表面的物质,在漫长的地质年代里,由于构造运动等原因,在地壳内岩石上产生内应力效应的应力称之为地应力,也可以理解为处于地下某深度的岩石受到周围岩体对它的挤压作用。地应力主要来源于上覆岩体的重力,板块边界的挤压和地幔热对流作用。例如,图 4.3 所示,新老地质构造的运动、地球旋转、岩浆的侵入、地温梯度的不均匀性和地层中水压梯度等。

4.5.1 最大和最小水平地应力

1. 以单轴应变为基础的最大和最小地应力 σ_H, σ_h

假设岩石沉积过程中,$\varepsilon_x, \varepsilon_y, \sigma_H$ 和 σ_h 是由 σ_v 的重力产生的。金尼克、马特威耳 – 凯利等人按照岩石的沉积成岩过程、压实理论中的不同假设条件给出了以下几种计算模式。

(1) 金尼克公式为

$$\sigma_H = \sigma_h = \frac{\mu}{1 - \mu}\sigma_v \tag{4.49}$$

该式只适用于各向均质同性地层。

(2) 马特威耳 – 凯利等人的计算式为

$$\sigma_H - \alpha P_p = \sigma_h - \alpha P_p = K_i(\sigma_v - \sigma_p)$$

他认为:侧压系数 λ_i 是不随深度变化的,故不适合实际情况。此外,K_i 需由邻井压裂数据库加以确定,所以此模型未被推广。

(3) Terzaghi 计算模型为

$$\sigma_H - P_p = \sigma_h - P_p = \frac{\mu}{1 - \mu}(\sigma_v - P_p) \tag{4.50}$$

Terzaghi 与马特威耳 – 凯利的计算模式的不同之处是垂向应力梯度(Gov) 随埋藏深度变化,并使 $\lambda_i = \frac{\mu}{1 - \mu}$,从而使计算模型获得改善。

2. 考虑有效应力系数的最大和最小地应力 σ_H, σ_h

(1) 有效应力概念

有效应力概念最早是由特查希于1923年研究土力学时提出来的，他认为：

① 增加静水外压和减小相同数量的孔隙压力所产生的土的体积变化是一样的。

② 土的剪切强度只取决于正应力 σ 和孔隙压力 P_p 的差值，这个差值就是有效应力，即

$$\sigma_e' = \sigma - P_p \tag{4.51}$$

美国学者汉丁于1957年对不同沉积岩石所作的实验认为：特查希规律只在下述条件下成立。

① 孔隙流体在岩石和矿物成分中呈惰性状态，其作用属于纯力学效应。

② 岩石的渗透率足以使流体充满岩石，进而使孔隙中流体在岩石变形期间自由地流进流出，从而保持孔隙压力恒定，处处相等。

③ 岩石中的孔隙是相互连通的，保证孔隙压力能够完全传送到整个岩石的骨架颗粒上。

(2) 毕奥特提出有效应力系数

如果上述条件得不到满足，应该采用新的有效应力定律，即

$$\sigma_e' = \sigma - \alpha P_p \tag{4.52}$$

式中　α—— 岩石的有效应力系数(或Biot常数)，$0 \leqslant \alpha \leqslant 1.0$；

ϕ_0—— 岩石的孔隙度。

应该注意的是：孔隙压力只对正应力有影响，对剪切应力不产生作用。进一步的地应力的研究表明：α 的值与岩石的容积压缩率 C_b 和岩石的骨架压缩率 C_r 有关，其表达式为

$$\alpha = 1 - \frac{C_r}{C_b}$$

或

$$\alpha = 1 - \frac{E/(1-2\mu)}{E_i/(1-2\mu_i)} \tag{4.53}$$

式中　E, E_i—— 岩石容积和骨架材料的弹性模量；

μ, μ_i—— 岩石容积和骨架材料的泊松比。

众所周知：可以采用地球物理测井中的声传播速度(V_p, V_s)或传播时间差($\Delta t_p, \Delta t_s$)来计算有效应力系数，其计算式为

$$\alpha = 1 - \frac{\rho_b(3V_{pb}^2 - 4V_{sb}^2)}{\rho_r(3V_{pr}^2 - 4V_{sr}^2)} \tag{4.54}$$

式中　ρ_b, ρ_r—— 岩石容积和骨架材料的密度，g/cm^3；

V_{pb}, V_{pr}—— 岩石容积和骨架材料的纵波速度，km/s；

V_{sb}, V_{sr}—— 岩石容积和骨架材料的横波速度，km/s。

从岩石的物理－化学特性来看，当孔隙流体对于岩石是非惰性时，孔隙压力的作用不属于纯力学性质。例如，泥页岩或黏土矿物胶结的砂岩，蒙脱石吸水膨胀后将堵塞孔隙压力的传递，从而使有效应力系数 α 的值难以确定。遇到这种情况，需要采用渗透水化和表面水化作用产生的水化应力理论和概念进行计算。

(3) 安德森等人的水平地应力

安德森认为:对于储层岩石(尤其是多孔砂岩地层),应考虑孔隙压力的影响。他利用1954年毕奥特提出的多孔介质弹性理论推导出了下述最大水平地应力的计算模式(该式可提高预测精度)

$$\sigma_H - \alpha P_p = \sigma_h - \alpha P_p = \frac{\mu}{1-\mu}(\sigma_v - \alpha P_p) \tag{4.55}$$

近十几年来,美国石油工程期刊(如 SPE)多采用下式计算地应力

$$\sigma_H - \alpha P_p = \sigma_h - \alpha P_p = \frac{\mu}{1-\mu}(\sigma_v - \alpha P_p) + \sigma_t \tag{4.56}$$

式中,σ_t 是考虑构造应力作用的附加项,其大小可通过实测值与式(4.56)计算值之差来校正,断块内 σ_t 基本上是不随深度变化的常数。

3. 构造地区最大和最小地应力 σ_H, σ_h

(1) 对于构造平缓地区

除了上述所讲到的垂直方向的地应力(可认为是一个主应力,即在其作用的面上没有剪切应力下)可由密度测井曲线求得外,考虑到有地质构造力的作用,其余两个水平主应力方向上的有效地应力可写成

$$\begin{cases} \sigma_{h1} = \left(\dfrac{\mu}{1-\mu} + \omega_1\right)(\sigma_v - \alpha P_p) + \alpha P_p \\ \sigma_{h2} = \left(\dfrac{\mu}{1-\mu} + \omega_2\right)(\sigma_v - \alpha P_p) + \alpha P_p \end{cases} \tag{4.57}$$

式中 σ_{h1}—— 最大水平主地应力,MPa;

σ_{h2}—— 最小水平主地应力,MPa;

σ_v—— 上覆地层压力,MPa;

P_p—— 地层孔隙压力,MPa;

ω_1, ω_2—— 构造运动激烈程度的构造应力系数,对于某一构造区域为常数。

(2) 对于构造比较剧烈的地区

在构造比较剧烈的地区,水平主应力很大部分来源于地质构造运动产生的构造地应力,在岩性不同的地层中,由于其抵抗外力的变形特点不同,其所承受的构造力也不同。根据组合弹簧的构造运动模型推导出的分层地应力计算式可写成

$$\begin{cases} \sigma_H = \dfrac{\mu}{1-\mu}(\sigma_v - \alpha P_p) + \dfrac{E \cdot \omega_H}{1-\mu^2} + \dfrac{\mu \cdot E \cdot \omega_h}{1-\mu^2} + \alpha P_p \\ \sigma_h = \dfrac{\mu}{1-\mu}(\sigma_v - \alpha P_p) + \dfrac{E \cdot \omega_h}{1-\mu^2} + \dfrac{\mu \cdot E \cdot \omega_H}{1-\mu^2} + \alpha P_p \end{cases} \tag{4.58}$$

式中 ω_H, ω_h—— 构造应力系数;

E—— 岩石的弹性模量。

(3) 倾斜地层地应力

$$\begin{cases} \sigma_H = \left(\dfrac{\mu}{1-\mu} + \omega_H\right)(\sigma_v - \alpha P_p)\cos\xi + (\sigma_v - \alpha P_p)\sin\xi\cos(\Omega - \Omega_0) + \alpha P_p \\ \sigma_h = \left(\dfrac{\mu}{1-\mu} + \omega_h\right)(\sigma_v - \alpha P_p)\cos\xi + (\sigma_v - \alpha P_p)\sin\xi\sin(\Omega - \Omega_0) + \alpha P_p \end{cases} \tag{4.59}$$

式中　ω_H,ω_h—— 构造应力系数；

ξ—— 地层倾角；

Ω—— 最大水平主应力方位；

Ω_0—— 最小水平主应力方位。

4.水平地应力微分式和分层地应力

(1) 地应力的微分计算式

M.Prats 认为：地层岩石的变形是非线性的，岩石的弹性参数随所受的应力而变化(一般是随应力的增大而增大)，温度的变化、蠕变和沉积压实过程中的岩石特性、水平方向的改变对现今地应力都有较大的影响。地应力计算需用微分形式加以描述，即

$$\begin{cases} \mathrm{d}(\sigma_H - \alpha P_p) = \dfrac{\mu}{1-\mu}\mathrm{d}(\sigma_v - \alpha P_p) + \dfrac{E \cdot \alpha_T \cdot \mathrm{d}T}{1-\mu} + \dfrac{E \cdot \mathrm{d}\omega_H}{1-\mu^2} + \dfrac{\mu \cdot E \cdot \mathrm{d}\omega_h}{1-\mu^2} \\ \mathrm{d}(\sigma_H - \alpha P_p) = \dfrac{\mu}{1-\mu}\mathrm{d}(\sigma_v - \alpha P_p) + \dfrac{E \cdot \alpha_T \cdot \mathrm{d}T}{1-\mu} + \dfrac{E \cdot \mathrm{d}\omega_h}{1-\mu^2} + \dfrac{\mu \cdot E \cdot \mathrm{d}\omega_H}{1-\mu^2} \end{cases} \tag{4.60}$$

式中　α_T—— 岩石的线膨胀系数；

$\mathrm{d}T$—— 温度的增量。

其中：第一项考虑的是垂向载荷的影响；第二项考虑的是温度变化的影响；第三项考虑的构造应力的影响。另外，用式(4.60)计算地应力需知 $\sigma_v,P_p,\omega_H,\omega_h,T$ 随时间、岩石特性随应力的变化规律。

(2) 分层地应力计算式与特点

国内外学者在理论、资料统计研究的基础上，建立了适应不同条件的分层地应力计算公式，下面仅给出适用于水力压裂，裂缝为垂直裂缝，σ_h 在水平方向上和适用于水力压裂，裂缝为水平裂缝，σ_h 在垂直方向上的计算公式。

① 适用于水力压裂(裂缝为垂直裂缝，σ_h 在水平方向上)

$$\begin{cases} \sigma_v = \displaystyle\int_0^H \rho(h) g \mathrm{d}h \\ \sigma_h = \dfrac{\mu}{1-\mu}(\sigma_v - \alpha P_p) + k_h \dfrac{E \cdot H}{1+\mu} + \dfrac{\alpha_T \cdot E \cdot \Delta T}{1-\mu} + \alpha P_p \\ \sigma_H = \dfrac{\mu}{1-\mu}(\sigma_v + \alpha P_p) + k_H \dfrac{E \cdot H}{1+\mu} + \dfrac{\alpha_T \cdot E \cdot \Delta T}{1-\mu} + \alpha P_p \end{cases} \tag{4.61}$$

② 适用于水力压裂(裂缝为水平裂缝，σ_h 在垂直方向上)

$$\begin{cases} \sigma_v = \displaystyle\int_0^H \rho(h) g \mathrm{d}h \\ \sigma_h = \dfrac{\mu}{1-\mu}(\sigma_v - \alpha P_p) + k_h \dfrac{E \cdot H}{1+\mu} + \dfrac{\alpha_T \cdot E \cdot \Delta T}{1-\mu} + \alpha P_p + \Delta\sigma_h \\ \sigma_H = \dfrac{\mu}{1-\mu}(\sigma_v + \alpha P_p) + k_H \dfrac{E \cdot H}{1+\mu} + \dfrac{\alpha_T \cdot E \cdot \Delta T}{1-\mu} + \alpha P_p + \Delta\sigma_H \end{cases} \tag{4.62}$$

式中　σ_v—— 垂向应力,MPa;

σ_h—— 最大水平主地应力,MPa;

σ_H—— 最小水平主地应力,MPa;

μ—— 地层岩石的泊松比;

E—— 弹性模量,10 MPa;

α_T—— 线膨胀系数;

α—— 有效应力系数;

H—— 地层的埋藏深度,m;

ΔT—— 计算深度处的地层流体孔隙压力和地层温度增量,m;

$\Delta\sigma_h,\Delta\sigma_H$—— 考虑地层剥蚀的最小和最大水样瓶地应力附加量(在同一断块内可视常数),m;

g—— 为重力加速度,m/s^2;

h—— 埋藏深度变量,m;

ρ—— 地层岩石密度,g/cm^3;

P_p—— 孔隙压力,MPa。

石油工程钻探、开发的实践表明:在一定条件下,即充分掌握地应力数据和经验关系式的情况下,上述地应力计算模型是可用的,有助于解决实际问题。

下面对计算式中的有关参数的确定进行介绍。但是在实际应用时,公式中的某些参数有时仍然难以获取,应用时有一定困难,但可用来分析影响地应力的因素。

5. 计算式的特点与式中各项的意义

(1) 计算模式的主要特点

① 模式中的参数容易测取,模式形式简单、实用。

② 考虑因素比较全面,包括 $\sigma_v, P_p, \mu, E, \beta, \Delta T$ 对 σ_H, σ_h 的影响。

③ 适用范围广。它适用于三向地应力的地区,不仅适用于水力压裂裂缝为垂直的情况,也适用于水力压裂裂缝为水平的情况。

④ 模式中各参数的物理意义明确,有一定的理论基础。

⑤ 比较符合地应力分布的变化规律。

a. 在地层倾角不太大的地区,垂向应力与上覆岩层重力基本符合。

b. 在同一地区,岩性基本相同时,三向地应力均随埋深成线性增加。

c. 地层的泊松比增大其水平地应力的重力分量也增大。

d. 由于构造应力运动的方向性,大部分情况下两个水平方向的构造应力分量不等。在同样的构造载荷作用下,构造应力分量是随弹性模量的增大而增大的,随泊松比的增大而减小。在软地层构造应力分量小,在硬地层构造应力分量大,在深度跨度不太大的情况下,相同岩性中的构造应力分量是随深度成线性关系增大的。

e. 水平地应力随孔隙压力的增大而增大,在泊松比等于 0.2 时,水平地应力的改变大约为孔隙压力改变的 0.6 ~ 0.8;

f. σ_v 是 σ_H, σ_h 形成的来源,主要是地层剥蚀作用的结果。在计算深度跨度不太大的情况下，考虑剥蚀作用的水平地应力附加量可视为常数。

g. 地温发生短期变化时，在地层温度改变期间的地层岩石变形可视为线弹性体，并假定地层水平方向变形受到约束。经分析得水平地应力改变量为

$$\sigma_{水平方向应力变化量} = \frac{\alpha_T \Delta T_T E}{1-\mu}$$

h. 水平方向应力差可由下式确定：即剪切模量高的地层能承受更高的剪切应力

$$\sigma_{水平方向应力差} = (K_H - K_h)\frac{EH}{1+\mu} = 2(\beta_1 - \beta_2)GH \tag{4.63}$$

(2) 式(4.61)，(4.62) 各个分量的意义

当不考虑温度变化时，上述垂直裂缝和水平裂缝计算模式可变成非常简单的形式。若将上述计算模式进行分解，各个分量的意义如下。

垂向应力：$\sigma_v = \int_0^H \rho g(h)\mathrm{d}h$；重力分量：$\frac{\mu}{1-\mu}\sigma_v$；热应力分量：$\sigma_z = \frac{\alpha_T E \Delta T}{1-\mu}$；孔隙压力的贡献：$\frac{1-2\mu}{1-\mu}\alpha P_p$；构造应力分量：$K_H\frac{EH}{1+\mu}$ 和 $K_h\frac{EH}{1+\mu}$；地层剥蚀的影响：$\Delta\sigma_H$ 和 $\Delta\sigma_h$。

(3) 寻找新的地应力计算模式应遵循的原则。

① 应与地应力实测结果相符。

② 模式中单因素分析与物理现象相符，如地层压力衰减，温度变化。

③ 应能解释与地应力问题相关的工程现象。

④ 实用性原则。

⑤ 避开成岩和构造运动历史问题。

⑥ 最大和最小应力差(剪应力) 在地层岩石极限破坏强度以内。

⑦ 应有一定的物理基础。

⑧ 模式中的变量基本上是独立的。

4.5.2　地应力计算模式中参数的确定

在井壁稳定计算中所涉及的岩石力学参数包括：岩石的弹性模量、泊松比、孔隙弹性有效系数、岩石的内聚力、岩石的内摩擦角和抗压强度、最大和最小水平地应力、构造应力(包括构造应力系数) 等。这些参数的确定可采取的方法为：一是室内岩心试验直接获得，即上述所说的静态试验；二是通过动态试验，即测试岩石的声波响应，以及将动态测得的数值与静态相比较，从而间接地获得有关岩石力学参数。

1. 动态弹性模量和泊松比(E_d, μ_d)

利用声波测井记录各类波的传播时间(单位为 μm/s)，经过单位换算后，可得到纵横波速度 V_p, V_s 和其动态 E_d, μ_d 的计算公式，即

$$E_d = \frac{\rho_s V_s^2(3V_p^2 - 4V_s^2)}{V_p^2 - V_s^2},\quad \mu_d = \frac{0.5V_p^2 - V_s^2}{V_p^2 - V_s^2} \tag{4.64}$$

大庆、辽河、大港等油田的岩心在室内进行的三轴应力试验表明：在动 - 静态同步测试的条件下，所测得的动 - 静态弹性模量和泊松比有较好的线性关系，通过换算可以得

到地层的静态弹性模量值。例如,辽河油田为

$$E_s = -0.1989 - 0.60421 E_d, R = 0.867$$

$$\mu_s = -0.1239 - 0.36150 \mu_d, R = 0.319$$

1989 年的 Elssa 等人给出的公式: $E_s = -0.082 - 0.74 E_d, R = 0.84$。

2. 单轴抗压强度 σ_c 和砂岩的内聚强度 C_0

(1) 岩石的单轴抗压强度

由于取心困难,国内外专家都在试图寻找一种能够确定地层强度参数的简便方法。E. Fjaer 根据 1996 年 Deere 和 Miller 对大量沉积岩所做的静态测量,通过校正,给出了下述计算岩石抗压强度的公式

$$\sigma_C = 0.033 \rho_s^2 V_p^2 \left(\frac{1+\mu_d}{1-\mu_d}\right)^2 (1-2\mu_d)(1+0.78\mu_d) \tag{4.65}$$

(2) 砂岩的内聚强度 C_0

1981 年 Coates, Denco 给出了砂泥岩 C_0 与声波速度之间关系为

$$C_0 = 5.44 \times 10^{-3} \rho_s^2 (1-2\mu_d) \left(\frac{1+\mu_d}{1-\mu_d}\right)^2 V_p^4 (1+0.78\mu_d) \tag{4.66}$$

(3) 岩石的内摩擦角 ϕ

在确定岩石的内摩擦角 ϕ 时,应根据不同地区的岩石性质、采用数理统计方法加以确定。比如塔里木地区的泥岩岩石的内摩擦角 ϕ 需用

$$\phi = 2.564 \cdot \lg\{(59.83 - 1.785 C_0) + [(59.83 - 1.785 C_0)^2 + 1]^{\frac{1}{2}}\} + 20 \tag{4.67}$$

计算。因为斯仑贝谢测井公司的软件中所提供的岩石内摩擦角 ϕ 未分岩性和岩石类型,一律等于 30°,显然不符合实际情况(尤其是泥质砂岩或泥岩,若取 $\phi \approx 30°$,就有可能造成较大的误差)。

3. 地层压力 P_p 和有效应力系数 α、岩石孔隙度 ϕ_0 和泥质含量 V_{sh}

可用钻速模式、地层测试、dc 指数,测井方法(如声波速度、声波时差、自然电位、密度测井等)确定。其中: $\alpha = 1 - \frac{C_r}{C_b}$。目前的测井解释中有多种方法,比如不需采用校正系数的雷依麦的欠压实地层声波、密度公式、中子等曲线等。泥质含量的计算需要使用自然电位、自然伽马、补偿中子、电阻率、纵波时差、感应测向等六条曲线,例如

$$S_H = \frac{S_{HLA} - G_{\min}}{G_{\max} - G_{\min}}; \quad V_{sh} = \frac{2^{G_{CUR} \cdot S_H} - 1}{2^{G_{CUR}} - 1} \tag{4.68}$$

式中 S_{HLA}—— 测量数值;

$G_{\max}$—— 测量曲线极大值;

$G_{\min}$—— 测量曲线极小值;

G_{CUR}—— 新老地层标识符,地层为 4.7,老地层为 2.0。

4. 构造应力系数和岩石的线膨胀系数 α_T 等

构造应力系数 k_H, k_h 以及水平地应力增量 $\Delta\sigma_h, \Delta\sigma_H$ 的大小需要通过实测地应力数据,用反算法加以确定。数据的来源包括:岩心地应力实测、水力压裂、钻井套管鞋漏失试

验。典型的岩石的线膨胀系数 α_T 的值为：1×10^{-5}(1/℃)。

$k_H, k_h(\beta_1,\beta_2), \Delta\sigma_h, \Delta\sigma_H$ 需要通过实测地应力数据确定，原因是：

(1) 通过岩心试验可求得三个地应力 $\sigma_h, \sigma_H, \sigma_v$ 大小。

(2) 通过裸眼井水力压裂可求得下述两个水平方向的地应力的大小，即

$$\sigma_h = P_{闭}(\text{裂缝闭合压}) \approx P_S(\text{瞬时停泵压力})$$

$$\sigma_H = 3P_{闭}(\text{裂缝闭合压力}) - P_r(\text{裂缝重新开启压力}) - \alpha P_p$$

(3) 套管井的水力压裂只能获得最小水平地应力，$\sigma_h = P_{闭}$。

(4) 在固井后，经常要进行漏失试验，若能测得完整的数据，就可获得最大和最小水平地应力。例如，国家地震局利用在辽河油田所收集到的水力压裂数据，得出的地应力随井深变化规律为

$$\begin{cases}\sigma_{\mathrm{H}} = -2.342 + 0.026\,576H \\ \sigma_h = -0.776\,5 + 0.018\,247H\end{cases} \tag{4.69}$$

值得注意的是：到目前为止，对这种方法还存在着不同的看法。原因在于井眼剥落坍塌形成的机理比较复杂。井眼剥落坍塌一方面受拉伸和剪切作用；其作用不但取决于井壁岩石的力学作用过程，还与裸眼井段内钻井液与地层岩石化学作用的时间等因素有关。从所用测量井径的仪器来看，中国地质科学院地质研究所根据成像测井资料，在1 200 m深度以下进行的理论分析和室内试验已经证明：钻孔崩落资料所反映的原地水平主压应力方向是能反映区域应力状态的，与震源机制解确定的主孔所在地区的走滑应力格局相吻合。

4.6 应力状态应用举例

例1 全应力、法向应力和剪切应力举例。

已知地下某点的应力为：$\sigma_{xx} = \tau_{yz} = 0, \sigma_{yy} = 20$ MPa，$\sigma_{zz} = 10$ MPa，$\tau_{xy} = 10$ MPa，$\tau_{zx} = 20$ MPa。试求作用于通过该点，该点的方程为：$3x + \sqrt{3}y + 2z = 1$ 的微分面外侧的全应力 σ_N，法向应力 σ_n 和剪切应力 τ_n。

解 (1) 设此微分面外法线方向余弦为 l, m, n，则由解析几何的线面正交的条件得

$$\frac{l}{3} = \frac{m}{\sqrt{3}} = \frac{n}{2} = A$$

再由法线余弦满足的条件：$l^2 + m^2 + n^2 = 1$，得：$A = \pm\frac{1}{4}$。

由此得到 $l^2 = \pm\frac{3}{4}$；$m = \pm\frac{\sqrt{3}}{4}$；$n = \pm\frac{1}{2}$。

(2) 这就是说，微分面内、外两侧分别指向第一、第七象限(八面体坐标系)。假设该微分面的外侧指向第一象限，即取 $l^2 = \frac{3}{4}, m = \frac{\sqrt{3}}{4}, n = \frac{1}{2}$。

(3) 然后，将题中各个应力分量以及该方向余弦代入式(4.13)得

$$\begin{bmatrix}\sigma_{Nx}\\ \sigma_{Ny}\\ \sigma_{Nz}\end{bmatrix} = \begin{pmatrix}0 & 10 & 20\\ 10 & 20 & 0\\ 20 & 0 & 10\end{pmatrix}\begin{pmatrix}3/4\\ \sqrt{3/4}\\ 1/2\end{pmatrix} = \begin{pmatrix}14.33\\ 16.16\\ 20.00\end{pmatrix}$$

(4) 显然,由上式可得微分面外侧的全应力 σ_N,法向应力 σ_n和剪切应力 τ_n为

$$\sigma_N = 29.44\ \text{MPa}, \quad \sigma_n = 27.75\ \text{MPa}, \quad \tau_n = 9.83\ \text{MPa}$$

例 2 应力张量举例。

已知某点处的 $S_{xx} = 50$ MPa, $S_{yy} = 50$ MPa, $\sigma_m = 50$ MPa, $\tau_{yz} = 20$ MPa,其余应力分量为零。试求三个主应力的大小和八面体的应力 σ_{oct}和 τ_{oct}以及应力强度 σ_i。

解 (1) 由上述球应力和应力偏张量关系式知道,因为 $S_{xx} + S_{yy} + S_{zz} = 0$,所以得

$$S_{zz} = -(S_{xx} + S_{yy}) = -(50 - 40) = -40$$

$$\sigma_{xx} = \sigma_m + S_{xx} = 50 + 50 = 100$$

$$\sigma_{yy} = \sigma_m + S_{yy} = 50 - 10 = 40$$

$$\sigma_{zz} = \sigma_m + S_{zz} = 50 - 40 = 10$$

(2) 由题意和应力张量不变量可得

$$I_1(\sigma_{ij}) = \sigma_{xx} + \sigma_{yy} + \sigma_{zz} = 100 + 40 + 10 = 150$$

$$I_2(\sigma_{ij}) = -(\sigma_{xx}\sigma_{yy} + \sigma_{yy}\sigma_{zz} + \sigma_{zz}\sigma_{xx}) + (\tau_{xy} + \tau_{yz} + \tau_{zx}) = -(100 \times 40 + 40 \times 10 + 10 \times 100) + 20^2 = -5\ 000$$

$$I_3(\sigma_{ij}) = \begin{pmatrix} 100 & 0 & 0 \\ 0 & 40 & 20 \\ 0 & 20 & 10 \end{pmatrix} = 100 - (40 \times 10 - 20 \times 20) = 0$$

(3) 将其代入式(4.20),即可得到求解主应力的方程为

$$\sigma_i^3 - I_1(\sigma_{ij})\sigma_i^2 - I_2(\sigma_{ij})\sigma_i - I_3(\sigma_{ij}) = 0$$

解此三次方程可得三个主应力的大小:$\sigma_1 = 100$ MPa, $\sigma_2 = 50$ MPa, $\sigma_3 = 0.0$ MPa。

(4) 八面体正应力、剪切应力和应力强度的计算式为

$$\sigma_{oct} = \frac{\sigma_1 + \sigma_2 + \sigma_3}{3}$$

$$\tau_{oct} = \frac{1}{3}\sqrt{(\sigma_1 - \sigma_2)^2 + (\sigma_2 - \sigma_3)^2 + (\sigma_3 - \sigma_1)^2}$$

$$\sigma_i = \frac{3\tau_{oct}}{\sqrt{2}}$$

习 题

1. 地应力的成因主要考虑哪些方面?
2. 解释下列常用的术语。

(1) 天然应力　(2) 重力应力　(3) 残余应力　(4) 构造应力

(5) 热应力　(6) 地应力场　(7) 构造应力场

3. 试写出岩体内某点处的应力状态。并解释正应力和剪切应力角码的意义。
4. 何谓应力张量?
5. 简述球应力张量 $\delta_{ij}\sigma_0$、应力偏量 S_{ij} 的物理意义。

6. 简述地应力研究的主要内容与影响因素。

7. 按石油工程油田研究方法将地应力测量划分为哪几类？

8. 水力压裂试验测定地应力基本的假设条件是什么？

9. 水力压裂试验原理是什么？

10. 水力压裂试验地应力测量方法。

11. 什么叫试验凯塞尔应力点？其试验宗旨是什么？

12. 为什么要采用复合地应力测量方法？

13. 动态地应力理论中的流动模型的基本假设条件是什么？

14. 试述钻孔崩落形状反演现场地应力大小的原理。

15. 井壁崩落椭圆地应力方向测量原理是什么？

16. 你知道几种识别井壁岩石崩落椭圆的标志？

17. 寻找新的地应力计算模式应遵循的原则是什么？

18. 已知地下某点的应力为 $\sigma_{xx} = \tau_{yz} = 0$，$\sigma_{yy} = 20\ \text{MPa}$，$\sigma_{zz} = 10\ \text{MPa}$，$\tau_{xy} = 10\ \text{MPa}$，$\tau_{zx} = 20\ \text{MPa}$。试求作用于通过该点，该点的方程为：$3x + \sqrt{3}y + 2z = 1$ 的微分面外侧的全应力 σ_N，法向应力 σ_n 和剪切应力 τ_n。

19. 已知某点处的 $S_{xx} = 50\ \text{MPa}$，$S_{yy} = 50\ \text{MPa}$，$\sigma_m = 50\ \text{MPa}$，$\tau_{yz} = 20\ \text{MPa}$，其余应力分量为零。试求三个主应力的大小和八面体的应力 σ_{oct} 和 τ_{oct}？

第5章 岩石力学在钻井工程中的应用

钻井是石油勘探开发的一个重要环节,钻井工程的根本目的:一方面是要快速、安全、准确地破碎地层岩石,到达目的层,为探明地下油气藏的确切位置及具体特征提供途径;另一方面就是建立一条通向地下的密闭管道,用以安全可靠地长期开采埋藏在地壳深部的油气资源。因此,在钻井工程中,无论是破碎岩石,钻头钻进,还是控制井眼轨迹、防止钻井液漏失和井壁坍塌、优化井身结构设计、选择不同的钻井液等工作都是围绕地下各种岩石进行的,也都离不开岩石力学的应用。本章主要从钻井过程中的钻头选型、钻井参数优选和井壁稳定几个方面进行阐述。

5.1 岩石的研磨性与硬度

5.1.1 岩石的研磨性

在用机械方法破碎岩石的过程中,钻井工具(如钻头、钎子等)和岩石产生连续的或间歇的接触和摩擦,从而在破碎岩石的同时,这些工具本身也受到岩石的磨损而逐渐变钝、损坏。除了金刚石以外,制造钻头的材料多为淬火钢或硬质合金(近年来又出现了一些人造金刚石等超硬材料),岩石磨损这些材料的能力称为岩石的研磨性。

钻头刃的磨损一般是表面的研磨性磨损,在有些情况下也可能出现疲劳的磨损(如牙轮钻头齿),至于刮刀钻头硬质合金工作刃或人造金刚石聚晶块的脱落折断不属于正常的磨损。

这里研究和讨论的问题仅限于表面磨损,即研磨性磨损。它是在钻头工作刃与岩石相摩擦的过程中产生微切削、刻划、擦痕等所造成的。这种研磨性磨损除了与摩擦处材料的性质(如化学组成和结构)有关外,还取决于摩擦的类型和特点、摩擦表面的形状和尺寸(如表面的粗糙度)、摩擦面的温度、摩擦的速度、摩擦体间的接触压力、磨损产物的性质和性状及其清除情况、参与摩擦的介质等因素,因此,研磨性磨损是个十分复杂的问题。

然而研究岩石的研磨性对于正确地设计和选择使用钻头,提高钻头的进尺,延长钻头工作的寿命,提高钻井速度都是极为重要的问题。下面就有关这方面的研究情况,包括研究方法，所发现的规律性关系以及对岩石按研磨性的分类等进行必要的讨论。

关于研究岩石的研磨性，许多学者采用了各种不同的方法。但是迄今尚未有一个统一的测定岩石研磨性的标准方法，所以许多研究成果还很难进行比较。这些方法可归纳为以下几类。

(1) 钻磨法。用金属棒（如铜棒、淬火或未淬火的钢棒）在加压旋转的条件下与岩石相摩擦，在给定的载荷、转速和时间内，按金属棒被磨损掉的质量来衡量岩石研磨性的大小。

(2) 磨削法。用硬质材料做成的刀具与岩石试件相对旋转磨削。在给定的接触压力、旋转速度（线速度）下，测量固定时间或旋转过的路程内刀具的磨损量，以估价岩石研磨性的相对大小。

(3) 微钻头钻进法。用与全尺寸钻头形状相似的微型模拟钻头在一定的钻进参数下与岩石钻磨，测量给定时间内钻头切削刃的外形磨损，以比较各类岩石的研磨性。

(4) 摩擦磨损法。其实质是确定一个转动金属圆环在岩石表面上相互摩擦时的磨损量，以此作为度量岩石磨损量的指标。

前苏联学者史立涅尔等用第(4)种方法对各种岩石的研磨性进行了比较详尽的研究，得出了一些有实际应用价值的结果。因此，本节就这一方法做些介绍。

图5.1是这个试验方法的简单示意图。这个方法的优点在于，在相对较小的载荷作用下，可使圆环与岩石试件间的接触压力达到非常高的数值，同时圆环的转动使其接触表面不断在改变，这就有利于冷却和清除磨损的产物。岩石试件的平移也保证了岩石的摩擦表面的不断更新，并且使得接触压力在试验过程中可保持不变（在试验开始时，磨损沟槽刚刚形成的时刻除外）。实验证明，对于大部分矿物和岩石，金属环的单位摩擦路程的磨损不取决于圆盘的旋转速度，而只与载荷 P 成正比。

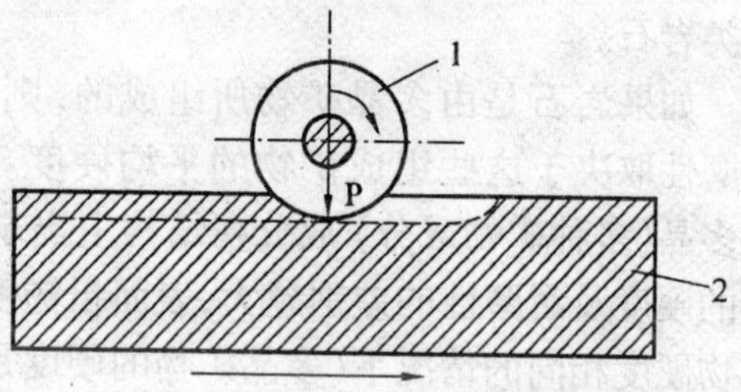

图5.1　金属圆环与岩石研磨的试验方法
1—旋转的金属环；2—平移的岩样；
P—加在圆环上的载荷

因此这类岩石的研磨性质可以用一个比例常数 ω 来表示，ω 可称为研磨系数，即有

$$\Delta V_s = \omega \cdot S \cdot p_c = \omega P \tag{5.1}$$

式中　ΔV_s—— 金属的单位摩擦路程的磨损，cm^3/m；

ω—— 研磨系数；

S—— 接触面积，mm^2；

p_c—— 接触压力，N/mm^2；

P—— 摩擦面上的接触载荷，N。

ΔV_s 可通过称重获得，它等于金属环磨损后的失重除以该金属的密度，再除以摩擦总路程。研磨系数 ω 的物理意义实际上是在1 N的垂直载荷作用下与岩石产生单位路程的摩擦时金属环的磨损体积。

试验装置是用一台铣床改装成的。装置中包括有对圆环的加载机构，转数计数器、扭矩表以及为了清除磨损产物和冷却摩擦面而设的液体和空气的闭路循环系统。

试验金属环的尺寸为外径 30 mm,内径 20 mm,厚度 2.5 mm。环的材料采用经淬火处理的 Y8 碳素钢,20XH3A 合金钢及 Pϕ1 高速钢(均为前苏联的钢号,其表面硬度达到$8.95\times10^9\sim9.75\times10^9$ Pa)及钨钴硬质合金(表面硬度超过$2.4\times10^{10}\sim2.5\times10^{10}$ Pa)。所试验的矿物或岩石的表面均经过研磨。

试验参数采取载荷为 100 N,转速 500 r/min(圆周速度相当于 47 m/min),岩石平移速度取为 4 mm/min。下面介绍用此方法研究岩石的研磨性所获得的有关结果。

1.晶质岩石的研磨性

相对于淬火钢而言,晶质岩石的研磨性与组成它的矿物的微硬度成正比。组成晶质岩石的矿物的硬度越大,该岩石的研磨性也越大,图 5.2 表示了这种直线比例关系。

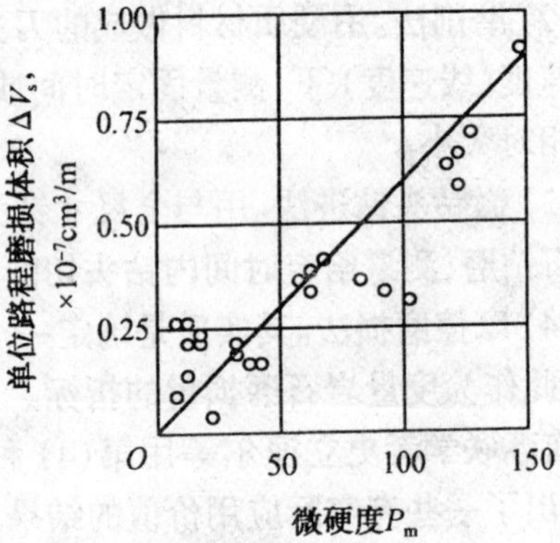

图 5.2　淬火钢的单位路程磨损与晶质岩石的矿物微硬度间的关系

在这类岩石中,研磨性由小到大的顺序为硫酸盐类岩石(石膏、重晶石),碳酸盐岩(石灰岩和白云岩)、硅质岩石(玉髓和燧石)、铁－镁长石岩、石英岩。研磨性最小的是硫酸盐类岩石。

如果岩石是由多晶矿物所组成的,则其研磨性取决于这些组成矿物的平均硬度。但是多晶(多种矿物成分)成分在结构上出现了一个新的问题,即其表面粗糙度较高(矿物间的硬度及耐磨性的差别越大,表面粗糙度也显得越大),因此,在多晶岩石和单晶岩石的矿物硬度相同的情况下(多晶矿物的硬度是计算的平均值),前者的研磨性略高于后者。不过,如果组成矿物的微硬度小于$4\times10^9\sim5\times10^9$ Pa,则附加的表面粗糙度对淬火钢的磨损并没有明显的影响。

对于硬质合金磨损的研究是采用具有矿物微硬度超过7×10^9 Pa 的晶质岩石。对于微硬度小的晶质岩石的研磨性的研究,用称重法确定硬质合金的磨损很困难(因磨损量很小),必须采用同位素法测定磨损量才有可能,而称重法只能给出一个近似的磨损量数值。

硬质合金的磨损和晶质岩石微硬度的关系也与淬火钢和晶质岩石微硬度的关系一样,成正比关系。不过这时硬质合金的绝对磨损量要比淬火钢小得多。例如,Y8 淬火钢在石英岩上的磨损量是0.6×10^{-7} cm³/m,而硬质合金的磨损量只有0.04×10^{-7} cm³/m。

2.碎屑岩石的研磨性

按研磨性而言,最重要的碎屑岩是石英砂岩和粉砂岩,其余的碎屑岩因其组成的矿物具有较低的硬度,故具有和其矿物组成相当的晶质岩石相同的研磨性。

晶质岩石和碎屑岩的主要的和本质的区别在于后者的强度性质取决于其胶结物的强度和结构。因此,在分析这类岩石的研磨性时作为主要的机械力学特征应该采用压入的硬度,因为它代表了碎屑颗粒间的联结强度即胶结物的强度。

具有相同矿物成分的碎屑岩和晶质岩的研磨性的主要区别在于摩擦表面具有不同的粗糙度。碎屑岩具有更高的表面粗糙度,而且岩石的孔隙度越大,颗粒越粗,棱角越多,其表面的粗糙度也越高。高的粗糙度的表面导致增大摩擦时的真实接触压力。

在自然条件下，许多低研磨性的岩石（泥质的、硫酸盐和碳酸盐的岩石）往往或多或少地含有石英颗粒。对于这类岩石，实际上钢的单位摩擦路程磨损和石英粒的含量百分比（在5%～35%范围内）之间存在着正比的关系（图5.3），而这类岩石的主要胎体矿物，相对说来，对研磨性的影响很小。

图5.4表示钢的单位摩擦路程磨损量和砂岩抗压入硬度间的关系曲线。从曲线看出，砂岩的研磨性与其压入硬度成反比。也就是说，随着砂岩胶结强度的降低，砂岩的研磨性增大。这可以解释为胶结物强度越低，颗粒越容易从岩石上剥离出来形成新的摩擦表面，并导致表面粗糙度增高。而且砂岩的孔隙度越大（孔隙度大本身也反映了低的压入硬度），其表面的粗糙度也越高。随着砂岩硬度的增大，摩擦表面逐渐变成研磨的表面，粗糙度便降低了，这是砂岩的研磨性随着硬度增大而降低的主要原因。

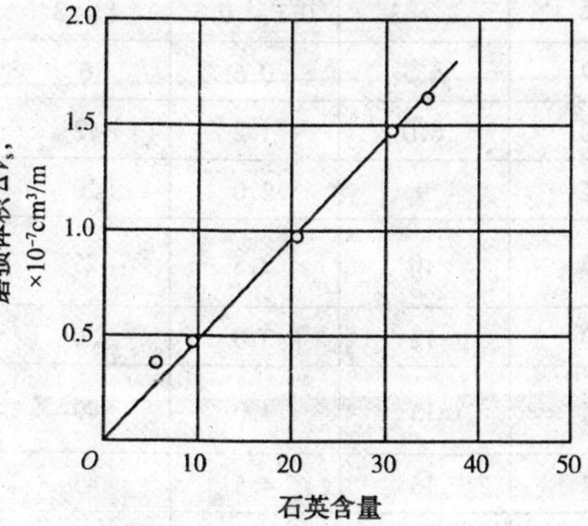

图5.3　钢的单位路程磨损与碎屑岩中石英含量的关系

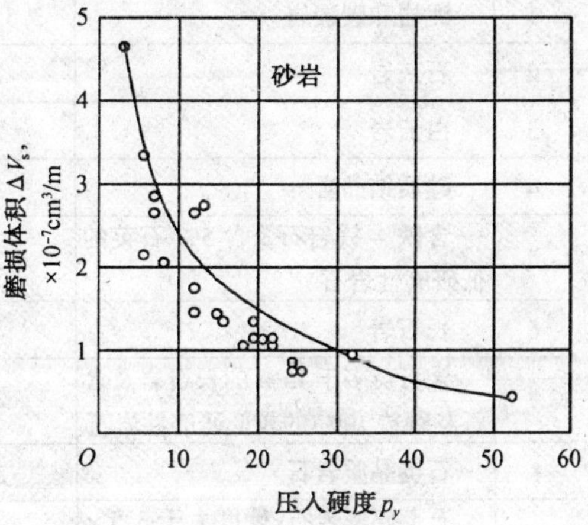

图5.4　钢的单位路程磨损量与砂岩抗压入硬度的关系

上述 $\Delta V_s = f(p_y)$ 的曲线可以分为两段，第Ⅰ段曲线较陡，相当 $p_y < 2 \times 10^9$ Pa，孔隙度5%～10%的低强度砂岩和大于10%孔隙度的多孔砂岩；第Ⅱ段曲线渐趋平缓，相当于强度大，少孔隙（2%～5%孔隙度）的岩石直到 $p_y = 5.2 \times 10^9$ Pa的石英岩。

如果比较一下钢在晶质岩石和碎屑石英岩上的磨损与其硬度的关系数据就不难看出，在砂岩上钢的磨损绝对值往往要比在晶质岩石上的磨损量大。

粉砂岩和砂岩的区别只在于粒度不同，所以上述砂岩研磨性的规律也适用于粉砂岩。但是由于粉砂岩的粒度比砂岩小2/3～3/4，所以在硬度相同时，粉砂岩的研磨性要比砂岩小。

因此，对于淬火钢说来，硬度不大的石英碎屑岩的研磨性要比晶质岩石中研磨性最高的石英岩的研磨性还要大。这主要是由于在碎屑石英岩上淬火钢的磨损量产生于非常高的接触压力的条件（因为摩擦面的粗糙度高）。

硬质合金在碎屑石英岩上的磨损规律也和淬火钢在低研磨性岩石上的磨损规律一样简单。随着砂岩和粉砂岩硬度的减小，硬质合金的磨损也增大，但增大得不多。而在同样的岩石硬度范围内，随着硬度的减小，淬火钢的磨损量却增大好几倍。这个道理是显而易见的，因为石英的硬度要比碳化钨的硬度小得多。

3. 岩石按研磨性的分类

由于岩石的研磨性取决于各种因素，因此有必要根据以某一个量为标准对岩石的研磨性进行分类。这个分类应该包括岩相的必要数据，以便在实际应用时建立岩石相对研磨性的比较，从而能对设计钻井工具、钻头及选择使用参数并预计应用效果和对实际矿场使用效果的分析等提供参考依据。史立涅尔等根据研究的结果提出了这样的分类，见表5.1。

表 5.1　各种岩石按单位摩擦路程磨损的研密性分类表

研磨性级别	岩石	淬火钢		硬质合金	
		研磨性系数 $\times 10^{-9}$	相对研磨性	研磨性系数 $\times 10^{-9}$	相对研磨性
1	泥岩和碳酸岩	3.5 ~ 12	1 ~ 3	0.1 ~ 0.3	1 ~ 3
2	石灰岩	22	6.5	0.6	6
3	白云岩	20	6.0	1.2	12
4	硅质结晶岩	31	9	2.0	20
5	含铁 – 镁岩石及含 5% 石英的低研磨性岩石	35	10	2.5	25
6	长石岩	40	12	3.0	30
7	含石英多于 15% 的长石岩及含石英颗粒 10% 的较低研磨性岩石	45	13	4.0	40
8	石英晶质岩石	57	16	4.5	45
9	石英碎屑岩石，硬度大于 3.5×10^9 Pa	57 ~ 90	16 ~ 25	5.0	50
10	石英碎屑岩石，硬度 2×10^9 ~ 3.5×10^9 Pa 及含石英颗粒 10% ~20% 的岩石	90 ~ 120	25 ~ 30	5.0	50
11	石英碎屑岩石，硬度 10^9 ~ 2×10^9 Pa 及含石英颗粒达 30% 的岩石	120 ~ 200	35 ~ 60	5.0	50
12	石英碎屑岩石，硬度大于 3.5×10^9 Pa	200 ~ 300	60 ~ 95	5.0	50

注：表 5.1 是根据式(5.1)中的 ω 值的大小作出的分类，把各种岩石(包括晶质岩石和碎屑岩)按研磨性的大小共分为 12 级。

通过对上述试验数据的分析可以认为，盐岩、泥岩和一些硫酸盐岩、碳酸盐岩(当不含有石英颗粒时)属于研磨性最小的岩石。其次，应为石灰岩和白云岩等，属于低研磨性的岩石。火成岩的研磨性一般属于中等或较高，要看这些岩石中所含长石和石英成分的多少以及颗粒度和多晶矿物间的硬度差而定。含长石及石英成分少，粒度细，矿物间的硬度差小的研磨性也小些；反之，则研磨性较高。含有刚玉矿物成分的岩石应属于高研磨性的岩石。沉积碎屑岩的研磨性主要视其石英颗粒的含量及其胶结硬度而定，石英颗粒含量越多,粒度越粗,胶结强度越小的岩石,研磨性越高;反之,石英颗粒的含量少,颗粒细,胶结强度越大的岩石,研磨性越低。

5.1.2　岩石的硬度与塑性系数

钻井时岩石的破碎过程非常复杂,钻头破碎工具的形状多种多样,破碎载荷不是静载而是动载,并且破碎载荷的大小及方向都随时间而改变。对这样复杂的问题,要完全从纯理论上进行分析几乎是不可能的。因此,人们设法对实际井底的情况进行适当的模拟,在室内研究岩石的破碎作用和影响因素,用圆柱压入法测定岩石的硬度和塑性系数。由于压头压入时岩石的破碎特点,对钻井时岩石破碎过程具有一定的代表性,所以用压入法所测得的岩石力学特性在一定程度上能相对地反映钻井时岩石抗破碎的能力。根据岩石的硬度大小将岩石进行分类,见表 5.2。

表 5.2　岩石按硬度的分类

类别	软		中　软		中　硬		硬		坚　硬		极　硬	
	1	2	3	4	5	6	7	8	9	10	11	12
硬度 100 MPa	≤ 1	1 ~ 2.5	2.5 ~ 5.0	5.0 ~ 10.0	10 ~ 15	15 ~ 20	20 ~ 30	30 ~ 40	40 ~ 50	50 ~ 60	60 ~ 70	> 70

实验装置如图 5.5 所示,实验时,手摇油泵手轮,将液压油送给硬度仪,推动活塞上升,使岩样与压模和测头同时接触,随着压力的增加,压模逐渐压入岩样,压入的深度和测头的位移相等。电感测微仪将测头位移转变成电压信号输给 X - Y 函数记录仪。压力传感器将岩样承受的压力变化转换成电阻值变化,电阻改变引起电桥对角输出端有不平衡电压输出,经放大器放大传送给 X - Y 函数记录仪。于是 X - Y 函数记录仪自动记录下岩石的载荷 - 吃深曲线。典型岩石的压入硬度试验曲线可以分为三种类型,如图 5.6 所示。

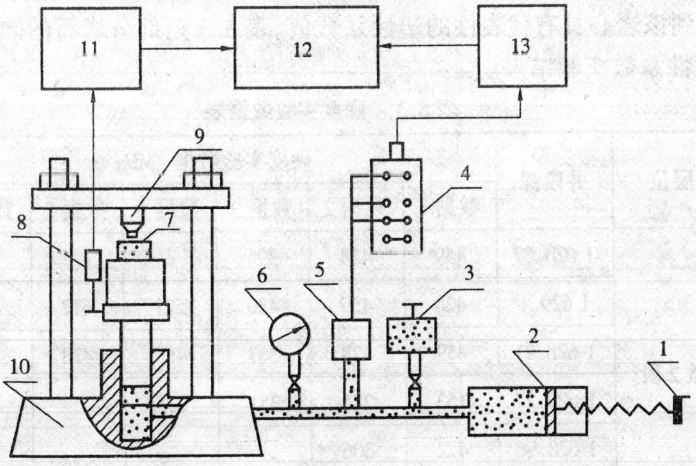

图 5.5　岩石硬度实验装置

1— 手轮;2— 压力表校验泵;3— 油杯;4— 电桥盒;5— 压力传感器;6— 压力表;7— 岩样;8— 侧头;9— 压模;10— 硬度仪;11— 电感测微仪;12— 函数记录仪;13— 压变放大器

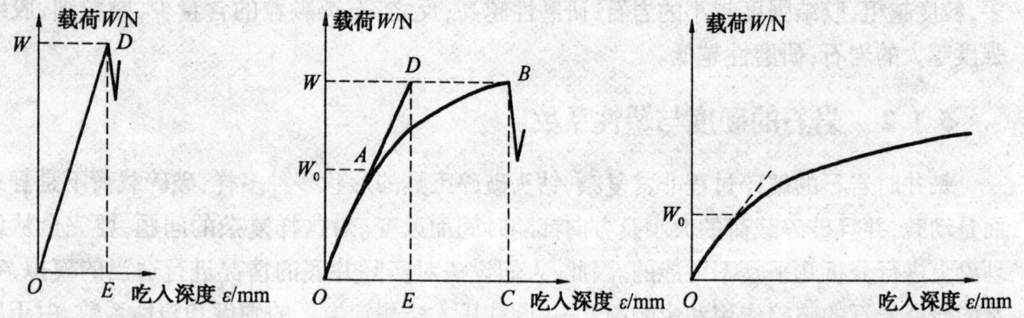

(a) 脆性岩石（如石英岩）　(b) 塑脆性岩石（如大理岩）　(c) 塑性岩石及多孔岩石（如塑性泥岩、多孔砂岩和灰岩）

图 5.6　平底圆柱压头压入岩石时的变形曲线

变形曲线的纵坐标为压头所加的载荷，横坐标为吃入深度，三种类型的曲线分别对应三大类岩石，即脆性岩石、塑脆性岩石和塑性岩石。岩石的硬度 P_y 为脆性破碎时接触面上单位面积上的载荷，即

$$P_y = \frac{P}{s} \tag{5.2}$$

式中　P—— 产生脆性破碎时压头的载荷，N；

S—— 压头的面积，mm^2。

岩石的塑性系数为

$$K = \frac{A_F}{A_E} = \frac{S_{OABC}}{S_{ODE}} \tag{5.3}$$

本实验选取的岩心与可钻性试验的岩心对应，每块岩心最多做 6 个点，有些做 4 ~ 5 个点，将每块岩心的这些数据点进行平均，得到该岩心具有代表性的硬度值，由于塑性系数和硬度在一个曲线上，所以，塑性系数也和硬度有同样个数的数据点，将这些数据也进行平均，得到该岩心具有代表性的塑性系数值。表 5.3 是部分岩石的硬度实验结果，表 5.4 是部分塑性系数实验结果。

表 5.3　硬度实验数据表

序号	层位	井段深	硬度实验数据 /MPa						平均值
			数据 1	数据 2	数据 3	数据 4	数据 5	数据 6	
1	嫩 2 段	1 628.57	459	428	398				427
2		1 629.1	428	459	430	521	612	448	479
3		1 628.91	459	428	367	459	428	398	422
4		1 629.27	153	285	381	275			260
5		1 628.96	422	306					359
6		1 629.5	367	428	360	425	428	581	426

续表 5.3

序号	层位	井段深	硬度实验数据 /MPa						平均值
			数据 1	数据 2	数据 3	数据 4	数据 5	数据 6	
7	姚 1 段	1 846.9	551	520	602	602	459		544
8		1 847.4	704	551	428	857	520		594
9		1 848.35	673	490	612	551	826	560	610
10		1 848.9	643	856	856	612	590	615	686
11		1 847.7	765	856	915	703	715		787
12	姚 2 + 3 段	1 793.5	122	27	81	163			81
13		1 793.25	183.75	214	241	306	214		228
14		1 795.35	612	551	520	490			541
15		1 794.95	490	480	489	459	428		469
16		1 795.5	459	245	275	342	459		344
17	嫩 5 段	1 287.2	520	516	408	448			470
18		1 288.0	426	420	512	389	420		432
19		1 288.7	652	516	652	740			635
20		1 288.1	652	612	544	516	449		550
21		1 288.1	353	408	408	435	544	516	435
22		1 288.5	612	557	652	502	476		551
23	嫩 1 段	1 732	448	353	451	440	421		421
24		1 731.23	775	979	795	673	704	734	778
25		1 733.25	703	459	489	520	581		544
26		1 732.7	704	734	734	673	826	765	738
27		1 732	520	459	459	459	462	428	463
28	四方台	1 732.9	367	489	308	351	372		373
29		887.7	336	300	300	290	280		301
30	青 2 + 3 段	2 105.3	734	795	765	459	750		687
31		2 294.4	979	1 897	1162	765			1 133
32		2 311.7	1 377	918	979	796			987
33		2 208.15	585	581	856	1224			772
34		2 310.5	367	550	459	765			516
35		2 313.1	1 210	1 040					1 121
36	青 1 段	2 416.4	489	459	428				458
37		2 338.8	1 530	1 163	1530	1928			1 514
38		2 391.4	1 210		1 315	410			740
39	泉头组	2 444.5	320	459	1 591	1530			773
40		2 444.75	1 683	1 132	1 530	1 224			1 374
41		2 459.45	612	1 101	601	1 210			836

表 5.4　塑性系数实验数据表

序号	层位	井段深	硬度实验数据 /MPa						平均值
			数据 1	数据 2	数据 3	数据 4	数据 5	数据 6	
1	嫩 2 段	1 628.57	2.2	3.1	2.6	2.3	1.6		2.3
2		1 629.1	1.2	1.5	1.3	1.3	1.8	1.4	1.4
3		1 628.91	1.7	1.4	1.1	1.6	1.5	1.3	1.4
4		1 629.27	1.3	1.5	1.2	1.3	1.2		1.3
5		1 628.96	2.8	2.3					2.5
6		1 629.5	2.1	1.8	1.9	1.9	1.8	1.2	1.7
7	姚 1 段	1 846.9	1.2	1.3	1.1	1.1	1.1		1.1
8		1 847.4	2	1.8	1.5	1.3	1.7		1.6
9		1 848.35	1.2	1.3	1.4	1.3	1.8	1.8	1.4
10		1 848.9	1.5	1.7	1.3	1.2	1.3	1.4	1.4
11		1 847.7	1.6	1.6	1.4	1.3	1.4		1.5
12	姚 2 + 3 段	1 793.5	1	1	1				1
13		1 793.25	1.1	1.1	1.1	1.2	1.3		1.1
14		1 795.35	1.4	1.2	1.2	1.2	1.2		1.2
15		1 794.95	1.7	1.1	1.2	1.3	1.4		1.3
16		1 795.5	1.2	1.2	1.2	1.1	1.2		1.2
17	嫩 5 段	1 287.2	1.1	1.2	1.2	1.3			1.2
18		1 288.0	1.3	1.3	1.4	1.1	1		1.2
19		1 288.7	1	1.3	1.4	1.2			1.2
20		1 288.1	2.2	1.2	1.6	1.9	1.3		1.6
21		1 288.1	1.7	1.9	1.8	1.2	1.2	1.2	1.5
22		1 288.5	1	1.8	1.5	1.8	1.6		1.7
23	嫩 1 段	1 732	1.3	1.4	1.2	1.4	1.4		1.3
24		1 731.23	1.4	1.6	1.3	1.3	1.2	1.2	1.3
25		1 733.25	1.5	1.2	1.4	1.4	1.3		1.4
26		1 732.7	1.4	1.3	1.4	1.2	1.5	1.3	1.3
27		1 732	1.4	1.2	1.3	1.4	1.5	1.3	1.3
28		1732.9	1.1	1.2	1	1.3	1.2		1.2
29	四方台	887.7	1.5	1.4	1.2				1.4

续表 5.4

序号	层位	井段深	硬度实验数据 /MPa						平均值
			数据 1	数据 2	数据 3	数据 4	数据 5	数据 6	
30	青 2 + 3 段	2 105.3	1.2	1.3	1.4	1.1	1.3		1.3
31		2 294.4	1.3	1.3	1.5	1.3			1.3
32		2 311.7	1.3	1.6	1.3	1.4			1.4
33		2 208.15	1.3		1.2	1.4			1.3
34		2 310.5	1.3	1.2	1.2	1.2			1.2
35		2 313.1	1.3	1.3					1.3
36	青 1 段	2 416.4	1.8	1.6	1.4				1.6
37		2 338.8	1.1	1.3	1.3	1.2			1.3
38		2 391.4	1.3	1.4	1.5	1.5			1.4
39	泉头组	2 444.5	1.9	1.7	1.7	1.8			1.8
40		2 444.75	1.2	1.3	1.8	1.2			1.4
41		2 459.45	1.2	1.3	1.2	1.3			1.3

5.2　岩石可钻性

5.2.1　岩石可钻性的基本概念

岩石可钻性概念是在生产实践中形成的，用以表征破碎岩石的工具与岩石之间关系的一个力学参数。在石油钻井过程中，岩石可钻性的正确评价是确定最优钻井参数、选择钻头类型、预测钻井效果以及制订钻井工作定额的依据。现代岩石可钻性概念有以下几种提法。

(1) 所谓岩石的可钻性，是指在一定技术条件下钻进岩石的难易程度。

(2) 岩石可钻性为钻井过程中岩石抗破碎的强度，它表征岩石破碎的难易程度。

(3) 岩石的坚固性在钻孔方面的表现，称为岩石可钻性。

这几种提法都包含了钻碎的对象、使用的工具和钻碎的难易性三层含义。在石油钻井过程中，可钻性一般理解为地层岩石破碎的难易性，由此可以简单地把地层划分为难钻地层和易钻地层。

长期以来，石油工作者从不同的角度提出了许多定性或定量表示岩石可钻性的方法，如利用岩石的硬度、抗压强度、地震波速度、钻井 d_c 指数、地质年代、压痕指数、门限钻压、实际钻速等参数表示岩石的可钻性，这些方法的提出，为石油钻井过程提供了一定的指导和依据，但始终没有能够很好地解决岩石可钻性的评价问题，表 5.5 为岩石钻性硬度分级法。

表 5.5　岩石可钻性硬度分级法

岩石性质	软地层				中硬地层			硬地层		
可钻性分级	1	2	3	4	5	6	7	8	9	10
岩石硬度 /MPa	≤ 100	100 ~ 200	200 ~ 500	500 ~ 700	700 ~ 1 500	1 500 ~ 2 100	2 100 ~ 2 500	2 500 ~ 3 400	3 400 ~ 3 500	3 500 ~ 3 700

5.2.2　岩石可钻性的预测方法

围绕岩石可钻性，目前在石油钻井领域，常见的研究方法主要可以分为室内岩心试验分析方法、实钻数据分析方法以及测井评价方法三大类。近年来东北石油大学李士斌教授通过引入分形理论，建立了利用上返岩屑，实时、连续地预测岩石可钻性的方法。下面对各种方法一一介绍。

1. 室内岩心试验法

室内岩心试验分析方法是传统的岩石可钻性确定方法。该方法直接利用取自井下的、具有代表性的地层岩样，通过室内微钻头，在一定的钻压和转速条件下模拟钻井过程以测定可钻性。室内岩心试验分析岩石可钻性的步骤包括取样、测试、可钻性分级等几个环节。

(1) 取样

钻井时一般会钻遇多套地层，典型的岩性有泥岩、页岩、砂岩、石灰岩、白云岩、盐岩、石膏、砾岩、火成岩等，不同岩性岩石的物理性质和力学性质是不同的。因此，在取样时，应尽可能地取全取准不同岩性的岩样，使测试结果具有广泛的代表性。

(2) 测试

室内试验一般采用微钻头试验法，即利用直径为 31.75 mm 的微钻头，以 907.2 N 钻压和 55 r/min 的转速，在岩心上钻一深为 2.4 mm 的孔，并记录钻时。通常，试验时，在每块岩心试样上钻取三个孔，取其平均钻时为该岩样的钻时。

当钻压和转速不变，钻孔深度一定时，岩石可钻性与钻时密切相关。在现有的钻头选型研究中，规定以 2 为底的钻时的对数值为岩石可钻性分级指数，简称可钻性级值，以 K_d 表示，即

$$K_d = \log_2 t_d \tag{5.4}$$

式中　t_d—— 钻时，s。

为了使测得的岩石的可钻性可比，钻头试验过程中必须确保每块岩样的试验条件不变，比如若使用的钻头磨钝则应更换新的，只有这样，所得的试验结果才会只反映岩石本身可钻性的变化。

在钻压和转速不变的条件下，钻速也可以作为衡量岩石可钻性的指标。

(3) 可钻性分级

岩石可钻性分级的目的就是将岩石可钻性数值按大小排列，并划分成各区间，以方便矿场应用，见表 5.6。

表 5.6　岩石可钻性的微钻头试验分级法

可钻性分级	≤2	2~3	3~4	4~5	5~6	6~7	7~8	8~9	9~10	>10
微钻速 /($m \cdot h^{-1}$)	≥2.0	2.0~1.0	1.0~0.5	0.5~0.3	0.3~0.1	0.1~0.06	0.06~0.03	0.03~0.01	0.01~0.008	0.008~0.004
地层分级	1	2	3	4	5	6	7	8	9	10
地层性质	极软地层			软地层	中软地层	中	中硬地层	硬地层		极硬地层

一种岩样就代表一类地层，根据测定的岩石可钻性级值，就可以选择相应的岩石破碎工具，进行钻头选型。根据不同地区实际地层的岩石可钻性级值的大小，我国生产的牙轮钻头有对应的不同系列，如极软(JR)、软(R)、中软(ZR)、中(Z)、中硬(ZY)、硬(Y)、极硬(JY)等。

在石油钻井过程中，均质和较均质的地层使用传统的岩石可钻性测定方法可以满足实际需要。而对于非均质地层，传统方法就有一定的局限性。石油大学尹宏锦教授提出非均质地层应在传统分析方法的基础上，采用数理统计的方法，来确定地层岩石的可钻性。其过程如下：

① 对研究对象进行抽样，应选全国所有油矿所钻过的地层作为研究对象，组成一个总体样本。

② 测定可钻性，将结果按大小次序排列，分组，求组中值、频率及累计频率。

③ 对结果作统计分析，计算分布特征值、均值、方差，有经验分布找出总体的分布函数，分布函数最好选定正态分布。当测定结果不符合正态分布时，经过适当变换使之符合正态分布。

④ 对于正态分布的总体，可以按等差级数原则进行分级。

2. 岩石可钻性的实钻数据分析方法

根据室内地层岩心可钻性试验，对岩石可钻性进行分级和处理的方法存在较大的局限性，主要是：

(1) 室内的试验条件难以模拟岩石所处的地下高温高压环境。

(2) 由于钻井取心不是连续的，岩心只能代表部分地层，所以室内试验受到岩心数量的限制。

(3) 建立地区岩石可钻性剖面需要进行大量的岩心测定试验，将花费大量的人力物力。

随着石油钻井工程的持续发展，人们越来越认识到这样一个事实，即石油钻井中的岩石可钻性问题是一个十分复杂和综合性的问题，岩石的可钻性是一个多变量的函数，除岩石本身固有的性质外，工艺的和技术的因素都将直接影响到岩石的可钻性，如钻井参数、钻头结构、钻头直径、钻头磨钝程度、水利参数、钻井液性能、液柱压力、钻井设备及操作人员的经验等，因此，任何单一的岩石物理性质和力学性质都难以全面反映复杂的岩石可钻性。所以，利用实钻数据资料来提取岩石可钻性是评价岩石可钻性的行之有效的方法之一。也正因为如此，一系列基于现场实钻录井数据的岩石可钻性研究方法应运而生，其中有代表性的方法有五点钻速法、最优钻压试求法、钻头资料的统计分析方法、多变量钻速方程的回归分析方法以及模糊聚类回归分析方法等。

下面仅简单介绍利用五点钻速法确定岩石可钻性的步骤，其余方法可参见相关资料。五点钻速法基于钻速方程

$$v_{pc} = K_d(W - M_0)n^{\lambda}\frac{C_pC_H}{1 + C_2h_t} \tag{5.5}$$

式中 v_{pc}—— 钻速,m/h;

W—— 钻压,kN;

M_0—— 门限钻压,kN;

n—— 转速,r/min;

λ—— 转速指数,一般小于 1,数值大小与岩石性质有关;

C_2—— 钻头的牙齿磨损系数,与钻头齿型结构和岩石性质有关;

h_t—— 钻头的牙齿磨损量,以钻头的牙齿的相对磨损高度表示,新钻头时为 0,钻头的牙齿全磨损为 1;

C_p—— 压差影响系数,为实际钻速与零压差条件下的钻速比;

C_H—— 水利净化系数,为实际钻速与净化完善时的钻速比;

K_d—— 比例系数,称之为地层可钻性系数。

利用实钻数据确定岩石可钻性的具体实施步骤如下:

(1) 按图 5.7 所示路径改变钻压和转速,并利用这些数据,根据式(5.5)求取门限钻压和转速指数。

五点钻速法的具体试验步骤如下:

① 根据本地区、本井段可能使用的钻压和转速范围,确定试验中所采用的最高钻压 W_{max} 和最低钻压 W_{min},最高转速 n_{max} 和最低转速 n_{min}。同时选取一对近似于平均钻压和平均转速的钻压和转速。

② 按照图 5.7 上各点的钻压、转速配合,从第一点(W_1, n_1)开始,按图中所示的方向,依点的序号进行钻进试验,每点钻进 1 m 或 0.5 m,并记录下各点的钻时,直至钻完第 6 点,完成试验。

③ 将记录下的各点的钻时转换为对应钻速,并分别记为:$v_{pc1}, v_{pc2}, v_{pc3}, v_{pc4}, v_{pc5}, v_{pc6}$。一般认为,试验的相对误差 $|v_{pc1} - v_{pc6}|/v_{pc1} < 15\%$,试验才算成功。

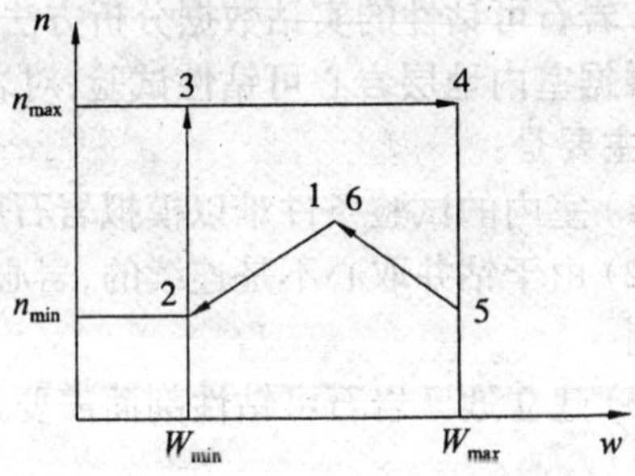

图 5.7 五点钻速法试验

④ 根据 2,5 两点和 3,4 两点的试验数据,分别计算恒转速对应的门限钻压 M_1 和恒转速对应的门限钻压 M_2。取 M_1, M_2 的平均值,即求得该地层的门限钻压值 M_0,即

$$M_0 = (M_1 + M_2)/2 \tag{5.6}$$

同理,将 2,3 两点和 4,5 两点的试验数据,分别代入钻速方程,可获得两个钻压下的转速指数 λ_1 和 λ_2。取 λ_1, λ_2 的平均值,即求得试验地层的转速指数 λ,即

$$\lambda = (\lambda_1 + \lambda_2)/2 \tag{5.7}$$

这就是五点钻速试验求门限钻压和转速指数的过程,其较适合于钻速较快的地层。

(2) 对实钻数据的处理。

由下式计算标准化钻时

$$\bar{t} = t \cdot \frac{W - M_0 + C_E E_H}{\bar{W} - M_0 + C_E \bar{E}_H} \cdot \left(\frac{N}{\bar{N}}\right)^{\lambda} \tag{5.8}$$

式中　t—— 钻时，min/m；

$\bar{t}$—— 标准化钻时，min/m；

M_0—— 门限钻压，kN；

C_E—— 水力转换系数；

E_H—— 钻头比水马力，kW/cm²；

W—— 钻压，kN；

N—— 转速，r/min；

$\bar{W}$—— 加权钻压，kN；

$\bar{N}$—— 加权转速，r/min；

$\bar{E}_H$—— 加权比水马力，kW/cm²；

λ—— 系数。

(3) 可钻性系数与标准化钻时之间的转换

$$K_d = \log_2 \bar{t} \tag{5.9}$$

式中　K_d—— 岩石可钻性系数。

根据同一地区多口井的实钻资料处理，可建立区域可钻性变化规律。

3. 根据测井资料预测岩石可钻性的方法

利用测井资料和评价岩石可钻性方法主要是为了克服室内测定方法在现场应用中存在的许多不足，在新探区和岩心资料较少的地区，利用测井资料获取地层岩石的声波时差、密度、电阻率等物理性质，评价岩石的可钻性、硬度、强度等，进而进行钻头选型的工作具有现实意义。

(1) 岩石声波时差与岩石可钻性的关系

根据弹性波动理论，岩石纵波速度与地层力学参数之间存在关系

$$v_p = \sqrt{\frac{E(1-\mu)}{\rho_b(1+\mu)(1-2\mu)}} \tag{5.10}$$

式中　v_p—— 纵波速度，m/s；

E—— 弹性模量，Pa；

μ—— 泊松比；

ρ_b—— 地层岩石体积密度，kg/m³。

纵波速度与纵波时差的关系为

$$\Delta t_p = 1/v_p \tag{5.11}$$

由式(5.11)可以看出，岩石声波时差 Δt_p 取决于岩石体积密度 ρ_b，弹性模量 E 和泊松比 μ，而 ρ_b，E 和 μ 又是描述岩石强度、硬度和弹性的重要参数。因此，岩石声波时差能够反映所钻遇地层的岩石强度、硬度和弹性等力学特征，因而与岩石的可钻性密切相关。研究表明，岩石的强度和硬度一般随着岩石声波时差的增大而减小，与声波时差具有密切关系的、反映岩石可钻性的地质因素有：

① 岩性。地层岩性直接影响岩石的声波时差。大量的现场和室内实验证明，不同岩性岩石的声波时差值不同，其可钻性也不同。

② 岩石孔隙度。岩石孔隙度与声波时差具有线性关系，声波时差高的地层，其孔隙度也高，相应的，其可钻性也好。

③ 岩石胶结性质。胶结致密的地层，声波时差值小，可钻性差；胶结疏松的地层，声波时差值大，可钻性好。

④ 地层岩石埋藏深度和地质年代。地层岩石的声波时差值随地层埋藏深度的增加和地质年代久远而减小，可钻性也随之变差。

地层岩石的纵波时差可以由声波测井资料获得，所以可以通过建立岩石声波时差与岩石可钻性关系的模型，进而由测井资料进行钻头优选。

(2) 岩石声波时差与岩石可钻性关系模型的建立

国内外的许多研究工作者通过室内岩石可钻性微钻头试验法对不同声波时差的岩石，在不同钻压下进行试验，结果发现，声波时差大的岩石的钻速明显高于声波时差小的岩石，其可钻性级值则明显小于声波时差小的岩石。上述试验结果和大量现场实际测井资料、钻井资料都清楚地表明，岩石声波时差与岩石可钻性具有很好的相关性。由此，通过大量的实际测井资料和钻井资料的统计分析建立了岩石声波时差与岩石可钻性的统计关系模型。式(5.12) 为目前广泛使用的基于声波时差的岩石可钻性预测模型。

$$K_d = a \cdot \exp(b/\Delta t_p) \tag{5.12}$$

式中 K_d—— 岩石可钻性级值；

Δt_p—— 岩石纵波时差，μs/m；

a,b—— 线性回归系数。

通过声波测井资料获得该地区地层岩石的纵波时差，通过试验数据，运用该模型建立起岩石可钻性与岩石纵波时差的关系后，就能够根据地层岩石可钻性进行钻头优选。针对不同地区、不同岩性，选择正确钻头进行钻进，能大大地提高工作效率，加快钻井速度。

在利用该方法的过程中，应当看到实验室条件与声波时差测井的实际工作条件差异很大。在室内声波时差的测量不受井眼环境的影响，岩石在实验室条件下的物理力学性质(孔隙度、饱和度、岩石强度等) 也与岩石地下实际情况不尽相同等。这就导致了用该模型对声波测井资料的计算存在着一定的误差，因此，在实际应用中针对不同的地区应当对模型作一定的修改，以取得更高的精度。

4. 岩石破碎分形法

牙轮钻头破碎岩石后，产生许多大小不一的碎块，收集所有碎块，应用分级筛网称其不同尺寸下的累计质量分布，然后用质量统计法求得岩石碎块尺度分布的分形维数称之为破碎分形维数。

实验结果发现，此分形维数与岩石的可钻性关系密切，因此，可以用此分形维数来表达岩石可钻性，具有实时特点，有望成为岩石可钻性理想的评价指标。

将块度累计相对量和岩屑尺寸在对数坐标中作图，然后用最小二乘法对图中的点进行回归，得出各组试样的分形维数及其相关系数。以分形维数为横坐标，以可钻性为纵坐标在直角坐标系中绘图。从图中可以看出，岩石的破碎颗粒分布分形维数与其岩石可钻性具有线性关系。

设有一系列不同孔径为 r 的“筛子” 对上返岩屑进行筛选，直径小于 r 的碎屑颗粒漏下去，记为 $N_{下}(r)$，直径大于 r 的碎屑颗粒留在上面，记为 $N_{上}(r)$，颗粒总数 $N(r)$，

$M(r)$为直径小于r的碎屑颗粒的累计质量，M为碎屑颗粒的总质量，则钻头破碎后得出岩心碎屑粒度分形规律为

$$\frac{M(r)}{M} = \left(\frac{r}{x_m}\right)^{3-D} \tag{5.13}$$

式中　D—— 分形维数。

因此$3-D$为$\frac{M(r)}{M}-r$在双对数坐标下的斜率值，$\frac{M(r)}{M}$为直径小于筛网尺寸r的碎屑颗粒的累计百分含量。以大庆油田升深 2－7 井岩屑为例进行试验，实验设备有：试样筛，天平。

试样筛的筛孔是方形，孔径分级为 1.0 mm，1.6 mm，2.0 mm，5.0 mm，10.0 mm；天平主要是称量每级筛上的上返岩屑质量，进而计算出每一级筛下的质量百分比，见表 5.7。

表 5.7　上返岩屑筛分组表

筛网尺寸/mm　筛下累计百分含量/%　样本深度/m	0	1.0	1.6	2.0	5.0	10.0
3 270	0	3.524 752	20.039 6	27.762 38	73.425 74	95.524 75
3 280	0	2.810 304	20.374 71	32.927 4	72.271 66	95.737 7
3 290	0	3.181 596	18.551 15	28.732 26	64.512 97	95.790 5
3 300	0	4.252 577	32.989 69	47.079 04	85.094 5	97.422 68

将上述分析结果按 5.1 节的方法建立$\frac{M(r)}{M}-r$的双对数坐标系，画出分布曲线图，图 5.8 是不同深度地层岩屑筛分后，其岩屑的分形曲线图。

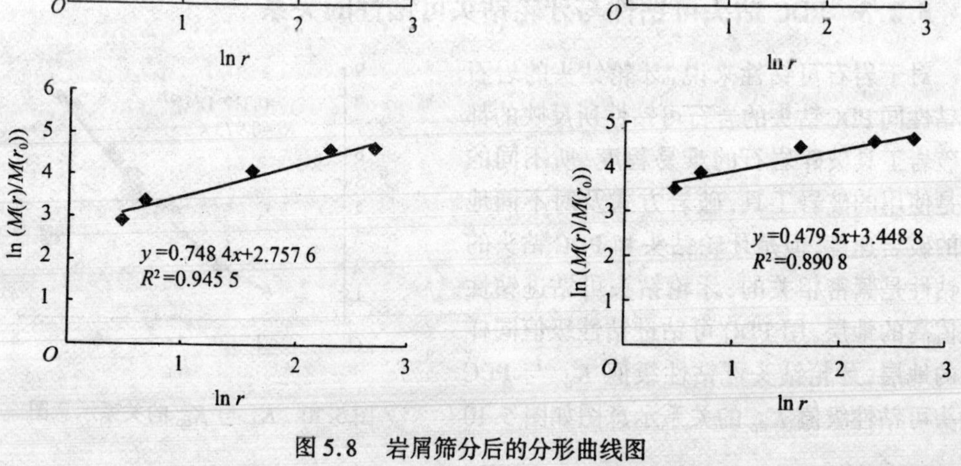

图 5.8　岩屑筛分后的分形曲线图

对双对数坐标系下每组数据点的曲线进行线性回归，回归各项系数见表5.8。

表5.8 上返岩屑筛分回归相关性系数表

样本深度/m	3－D	分形维数 D	相关系数
3 270	0.735	2.265	0.928 7
3 280	0.692 2	2.307 8	0.919
3 290	0.748 4	2.251 6	0.945 5
3 300	0.479 5	2.520 5	0.890 8

通过对各组岩样碎屑粒度分布分析表明，岩屑粒度分布具有良好的分形特征，相关系数达0.90。

将对应深度的岩心进行微钻头可钻性试验，然后以分形维数为横坐标，以可钻性级值为纵坐标，在直角坐标系中绘图(图5.9)。进行直线拟合得到岩石可钻性级值与岩石分形维数的关系

$$K_d = 8.929D - 14.475 \quad (5.14)$$

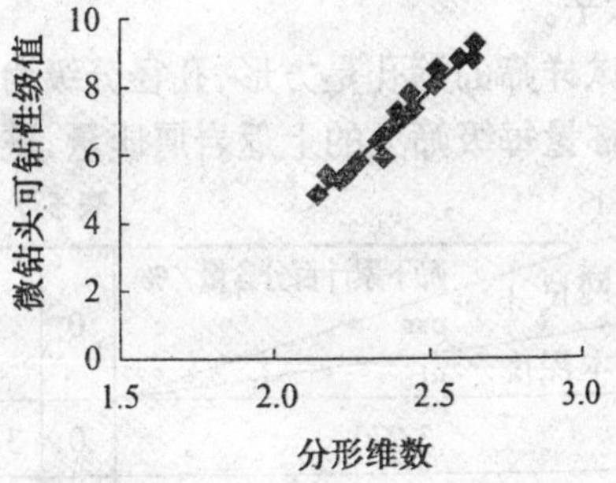

图5.9 牙轮钻头可钻性与分形维数的关系

回归相关性系数为0.923。

根据回归关系式可以对微牙轮钻头可钻性级值表中分级标准进行换算，可以得到根据岩石分形维数确定的分级标准，见表5.9。

表5.9 岩屑分形维数与可钻性级值对应关系

类别	软				中				硬		
可钻性级值	1	2	3	4	5	6	7	8	9	10	11
分形维数	≤1.73	1.73～1.85	1.85～1.95	1.95～2.07	2.07～2.18	2.18～2.29	2.29～2.40	2.40～2.51	2.51～2.62	2.62～2.74	2.74～2.85

应用表5.9，可以在钻井过程中实时取得上返岩屑，实时确定所钻地层的可钻性级值。

5.2.3 PDC钻头可钻性与牙轮钻头可钻性的关系

对于岩石可钻性来说，牙轮钻头的岩石可钻性同PDC钻头的岩石可钻性所反映的都是破岩工具破碎岩石的难易程度，所不同的只是使用的破岩工具，破岩方式及对不同地层的破岩速度，但是牙轮钻头和PDC钻头的可钻性是紧密相关的，牙轮钻头可钻进钻性级值高的地层，用PDC可钻进钻性级值同样高的地层，牙轮钻头可钻性级值 K_{dc} 与PDC钻头可钻性级值 K_{dp} 的关系示意图如图5.10

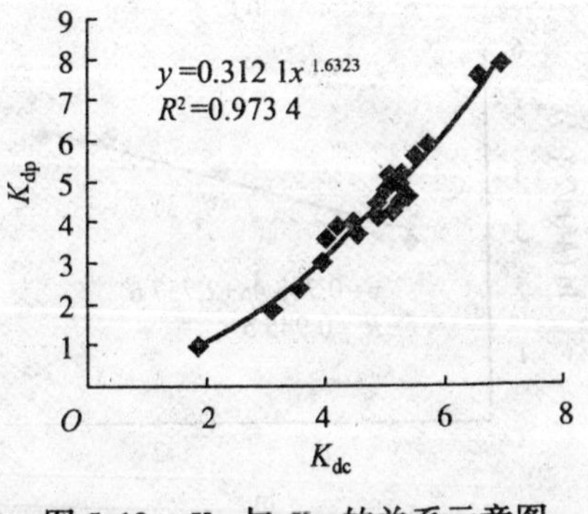

图5.10 K_{dc} 与 K_{dp} 的关系示意图

所示。

对数据进行回归分析可得

$$K_{dp} = 0.312K_{dc}^{1.63} \tag{5.15}$$

相关性系数为 0.973 4。

由式(5.15) 可得表 5.10 的牙轮钻头和 PDC 钻头可钻性级值对照表。

表 5.10　牙轮钻头和 PDC 钻头可钻性级值对照表

K_{dc}	1.0	2.0	3.0	4.0	5.0	6.0	6.5	7.0	8.0	9.0	10.0
K_{dp}	0.3	1.0	1.9	3.0	4.2	5.7	6.5	7.3	9.1	11.0	13.0

从表 5.10 可以看到，PDC 钻头可钻性在低于 6 级时和牙轮钻头的可钻性级值是一一对应的，许多 PDC 钻头厂提供钻头使用参数，一般会给出 PDC 对应牙轮钻头的 IADC 编码，这样就可直接使用牙轮钻头的分级标准。对于大于 6 级的岩石，PDC 可钻性增加很快，此时一般不推荐使用 PDC 钻头。

5.3　钻头优选方法

钻头选型是钻井设计和施工过程中非常重要的组成部分。石油钻井是以钻头作为破岩工具的，钻井速度的快慢，与所选钻头型号、地层岩性是否匹配有很大的关系。一个合适的钻头选型，不仅可以明显地提高钻速，同时也可以减少井下事故的发生，达到高速、低成本、安全钻井的目的。岩石是各向异性体，其成分和力学性质相当复杂，而且影响它的因素很多。即使是同一种岩石，在不同的地区，岩石力学性质也有很大的差异。

因此，针对一个地区如何选择好钻头是一项十分复杂的工作。合理地选择好钻头对于提高钻速、降低成本有着十分重要的意义。

5.3.1　钻头选型的原则

① 选择哪种型号、规格的钻头，最重要的依据就是地层。设计者应从地质部门提供的地层柱状剖面图上找到岩性描述，将所钻岩石的机械性能，包括岩石硬度、塑脆性、研磨性、可钻性等数据，作为选择钻头类型的依据。

② 不同的钻头类型，其破岩机理及适用的地层有所不同，设计者应对各种类型钻头的工作原理有充分的了解，这是合理选择钻头的重要环节。

③ 对设计井所在地区已使用的钻头资料进行详细分析、评价，作为钻头选型的比较标准，这是合理选择和使用好钻头的重要依据。

除上述原则之外，钻头选型时还应考虑：

① 浅井段。由于岩石胶结疏松，宜选择能获得高机械钻速的钻头。

② 深井段。由于起钻时间长，宜选用获得较大进尺的钻头。

③ 若所钻地层含有砂岩夹层，则应考虑用镶齿保径钻头。

④ 对易产生井斜的地层，宜选用无移轴、无保径、齿多而短的钻头。

⑤ 若起出钻头的外排齿磨损严重而中间齿的磨损较轻，则应改选带保径齿的钻头。

⑥ 若牙齿磨损速率比轴承磨损速率低得多，则应选择一种较长牙齿，较好的轴承设计，或在使用中施加更大的钻压。

5.3.2 钻头优选方法

1. 定性方法

根据地层可钻性选择钻头，可以取得钻速高、进尺多、成本低的效果。为此，需要建立地层级别与钻头类型的对应关系。根据地层统计可钻性和地层级值梯度公式，可以确定所钻井段的级值与适合于这种级别地层的钻头类型，建立起对应关系，就可以方便地选好钻头类型。利用表 5.11 进行钻头选型。

表 5.11 钻头类型与地层级别对应关系表

地层级别		Ⅰ ~ Ⅲ	Ⅲ ~ Ⅳ	Ⅳ ~ Ⅵ	Ⅵ ~ Ⅷ	Ⅷ ~ Ⅹ	≥ Ⅹ
地层级值		$K_d < 3$	$3 < K_d < 4$	$4 \leqslant K_d < 6$	$6 \leqslant K_d < 8$	$8 \leqslant K_d < 10$	$K_d \geqslant 10$
国际地层分类		黏软 SS	软 S	软 ~ 中 S ~ M	中 ~ 硬 M ~ H	硬 H	极硬 EH
IADC 钻头编码	铣齿钻头	1 - 1	1 - 2	1 - 3 2 - 1 1 - 4 2 - 2	2 - 3 3 - 1 2 - 4 3 - 2	3 - 3 3 - 4	
	镶齿钻头	4 - 1 4 - 2 4 - 3	4 - 4	5 - 1 5 - 3 5 - 2 5 - 4	6 - 1 6 - 3 6 - 2 6 - 4	7 - 1 7 - 3 7 - 2 7 - 4	8 - 1 8 - 3 8 - 2 8 - 4
金刚石钻头	PDC						
	金刚石	D1	D1	D2	D3	D4	D5
	取心	D7	D7	D7, D8	D8	D8	D9
刮刀钻头	硬质合金	→					
	聚晶	→	→				

2. 定量方法

(1) 经济效益指数法

按地层可钻性分级推荐钻头类型只是说明对适合岩石的破岩性，不一定是最经济的钻头，因此必须在根据地层可钻性级值选择出的钻头类型范围基础上，再考虑钻头成本、下入井深、进尺、机械钻速等因素，建立综合钻进成本指标来优选钻头类型，降低钻井成本。

每米钻井成本计算模型为

$$C = \frac{C_{\mathrm{b}} + (C_{\mathrm{t}} + C_{\mathrm{p}})(T + T_{\mathrm{T}})}{F} \tag{5.16}$$

式中 C—— 每米钻井成本，元 /m；

C_{b}—— 钻头费用，元 / 只；

C_{t}—— 钻机作业费及钻井平台使用费(钻井设备作业费)，元 /h；

C_{p}—— 现场工作人员费用，元 /h；

T—— 钻头纯钻进时间，h；

T_T—— 起下钻、循环钻井液及接单根时间（钻井辅助时间），h；

F—— 钻头总进尺，m。

对式(5.16)变换得

$$C = \frac{C_b}{F} + (C_t + C_p)\left(\frac{1}{V} + \frac{T_T}{F}\right) \tag{5.17}$$

从式(5.17)中可以看出，由于钻井设备作业费 C_t、人员费用 C_p 和钻井辅助时间 T_T 相对比较稳定，所以每米钻井成本与钻头成本、进尺和钻速关系十分密切。因此建立如下模型

$$E = \alpha \frac{F \cdot V}{C_b} \tag{5.18}$$

式中　E—— 钻头效益指数，m^2/(元·h)；

α—— 系数。

从式(5.18)中可以看出，钻头效益指数与进尺和机械钻速的乘积成正比，与钻头费用成反比关系。从所建立的钻头评价模型看，新模型相对每米钻井成本模型具有一定的优越性，钻头效益指数对进尺和机械钻速两因素比较敏感，它不仅体现了钻头的直接经济效益，而且突出了由钻头带来的潜在经济效益。例如，对两只每米钻井成本都相同的钻头来说，如果其中一只钻头费用低，进尺少，而另一只钻头费用高，进尺多，用每米钻井成本指标就很难评价其好坏。而用钻头效益指数就可以很好地对其评价。虽然每米钻井成本相同，但用进尺多的钻头，却能减少起下钻次数，节约钻井时间，减少钻井周期，带来的潜在效益大，所以第二只钻头效益好。从另一个角度看，钻速与进尺的乘积是表达钻头适应地层的能力。钻头效益指数是钻速与进尺乘积除以钻头成本，表示钻头的机械钻速和单位费用所能钻过深度的乘积，是从经济效益方面对钻头进行评价的。

(2) 比能法

比能这一概念最早是由 Farrelly 等人于 1985 年提出来的。比能的定义为：钻头从井底地层上钻掉单位体积岩石所需要做的功，其计算公式为

$$S_e = 4w\pi D^2 + kNT_b D^2 R \tag{5.19}$$

式中　S_e—— 比能，MJ/m^3；

T_b—— 钻头扭矩，kN·m；

N—— 转速，r/min；

R—— 机械钻速，m/h；

w—— 钻压，kN；

k—— 常数；

D—— 钻头直径，mm。

该方法将钻头比能作为衡量钻进效果好坏的主要因素。钻头比能越低，表明钻头的破岩效率越高，钻头使用效果越优。该方法在原理上很简单，但在现场时，钻头扭矩不易计算和直接测量。

(3) 模糊聚类分析法

聚类分析是按一定的要求和规律将事物进行分类的一种数学方法。用模糊数学方法对具有模糊性的对象进行聚类分析就会更加符合客观实际。模糊聚类分析是基于模糊等价关系来进行的，其主要步骤包括：

① 确定分类对象，抽取因素数据，设待分类对象的全体用论域 $X = \{x_1, x_2, \cdots, x_3\}$来表示，每一对象 x 由一组数据 $X = \{x_{i1}, x_{i2}, \cdots, x_{i3}\}(i = 1,2,\cdots,n)$ 表示它的特征，模糊聚类分析就是根据这些原始数据，建立 X 上的模糊相似矩阵 $\boldsymbol{R} = (r_{ij})_{n\times n}$，然后采用适当的方法进行聚类。

② 建立模糊相似矩阵，用数 $r_{ij} \in [0,1]$ 来刻划对象 x_i, x_j 之间的相关程度，而设模糊矩阵 $\boldsymbol{R} = (r_{ij})_{n\times n}$，其中 $r_{ij} = r_{ji}(i, j = 1, \cdots, n)$，这样 $\boldsymbol{R}$ 是一个模糊相似矩阵。r_{ij} 的确定方法有很多种，如相关系数法、最大最小法、算术平均最小法及绝对值指数法等。经研究对比发现采用相关系数法效果较好。

③ 聚类，在建立了模糊相似矩阵 r_{ij} 之后，就可按照 r_{ij} 进行模糊聚类。用于模糊聚类的常用方法有传递闭包法、直接聚类法和最大数法。在此采用传递闭包法进行聚类。无论利用哪种聚类方法，都要求选择一个最佳的值 $\lambda(\lambda \in [0,1])$，以便确定一种最佳的分类。已有研究发现除了凭经验判定，还可用 F 统计量来选定 λ 的最佳值。

设 X 为论域，n 为样本数(即 $n = \{X\}$)，m 为分类的方案数，有 $m \leqslant n$。由 T 所有样本各自成类或全部成一类，这两种情况在实际应用中没有多大的意义，因此，实际上有 $m - 2$ 个 分类方案可供选择。引入统计量 F

$$F = \frac{\sum\limits_{i=1}^{r} n_i\,(\overline{y_i} - \overline{y_n})^2/(r-1)}{\sum\limits_{i=1}^{r}\sum\limits_{j=1}^{n_j}(y_i - \overline{y_n})^2/(n-r)} \tag{5.20}$$

这里，r 为类数，n 为样本总数，n_j 为第 j 类的样本数，$\overline{y_i}$ 为第 i 类样本的平均值，$\overline{y_n}$ 为全体样本的平均值。按式(5.20)计算各 F 值。给定置信度 α 查表得临界值，将各 F 值与 F_α 作比较。如果 $F > F_\alpha$，根据数理统计方差分析理论，知道类与类之间差异显著，说明分类比较合理。然后在满足 $F > F_\alpha$ 的所有情形中，取差值 $F - F_\alpha$。最大者的 F 所对应的λ 值，其所对应的分类即为最佳分类。

选型步骤及依据为：

① 建立已知地层的岩石力学参数与钻头类型数据库。已知地层是指知道其岩性、岩石可钻性这些岩石力学参数及所钻用钻头情况的地层。对已钻井各个地层的岩石可钻性、硬度、抗压强度及抗剪强度与实际所使用的钻头类型建立一一对应的数据库(矩阵)，为下一步模糊聚类做准备。

② 计算所钻地层岩石力学参数，并加入到已建立好的数据库中。将所钻地层的岩石可钻性、硬度、抗压强度和抗剪强度等加入到已知地层的岩石力学参数矩阵中，通过上述模糊聚类分析可确定出所钻地层与已知地层的亲疏关系。

③ 参照最接近的已知地层所使用的钻头进行钻头选型。根据上述方法确定的地层亲疏关系，就可参照与所钻地层最接近的某一或某几种已知地层的钻头选用情况选择钻头。

5.4　基于岩石可钻性的钻井参数优选方法

钻速模式的研究是钻井工程的一个主要研究对象，弄清各因素对钻速模式的影响规律、找出合适的钻速模式就可有效地预测和提高给定条件下的钻速，如 Woods，Young 等提出的钻速方程，把地层因素的影响作为一个"口袋"系数，因此这些方程的应用只能局限于临井或同一地区相似的地质条件，缺乏通用性，给钻井参数的定量优选带来很大困难。岩石可钻性的概念是在生产实践中形成的，用以表征岩石破碎难易程度的一个力学参数，是地层因素的综合体现。地层是钻进的直接对象，是影响钻进的最基本因素。因此，从岩石可钻性角度着手研究钻速的变化规律是个基本方向。

5.4.1　基于可钻性的钻速模式建立

钻进过程是钻井工程的重要阶段。描述这一过程的数学模式，应充分反映钻进过程的基本规律，揭示各种影响因素之间的矛盾关系。影响钻进速度的因素很多，其中直接与钻进有关的主要因素，一般可分为两大类：一类是地质条件、岩层性质和钻井深度不能任意改变的客观因素；另一类是钻头类型、泥浆性能、钻压、转速和水利参数等可由人们选定的可调变量。深入掌握这些可调变量对钻进效果的影响规律，是实施钻井参数优化设计的基础。

基于可钻性的钻速模式是一种从地层因素角度出发研究钻速模式的一种方法。描述地层钻进性质的最好代表值为岩石可钻性级值。通过详细分析各种可调因素对地层钻进速度的影响规律，建立了它们的定量关系为

$$R = KW^{\alpha_1} N^{\alpha_2} E_b{}^{\alpha_3} e^{\alpha_4 \Delta\rho} \tag{5.21}$$

式中　W—— 比钻压，t/cm；

E_b—— 有效钻头比水功率，kW/cm^2；

N—— 转速，r/min；

$\Delta\rho$—— 当量密度差，g/cm^3；

R—— 钻速，m/h；

K—— 钻速系数。

其中各指数都是可钻性级值的函数，分别记为：$\alpha_1 = f_1(K_d)$，$\alpha_2 = f_2(K_d)$，$\alpha_3 = f_3(K_d)$，$\alpha_4 = f_4(K_d)$，其中钻速系数 K，反映为当前钻井水平下其他因素对钻速的影响，也是可钻性级值的函数，$k = f_5(K_d)$。

本文选取大量大庆地区不同地质层段的完井资料，结合室内试验，在分地质年代、分层求出统计可钻性的基础上，应用优选参数录井资料进行标准化处理(首先将牙轮钻头事故、泥包、扩划眼井段过长、井下落物、完钻、取芯、测井等使用不正常的数据和金刚石、PDC 等钻头数据去掉，选取符合要求的井段，然后采用加权平均值法对这些数据进行处理)，部分数据见表 5.12。

表 5.12　部分完井数据和岩石可钻性级值

比钻压 /(kN·cm^{-1})	转速 /(r·min^{-1})	比水功率 /(kW·cm^{-2})	密度 /(g·cm^{-3})	可钻性级值	钻速 /(m·h^{-1})
1.587 3	70	0.613	1.11	4.64	5.26
1.587 3	195	0.613	1.12	5.74	3.16
1.904 8	195	0.613	1.12	6.28	2.74
1.904 8	195	0.613	1.12	6.46	2.82
1.904 8	195	0.613	1.12	6.86	2.68
1.904 8	195	0.613	1.14	6.72	2.84
1.904 8	195	0.613	1.2	6.86	2.25
1.904 8	195	0.613	1.21	7.75	2.01
2.539 7	120	0.249	1.22	7.76	1.68
2.539 7	130	0.249	1.23	8.02	1.56
2.631 8	60	0.737	1.13	7.56	2.59
2.558 1	60	0.737	1.13	7.56	2.28

运用回归分析方法，建立了钻压指数、转速指数、水力指数、钻井液密度差系数、钻速系数和地层可钻性级值之间的函数关系，为

$$\begin{cases} \alpha_1 = 0.201\,72K_d + 0.496\,72 \\ \alpha_2 = 0.884\,27 - 0.033\,68K_d \\ \alpha_3 = 0.706\,87 - 0.057\,19K_d \\ \alpha_4 = 0.850\,27K_d - 6.281\,9 \\ K = 131.27/(5.52^{\alpha_1} \cdot 60^{\alpha_2} \cdot 1.026^{\alpha_3} \cdot \mathrm{e}^{1.15\alpha_4}) \end{cases} \tag{5.22}$$

其复相关系数 $R^2 = 0.897$。

5.4.2　基于可钻性的钻井参数优选

优选钻井参数技术的核心问题，就是创建和应用复合钻井客观规律的模式，以最佳的技术方案，使钻井整体技术经济指标最优。

为了寻求最优的钻井参数，首先必须制订一个判别准则。合理的判别准则，并不是一个简单的变量或常量所能描述的，它往往是由一系列相关函数组成的复杂函数，数学上称之为目标函数。求此目标函数的极值，以及这个极值的求取条件等问题，是该节研究的主要内容。

1. 进尺成本模式建立

进尺成本模式是用于反映各种因素影响钻进成本的规律，是以钻进成本来衡量钻进效果好坏的目标函数。其基本观点在于，认为钻进中各种技术措施的组合，只要能取得最低成本，这种措施便是最合理的钻进措施，其表达式为

$$C = \frac{C_B + R_C(T + T_T) + (C_n \cdot N_m + C_s \cdot p_s)T}{F} \tag{5.23}$$

式中 C—— 进尺成本,元 /m;

C_B—— 钻头成本,元 / 只;

R_C—— 钻机固定作业费,元 /h;

T—— 钻头纯钻进时间,h;

T_T—— 起下钻、接单根时间,h;

C_n—— 泵功率费用系数,元 /kW;

N_m—— 泵输入功率,kW;

C_s—— 泵压费用系数;

p_s—— 立管压力,MPa;

F—— 钻头取得的进尺,m。

其中泵功率费用系数主要与泵、修理费、油料消耗费有关,泵压费用系数主要与泵易损件消耗费及钻具修理费用有关。

2. 多元优化模型的目标函数分析

多元优化模型以式(5.23)为目标函数,以基于可钻性的钻速模式和 Amoco 钻头寿命磨损模式为钻井数学模式,组成钻井参数优化目标模型。将成本目标函数式(5.23)进行变化得

$$C = \frac{\dfrac{C_0}{T} + R_C + \dfrac{C_n \cdot p_s \cdot Q}{\eta} + C_s p_s}{KW^{\alpha_1} n^{\alpha_2} E_b^{\alpha_3} e^{\alpha_4 \Delta\rho}} \tag{5.24}$$

$$C_0 = C_B + R_c T_T, \quad E_b = \frac{4(p_s Q - K_c Q^{2.8})}{\pi D_b^2}$$

式中 η—— 泥浆泵效率;

Q—— 泥浆泵排量,L/s;

p_s—— 泥浆泵立管压力,MPa;

K_c—— 压力损耗系数;

D_b—— 钻头直径,mm。

式(5.24)目标函数的优化,在钻井工艺上应该满足一定的条件。这些条件既包括自变量本身的限制条件,也包括个变量间的相互配合应满足的条件。只有这些约束条件完全满足,优选结果才有意义。

(1) 变量本身应满足的约束条件

$$\begin{cases} W_{min} \leqslant W \leqslant W_{max} \\ N_{min} \leqslant N \leqslant N_{max} \\ p_{min} \leqslant p_s \leqslant p_{max} \\ Q_{min} \leqslant Q \leqslant Q_{max} \end{cases} \tag{5.25}$$

(2) 钻头轴承负荷约束

钻压和转速的配合,应保证钻头的正常安全使用,因此钻压和转速的乘积应不大于钻

头制造厂家规定的钻头轴承负荷数,即

$$B_n - W \cdot n \geqslant 0 \tag{5.26}$$

式中 B_n—— 钻头轴承负荷系数,t · r/min。

(3) 泵功率约束

泵压和排量的配合应保证泥浆泵的安全使用,避免超负荷运行,即

$$N_s \cdot \eta \cdot \eta_1 - p_s Q \geqslant 0 \tag{5.27}$$

式中 η—— 泥浆泵效率;

η_1—— 额定功率利用率;

N_s—— 泥浆泵额定功率,kW。

(4) 钻头寿命约束

为了使钻头击打出较好的指标,又保证井下安全,钻压和转速的配合应使钻头具有合理的使用寿命。根据钻头牙齿磨损程度与钻压转速匹配情况得出钻头的合理的使用寿命为

$$T(W,n) - 15C_t \geqslant 0 \tag{5.28}$$

$$30C_t - T(W,n) \geqslant 0 \tag{5.29}$$

根据 Amoco 钻头磨损方程

$$T(W,n) = 189.2\frac{C_t}{e^{0.01n + 17.92\frac{W}{D_h}}} \tag{5.30}$$

式中 C_t—— 钻头牙齿磨损系数;

D_h—— 井径,mm。

3.数学模式的优化处理方法

上面的多元优化模型和约束条件构成了不等式约束的非线性规划问题。下面用惩罚函数法来解决不等式约束的非线性规划问题。

惩罚函数法的基本思想就是在原来的目标函数上,加上一个由约束函数组成的惩罚项,来迫使迭代点逼近可行域。

根据钻井数学模式和成本目标函数,钻井参数多元非线性规划模型为

$$\min C(W,N,p_s,Q) = \frac{\dfrac{C_0}{T} + R_C + \dfrac{C_n \cdot p_s \cdot Q}{\eta} + C_s p_s}{f_5(K_d)\, W^{f_1(K_d)}\, n^{f_2(K_d)} \left[\dfrac{4(p_s Q - K_c Q^{2.8})}{\pi {D_b}^2}\right]^{\alpha_3} e^{\alpha_4 \rho}} \tag{5.31}$$

$$ST\begin{cases} g_i(W,N,p_s,Q) \geqslant 0 \\ W_{\min} \leqslant W \leqslant W_{\max} \\ N_{\min} \leqslant N \leqslant N_{\max} \\ P_{\min} \leqslant p_s \leqslant P_{\max} \\ Q_{\min} \leqslant Q \leqslant Q_{\max} \end{cases}$$

其中,约束条件为

$$g_1 = B_n - W \cdot n \geqslant 0, \quad g_2 = N_s \cdot \eta \cdot \eta_1 - p_s \cdot Q \geqslant 0$$

$$g_3 = T(W,n) - 15C_t \geqslant 0, \quad g_4 = 30C_t - T(W,n) \geqslant 0$$

根据惩罚函数的原理，将上述多元化模型变成无约束的优化模型。惩罚函数的目标函数为

$$\varphi(W,N,P_s,Q,M_K) = C(W,N,P_s,Q) + M_K\sum_{i=1}^{4}(g_i)^2\cdot\mu(g_i) \tag{5.32}$$

式中　M_K——惩罚因子，$0 < M_1 < M_2 < M_3\cdots < M_k\cdots$；

g_i——约束条件数，$i = 1,2,3,4$；

$\mu(g_i)$——阶跃函数，即

$$\mu(g_i) = \begin{cases} 0 & g_i \geqslant 0 \\ 1 & g_i < 0 \end{cases} \tag{5.33}$$

用模式搜索法解式(5.33)，就可得出最优解。

5.4.3　应用实例

例 1　徐家围子地区某井于井深 1 950 ~ 2 300 m 处采用直径为 215.9 mm 的钻头，已知该钻头的价格为每个 1 500 元，钻头的牙齿寿命系数为 1.2，该深度临井测井资料如图 5.11 所示。钻速实验结果可知，该地区的钻机作业费用为 280 元 /h，起下钻时间为 10 h，拟采用一台 3NB – 1300 泵，泵功率费用系数和泵压系数分别为 0.13 和 0.46，泥浆密度为 1.15 g/cm^3，泵效率取 90%，试求满足上述条件的最优钻井参数配合。

首先针对该区块进行了岩石可钻性试验，再结合相应的声波时差测井资料，通过回归分析方法建立了两者的关系模型，如式：$K_d = -5.942\,6\ln\Delta t + 34.64$。其相关系数 $R^2 = 0.94$。

根据上式结合该井的测井资料，建立了该段的岩石可钻性剖面，如图 5.12 所示。

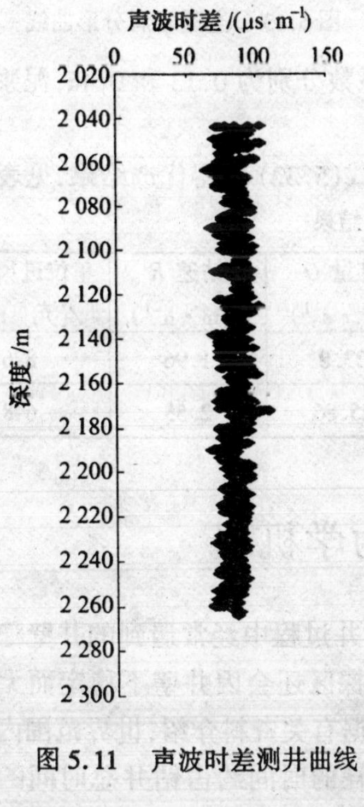

图 5.11　声波时差测井曲线

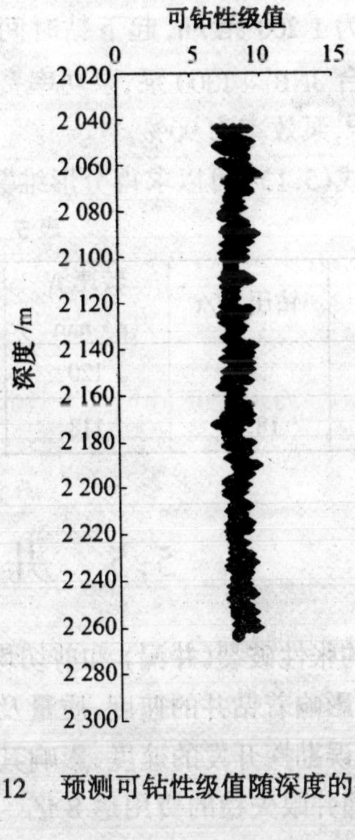

图 5.12　预测可钻性级值随深度的变化曲线

该层位的岩性描述及平均可钻性级值的确定,见表 5.13。

表 5.13　岩性及平均可钻性级值

深度 /m	层　位	岩　性	平均可钻性级值
2 035 ~ 2 300	泉头组	灰绿、紫红色泥岩与灰色泥质粉砂岩、粉砂岩呈不等厚互层	7.692

钻进参数优选结果,见表 5.14。

表 5.14　钻井参数优选结果

层段	钻压 W/t	转速 N /(r·min^{-1})	泵压 P/MPa	排量 Q /(L·s^{-1})	钻速 R /(m·h^{-1})
优选前	16	120	22.6	33.8	1.81
优选后	18.64	118	29.94	25.86	2.49

例 2　徐家围子地区某井于井深 3 504 m 取得上返岩屑,经筛分不同的筛网尺寸(cm)对应的块度累计相对量(%)如下:0.06, 8.23;0.1,17.46;0.5,30.23;0.8,42.56;1.2, 58.65;1.6,72.45;2.0,84.12;2.5,100,该处采用直径为 215.9 mm 的钻头,已知该钻头的价格为每个 45 000 元,钻头的牙齿寿命系数为 1.2。由钻速实验结果可知,该地区的钻机作业费用为 1 200 元 /h,起下钻时间为 10 h,拟采用一台 3NB - 1300 泵,泵功率费用系数和泵压系数分别为 0.13 和 0.46,泥浆密度为 1.15 g/cm^3,泵效率为 90%。

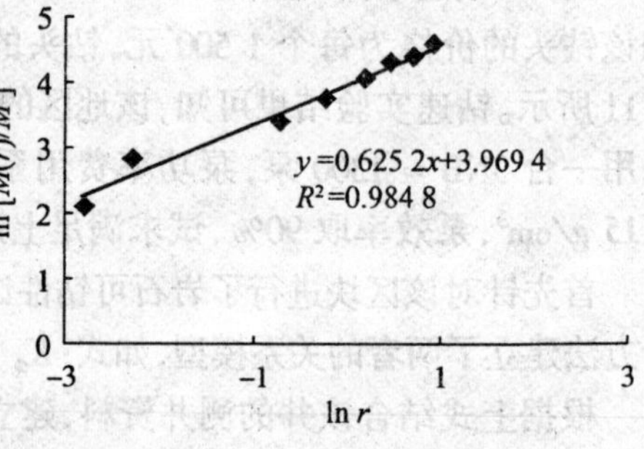

图 5.13　上返岩屑分形曲线

根据式(5.13)可以求得分形维数为 2.375,根据式(5.32)获得优选结果,见表 5.15。

表 5.15　钻井参数优选结果

	钻压 W/t	转速 N /(r·min^{-1})	泵压 P/MPa	排量 Q /(L·s^{-1})	钻速 R /(m·h^{-1})	单位进尺成本 /(元·m^{-1})
优选前	17	120	22.6	33.8	1.96	826
优选后	18.94	118	29.94	25.86	2.55	648

5.5　井壁稳定的力学机理

井壁的张性破裂(井漏)和剪切垮塌(井塌),是钻井过程中经常遇到的井壁稳定性问题,严重地影响着钻井的速度、质量及成本,对部分新探区还会因井壁不稳定而无法达到目的层,延误勘探开发的速度,影响其综合经济效益。据有关资料介绍,世界范围内平均每年用于处理井眼失稳的费用达 8 亿 ~ 10 亿美元,消耗的时间约占钻井总时间的 5% ~

6%。国内各油田由于井壁失稳造成的损失在钻井事故损失中所占比例依然很大。因此，钻井过程中井壁稳定与否，关系到能否实现安全、快速的钻进，同时又能够尽可能地减少对储集层段的污染，减少钻井费用。所以对井壁稳定性的研究越来越受到重视，

钻井过程中，钻井液取代了原在井眼处的岩石，从纯岩石力学的角度上来讲，造成井壁坍塌的主要原因是由于井内的液柱压力低，使得井壁围岩的应力超过了岩石本身的强度而产生剪切破坏。造成井漏的主要原因是由于井内的液柱压力高，使得井壁围岩的应力超过了岩石本身的抗拉强度而产生张性破裂，因此，钻井液密度存在一个"安全"范围，在这个安全范围内钻井，将不会出现井壁坍塌或钻井液漏失等复杂问题。在石油工程岩石力学中。一般采用 Mohr-Coulomb 准则，描述井壁发生剪切变形。利用最大拉应力理论，表征井壁岩石的张性破裂。

5.5.1　井眼不稳定的研究方法

目前研究井壁稳定的方法主要有两种，一种是泥浆化学研究，另一种是岩石力学研究。从泥浆化学方面研究井壁稳定由来已久，主要是研究泥页岩水化膨胀的机理，寻找抑制泥页岩水化膨胀的化学添加剂和泥浆体系，最大限度地减少钻井液对地层的负面影响。岩石力学研究主要包括原地应力状态的确定、岩石力学性质的测定、井眼围岩应力分析和稳定性分析，最终确定保持井眼稳定的合理泥浆密度。井壁稳定的力学与化学耦合分析，是上述两种研究方法的有机结合，旨在将泥浆对井壁作用的化学力与井壁应力作为一个整体来研究，该方面的研究近几年已取得了长足的进展，发表了许多有研究深度的文章，受篇幅的限制，本章不作过多的介绍。

与泥页岩稳定性有关的力学因素主要包括孔隙压力扩散、毛细管作用、岩石强度特征及地应力分布；与泥页岩稳定性有关的物理化学因素主要包括表面水化、渗透水化和离子扩散等。泥页岩与钻井液接触时产生的表面水化、渗透水化及离子扩散过程最终将导致地层的孔隙压力、原岩强度及应力分布状态改变，因此，物理化学过程最终将体现在力学因素的变化中。所以，无论从纯力学还是力学、物理化学耦合的角度，井壁稳定性研究最终都要归结为一个力学问题，都要遵循图5.14所示的力学分析过程。

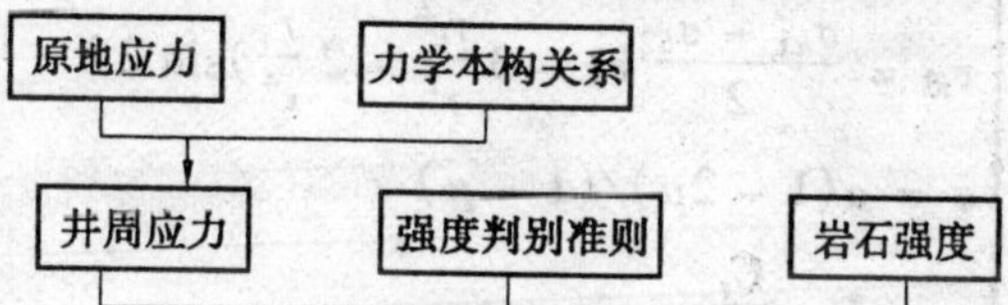

图5.14　井壁稳定的力学分析流程

5.5.2　井眼围岩应力分布

通常井壁岩石所受的应力状态可用径向应力 σ_r、周向应力 σ_θ、垂向应力 σ_z 及剪应力 τ_z 来表示。对于垂直井 $\tau_z = 0$，此时应力状态可简化为 $\{\sigma_r, \sigma_\theta, \sigma_z\}$。对于岩石产生剪切破坏的情况，一般 $\sigma_\theta > \sigma_z > \sigma_r$（本研究取压应力为正号），即：$\sigma_z$ 为中间应力。在研究井眼稳定时，可以不考虑上覆压力 σ_v 的影响，而把它简化为平面应变问题来分析。

根据线性孔隙弹性理论，在井壁为不可渗透的情况下，可求得图5.15所示井眼计算模型中距井轴 r 处的有效应力（推导过程见附录C）为

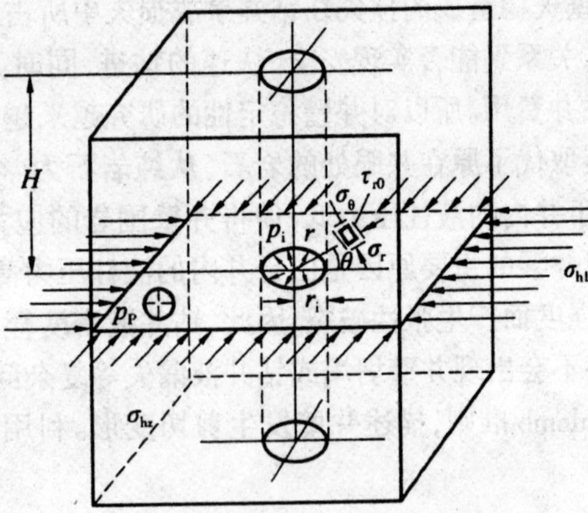

图 5.15　井壁应力计算模型图

$$\begin{cases}
\sigma_r = \dfrac{\sigma_{h1}+\sigma_{h2}}{2}\left(1-\dfrac{r_i^2}{r^2}\right)+\dfrac{\sigma_{h1}-\sigma_{h2}}{2}\left(1-4\dfrac{r_i^2}{r^2}+3\dfrac{r_i^4}{r^4}\right)\cos 2\theta+\dfrac{r_i^2}{r^2}\cdot p_i-\alpha p(r)+ \\
\qquad \delta\left[\dfrac{\varepsilon}{2}\left(1-\dfrac{r_i^2}{r^2}\right)-f\right](p_i-p_p) \\
\sigma_\theta = \dfrac{\sigma_{h1}+\sigma_{h2}}{2}\left(1+\dfrac{r_i^2}{r^2}\right)-\dfrac{\sigma_{h1}-\sigma_{h2}}{2}\left(1+3\dfrac{r_i^4}{r^4}\right)\cos 2\theta-\dfrac{r_i^2}{r^2}\cdot p_i-\alpha p(r)+ \\
\qquad \delta\left[\dfrac{\varepsilon}{2}\left(1+\dfrac{r_i^2}{r^2}\right)-f\right](p_i-p_p) \\
\sigma_z = \sigma_v-2\mu(\sigma_{h1}-\sigma_{h2})\dfrac{r_i^2}{r^2}\cos 2\theta+\delta(\varepsilon-f)(p_i-p_p)-\alpha p(r) \\
\tau_{r\theta} = \dfrac{\sigma_{h1}-\sigma_{h2}}{2}\left(1-3\dfrac{r_i^2}{r^2}+2\dfrac{r_i^4}{r^4}\right)\sin 2\theta \\
\varepsilon = \alpha(1-2\mu)/(1-\mu) \\
\alpha = 1-\dfrac{C_r}{C_B}
\end{cases} \tag{5.34}$$

式中　σ_r——径向的有效正应力，MPa；

σ_θ——周向的有效正应力，MPa；

σ_z——垂向的有效正应力，MPa；

$\tau_{r\theta}$——剪应力，MPa；

σ_{h1}——水平向最大主地应力，MPa；

σ_{h2}——水平向最小主地应力，MPa；

σ_v——上覆岩层压力，MPa；

α——有效应力系数（Biot 系数）；

C_r——岩石的骨架压缩率；

C_B——岩石容积压缩率；

f——地层的孔隙度；

μ—— 岩石的泊松比；

δ—— 系数，井壁有渗透流时 $\delta = 1$，否则 $\delta = 0$；

$p(r)$—— 距离 r 的孔隙压力，MPa。

对于井壁处的岩石，有 $r = r_i$，则井壁上岩石应力分布为

$$\begin{cases}\sigma_r = p_i - \delta f(p_i - p_p) - \alpha p(r) \\ \sigma_\theta = -p_i + \delta(\varepsilon - f)(p_i - p_p) + \sigma_{h1}(1 - 2\cos 2\theta) + \sigma_{h2}(1 + 2\cos 2\theta) - \alpha p(r) \\ \sigma_z = \sigma_v + \delta(\varepsilon - f)(p_i - p_p) - 2\mu(\sigma_{h1} - \sigma_{h2})\cos 2\theta - \alpha p(r) \\ \tau_{r\theta} = 0\end{cases} \tag{5.35}$$

当井壁不可渗透时有

$$\begin{cases}\sigma_r = p_i - \alpha p(r) \\ \sigma_\theta = \sigma_{h1}(1 - 2\cos 2\theta) + \sigma_{h2}(1 + 2\cos 2\theta) - p_i - \alpha p(r) \\ \sigma_z = \sigma_v - 2\mu(\sigma_{h1} - \sigma_{h2})\cos 2\theta - \alpha p(r) \\ \tau_{r\theta} = 0\end{cases} \tag{5.36}$$

5.5.3 井壁坍塌压力计算

从力学的角度来说，造成井壁坍塌的原因主要是由于井内液往压力较低，使得井壁周围岩石所受应力超过岩石本身的强度而产生剪切破坏所造成的。此时，对于脆性地层会产生坍塌掉块，井径扩大，而对塑性地层，则向井眼内产生塑性变形，造成缩径。井壁坍塌与否与井壁围岩的应力状态、围岩的强度特性等密切相关。前面已经介绍了井壁围岩应力的计算，下面介绍岩石的强度特性及地层坍塌压力的计算方法。

1. 岩石的强度条件（强度准则）

井壁岩石的破坏，对于软而塑性大的泥岩表现为塑性变形而缩径。对于硬脆性的泥页岩一般表现为剪切破坏而坍塌、扩径。

剪切破坏，利用 Mohr-Coulomb 破坏判断准则为

$$\tau = \sigma \cdot \tan \varphi + C \tag{5.37}$$

式中 σ—— 正应力，MPa；

τ—— 剪应力，MPa；

φ—— 内摩擦角；

C—— 内聚力，MPa。

在井壁稳定力学分析中，Mohr-Coulomb 破坏判断准则常常又表示为

$$(\sigma_{\max} - \alpha \cdot p_p) = (\sigma_{\min} - \alpha \cdot p_p)\frac{1 + \sin\varphi}{1 - \sin\varphi} + 2C\frac{\cos\varphi}{1 - \sin\varphi} \tag{5.38}$$

或

$$(\sigma_{\max} - \alpha \cdot p_p) = (\sigma_{\min} - \alpha \cdot p_p)\cot^2\left(45° - \frac{\varphi}{2}\right) + 2C\cot^2\left(45° - \frac{\varphi}{2}\right) \tag{5.39}$$

式中 $\sigma_{\max}$—— 井壁最大主应力分量，MPa；

$\sigma_{\min}$—— 井壁最小主应力分量，MPa；

p—— 孔隙流体压力，MPa；

α——Biot 系数。

由式(5.38)可看出，岩石剪切破坏主要受到井壁最大和最小主应力的控制。σ_{max} 和 σ_{min} 的差值越大，井壁越易坍塌。对直井，从井壁岩石的主应力分析中，可以发现岩石的最大和最小主应力分别是周向应力 σ_θ 和径向应力 σ_r 的函数，因此，$\sigma_\theta - \sigma_r$ 的值越大，井壁越易坍塌。

2. 井壁坍塌处的应力

由于水平应力是非均匀分布的，所以，井壁周向应力随角 θ 的变化而变化（角 θ 为井壁上某一点的矢径与最大水平主应力的夹角），图 5.16 为 σ_θ 随角 θ 的变化曲线，可以看出在 $\theta = 90°$ 或 $270°$ 处，σ_θ 值最大，因此，该处的应力值也最大（σ_r 在井壁上各处均相等，与角 θ 无关），是井壁最容易发生坍塌的位置。

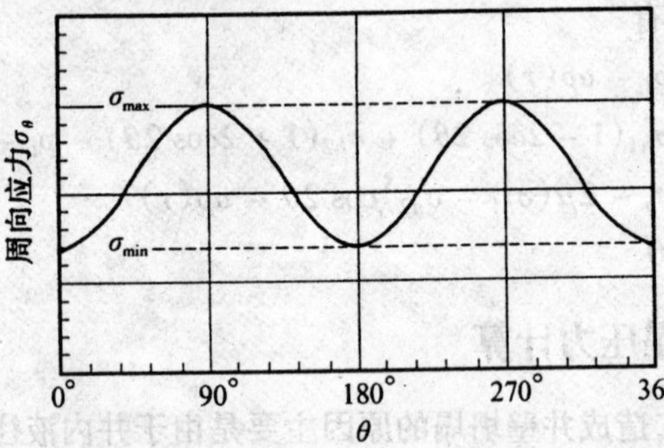

图 5.16　井壁上周向应力 σ_θ 随角 θ 的变化曲线

由于泥页岩的渗透率极低，因此，在钻井液性能良好的情况下，可以不考虑钻井液向地层渗透，而把泥页岩井壁近似看做不渗透井壁。

根据上面的分析可知，井壁坍塌失稳是发生在 $\theta = 90°$ 和 $270°$ 处，在该处的有效差应力 $\sigma_\theta' - \sigma_r'$ 有最大值，此时井壁坍塌处的有效应力公式为

$$\begin{cases} \sigma_r' = p_i - \alpha p_p \\ \sigma_\theta' = \eta(3\sigma_{h1} - \sigma_{h2} - p_i) - \alpha p_p \\ \tau_{r\theta} = 0 \end{cases} \tag{5.40}$$

3. 利用库伦 - 摩尔强度准则计算坍塌压力

将式(5.40)中的周向应力 σ_θ' 和径向应力 σ_r' 代入库伦 - 摩尔强度准则式(5.39)，可求得直井保持井壁稳定所需的钻井液压力下限为

$$p_m = \frac{\eta(3\sigma_{H1} - \sigma_{H2}) - 2CK_Z + \alpha P_P(K_Z^2 - 1)}{K_Z^2 + \eta} \tag{5.41}$$

进而可知钻井过程中保持井壁稳定所需的当量钻井液密度为

$$\rho_m = \frac{\eta(3\sigma_{H1} - \sigma_{H2}) - 2CK_Z + \alpha P_P(K_Z^2 - 1)}{(K_Z^2 + \eta) \cdot H} \times 100 \tag{5.42}$$

其中
$$K_Z = \cot\left(45° - \frac{\varphi}{2}\right)$$

式中　p_m——钻井液柱压力，MPa；

ρ_m——坍塌压力当量密度，g/cm³；

H—— 井深,m;

η—— 非线性修正系数。

应该指出,式(5.42)只代表保持井壁上该地层不允许有任何坍塌崩落的钻井液密度值,如果允许地层有一定的井径扩大率,这对某些易塌夹层有时是必要的,因为钻井液密度的设计要顾及井眼扩大部分地层的稳定性的需要,对于少数强度低要求高密度钻井液来保持稳定性的地层,若情况不是很严重,也只能任其剥落掉块。设其井径扩大系数为 $\beta = r/r_i$(r_i 为钻头半径,r 为井眼扩大处的半径),要计算允许井径扩大系数为 β 时的钻井液密度公式为

$$\rho_m = \frac{\eta T - 2CK_Z + \alpha P_P(K_Z^2 - 1) - QK^2}{\beta^2(K_Z^2 + \eta) \cdot H} \times 100 \tag{5.43}$$

其中

$$T = \frac{\sigma_{h1} + \sigma_{h2}}{2}(1 + \beta^2) + \frac{\sigma_{h1} - \sigma_{h2}}{2}(1 + 3\beta^4)$$

$$Q = \frac{\sigma_{h1} + \sigma_{h2}}{2}(1 - \beta^2) + \frac{\sigma_{h1} - \sigma_{h2}}{2}(1 - 4\beta^2 + 3\beta^4)$$

5.5.4　井壁破裂压力计算

井壁地层破裂是由于井内泥浆密度过大,使井壁岩石所受的周向应力超过岩石抗拉强度造成的。按照最大拉应力理论,井壁岩石拉伸破坏应满足不等式

$$\sigma'_3 \leqslant - |\sigma_t| \tag{5.44}$$

式中　σ_t—— 岩石拉伸强度,MPa;

σ'_3—— 最小有效应力,MPa。

当 $\sigma'_3 = - |\sigma_t|$ 时,井壁岩石处于张性极限平衡状态。求解该方程可以得出井壁不发生张性破裂的液柱压力极限,称为张性破坏压力(P_f)。破裂发生在 σ_θ 最小处,即在 $\theta = 0°$ 和 180° 处,此时由式(5.36)可知

$$\sigma_{\theta 1} = 3\sigma_{h2} - \sigma_{h1} - p_i - \alpha p_p \tag{5.45}$$

由于 σ_θ 变成拉伸,非线性修正系数不考虑。另外,由于破裂主要发生在砂岩层,且井内压力远大于孔隙压力,因此井壁的周向应力要较大地受到钻井液向地层渗透产生渗透压力的影响,钻井液向地层渗透产生的渗透压力可用下式计算,即

$$\sigma_{\theta 2} = \left[\alpha\left(\frac{1 - 2\mu}{1 - \mu}\right) - f\right](p_i - p_p) \tag{5.46}$$

综合考虑地应力及渗透压力的综合作用时,有效周向应力为

$$\sigma_\theta = \sigma_{\theta 1} + \sigma_{\theta 2} \tag{5.47}$$

将式(5.45)和式(5.46)代入式(5.47)得

$$\sigma_\theta' = 3\sigma_{h2} - \sigma_{h1} - p_i + \left[\alpha\left(\frac{1 - 2\mu}{1 - \mu}\right) - f\right](p_i - p_p) - \alpha p_p \tag{5.48}$$

将 σ_θ' 代入拉伸破坏准则,求得拉伸破裂时,井内破裂压力为

$$p_f = \frac{3\sigma_{h2} - \sigma_{h1} - \alpha\left(\frac{2 - 3\mu}{1 - \mu}\right)p_p + \sigma_t}{1 - \alpha\left(\frac{1 - 2\mu}{1 - \mu}\right) + f} \tag{5.49}$$

式中　p_f—— 地层破裂压力，MPa；

σ_t—— 岩石的抗拉强度，MPa；

μ—— 泊松比。

若不考虑地层的渗透作用(对低渗泥页岩地层)，则地层破裂压力的计算公式为

$$p_f = 3\sigma_{h2} - \sigma_{h1} - \alpha p_p + \sigma_t \tag{5.50}$$

已知保证井壁不发生剪切变形的钻井液柱压力极限和保证井壁不发生张性破裂的钻井液柱压力极限后，可以得出保持井壁稳定的"安全钻井液"液柱压力范围，上限记为 p_u，下限记为 p_d。习惯上称上限 p_u 为破裂压力，下限 p_d 为坍塌压力。

5.5.5　温度对井壁稳定的影响

1. 温度对井壁稳定的影响

对中硬岩石，温度每增加 10 ℃ 就产生 0.4 MPa 的温差应力；对坚硬岩石，温度每增加 10 ℃ 就产生 1.0 MPa 的温差应力；在一口深井中，井壁温度变化 25 ~ 500 ℃ 是常见的，所以在井壁上有可能产生 25 ~ 50 MPa 的变温应力。在 4 000 ~ 5 000 m 深的井循环及停止循环时，有可能这部分温差应力与原井壁应力联合作用超出岩石的强度，而引起井壁的坍塌。

影响井壁温度的主要因素为钻井液比热及热传导系数，其中两个传热系数的影响比较明显。钻井液的密度、排量、地层密度等因素对井壁温度的影响不是很突出，钻井过程中，钻井速度决定了上部地层与钻井液的接触时间，钻井速度越慢，井壁温度变化越剧烈。

经研究井内流体温度和井壁温度在钻井过程中对以下几方面都有重要影响：钻井液的流变性、密度、化学稳定性；固井水泥浆的流变性、初凝时间、水泥环的强度，油层渗透率的温度敏感性和热应力敏感性，油层保护剂和暂堵剂的热稳定性，热应力对井壁稳定性的影响。

经过对现场部分井壁失稳的事例研究证明，井壁围岩温度发生变化可引起井壁失稳现象。钻井液循环时上部井壁围岩受热，下部井壁围岩冷却，当停止循环时下部井壁围岩重新受热。井壁围岩温度变化引起的附加温变应力改变了井壁周围应力分布。岩石力学专家 Maury 和 Dusseault MB 等人的研究表明，高温井周围岩温变应力不容忽视，这部分温变应力与原井壁应力联合作用超出岩石的强度，引起井壁的坍塌或漏失。

在高温井钻井过程中保持井壁稳定的关键是确定合理的钻井液密度范围，而确定地层坍塌压力和破裂压力的常规方法中并没有考虑地层温度变化的影响，为安全钻井带来了隐患。因此，从钻井过程中井壁及地层温度场的数值模拟和附加温变应力下井壁周围应力场的计算出发，研究井壁及地层温度变化规律和井周围岩应力状态，并结合地层强度准则确定了考虑温度变化情况下地层坍塌压力、破裂压力的计算模型，可为高温井的安全钻井液密度窗口的设计提供可靠的依据，为钻井时的井壁稳定提供指导。

2.温变应力下坍塌压力和破裂压力计算模式

钻井过程中,钻井液密度过低时,由于井壁周围应力集中,作用于岩石上的应力超过地层强度将导致井壁坍塌,而常规井壁坍塌压力计算模型中没有考虑温度的影响,这显然不适合高温井。结合温变应力及地应力联合作用下井壁围岩应力场的计算和地层强度准则,经过推导得出考虑温变应力影响下井壁坍塌压力的计算模型为

$$P_{cr} = \frac{3\sigma_H - \sigma_h - 2Ck - [\delta\zeta + a(1 + K^2)(1 - \delta)]P_P + E\alpha_m(T_W - T_0)/[3(1 - \mu)]}{1 - \delta\zeta + a\zeta + K^2(1 - a\delta)} \tag{5.51}$$

其中 $\zeta = \dfrac{\alpha(1 - 2\mu)}{1 - \mu}$ （α 为有效应力系数）

式中 σ_H—— 水平最大地应力,MPa;

σ_h—— 水平最小地应力,MPa;

P_P—— 地层孔隙压力,MPa;

f—— 地层孔隙度;

δ—— 井壁渗流系数,井壁完全渗流时 $\delta = 1$,井壁不渗流时 $\delta = 0$;

T_0—— 地层原始温度,℃;

T_W—— 钻井液循环后地层温度,℃;

C—— 地层内聚力,$K = \cot 2(45° - \varphi/2)$;

φ—— 地层岩石内摩擦角;

E—— 地层弹性模量;

μ—— 泊松比;

α_m—— 体积热膨胀系数。

由井壁坍塌压力计算模式可知,当井壁温度升高时,井壁坍塌压力升高,不利于井壁稳定;当井壁温度降低时,井壁坍塌压力降低,利于井壁稳定。

对于井壁破裂,虽然有些研究者提出,在井壁初始破裂时剪切破裂呈优势,而后的裂缝才发展成为拉伸破裂。但目前多数人仍认为地层破裂为拉伸机制所控制,即当井壁上的一个有效应力达到岩石的拉伸强度值 S_T 时便发生地层破裂,假设地层破裂产生垂直裂缝,即

$$\sigma_\theta - \zeta P_0 \leqslant - S_T \tag{5.52}$$

当井周角 $\theta = 0°$ 或 180° 时,井壁周向应力最小,最容易发生破裂,此时

$$\sigma_\theta = - P_W + \delta\zeta(P_W - P_P) + 3\sigma_h - \sigma_H + \frac{E\alpha_m}{3(1 - v)}(T_W - T_0) \tag{5.53}$$

代入地层破裂准则得出地层破裂压力为

$$P_f = \frac{3\sigma_h - \sigma_H + S_T - (\delta\zeta + a - a\delta)P_P}{1 + a\delta - \delta\zeta} + \frac{E\alpha_m(T_W - T_0)}{3(1 + a\delta - \delta\zeta)(1 - v)} \tag{5.54}$$

由地层破裂压力与预测模式可知,井壁温度升高,地层破裂压力相应升高;井壁温度降低,地层破裂压力降低,如图5.17,5.18所示。

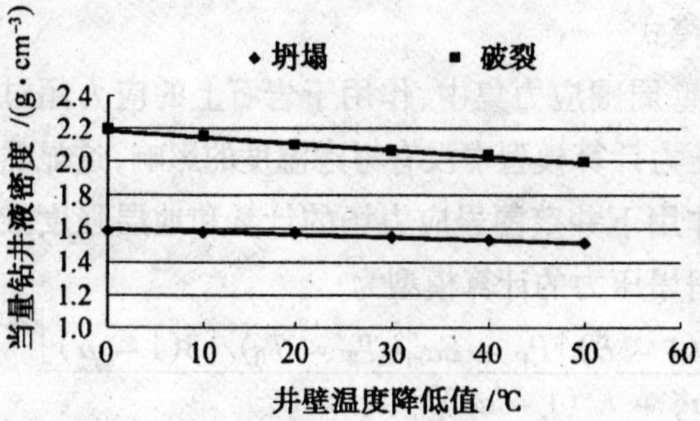

图 5.17　井壁温度降低对坍塌压力破裂压力的影响规律

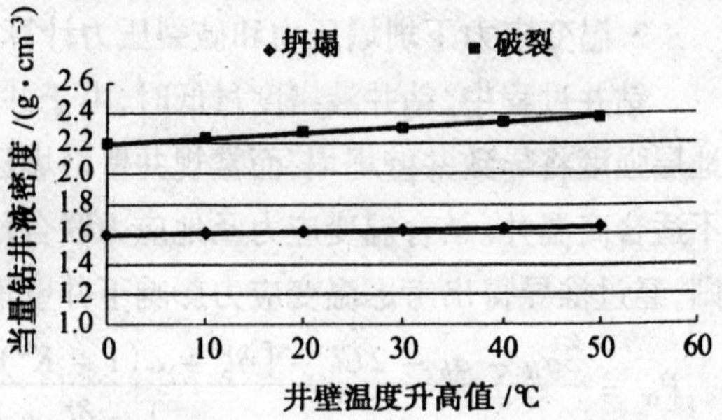

图 5.18　井壁温度升高对坍塌压力破裂压力的影响规律

钻井过程中，裸眼段地层中温度变化最大的点在套管鞋下方，应当引起重视；循环过程中，当循环一定时间后，井底温度趋于某一恒定值，温度变化不再受循环的影响。而随着循环时间的增加，坍塌压力逐渐降低，当循环超过 10 ~ 15 h 后，井壁温度基本处于平衡状态。井壁温度达到相对平衡的时间与钻井液及地层热力学性能有关，且井深的影响最突出，随井深的增加，井壁温度变化大、平衡需要的循环时间增加，温度变化在高弹性模量低泊松比的硬脆性泥页岩、灰岩地层的影响远大于对低弹性模量高泊松比的疏松砂岩、软泥岩的影响。因此，在考虑高温高压对井壁稳定的破裂压力影响的前提下，钻井液的合理密度窗口应该是，温度最高时的坍塌压力，以及温度降低时，也就是井壁温度处于平衡状态时地层的破裂压力。

5.5.6　弱面地层井壁稳定

在钻井遇到的沉积岩地层中，地层倾斜且层面之间经常呈弱连接，层面的胶结强度较地层自身小。如石油钻井常见的背斜、断层上盘或下盘、天然裂缝发育地层、斜井或水平井钻遇的水平层理地层等。这些地层层间的低强度胶结在特定情况下会先于地层本体破坏，引起井壁岩石滑落入井内，造成井下复杂事故的发生。

根据 Adony 的研究，当弱面满足下面的关系时，弱面先于岩石本体破坏。

$$\sigma_1 - \sigma_3 = \frac{2(S_W + \mu_\omega \sigma_3)}{(1 - \mu_\omega \cot \beta)\sin 2\beta} \tag{5.55}$$

式中　σ_1——最大主应力，MPa；

σ_3——最小主应力，MPa；

S_W——弱面内聚力，MPa；

μ_ω——弱面的内摩擦系数，$\mu_\omega = \tan \varphi_\omega$；

φ_ω——弱面的内摩擦角，rad；

β——弱面的法向与 σ_1 的夹角，rad。

由式(5.55)知，当 $\beta = \varphi_\omega$ 或 $\beta = \pi/2$ 时，弱面不会产生滑动，即弱面产生滑动的条件是：$\varphi_\omega < \beta < \pi/2$，且 $\sigma_1 - \sigma_3$ 的大小必须满足式(5.56)的关系。否则，岩石破坏将为本体破坏。

$$\sigma_1 - \sigma_3 = 2(S_0 + \mu_0\sigma_3)[(\mu_0^2 + 1)^{\frac{1}{2}} + \mu_0] \tag{5.56}$$

式中　S_0—— 岩石本体内聚力,MPa;

μ_0—— 岩石本体的内摩擦系数。

测出地层的弱面与本体强度参数后,结合地层实际地应力与地层构造情况,可获得维持弱面地层稳定的安全钻井液密度。

直井井壁上主应力在主坐标系中可表示为

$$\begin{cases} \sigma_r = P_W - \delta f(P_W - P_P) \\ \sigma_\theta = -P_W + \delta(\zeta - f)(P_W - P_P) + \sigma_H(1 - 2\cos 2\theta) + \sigma_h(1 + 2\cos 2\theta) \\ \sigma_z = \sigma_v - \delta(\zeta - f)(P_W - P_P) + v[2(\sigma_H - \sigma_h)\cos 2\theta] \end{cases} \tag{5.57}$$

其中　$\zeta = \alpha(1 - 2v)/(1 - v)$($\alpha$ 为有效应力系数)

在不同的地应力状态和泥浆柱压力下,井壁主应力可能出现三种形式。

当井壁处地应力 $\sigma_\theta > \sigma_z > \sigma_r$ 时,维持弱面稳定的泥浆密度为

$$P_{cr} = \frac{a_1\sigma_H + a_2\sigma_h - mS_W - a_3P_P}{m\mu_\omega(1 + \delta\phi) + 2 - \delta(\phi + k_1)} \tag{5.58}$$

当井壁处地应力 $\sigma_z > \sigma_\theta > \sigma_r$ 时,维持弱面稳定的泥浆密度为

$$P_{cr} = \frac{m_1 - mS_W + a_4P_P}{m\mu_\omega(1 - \delta\phi) + 1 - \delta(\phi + k_1)} \tag{5.59}$$

当井壁处地应力 $\sigma_z > \sigma_r > \sigma_\theta$ 时,维持弱面稳定的泥浆密度为

$$P_{cr} = \frac{m_1 - k_2(a_1\sigma_H + a_2\sigma_h) - mS_W - (k_1 + k_1k_2)P_P}{k_1k_2 - k_1 - k_2} \tag{5.60}$$

其中

$$m = \frac{2}{(1 - \mu_\omega\cot\beta)\sin 2\beta}$$

$$m_1 = \sigma_v - 2v(\sigma_H - \sigma_h)\cos 2\theta$$

$$a_1 = 1 - 2\cos\theta$$

$$a_2 = 1 + 2\cos\theta$$

$$a_3 = m\mu_\omega(\delta\phi - a) + \delta(k_1 + \phi)$$

$$a_4 = m\mu_\omega(a - \delta\phi) + \delta(k_1 + \phi)$$

$$k_2 = 1 + m\mu_\omega$$

$$k_1 = \delta[\frac{\zeta(1 - 2v)}{1 - v} - \phi]$$

式中　ϕ—— 孔隙度;

$a_i(i = 1,2,3,4)$—— 有效应力系数;

δ—— 当井壁不渗透时为 0,当井壁渗透时为 1;

k_1—— 渗透率系数;

θ—— 以最大地应力方位为始边的角,逆时针为正;

P_{cr}—— 防止弱面地层坍塌的钻井液密度,g/cm^3。

$S_W = 0$ 说明层面之间的稳定完全靠的是层面间的摩擦阻力,此时利用上述三个式子

可计算裂缝性地层的稳定性问题。

5.5.7 井壁稳定分析实例

以下是根据测井资料数据进行的计算：表5.16是徐深10井部分力学参数的计算结果；表5.17为该井部分地应力计算结果；表5.18是该井部分力学稳定性计算结果。

表5.16 用测井资料算出的弹性力学参数的一部分

深度/m	伽玛	密度/(g·cm^{-3})	纵波时差/(μs·ft^{-1})	横波时差/(μs·ft^{-1})	泊松比	静态杨氏模量
3 700	105.892	2.665	61.741	100.597	0.2	41 606.65
3 710	130.642	2.707	66.109	111.493	0.211	35 297.58
3 720	103.632	2.595	57.065	95.538	0.209	45 849.32
3 730	126.397	2.651	59.733	103.714	0.219	40 692.68
3 740	104.636	2.538	73.33	129.001	0.222	25 372.59
3 750	100.672	2.595	59.725	98.952	0.206	42 418.12
3 760	101.905	2.594	61.902	100.246	0.198	40 578.2
3 770	112.739	2.596	59.526	95.735	0.195	44 265.68
3 780	144.266	2.561	58.108	99.005	0.214	42 637.43
3 790	144.938	2.549	54.095	93.908	0.218	47 719.9
3 800	138.211	2.545	55.344	94.999	0.216	46 238.09
3 810	136.243	2.512	57.746	99.67	0.217	41 602.54
3 820	134.241	2.495	56.618	99.034	0.22	42 184.61
3 830	132.587	2.543	54.217	95.217	0.221	46 619.08
3 840	121.623	2.485	55.931	96.835	0.218	43 681.78
3 850	133.587	2.512	55.277	97.826	0.223	43 812.94
3 860	124.217	2.522	52.58	97.777	0.232	45 113.92
3 870	135.433	2.595	55.072	98.331	0.225	45 009.44
3 880	147.007	2.555	53.646	95.731	0.225	46 741.72
3 890	145.415	2.552	52.665	94.297	0.225	48 202.01
3 900	134.059	2.548	52.367	92.371	0.222	49 754.67
3 910	134.492	2.614	52.97	91.322	0.217	51 532.29
3 920	137.05	2.559	52.831	95.45	0.227	47 389.66

续表 5.16

深度 /m	伽玛	密度 /(g·cm^{-3})	纵波时差 /(μs·ft^{-1})	横波时差 /(μs·ft^{-1})	泊松比	静态杨氏模量
3 930	130.786	2.546	51.378	94.928	0.231	48 178.87
3 940	127.629	2.519	55.184	99.812	0.227	42 684.25
3 950	142.922	2.505	54.799	101.535	0.232	41 487.36
3 960	150.768	2.505	57.015	109.546	0.237	36 184.79
3 970	138.002	2.507	54.514	100.293	0.23	42 418.21
3 980	135.986	2.551	52.858	95.812	0.228	46 961.15
3 990	135.109	2.558	54.898	100.416	0.229	43 058.53
4 000	137.996	2.522	57.217	101.415	0.223	40 963.25
4 010	136.286	2.537	55.62	101.004	0.228	42 063.18
4 020	141.882	2.57	55.076	99.105	0.226	44 058.19
4 030	134.83	2.557	53.089	98.824	0.232	44 796.02
4 040	143.168	2.563	54.037	99.35	0.23	44 179.41
4 050	134.759	2.557	55.607	99.956	0.226	43 069.26
4 060	132.433	2.585	52.897	96.372	0.229	47 152.04
4 070	135.902	2.586	54.045	96.947	0.226	46 254.48
4 080	133.528	2.592	51.672	93.774	0.228	49 841.57
4 090	131.781	2.588	51.822	94.295	0.228	49 279.45
4 100	133.697	2.613	51.232	93.336	0.229	50 813.23
4 110	128.206	2.567	52.746	96.823	0.23	46 553.96
4 120	133.067	2.598	51.677	91.328	0.223	51 950.87
4 130	126.66	2.569	51.039	95.252	0.233	48 499.41
4 140	135.093	2.544	50.819	93.939	0.231	49 170.41
4 150	134.922	2.593	51.252	94.495	0.231	49 471.3
4 160	133.278	2.556	52.712	91.189	0.218	50 641.36
4 170	129.624	2.573	52.237	91.807	0.221	50 759.06
4 180	128.589	2.443	51.905	89.336	0.216	50 274.43
4 190	132.25	2.602	57.216	99.953	0.22	43 156.92

表5.17 地应力计算结果

井深/m	上覆应力/MPa	最小水平地应力/MPa	最大水平地应力/MPa	抗拉强度/MPa	内聚力/MPa
3 700	91.084	61.115	84.413	7.995	27.695
3 710	91.326	62.574	85.832	8.401	29.104
3 720	91.58	62.466	85.833	9.505	32.926
3 730	91.84	63.514	87.099	10.402	36.034
3 740	92.101	64.144	87.699	6.141	21.271
3 750	92.357	62.675	86.219	8.409	29.13
3 760	92.611	62.059	85.626	7.511	26.018
3 770	92.865	61.848	85.555	8.377	29.018
3 780	93.12	64.042	87.814	11.166	38.678
3 790	93.37	64.732	88.572	13.269	45.964
3 800	93.62	64.796	88.535	12.006	41.591
3 810	93.868	65.092	88.917	10.884	37.702
3 820	94.113	65.459	89.478	11.395	39.475
3 830	94.359	65.409	89.763	12.689	43.958
3 840	94.606	64.02	89.418	10.946	37.916
3 850	94.854	64.72	90.24	12.376	42.873
3 860	95.103	65.983	91.614	14.093	48.821
3 870	95.354	65.199	90.928	13.177	45.646
3 880	95.604	65.364	91.154	14.44	50.02
3 890	95.855	65.626	91.479	14.919	51.682
3 900	96.107	65.416	91.335	13.959	48.356
3 910	96.36	64.915	90.921	13.537	46.894
3 920	96.612	66.343	92.417	14.465	50.108
3 930	96.861	67.035	93.167	15.228	52.75
3 940	97.113	66.734	92.926	12.51	43.336
3 950	97.359	67.451	93.708	13.992	48.47
3 960	97.608	68.384	94.674	14.033	48.612
3 970	97.856	67.7	94.039	13.688	47.418
3 980	98.103	67.345	93.908	14.407	49.908
3 990	98.353	67.877	94.381	13.49	46.731
4 000	98.601	67.283	93.841	11.87	41.12
4 010	98.849	67.916	94.67	12.99	44.998
4 020	99.101	67.775	94.673	13.619	47.177

续表 5.17

井深 /m	上覆应力 /MPa	最小水平地应力 /MPa	最大水平地应力 /MPa	抗拉强度 /MPa	内聚力 /MPa
4 030	99.352	68.992	95.734	14.726	51.013
4 040	99.604	68.856	95.699	14.595	50.558
4 050	99.856	68.467	95.397	12.813	44.385
4 060	100.108	68.954	95.966	14.43	49.987
4 070	100.361	68.716	95.82	13.757	47.657
4 080	100.615	69.202	96.357	15.161	52.519
4 090	100.868	69.349	96.651	14.992	51.934
4 100	101.122	69.543	96.922	15.654	54.229
4 110	101.369	69.974	97.349	14.28	49.467
4 120	101.622	69.141	96.617	14.602	50.582
4 130	101.874	70.628	98.2	15.489	53.657
4 140	102.126	70.759	98.25	15.866	54.961
4 150	102.378	70.728	98.416	15.854	54.92
4 160	102.62	69.131	96.918	13.37	46.316
4 170	102.871	69.867	97.65	13.809	47.837
4 180	103.111	69.366	97.23	12.778	44.266
4 190	103.315	70.115	97.912	6.043	20.933

表 5.18　坍塌压力和破裂压力结果

井深 /m	不考虑温度和裂缝的坍塌压力 /MPa	不考虑温度和裂缝的破裂压力 /MPa	高温时的坍塌压力 /MPa	高温时的破裂压力 /MPa	低温时的坍塌压力 /MPa	低温时的破裂压力 /MPa
3 700	27.57	67.41	35.37	89.88	27.93	63.49
3 710	27.01	70.19	32.37	87.25	26.14	64.24
3 720	24.08	71.06	30.45	94.74	22.32	65.96
3 730	22.17	71.19	26.47	92.5	19.34	66.57
3 740	33.97	70.74	40.16	79.41	35.73	63.28
3 750	27.34	69.86	34.41	92.48	26.79	65.27
3 760	29.61	67.51	37.35	90.23	29.95	64.13
3 770	27.3	67.94	34.85	93.13	26.72	64.78
3 780	20.6	74.79	24.57	95.56	16.94	67.8
3 790	15.22	77.9	17.88	101.4	9.368	70.03
3 800	18.65	76.39	22.52	99.92	14.22	69.42
3 810	21.88	75.65	26.14	96.05	18.68	68.57
3 820	20.77	76.97	24.63	96.89	17.08	69.15

续表 5.18

井深 /m	不考虑温度和裂缝的坍塌压力 /MPa	不考虑温度和裂缝的破裂压力 /MPa	高温时的坍塌压力 /MPa	高温时的破裂压力 /MPa	低温时的坍塌压力 /MPa	低温时的破裂压力 /MPa
3 830	17.47	78.65	20.82	100.4	12.46	70.14
3 840	22.29	76.44	27.17	96.59	19.28	67.25
3 850	18.77	79.12	22.06	98.1	14.18	68.52
3 860	14.66	83.01	16.36	101.2	8.352	70.56
3 870	16.96	80.72	19.68	99.79	11.57	69.46
3 880	13.68	82.16	15.3	101.8	6.859	70.43
3 890	12.54	82.81	13.98	103.9	5.256	71.09
3 900	15.15	81.36	18.11	104.5	9.035	70.69
3 910	16.2	80.02	20.06	105.1	10.57	70.3
3 920	14.27	83.34	16.25	103.5	7.634	71.44
3 930	12.52	85.19	13.87	106	5.149	72.51
3 940	19.85	81.74	23.22	99.88	15.42	70.3
3 950	16.16	84.54	17.59	100.3	10.05	71.44
3 960	16.44	85.92	16.76	97	10.22	71.58
3 970	17.2	84.13	19.27	101.2	11.5	71.72
3 980	15.29	84.57	17.55	104.9	8.897	72.28
3 990	17.97	84.06	20.51	101.9	12.57	71.88
4 000	22.22	81.25	26.18	98.56	18.54	70.37
4 010	19.55	83.69	22.55	101.4	14.74	71.52
4 020	17.92	84.03	20.64	102.8	12.42	71.95
4 030	15.3	86.72	17	105.4	8.697	73.73
4 040	15.71	86.3	17.43	104.4	9.197	73.47
4 050	20.49	83.76	24.09	102.6	15.98	72.18
4 060	16.36	86.26	19.05	107.3	10.21	73.9
4 070	18.19	85.06	21.49	106.1	12.74	73.28
4 080	14.63	87.12	17.17	110.4	7.731	74.86
4 090	15.26	87.13	17.94	110.1	8.603	74.82
4 100	13.61	88.21	15.91	111.9	6.276	75.51
4 110	17.53	87.25	20.54	108.1	11.71	74.72
4 120	16.46	86.1	20.31	112.2	10.32	74.9
4 130	14.67	89.54	16.84	111	7.635	76.11
4 140	13.69	89.62	15.59	112.3	6.205	76.59
4 150	13.86	89.79	15.89	113.4	6.428	76.55
4 160	20.12	84.39	25.3	111.2	15.39	74.19
4 170	19.23	85.71	24.01	111.8	14.1	75.11
4 180	21.93	83.67	27.83	110.1	17.92	74.15
4 190	40.45	78.02	52.87	101.6	44.39	70.77

由实验室测得的岩石力学参数与测井资料获得的动态力学参数具有良好的相关性；岩石的弹性模量和泊松比随着围压的变化而变化，根据实验力学参数和测井资料数据计算得出的数据分析可得随着井深的增加，钻井液密度窗口逐渐缩小，在3 700 ~4 150 m时，钻井液密度窗口还很大，易于钻进，但随着深度的增加密度窗口不断缩小，尤其是到4 180 m以后，密度窗口变得更小，而该区块地层随着井壁温度的增加和降低对井壁的坍塌和破裂压力都产生一定的影响。

当不考虑裂缝和温度对井壁稳定的影响时，安全钻井液的密度窗口如图 5.19，5.20中 P_c，P_f，当考虑高温时钻井液的密度窗口如图 5.19 中 P_{hc}，P_{hf}，考虑低温即钻井液在循环的过程中时钻井液密度窗口如图 5.20 中 P_{Lc}，P_{Lf}。

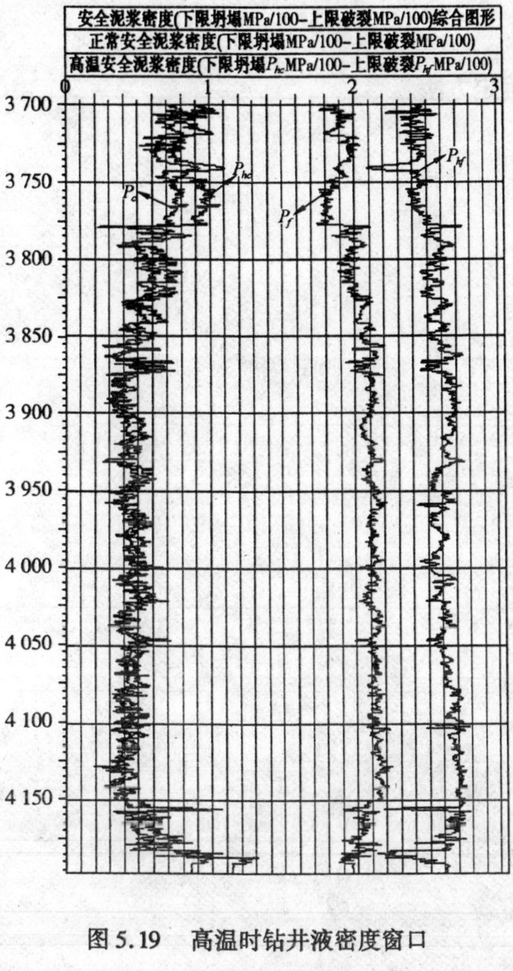

图 5.19　高温时钻井液密度窗口

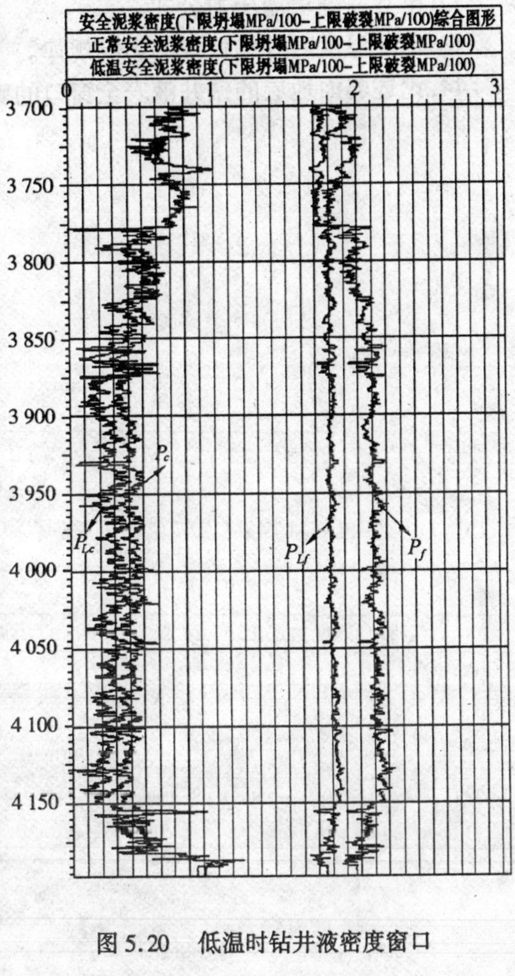

图 5.20　低温时钻井液密度窗口

习　题

1. 简述岩石研磨性的定义及测试方法。
2. 论述不同岩性和矿物成分下研磨性的变化规律。

3. 简述岩石硬度和塑性系数的定义及测试方法。
4. 简述岩石可钻性的定义及分级方法。
5. 论述岩石可钻性的预测方法及优缺点。
6. 简述钻头优选的原则。
7. 论述钻头优选的常见方法及原理。
8. 基于岩石可钻性的钻速模式如何建立?
9. 论述基于岩石可钻性单位进尺成本模式的建立过程、约束条件和求解方法。
10. 论述井壁稳定性问题的研究方法。
11. 推导井壁破裂压力公式。
12. 推导井壁坍塌压力公式。
13. 论述温度对井壁稳定的影响规律。
14. 论述弱面地层的钻井液安全窗口的确定方法。

第6章 岩石力学在油气田开发工程中的应用

近年来，随着石油勘探开发工作的不断深入，岩石力学在石油开发领域的应用受到了许多有识之士的高度重视，它在解决油气藏开发中复杂技术问题的同时，也促进了与油气开发相关的岩石力学的飞速发展。目前岩石力学不仅在降低钻采事故、进行油藏工程研究、制订合理可行的开发方案、提高经济油气采收率、防止储层破坏和延长油气经济开采年限等领域得到了广泛应用，而且已形成了固定的发展和研究方向。本章主要对水平井最优产能方位的选择、地应力场状态下注采井网模型选择和低渗透油田开发方案的设计原则及套损机理及预防进行阐述。

6.1 地应力方向与水平井最优产能方位的选择

20世纪80年代以来，水平井在支持沙漠、沼泽、湖泊、海洋等恶劣环境下的油气储层的勘探开发方面，获得了可喜的进展。对天然裂缝性油藏和基质渗透性油藏的开发，与垂直井相比，都大幅度地提高了产量和最终采收率，对减少水锥和气锥发挥了很好的作用。当进行一个具体油藏的水平井选井、布井时，必须对钻水平井的经济性进行认真地评价。在何处钻水平井、在何方位上钻水平井是钻井设计中优先考虑的问题之一。

1. 天然裂缝性油藏水平井的最优产能方位应平行于最小水平主应力方向

世界范围里，大多数水平井是钻在裂缝性油藏中，在天然裂缝油藏中，由于区域应力场的增强，地壳中产生大量裂纹(即裂缝)。这些接近垂直地表的裂缝，其裂缝面沿着最大水平主应力方向雁行排列，而且裂缝面是沿最小水平主应力方向张开的。这些天然裂缝是储油的空间和运移的通道。当水平井的方位平行于最小水平主应力方向时，水平井的井筒方位将横穿和钻割这些雁行排列的张开的天然裂缝面(图6.1)。这种水平井就将得到最大的排油面积和产量(这种天然裂缝发育的水平井，不适合压裂)。

2. 基质低渗透性薄储层的水平井最优产能方位应平行于最小水平主应力方向

在基质低渗透性油藏中，水平井筒与储层接触的长度增大导致产能增加。这种方法适用于薄储层或者仅有一薄油环的油藏。为了增加水平井的产量，对基质低渗透性油藏需要进行压裂。当基质低渗透性油藏的水平井筒平行于最小水平主应力方向时，压裂可以产生多条垂直于水平井筒的正交裂缝，这些裂缝增加和扩大了储层的排油面积，从而获得了最大的产量。

3.基质低渗透性厚储层油藏的水平井最优产能方位应平行于最大水平主应力方向

基质低渗透性厚储层油藏需要水力压裂改造，当水平井筒平行于最大水平主应力方向时，水力压裂将形成平行于水平井筒的纵向裂缝，这个纵向裂缝扩大了储层的排油面积，从而提高了水平井的产量(图6.2)。

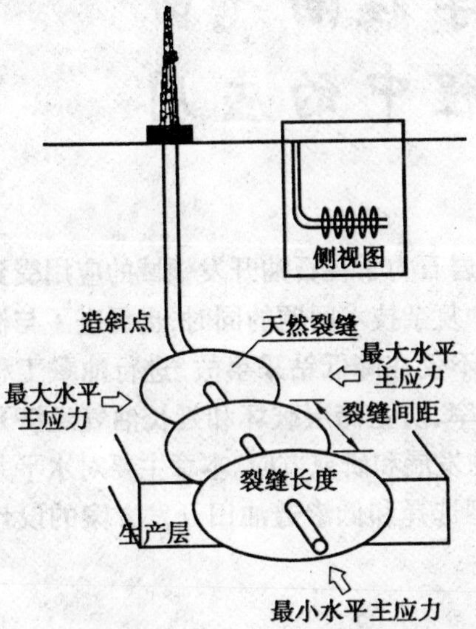

图6.1　水平井井筒横穿张开的天然裂缝

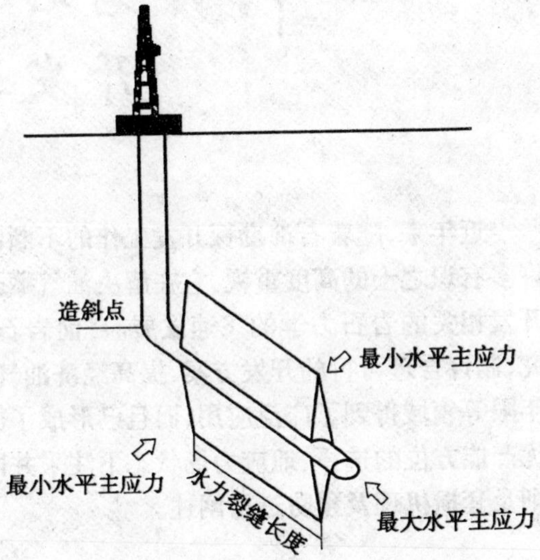

图6.2　纵向裂缝

4.基质高渗透性厚储层油藏的水平井最优产能方位应平行于最小水平主应力方向

基质渗透性厚储层油藏不需要压裂，水平井的方位应平行于最小水平主应力方向。因为较大的渗透率方位是平行最大水平主应力方向的，此时，水平井筒与较大渗透率方向垂直，这有利于油气向水平井眼的渗流，例如稠油油藏。

6.2　地应力场状态下注采井网模型的选择

地应力变化或地层存在地应力差，将引起油藏渗透率发生变化或油藏各点渗透率值不同，地应力差对油田开发效果的影响是引起渗透率变化，导致开发效果不同。因此，在进行地应力对油田开发效果影响时，李志明、张金珠等对五点法、七点法和反九点法三种常见的面积井网进行了开发效果因素分析。在进行研究时，假设最大水平主地应力方向与最大水平渗透率方向一致，渗透率的比值为3，油层厚度为15 m，孔隙度为0.2，流体黏度为20 MPa·s，油层平均渗透率为$80\times10^{-3}\ \mu m^2$，束缚水饱和度为0.2，残余油饱和度为0.3，油井日产量为3 m^3，原始地层压力为12 MPa，油田开发过程中保持注采平衡，井距为200 m，在这样条件下模拟各种井网的流线及油水前缘推进曲线。

6.2.1　五点法、七点法和反九点法面积井网开发效果

模拟结果表明，以五点法面积井网开发油田，注水井排与最大渗透率方向，即最大主应力方向夹角为0°情况下，见水时间为14.55年，波及系数为0.629；当最大渗透率方向与注水井排夹角为22.5°时，最早见水时间为12.18年，波及系数为0.526；当最大渗透率方向与注水井排夹角为45°时，见水时间为11.56年，波及系数为0.5左右。因此，当注水井排与最大渗透率方向，即最大主应力方向夹角为0°的情况下，开发效果最好，见水时间晚，波及系数高。

七点法面积井网，当注水井排与最大渗透率方向夹角为0°时，见水时间为11.35年，波及系数为0.564；当注水井排与最大水平主应力方向夹角为22.5°时，见水时间为10.37年，波及系数为0.516；当注水井排与最大水平主应力方向夹角为45°时，见水时间为10.55年，波及系数为0.525，因此，采用七点法面积井网开发时，当注水井排与最大水平主应力方向夹角为0°时效果最佳，夹角为22.5°时，效果最差。

反九点法面积井网，注水井排与最大渗透率方向在夹角为45°时开发效果最佳，在夹角为0°时最差。

通过对三种面积井网的开发效果分析，地应力场状态下用五点法面积井网开发较好(表6.1)，此时，注水井排与最大水平主应力力向一致。表6.1地应力场状态下五，七，九点法井网注水效果对比表(取 $K_1/K_2=3$)。

表6.1　地应力场状态下五，七，反九点法面积井网注水效果对比表(取 $K_1/K_2=3$)

效果对比	井网	注水井排与最大水平主应力方向的夹角	波及系数	见水时间／年
最差	五点法	45°	0.5左右	11.56
	七点法	22.5°	0.516	10.37
	反九点法	0°	0.34	7.88
最佳	五点法	0°	0.629	14.55
	七点法	0°	0.564	11.35
	反九点法	45°	0.508	11.77

6.2.2　不同井距各种井网的比较

油井见水时间与井距有关。在其他地层条件及流体参数不变的条件下，最大水平主应力方向的渗透率与最小水平主应力方向的渗透率之比值为3时，计算井距不同时各种井网的见水时间，见表6.2。

由表6.2中数据可以看出，随着井距的增加，油井见水时间增加。在井距相同的条件下，五点法见水时间晚；在五点法布井方案中，以注水井排与最大水平主应力方向夹角为0°(即注水井排与最大水平主应力方向一致)时见水时间晚。

表6.2　不同井距各种井网的见水时间表

井距/m	井网	注水井排与最大水平主应力方向的夹角			
		均质	0°	22.5°	45°
		见水时间/年			
100	五点法	4.17	3.62	3.05	2.89
	七点法	3.72	2.83	2.60	2.64
	反九点法	3.37	2.34	2.46	2.94
150	五点法	9.73	8.19	6.85	6.50
	七点法	8.37	6.39	5.85	5.94
	反九点法	7.58	5.26	5.54	6.62
200	五点法	16.67	14.56	12.19	11.56
	七点法	14.85	11.35	10.37	10.55
	反九点法	13.47	9.34	9.85	11.37
250	五点法	26.05	22.75	19.04	18.06
	七点法	23.24	17.74	16.20	16.49
	反九点法	21.05	14.59	15.38	18.39
300	五点法	37.50	52.76	27.42	26.00
	七点法	33.40	25.54	23.02	23.75
	反九点法	30.31	21.02	22.15	26.48

在油田的实际开发中,注采井网模型的选择需要考虑油藏的类型(基质油藏、裂缝性油藏等)、地应力分布状态、砂体走向等具体情况。在精细油藏研究中,人们可以通过建立地质模型、油藏模型、地应力模型、流体模型与网模型进行接口模拟,从而优化和选择适应油藏特征的井网模型。

6.3　地应力场状态下低渗透油田开发方案的设计原则

长期以来,油田的开发方案是以均质油藏的渗流理论为指导的。在地应力场状态下,低渗透油田的开发出现了以下情况的改变。

(1) 油藏是非均质的。

(2) 由于地应力场的作用,多数油层存在与最大水平主应力方向呈雁行排列的天然裂缝。

(3) 地层渗透率各向差异很大。

(4) 低渗透油藏需要进行压裂改造,水力裂缝受地层三维应力制约。

(5) 向井筒内泄油的径向流变为伸向油藏的水力裂缝的直线流道等。

因此,低渗透油田的开发方案中必须解决下述几个关系。

(1) 与渗透率低并且各向差异很大的关系。

(2) 水力裂缝方向与油水井排空间方位的关系。

(3) 水力裂缝长度与井距的关系。

(4) 与水力裂缝形态的关系。

(5) 与天然裂缝的关系。

(6) 与射孔的关系。

(7) 油井和水井如何排布的关系等。

围绕上述问题，针对低渗透油田的开发特点，对低渗透油田开发方案的选择提出以下原则。

1.沿最大水平主应力方向的矩形井网原则

在相对均质的油藏中，渗透率较高且各向差异不大，油藏向井筒的渗流是径向流，一口井周围的等压力线是圆形的，正方形井网就能够满足油田开发的要求。但是，在低渗透油藏中，渗透率各向差异很大，油藏向井筒的渗流的等压线是椭圆形的，此时，正方形井网已不适应，而只能采用矩形井网了。

在矩形井网中，矩形的长与宽的比例可以简化为平面上最大主渗透率与最小主渗透率的比值。在多数情况下，也可以采用最大水平主应力值与最小水平主应力值之比。

低渗透油田需要压裂改造，在水力裂缝条件下，油藏向井筒的流体流动状态先是油藏向水力裂缝的直线流，后是在水力裂缝中的直线流，而后进人井筒，此时，矩形井网就更有实际意义了。因为有限的缝长往往不会使产量增加到有经济开采价值的水平，只有把井网形状变成矩形，才能使水力裂缝的长度按设计要求增长。这时，矩形井网的长与宽的比例和大小可以通过油藏模拟和水力裂缝模拟接口的模拟来确定。

当沿最大水平主应力方向相间布油水井时，矩形井网中油水井的连线将与最大水平主应力方向平行，矩形的长与宽的比例更应增大。

2.最大水平主应力方向上的油水井不相间(混)排列原则

井距较小时，在最大水平主应力方向上，会出现两种油水井方式：一是相间排列(图6.3)，这种布井方式是不利的；二是不相间(混)排列(图6.4)，这种布井方式是有利的。

当油水井沿最大水平主应力方向相间排列时，注水开发中会出现注入水沿天然裂缝和水力裂缝突进，造成油井暴性水淹。国内已报导了这样的例子，如大港枣园43区块的1309井注水、在其N65°方向(该区最大水平主应力方向)上的1308采油井含水量由30%上升到80%，原油产量猛然下降。中原油田胡12－17井压裂施工时，发现与距该井150 m的胡12－18井压窜，其裂缝方位为N110°E，与该区最大水平主应力方向一致。胜利油田渤南采油井义5－5－2井与注水井5－6－3井之间的连线与最大水平上应力方向一致。义5－6－3井压裂后两井串通，在义5－6－3井注水的当天，注入水就从义5－5－2井井口喷出，使该井含水量猛增到100%而水淹。由此可见，当井距较小时，在最大水平主应力方向上，油水井的排列是不能相间的。

当油水井沿最大水平主应力方向不相间排列时，注入水将缓慢推进，波及体积大，采收率高，注水开发的效果好。

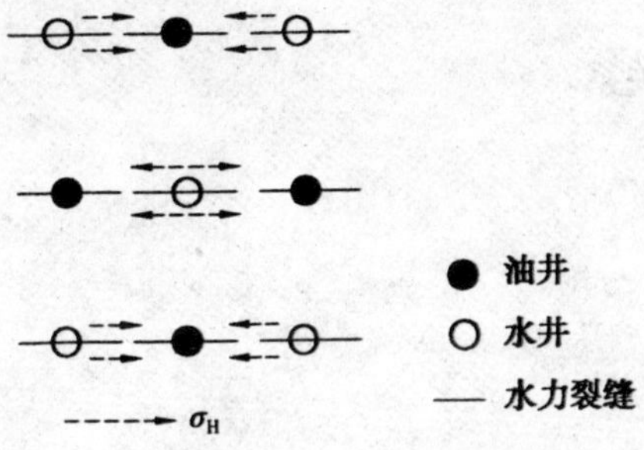

图 6.3　油水井相间排列

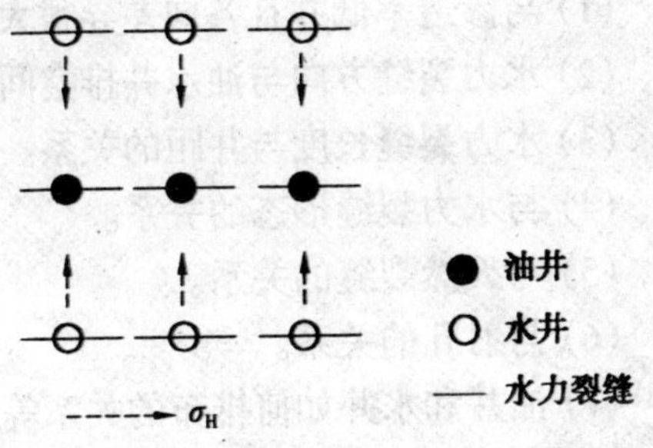

图 6.4　油水井不相间排列

3.井网与最大水平主应力方向的有利原则

在地应力场状态与五点、七点、反九点法井网的讨论分析中，已经说明了现行三种井网与最大水平主应力方向夹角的关系。以油田开发中常用的五点法井网为例。当注水井排与 σ_H 的方向夹角 α 为 0° 时，波及系数最大，水驱效率高，油井见水时间晚，采收率高；注水井排与最大水平主应力的方向夹角 α 为 45° 时，波及系数最小，水驱效率低，油井见水时间早，采收率低。

在低渗透油田开发中，在天然裂缝、水力裂缝条件下，当水力裂缝方位有利时，采油效率高，采出程度高；当水力裂缝方位不利时，扫油效率低，采出程度低。

4.优化井距原则

低渗透油田的开发说到底是一个经济开发和效益开发问题，而井距的优化则是低渗透油田效益开发中的关键问题之一。目前，在低渗透油田开发中，对井距的选择有两种做法：① 加密井网，减小井距，有利于提高采油速度，有利于加快投资回收期；② 大井距、稀井网，有利于稳产和高产。当井网太密和井距太小时，钻井工作量将加大，从而钻井投入的费用也增大，况且，如果靠天然储量开采，即使进行压裂改造，低渗透油田的采收率也很低，采出程度差，如果进行注水开发，则无水采油期短，经济效益差。当井距过大，井网过稀时，水力裂缝的长度增大到某一极限后，油井的产量也不会无限增加，投资回收期就会很长，很难取得见效快的效果。因此，优化井距也是至关重要的。合理井距原则反映了水力裂缝长度与井距的关系。

通常，井距的大小取决于水驱控制程度、油井供油半径及最低经济下限井距。在渗透率、孔隙度以及天然裂缝等因素已知的情况下，当油水井压裂的水力裂缝方位有利时，扫油效率将随水力裂缝长度的增加而增加。因此，这种情况下适度加大现场井网的井距，采用适当的注采比，可以得到较高的产量，这样就可以减少钻井工作量，从而减少不必要的投入。优化井距原则要求最大水平主应力方向和井网、适当注采比、井距、水力裂缝长、天然裂缝、渗透率等的优化结合。当油水井相间排列，油水井连线与最大水平主应力方向平行时，更需要加大井距。

5.射孔方案与最小水平主应力剖面结合原则

低渗透油田的开发需要压裂和注水(气)，隔层和遮挡层的选择和确定是十分重要的。否则，将出现剖面上的水窜(气窜)，造成油水(气)关系复杂致使油田开发失败。水力压裂过程中，隔层遮挡层的最小水平主应力值关系到垂直裂缝是否穿透，同时，射孔井段及隔层段的最小水平主应力值直接影响水力裂缝的高度、宽度及长度，影响施工参数、施工规模及压裂设计及施工，也影响压裂方式及压裂增产效果等。因此，在低渗透油田开发中，射孔方案与最小水平主应力剖面结合尤为重要。

6.平行于最大水平主应力方向的定向射孔和深穿透原则

(1)天然裂缝发育的低渗透储层射孔孔眼方位应平行于最大水平主应力方向

对于天然裂缝发育的低渗透地层(包括裂缝性地层)，由于基质渗透率很低，射孔完井产能的高低主要取决于射孔孔眼与天然裂缝系统的沟通程度，即若孔眼能直接沟通天然裂缝，节流表皮效应小，油井产能就高；若孔眼不能直接沟通天然裂缝，节流表皮效应大，油井产能就不能高。而孔眼与天然裂缝系统的沟通程度则取决于射孔参数与裂缝类型、裂缝方位、裂缝密度的适应程度。

天然裂缝多数是垂直裂缝或高倾角裂缝。当孔眼正交于裂缝面，即孔眼与裂缝面的夹角为90°时(平行于最大水平主应力方向)，孔眼可以直接沟通天然裂缝，完井产能高；当孔眼平行于裂缝面(垂直于最大水平主应力方向)，即孔眼与裂缝面的夹角为0°时，孔眼就不能沟通天然裂缝，完井产能最低。

在相同孔深下，若孔眼与裂缝面的夹角为90°(正交于裂缝面)，孔眼沟通的裂缝数量最多，完井产能最高；若孔眼与裂缝面的夹角越来越小，孔眼沟通的裂缝数量越来越少，完井产能就越来越低。

孔眼与裂缝面的夹角为0°(孔眼与裂缝面平行)时，一条裂缝都不可能沟通，完井产能最低。因此，垂立裂缝发育的地层，应采用使射孔弹发射方向与裂缝方位相互正交的定方位射孔技术，如图6.5所示。

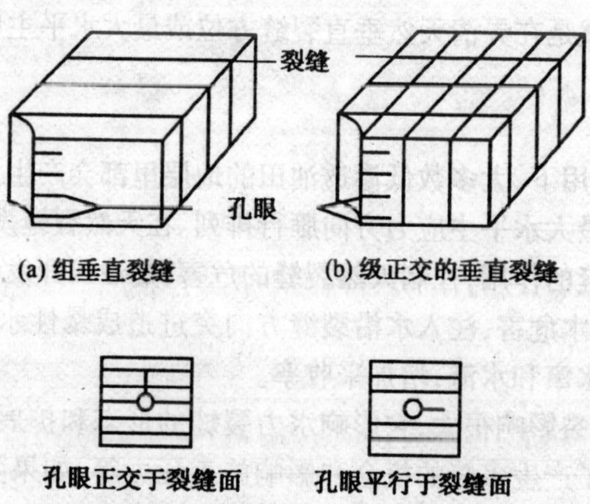

图6.5　天然裂缝与射孔孔眼相交图

(2)孔眼穿透深度对完井产能有显著影响

在孔眼方位正交裂缝面方位的情况下(即平行于最大水平主应力方向的情况下)，在一定的裂缝密度下，孔眼穿透越深，能被孔眼沟通的裂缝数量越多，完井产能就越高。因此，垂直裂缝发育的地层，应采用定方位、深穿透射孔方案。

(3)孔密对完井产能的影响不敏感

在孔眼方位正交于裂缝面方位即平行于最大水平主应力方向的状况下，孔密的高低几乎对完井产能没有影响。这表明，只要孔眼及裂缝正交，孔眼能够直接沟通天然裂缝，即使只有少量井眼沟通了裂缝也能使完井产能大幅度提高，增加孔密已失去增产意义。因此，垂直裂缝发育的地层，应采用定方位、深穿透的射孔方案，而不必强调高孔密(低孔密可以降低完井成本，减少成本也是开发低渗透油田的一个原则)。

(4) 平行于最大水平主应力方向的射孔孔眼方位有利于水力压裂的施工，有利于提高压裂后的油井产能

对于天然裂缝不发育的低渗透油田，如果不实施压裂改造建立人工裂缝，一般是很难经济有效地开发的。低渗透油压裂井的射孔完井工艺，应该与水力压裂相匹配，这与一般中、高渗透地层的自然完井的射孔有较大区别。由于井眼周围地应力分布的不均匀性、水力裂缝的走向总是垂直于最小水平地应力的力向，平行于最大水平主应力方向。如果射孔孔眼平行于最小水平主应力的方向，或者与最小水平主应力方向夹角较小，压裂液将会沿着套管外侧到达与最小水平地应力方向相垂直的方位处，使该处地层发生开裂并扩展成裂缝。在这种情况下，射孔孔眼并没有直接与人工裂缝相沟通。因此，压裂时地层破裂压力相对较高，而且有可能出现早期脱砂的现象，这同样也会降低油井产能，因为油流向井筒时，还要附加一定渗流阻力。如果孔眼方位平行于最大水平地应力的方向，那么就可以直接在孔眼处开裂并扩展成裂缝，也就是说射孔孔眼可以直接与人工裂缝相沟通。在这种情况下，压裂时地层破裂压力最低，也不会出现早期脱砂的现象，当然油井产能也最高。当地层的水力支撑裂缝形成后，流向井筒的流体变成了双线性流动。此时，在其他方位上的射孔孔眼几乎是没有流体流动的。

由以上分析可知，开发低渗透地层，对射孔完井工艺提出了与开发中、高渗透地层不同的新的技术要求，那就是在弄清天然垂直裂缝方位或最大水平主应力方向的前提下，实施定方位射孔技术。

7.天然裂缝原则

在区域应力场的作用下，大多数低渗透油田的地层里都会产生大量裂缝，这些天然裂缝近于垂直地表，沿着最大水平主应力方向雁行排列。在天然裂缝发育的低渗透油田的开发中，如何发挥天然裂缝的作用，控制天然裂缝的危害，是油田开发者必须考虑的问题。

天然裂缝会造成注水危害，注入水沿裂缝方向突进造成暴性水淹。而利用好裂缝，可以提高波及体积，防止水窜和水淹，增加采收率。

天然裂缝对水力压裂影响很大，它影响水力裂缝的形态和扩展，增大压裂液流失，限制支撑剂输送，并增加了产生多缝的机会和影响施工压力等。如果隔层中存在天然裂缝，则易压穿遮挡层，因此对于天然裂缝特别发育的油藏应避免进行压裂。如果进行压裂，也应放在油层上部，以防止底水上窜，造成水淹。

天然裂缝的油层保护工作至关重要，对入井流体必须认真地搞好防膨、防乳化、防颗粒堵塞及防毛管力增大等措施。

上述情况说明，研究储层天然裂缝分布规律及特征和考虑天然裂缝对低渗透油田开发的影响，是制订低渗透油田开发方案的一条重要原则。在制订开发方案时，应考虑天然裂缝对井网布置、射孔、压裂等方面的影响。

6.4　岩石力学在套损机理研究中的应用

油、水井套管管材的机械性能不同，几何参数不同，在井下的腐蚀程度不同，它的承载能力也不同。在油田生产过程中，当工程、地质、生产动态变化等因素对套管产生的载荷超过套管承载能力时，套管就会产生变形、破裂、错断等破坏，即套管损坏。套管损坏一直是困扰油田开发最严重的问题之一。套管的大量损坏，导致注采井网破坏，注采关系失衡，增产增注措施受阻，层间矛盾加大，油田稳产基础削弱，给油田造成严重的经济损失。套管损坏是多种因素综合作用的结果，也是各油田存在的共性问题，虽然套管损坏的规律、程度不同，但都给油田带来巨大的经济损失。

6.4.1　套管损害的影响因素

研究表明，在多数情况下，套管损坏不是单一因素造成的，而是多种因素共同作用的结果，就其作用机理可以分成地质因素、工程因素和其他因素影响。

1. 地质因素的影响

地质因素是造成套损的重要原因，它包括构造应力、层间滑动、泥岩浸水膨胀、盐岩层蠕动、油层出砂、地面下沉及油层压实等。

(1) 泥岩浸水膨胀和蠕变可引起套损

岩石具有蠕变和应力松弛的特征，岩石种类不同，其蠕变程度也不同，即使在自然地质条件下，岩石也会发生蠕变。泥岩中的黏土矿物尤其是蒙托石、伊利石、高岭石，遇水会膨胀并发生蠕变。由于套管阻挡了这种蠕变和膨胀，所以使套管外部负荷增大，随着时间的增长，该负荷会逐渐增大，当套管的抗压强度低于该外部负荷时，套管就会被挤压、挤扁乃至错断。前苏联格罗滋内石油学院做过的泥岩膨胀和套管损坏关系试验表明，当泥岩吸水大于10%时，泥岩有较高的塑性，几乎将全部上覆岩压都转移至套管，使其变形损坏。如该泥岩在大区域内连续，在遇水膨胀后区域发生蠕变，会使区域发生成片套损。如大庆油田的采油一厂、四厂，美国密西西比州的24区块油田。

(2) 现代地壳运动、地震和滑坡

现代地壳运动(是指地壳升降运动)能导致套管损坏。前苏联的西西伯利亚油田的大部分套损都发生在地壳的动力应力区。前苏联的巴拉哈内－萨布奇－拉马宁油田从1937～1982年间因套损报废3 200口井，主要是由现代构造运动及其诱发的断层活化的综合作用而致。地震(新的构造运动)可能产生新的构造断裂和裂缝，也可能使原有的构造断裂和裂缝活化。前苏联车臣－印古什地区是地震活化区，1960～1979年，该区发生了143次地震，地震最大级达7级，套损与地震次数增加相吻合。

(3) 油层出砂

油井生产过程中出砂，会在下衬管层段形成空洞和坑道，在油层压实和地层压力下降的情况下，使围岩应力发生变化。由于形成空洞，所以产生了一种力图恢复空洞上部(衬管带以下)已破坏的应力平衡，在空洞区和空洞上面地区之间的界面上产生切线应力区。如这些切线应力高于岩石破裂强度，空洞上的已泄压岩石就会坍塌，形成对套管的作用载荷，导致套损。

(4) 地面下沉及油层压实

地面下沉及油层压实主要是在垂直应力的作用下，使套管周围的岩石压实而导致应力发生变化，从而使套管在诱导的拉张力及剪切力的作用下发生弯曲或错断。这种原因造成的套损主要发生在产层、超压负荷或超压层附近的层内。如北海的 Ekofisk 油田、加州的 Belridge 油田大量的套损是这种原因造成的。

(5) 盐岩蠕变

盐层在高温、高压下的蠕变和塑性变形特别明显，在有水时盐岩和含盐泥岩软化，体积增加，向低压的井筒方向蠕变，致使套管损坏。由盐岩蠕变而造成的套损在包括科威特油田的中东地区的许多油田很常见，在美国的 Motana 及北 Dakota 油田及我国的江汉油田都有出现。

(6) 断层活动和地层倾角

沿断层层面地层移动造成油层套管大量损坏。如美国密西西比南帕斯 27 断块油田，全油田近 250 口生产井钻遇 4 条主断层(这 4 条都是暂时的正生长断层)，其中 21 口井已报废。截至 1999 年年底统计，大庆采油五厂 722 口套损井中位于断层附近的有 382 口，占 52.9%。其中，杏南开发区 619 口套损井，有 332 口井在断层附近，太北开发区 79 口套损井有 36 口井在断层附近，高台子油层 24 口套损井有 14 口在断层附近。且地层倾角较大的地方，地层易移动造成油层套管大量损坏。

(7) 井筒周围地应力分布不均易发生套管损坏

注采不平衡、高压注水、转抽、钻调整井、关注水井等情况，都会使原来暂时处于平衡状态的地应力重新分布，造成某些井点压力高或特高，而这些井点的井身就成为地应力作用的对象，当井身抵抗不住应力的作用时就会套损。如杏 8 - 3 - 125 井于 1990 年 8 月 6 日钻井，1991 年 8 月上旬准备射孔时就发现套管变形严重，无法射孔，时间前后相隔一年，又无断层存在，造成这口井报废的原因就是由于井筒周围应力状况不均。

2. 工程因素的影响

(1) 高压注水

高压注水引起套管损坏(统计结果可以说明)，高压注水后，如果注水压力超过地层的破裂压力，注入水会上窜至泥岩层，造成以下两个结果。

① 套管变形。如果浸入的水没有大面积扩散，只在套管周围相对小的范围内浸水，可能不致使地层滑动，但泥岩的蠕变会使套管变形，这与上面提到的油井套管损坏机理相同。

② 套管错断。大量水浸入上部或下部泥岩层后，岩石的内聚强度和内摩擦角急剧降低，因此在泥岩层和砂岩层面处形成了弱结构面，当注水压力大到一定程度时，在外力(重力或注采不平衡作用力) 作用下，地层发生相对滑动，从而使套管发生错断。

(2) 酸化压裂

酸化使油井附近的油层发生溶解作用，会产生溶洞或小洞，使套管周围受力不均，从而导致套损。压裂则使地层压出裂缝，即超过地层破裂压力，这样会使油水井附近岩层受力不均，再者由于压裂的重新定向而使裂缝的方向偏离所设计方向，从而导致注水进入其他层或泥岩层，使岩层受力遭到破坏，进而加快了套损。美国加州 Belridge 油田就是由于水力压裂而导致注水开采的套损井比注水开采前多。

(3) 固井质量

① 套管外水泥返高不够。长期以来，我国各油田在油、水井油层套管封固方面，由于技术、经济和井深等原因，大多数井固井时水泥浆不返到地面，而是返到某一深度。井口采取注水泥帽和焊环形铁板(下表层套管的井) 等措施封固井口油层套管。注水泥帽封固深度一般在井深30 m以上，有不少井仅封固10 m左右。由于封固距离短，加之浅部地层井眼大、不规则等，常常造成混浆，使封固质量不好，卸下联顶节后，套管下沉。据江汉油田124口 套管损坏井分析，其中有54口井套管损坏在未封固井段，占43.5%。江汉油田在套管损坏井中，水泥封固高度低于500 m的井占套管损坏井数的81%，水泥封固高度仅是套管总长的6% ~ 37%。

② 套管内外压力不等。在封固井段，套管内为清水或泥浆(相对密度为1.0 ~ 1.25 g/cm^3)，套管外为水泥浆(相对密度为1.8 ~ 2.0 g/cm^3)，内外流体密度不同，所受压力不同，尤其当注水泥代替泥浆或清水碰压时，在套管内突然产生高压，此时套管内壁压力大于套管外壁压力，使套管薄弱环节变形和破裂。

③ 固井水泥候凝时温度变化大。由于井眼不规则或固井时存在混浆井段，在封固井段内，水泥浆候凝期间放热不均匀，温度的变化使套管热胀冷缩，导致套管变形破裂。

④ 对固井封固质量的好坏只限于上不漏封、下不压裂油层，试压合格，只规定管外不漏气、油、水的要求是很不够的。大庆油田套管损坏的诱发因素仍然是高压注水。但南一区三排、西九、中七、东七排，中、西、东三排共有注水井172口，套管损坏井79口，套管损坏率45.9%。尤其是南一区三排井区井口塌陷、管外冒水与地表地裂固井质量不好、注入水上窜密切相关。玉门老君庙、江汉油田也有类似情况。

(4) 射孔产生裂缝

由于在射孔过程中多枚射孔弹同时爆炸产生的冲击波使套管变形，并在局部形成应力集中及残余应力，孔眼的存在使套管的应力重新分布。前者通过采用有枪身射孔弹等射孔工艺来减小套管强度损害，而后者是无法避免的，因此，只有通过对孔眼尺寸及分布来尽量减小对套管强度的损害。大庆油田开发20年后，在226口套管损坏井中，在射孔井段套管损坏井占23.5%。此外，对不同的地层及套管要选择不同的射孔枪及射孔弹以达到有的放矢，减少不必要的套损诱发因素。

(5) 井眼不规则的影响

由于地下岩层软硬程度不同和地层倾斜的原因，造成井眼不规则和倾斜，尽管多数井完钻后井斜都在规定范围以内，但井不总是垂直的，当大多数井是呈不同方位或者从总趋势上向某一方位内倾斜时，就造成套管在井内不居中，即多处形成“狗腿” 井段，这样就会造成套管弯曲和固井封固质量不好，加之高压注水、断层和井下作业等原因导致套管变形破裂。

(6) 套管质量不合格

1980年对法国道威尔公司进口的一批套管进行质量检查，其中捷克 ϕ177.8 N80套管100根，英国P－110套管150根，因管体裂纹报废率分别为14%与22.7%。其他如日本ϕ140 N－80套管，国产包钢ϕ140套管分别在辽河、长庆油田固井碰压时发现裂纹，裂缝长0.9 ~ 1 m。另外，由于螺纹加工精度不高，造成丝扣不密封，套管内外气体与液体由于压力不同互相窜通，长期作用后，扩大了丝扣的空隙，导致套管损坏。

3.其他因素影响

(1) 化学腐蚀的影响

套管的化学腐蚀是指原油天然气中含有的硫、CO_2 和 H_2S，及地层水中和注入水中含有的各种腐蚀性物质与套管中 Fe 或 Fe^{2+} 发生反应而腐蚀管体。腐蚀条件包括一定的温度、压力、Fe^{2+} 浓度及地层水中存在还原菌等，大多与硫酸盐还原菌的作用有关(在美国油井套管腐蚀中占 77%)。当有腐蚀产物或结垢存在，且含有 CO_2，H_2S，CO 等任一种介质时，均可以在垢下形成电偶电池腐蚀。以氧腐蚀为例，由于腐蚀产物的表面容易吸附许多氧原子，而氧浓度差的作用促使金属表面阴极去极化，加速金属表面的腐蚀。

① 硫酸盐还原菌对套管的腐蚀：在一定温度的油田地下水中，普遍存在多种由硫酸盐生成的还原菌。在缺氧条件下，硫酸盐还原菌的代谢产物 S^{2-}，H_2S 参与阴极去极化过程且使该电化学过程大大加快，从而使套管腐蚀加剧。实验表明，硫酸盐还原菌在 25 ~ 37 ℃ 促进碳钢腐蚀，在 50 ℃ 时 Fe^{2+} 浓度对碳钢受硫酸盐还原菌腐蚀产生不同影响，在 60 ℃ 时硫酸盐还原菌不促进碳钢腐蚀，相反使其减缓。

②CO_2 对套管的腐蚀：在油田水中如果溶有 CO_2，就可能形成 CO_3^{2-} 和 HCO_3^- 等致垢物，而且可能与水层中的套管、水及一些金属离子构成电化学反应体系。当体系达到一定压力和温度时，电化学反应便可发生，结果是铁离子脱落而使套管表层遭到腐蚀破坏。

③H_2S 对套管的腐蚀：在没有硫酸盐还原菌或没有条件存在硫酸盐还原菌的油田水中也可能溶有 H_2S，它对套管的腐蚀与硫酸盐还原菌对套管的腐蚀结果相同。

④ 盐性物质对套管的腐蚀：盐对金属的腐蚀是众所周知的。地下盐层中含有多种盐性物质。其中主要的是 NaCl。这些盐性物质在地层中少量水的溶解下，如果遇到没有封固好的套管铁性物质(特别是被磨损的部位)，即可发生化学反应对套管进行腐蚀，加上水的锈蚀及盐垢作用，套管腐蚀加重。盐水还可能穿透套管壁，当管内水、泥浆或水泥浆停止运移时，在一定温度下，套管腐蚀将更加严重，腐蚀速度加快。铁锈、盐垢、凝固水泥等物质固结在一起堵塞通道。

(2) 地温因素的影响

美国学者对地热井的套损进行的研究表明，85% 的套损都是由于温度迅速的升降使套管在接合处发生损坏而导致的，只有 15% 是由于套管的弯曲造成的。

套管受热后变长的公式为

$$\Delta L = \alpha \Delta TL \tag{6.1}$$

该研究表明温度每增加 100 K，变形增加率为 8%，则热应力变化可表示为

$$S = \alpha \Delta TE \tag{6.2}$$

此公式可用来确定套损发生前(对注蒸汽套管)许可的最大温度增加值。

而前苏联人也用欧拉公式分析地温井内套管的变化。公式为

$$L_{KP}^2 = \frac{\pi^2 J}{F\alpha \Delta t_{KP}\mu^2} \tag{6.3}$$

式中 L_{KP}—— 临界长度，m；

Δt_{KP}—— 临界温差，℃；

F—— 固定横截面积，m^2；

μ—— 泊松比；

α—— 线性膨胀系数，1/℃；

J—— 横截面积惯性瞬间量，m^4。

这种套损在法国的巴黎盆地也占主要部分。此外，在辽河油田的热采井中也是由温度作用而产生套损的。

总之，影响套损的因素较多，有时某种因素为主要因素，有时又是多种因素相互共同作用的结果，因此在研究套损时，只有综合考虑各种因素，才能较全面地预防。

6.4.2　防止套管错断的极限孔隙压力研究

1. 错断的内在条件

套管错断是由岩层滑动引起的，随着注水压力的提高，岩体失稳的决定因素在于岩体结构面，它直接制约着工程岩体变形、破坏的发生和发展过程。在载荷作用下，应力重分布，变形和破坏往往发生在岩体中强度最薄弱部位，但这个部位并不一定是载荷最大的地方，关键是软弱结构面，特别是泥化结构面的强度低而优先变形破坏。因此，岩层滑动必要地质条件是岩层中有软弱结构面，并且结构面被泥化。对于注水井，由于注水时间长，注水井周围地层压力大，所以在泥岩和砂岩层的交界面上的泥岩被完全水化，其强度大大降低，再加上地层倾角的影响，会使地层沿软弱面滑移，引起套损。

2. 高压注水是地层滑动的外部条件

如果软弱结构面不进水，不泥化，则在原始地应力作用下岩层稳定。但在注水开发的油田中，当注入压力达到一定值后，形成浸水域，这样使泥岩形成软弱层。一旦水浸后，岩石的物理性质将要发生变化，首先泥岩吸水后软化、严重者泥化，大大降低了岩石内聚力，这主要是由于吸水后岩石胶结力逐步消失，其内聚力随泥岩含水量增加而降低，其次是泥页岩吸水软化降低了岩石内摩擦角，随之岩石抗剪强度降低，岩石容易破碎滑动。

3. 岩层失稳的判别及极限孔隙压力确定

根据岩体力学理论，断层断裂面、光滑层理、节理、剪切面及塑性异常段这些软弱面在外力作用下都可引起岩层蠕变滑移或岩层失稳。

岩体是否失稳的判断原理是按照莫尔 - 库仑准则进行，当外剪力与岩体固有剪切力相等时，岩体处于极限平衡状态。

岩体失稳一般是沿着软弱结构面滑移，在如图 6.6 所示的软弱面上，该面与最大主应力外法向的夹角为 β，所以，该面上的法向应力和剪应力为

$$\tau_n = \frac{\sigma_1 - \sigma_3}{2}\sin 2\beta = (\sigma_1 - \sigma_3)\sin\beta\cos\beta \tag{6.4}$$

$$\sigma_n = \frac{\sigma_1 + \sigma_3}{2} + \frac{\sigma_1 - \sigma_3}{2}\cos 2\beta \tag{6.5}$$

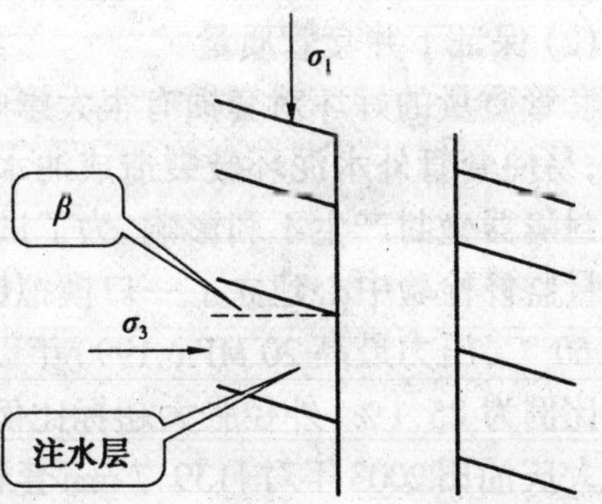

图 6.6　井壁附近的岩体受力

根据莫尔 - 库仑准则，岩体极限平衡条件为

$$\tau_n = \tau_0 + \sigma_n\tan\phi \tag{6.6}$$

将式(6.4)的 τ_n 和式(6.5)的 σ_n 代入式(6.6),得

$$(\sigma_1 - \sigma_3)\sin\beta\cos\beta = \tan\phi(\sigma_1\cos^2\beta + \sigma_3\sin^2\beta) + \tau_0 \tag{6.7}$$

当泥页岩层孔隙水压为 P_0 时,σ_1 和 σ_3 的有效应力为

$$\sigma_1' = \sigma_v - P_0 \tag{6.8}$$

$$\sigma_3' = \sigma_h - P_0 \tag{6.9}$$

将极限 σ_1' 和 σ_3' 代入平衡条件,可得

$$P_0 = \frac{\sigma_V\cos\beta(\cos\beta\tan\varphi - \sin\beta) + \sigma_h\sin\beta(\cos\beta + \sin\beta\tan\varphi) + \tau_0}{\tan\varphi} \tag{6.10}$$

式中 P_0—— 防止套管损坏的最大注水压力,MPa;

σ_V—— 上覆岩层压力,MPa;

σ_h—— 水平地应力,MPa;

φ—— 岩石的内摩擦角;

τ_0—— 岩石的内聚强度,MPa。

6.4.3 减缓和防治套损措施

从影响套损的诸多因素可以看出,套管自身的力学性能及其所受的外力决定着是否发生套损。因此,预防套损应从两方面考虑,一是确保套管承载能力;二是降低套管所受外部载荷。

1.提高套管强度和质量确保承载能力

(1) 采用高强度套管

高强度套管包括高钢级套管和厚壁套管,为了少增加成本,可采取组合套管方式,即对易套损井段采用高强度套管,其他井段采用普通套管。大庆油田近几年应用高强度套管取得了较好的效果。采油五厂在15口井油页岩层上下10 m区间内下入加厚套管;采油九厂1999年在龙虎泡高台子层8口井下入N80及P110套管,到目前为止未发现套损井,因此在2003年的钻井区块下入加厚套管333口井,其中N80套管246口井,P110套管87口井;采油十厂从2001年在加密新井和更新井油层段采用壁厚9.17 mm的N80套管,已累计应用124口井。

(2) 保证下井套管质量

套管质量的好坏对套损有很大影响,射孔套管出现裂纹直接导致套损;套管外径胀大超标,易使套管外水泥环破裂造成油水层窜槽,影响套管井的寿命;套管炮眼内毛刺超标,对于封隔器坐封产生不利影响。为了试验射孔对套管质量的影响,石油工业油气田射孔器材质量监督检验中心建立了一口模拟试验井,井深500 m,井筒内径35 mm,模拟井下温度最高60 ℃,压力最高20 MPa。1990年以来在该模拟试验井上共射孔试验267根套管,出现裂纹比例为25.1%,外径胀大超标比例为41.2%,内毛刺超标比例为24%。

大庆油田2003年对ϕ139.7 mm套管进行专项监督抽查。共抽取3个生产厂家的3批次9根套管,检验执行SY/T6491—2000《油层套管模拟井射孔试验与评价》标准,使用标准中规定的94DP15型无枪身射孔器,射孔环境为50 ℃,20 MPa。检验结果是:3个厂家套管外径胀大和炮眼内毛刺高度均超标,3批套管均判为不合格产品。

模拟试验井是目前我国检验油层套管射孔质量最有效的手段之一。多年来,已被日

本、美国、墨西哥、阿根廷、意大利等国家的套管生产厂商认可。为了保证下井套管质量，应建立模拟井射孔试验监督抽查制度。

2.搞好防窜封窜以控制泥岩和页岩浸水

套管外窜槽不但严重影响油田分层开发，也是引起套损的主要原因之一。搞好防窜封窜以控制泥岩、页岩浸水是预防套损的关键。

(1) 提高固井质量

钻前地层压力剖面调整，在分区域集中钻井的基础上，采取降压－保压的做法，减少地下能量损失，防止发生成片套损。2003年采油五厂在杏八、九区，共对3套井网33口油水井采取措施，其中注水井调整方案9口井，采取钻关措施11口井；采油井采取停采措施4口井，调整生产参数9口井。通过采取措施，纵向上最大层间压差由9.84 MPa降低到5.37 MPa，平均层间压差降为3.65 MPa，有效地缩小了层间压差，为提高固井质量提供了良好的地质条件。

目前固井中大量使用的常规A级油井水泥在凝固过程中一般有膨胀－收缩的过程，对水泥环界面的胶结质量产生不良影响，固井后24 h和15天分别测得的声变胶结指数呈下降趋势也证明了这一事实。

为了提高固井质量，研究开发了一种微膨、低失水、较好韧性、具有直角稠化性能的DPDR水泥，其抗压强度、膨胀性能、动力学性能和抗窜性能均高于常规水泥。采油五厂杏九区3次加密井在4口水井和3口油井中应用了DPDR水泥，平均32天的延时声变测井固井优质率达100%，平均单井固井优质段比例达95.5%。

对X9－J2－X3341井进行两次声波密度测井，固定后48 h测得优质段为320 m，占总厚度94.1%，35天后测得优质段为325 m，占总厚度95.6%。应用DPDR水泥固井，水泥胶结质量随时间延长不仅没有变差反而更优。DPDR水泥有较好的韧性，在射孔和作业过程中可避免水泥环产生裂纹。

(2) 治理窜槽井

大庆油田窜槽井具有大段、不连续、多点窜槽的特点。特别是开发的薄差油层与邻近高压层窜槽的较多。层间压差较大，需要多次封堵，施工难度大。为此开展了氰凝封窜、微膨水泥封窜和高聚物单液法封窜技术研究与应用，每年施工井数达50口，针对不同的窜槽情况，采用不同的施工工艺，取得了较好的效果。通过对窜槽井的治理，防止了泥岩、页岩大量进水形成浸水域，降低了套损发生率。

(3) 平衡压裂保护薄隔层

根据大庆油田水力压裂裂缝主要为水平延伸的特点，应用平衡压裂技术使薄夹层上、下压力平衡，保证压裂时薄夹层不被压窜。现场应用50余口井，最小隔层厚度0.4 m，施工全部成功，该技术成为薄夹层压裂的一种有效方法。

3.合理注采调整不均衡层间压差

油田开发是一个长期的过程，要求套管的寿命周期在50年以上，靠牺牲套管寿命换取较高的阶段采油速度是得不偿失，不符合科学发展观的。为了减缓套损，应该严格控制注水压力，对成片套损区块综合治理，实现均衡注采，使油田进入良性开发。

(1) 控制注水压力

为了控制因注水压力高使套损加剧的趋势，采油一厂1999年在套损严重的东部过渡带实施了低于上覆岩压注水的套管防护措施，平均注水压力降低0.9 MPa，使该区套损井数有所下降；2002 年在纯油区实施降压注水的套管防护措施，平均注水压力降低 0.65 MPa，S0 ~ SⅡ4 部位套损井数减少 30 口。降压注水控制套损措施取得了较好效果。

为了满足配注要求而又不超过上覆岩压注水，采用了注水井酸化等降压增注技术，使油层渗流条件得到改善，水井注水压力下降，油井地层压力升高，层间压力不均衡的矛盾得到缓解，从而使油田压力系统更趋合理，对预防套损起到积极的作用。

统计 2000 ~ 2001 年采油五厂进行解堵的注水井，措施前后对比，注水压力分别下降了 1.6 MPa 和 1.5 MPa。4 口注水井实施解堵前后的分层测压资料表明，措施前层间压差 7.8 MPa，措施后层间压差缩小到 2.3 MPa。2000 年初杏北油田有 32 口井平均注水压力 14.6 MPa，超出最大允许注水压力 0.7 MPa。对其中的 17 口超压注水井进行酸化解堵，平均单井注水压力由解堵措施前的 14.5 MPa 下降到 12.7 MPa。

(2) 成片套损区块综合治理

为了遏制和减缓成片套损区的发展，根据区块异常高压层分布情况，采取"泄控结合"的防治套损措施。对注水井加大注水方案调整力度，降低异常高压层注水强度；对于采油井，采取压裂和补孔泄压措施。

杏 6 ~ 7 区甲块是套损严重区，通过对 107 口 1 次加密井及 204 口 2 次加密井的 71 个单砂体油层压力资料分析表明，该区块异常高压层比例较高，而且随着井网的加密，调整对象逐渐变差，异常高压层的比例也在增加，其中特高压层($\Delta P > 3$ MPa) 在平面上所占比例由 1 次加密前 14.3% 上升到 2 次加密前的 19.2%，而高压层($3.0\ \text{MPa} > \Delta P > 2.5$ MPa) 的比例也由 8.8% 上升到 9.0%。异常高压层比例大，并未得到有效控制，造成区块油层部位套损严重。

通过统计分析，纵向上高压层主要集中在 SⅡ，SⅢ 油层，分别占 86.0% 和 13.3%，该区块套损井也主要发生在 SⅡ，SⅢ 油层组，分别占 39.2%，7.8%，证明异常高压层是导致套损的主要原因。2002 ~ 2004 年，对 17 口注水井中的 23 个异常高压层段调整了注水方案，目的层日注水量由 699 m^3 下降到 301 m^3，平均日单井下调水量 23.4 m^3。对 14 口压力偏高的注水井进行了调整，平均单井注水压力由 12.5 MPa 控制到 11.8 MPa，下降 0.7 MPa。同时，对异常高压层的油井补孔 13 口、压裂 16 口。2004 年发现套损井 2 口，年套损率为 0.74%，整个区块套损形势得到有效控制，油田主要开发指标得到改善。

4.作业过程中合理控制套管内压力变化

注水井突然开井放喷，因套管内压力急剧下降，套管被外部围压挤毁现象时有发生，为此制订了作业施工过程中避免发生套损的法规。采油一厂对 1999 ~ 2000 年 213 口注水井作业降压情况进行了统计研究，绘制了时间与压力变化关系曲线。研究结果表明，注水井作业前关井降压时间 2 ~ 3 天较合理。2001 年修订了规定，把注水井作业施工提前关井降压时间由原来的 24 h 增加到 48 h，实施后未发现起管柱正常而下管柱遇阻的套损井。

5.修井过程保护水泥环

近年来，修井工艺有了很大的进步，已经形成了对不同套损类型的系列修井技术。对于通径大于 70 mm 的变形井，经冲击、碾压或爆炸等工艺整形后，油水井基本恢复了生产，由于只注意修复效果，而对水泥环的损伤破坏没有引起足够的重视，结果造成修复的油水井投人生产后，在较短的时间内再次发生套损。

以冲击整形为例，因其工艺简单，操作方便，成为最常用整形技术。冲击整形工具由钻杆、配重器和梨形胀管器组成，如图 6.7 所示。

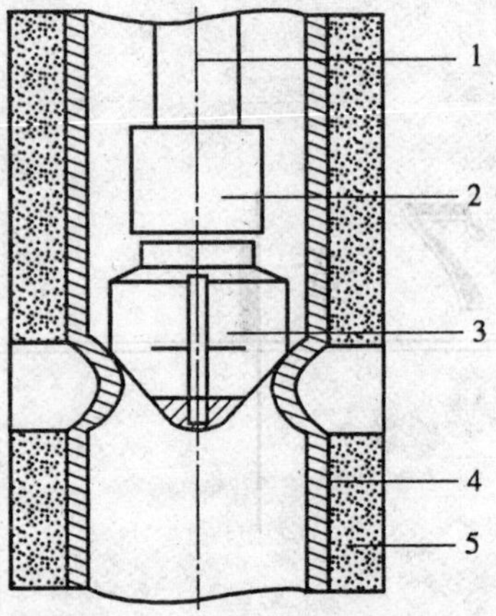

图 6.7　冲击整形工具示意图

1— 钻杆；2— 配重器；3— 梨形胀管器；4— 套管；5— 水泥环

冲击整形时，梨形胀管器通过钻杆连接下放到距套损位置 9 ~ 18 m 处停止，然后在钻井液中自由下放组合工具，依靠向下运动的惯性，使胀管器锥体工作面与套损部位接触瞬时产生径向分力，冲胀套损的变形部位，以达到整形的目的。应用应力波理论对大庆油田 5 口套损井进行了计算，并对这 5 口井在修井前后的 X – Y 井径测试和变密度声波测试资料进行对比分析，结果见表 6.3。可以看出，套损井中水泥环存在初始损伤长度，冲击整形后，其冲击力增加了对水泥环损伤。在整形初期，水泥环的损伤长度与冲次成正比，当环损伤长度达到一定值后，随冲次增加幅度减少，最大损伤长度主要与整形工具的提升高度有关。应尽可能地降低冲击高度以减小对水泥环的损伤。根据这一理论可使水泥环损伤长度降低 25% ~ 50%。

表 6.3　应力波理论的计算结果与测试资料对比

井号	变形状态	井深 /m	最小通径 /m	提升高度 /m	水泥环损伤长度提升高度 /m		
					修前 /m	修后 /m	计算长度 /m
X4 – 11 – 605	错断	842.17	98	9	1.9	5.1	5.103
X1 – 4BW45	变形	1 106.29	111	14	2.7	6	5.283
X1 – 4 – BW131	错断	1 110	65	12	1.8	5.7	5.794
X6 – 2 – 125	错断	196.02	95	10	1	5.2	5.343
X6 – 1 – 230	错断	914	98	7	2	4.6	4.713

习　题

1. 简述水平井最优产能方位的选择方法。
2. 简述五点法、七点法和反九点法面积井网注水井排的部署方法。
3. 论述在地应力场状态下，低渗透油田与均质油藏的渗流理论相比有何不同。
4. 论述低渗透油田的开发方案中必须解决的几个关系。
5. 简述地应力场状态下低渗透油田开发方案的设计原则。
6. 论述套管损害的影响因素有哪些。
7. 论述套管错断的内在条件和外部条件。
8. 推导弱面地层防止套管错断的最大注水压力。
9. 论述计算蠕变引起套管外挤力的研究思路。
10. 简述减缓和防治套损措施。

第7章 岩石力学在完井工程中的应用

完井作业是油气田开发总体工程的重要组成部分。和钻井作业一样,如果完井作业处理不当,就有可能严重降低油气井的产能,使钻井过程中的保护油气层措施功亏一篑。因此,了解各种完井技术并根据油气藏的类型和特性选择最适宜的完井方式是十分重要的。

7.1 完井方式概述

7.1.1 完井方法分类和常用方式的适用条件

目前,国内外主要采用的完井方式有:射孔完井、裸眼完井、砾石充填完井等,由于各种完井方式都有其各自的适用条件和局限性,因此应根据所在地区油气藏的类型和特性慎重地加以选择。许多的油气井在生产过程中要出砂,为了保证生产的顺利,必须实施防砂完井。目前,不论是在裸眼井内还是在射孔套管内均可实施有效的防砂,所以按照完井方式是否具备防砂的功能来分,可分成防砂型完井和非防砂型完井两大类,见表7.1。下面介绍几种常用完井方式的适用条件。

表7.1 完井方式分类表

非防砂型完井	防砂型完井	
1.射孔完井	1.绕丝筛管完井	9.管内下绕丝筛管完井
2.裸眼完井	2.裸眼预充填砾石筛管完井	10.管内预充填砾石筛管完井
3.割缝衬管完井	3.裸眼金属纤维筛管完井	11.管内金属纤维筛管完井
4.带ECP的割缝衬管完井	4.裸眼烧结陶瓷筛管完井	12.管内烧结陶瓷筛管完井
5.贯眼套管完井	5.裸眼金属毡筛管完井	13.管内金属毡筛管完井
	6.裸眼井下砾石充填完井	14.管内井下砾石充填完井
	7.裸眼化学固砂	15.套管外化学固砂
	8.衬管外化学固砂	16.割缝衬管完井*

注:* 在砂岩油层中,割缝衬管完井也具有一定的防砂能力。

1.射孔完井方式

射孔完井方式能有效地封隔含水夹层、易塌夹层、气顶和底水;能完全分隔和选择性地射开不同压力、不同物性参数的油气层,避免层间干扰;具备实施分层注、采和选择性增产措施的条件,此外也可防止井壁垮塌,如图 7.1(a) 所示。

注意的问题是,采用射孔完井方式时,油气层除了受钻井过程中的钻井液和水泥浆损害以外,还受射孔作业对油气层的损害。因此,应采用保护油气层的射孔完井技术以提高油气井的产能。

2.裸眼完井方式

裸眼完井方式最主要的特点是油气层完全裸露,因而具有最大的渗流面积,油气井的产能较高,但这种完井方式不能阻挡油层出砂、不能避免层间干扰、也不能有效地实施分层注水和分层措施等作业。因此,主要是在岩性坚硬、井壁稳定、无气顶或底水、无含水夹层的块状碳酸盐岩或硬质砂岩油藏,以及层间差异不大的层状油藏中使用,如图 7.1(b) 所示。

注意的问题是,采用裸眼完井方式时,油气层主要受钻井过程中的钻井液损害,故应采用保护油气层的钻井及钻井液技术。

3.衬管完井方法

衬管完井方式是把油层套管下至生产层顶部,进行固井,然后钻开生产层,下入带孔眼的衬管进行生产。用此方式完成的油、气井与裸眼完井方式在生产特点上相似,但有防砂作用,如图 7.1(c) 所示。

4.砾石充填完井方式

砾石充填完井方式是最有效的早期防砂完井方式,主要用于胶结疏松、易出砂的砂岩油藏,特别是稠油砂岩油藏。砾石充填完井有裸眼砾石充填完井、割缝衬管和套管砾石充填完井等,它们各自的适用条件除了岩性胶结疏松以外,分别与裸眼完井和射孔完井相同,图7.1(d) 给出的是砾石充填完井示意图,图 7.2 和图 7.3 分别给出的是先期裸眼完井和井筒或管外地层充填砾石层完井示意图。

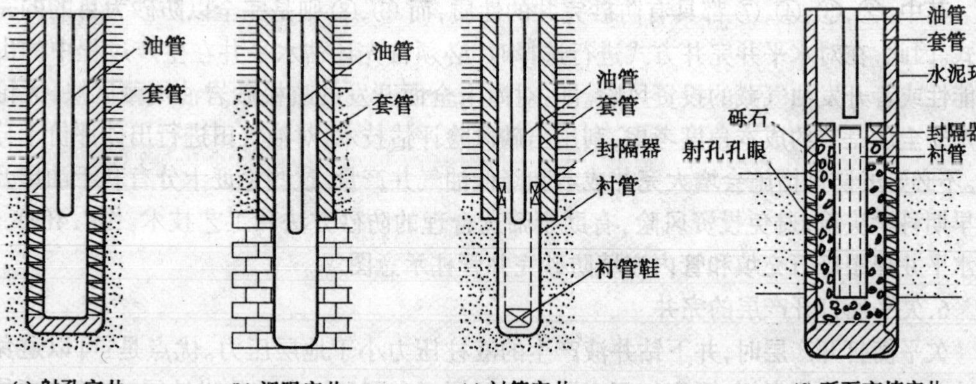

图 7.1　不同完井方法示意图

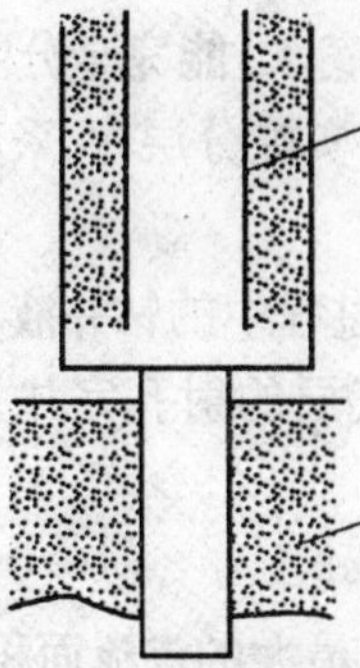

图 7.2　先期裸眼完井示意图

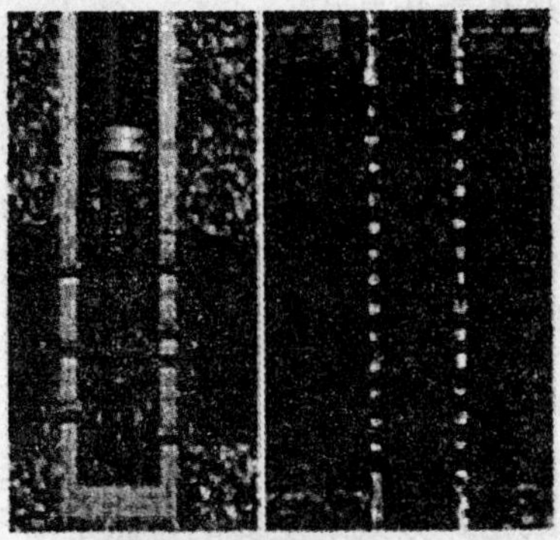

图 7.3　井筒或管外地层充填砾石层完井示意图

注意的问题是，采用套管砾石充填完井方式时，油气层除了受到钻井过程中的钻井液和水泥浆的损害、射孔作业对油气层的损害以外，还会受砾石充填过程中充填砂浆对油气层的损害，因此应采用保护油气层的砾石充填完井技术（如压裂砾石充填），做到既防止地层出砂，又不降低油井产能。

5.水平井完井方式

水平井完井方式需要考虑气藏地质特征、流体物性、生产方式、产能要求以及井壁稳定性和出砂风险评估等。水平井完井方式和直井类似，目前主要有以下 8 种完井方式。

① 裸眼完井。

② 裸眼筛管完井。

③ 裸眼筛管带管外封隔器（ECP）完井。

④ 裸眼膨胀筛管完井。

⑤ 裸眼筛管砾石充填完井。

⑥ 尾管射孔完井。

⑦ 尾管射孔筛管完井。

⑧ 尾管射孔管内砾石充填完井。

其中，②，③，④，⑦ 都具有防砂完井的性质，而 ⑤，⑧ 则是完全以防砂为目的的完井方式。因此，在对水平井完井方式进行选择时，必须首先评估水平井在生产过程中的出砂可能性或者开发油气藏的投资风险。即：对尚未全面开发的疏松砂岩油气藏区块，无论从生产安全还是节约成本角度考虑，利用出砂风险评估技术，对油气田进行出砂评价十分重要。不必要的防砂措施会增大完井成本和降低油气井产量。这些论证十分有利于油田开发的早期科学决策，避免投资风险，有助于筛选合理的防砂方法和工艺技术。图7.4(a)，(b)为水平井裸眼砾石充填和管内充填防砂完井管柱示意图。

6.欠平衡打开产层的完井

欠平衡打开产层时，井下钻井液产生的液柱压力小于地层压力。优点是：可以避免钻井液对地层产生损害。欠平衡打开产层主要适用于有裂缝性碳酸盐岩地层、裂缝性变质岩地层、火山喷发岩地层、低渗致密砂岩等地质条件。所以目前能采用的完井方式主要有裸眼完井、割缝衬管完井、带 ECP 的割缝衬管完井、贯眼套管完井等。

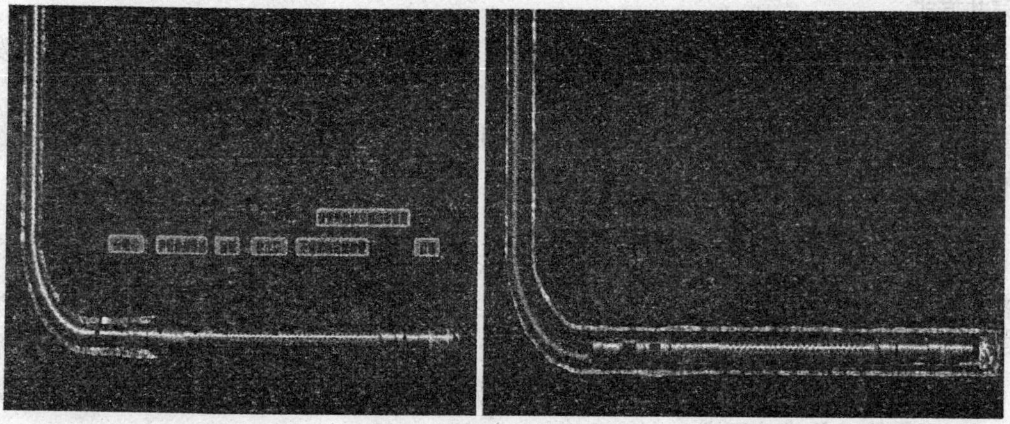

图7.4　水平井裸眼砾石充填和管内充填防砂完井管柱示意图

7.1.2　选择完井方式的原则

完井,顾名思义是指油气井的完成(Well Completion),抽象地讲是根据油气层的地质特性和开发开采的技术要求,在井底建立油气层与井眼之间的连通渠道或连通方式。所以,完井方式选择是完井工程的重要环节之一。

目前国内外采用的完井方式有很多种,但都有其各自的适用条件和局限性,只有根据油气藏类型、油气层的特性,按照开发要求优选最合适的完井方式,才能有效地开发油气田,延长油气井寿命,提高油气田的经济效益。合理的完井方式应该力求满足以下要求。

① 油气层和井筒之间应保持最佳的连通条件,油气层所受的损害最小。

② 油气层和井筒之间应具有尽可能大的渗流面积,油气入井的阻力最小。

③ 应能有效地封隔油、气、水层,防止气窜或水窜,防止层间的相互干扰。

④ 能有效地控制油层出砂,防止井壁垮塌,确保油井长期生产。

⑤ 具备进行分层注水、注气、压裂,酸化等分层措施以及便于人工举升和井下作业等条件。

⑥ 对于稠油油田,则稠油开采能达到热采(主要为蒸汽吞吐和蒸汽驱)的需求。

⑦ 油田开发后期具备侧钻定向井及水平井的条件。

⑧ 施工工艺尽可能简单,成本尽可能低。

7.1.3　选择完井方式考虑的主要因素

选择完井方式时,应考虑油气藏类型、油气层特性和工程技术及措施要求三方面的因素。

1.油气藏类型

选择完井方式时,应区分块状、层状、断块和透镜体等不同的油藏几何类型。层状油藏和断块油藏通常都存在层间差异,一般采用分层注水开发,因而多数选择射孔完井方式。块状油藏不存在层间差异的问题,主要考虑是否钻遇气顶及底水,蒸汽,从而选择不同的完井方式。

选择完井方式时,还应区分孔隙型油气藏、裂缝型油气藏等不同的渗流特性。易于发生气、水窜的裂缝型油气藏不宜采用裸眼完井方式。

选择完井方式时,还应区分稀油油藏、稠油油藏等不同的原油性质,稠油油藏通常胶结疏松,大多采用砾石充填完井、注蒸汽热采。

2.油气层特性

油气藏类型并不是选择完井方式的唯一依据,还必须综合考虑油气层的特性,包括:油气层是否出砂(储层岩石坚固程度)、油气层的稳定性、油气层渗透率及层间渗透率的差异、油气层压力及层间压力的差异、原油性质及层间原油性质的差异等,这些都是选择完井方式的重要依据,应作出定量判断和定量划分。

3.工程技术及措施要求

选择完井方式时,除了需要考虑油气藏类型和油气层特性外,还应根据开采方式和油气田开发全过程的工艺技术及措施要求综合确定。包括:是否采用分层注水开发、是否采用压裂等改造油气层措施、是否采用注蒸汽吞吐热力开采方式等。

由此可见,选择完井方式需要考虑地质、开发和工程多方面的因素。综合这些因素才能选择出既能适应油气层地质条件,又能满足长期生产过程中对油气井要求的完井方式。

7.2　四种压力剖面预测新技术与应用

近年来,地层压力预测技术得到了进一步发展和应用,井下各种复杂情况有所减少,但由于区块地质情况复杂和井况日益恶化,钻井过程中导致发生井下复杂情况的可能性依然十分严重。全国各大油田针对开发过程中地层压力紊乱、难以预测的突出问题,在开展地层孔隙压力、坍塌压力、破裂压力和漏失压力等四个压力剖面的综合研究方面取得的新进展,提高了对调整井和井身结构设计的合理性,为现场预防与制订处理调整井开发层段井下复杂情况的措施提供了技术支撑。在国内,从20世纪90年代开始,先后对井壁稳定的力学、水基泥浆对地层性能的物理、化学作用的影响关系进行了研究,逐步提出了采用岩石力学-泥浆化学及其耦合作用来研究井壁稳定问题的方法。

提供准确的地层压力剖面是井身结构设计和钻井液密度确定的基础,是钻井液体系设计的重要参考依据,是预防和减少井下复杂情况的关键,是提高井眼质量和固井质量的重要途径。通过四个压力剖面的研究与应用,钻井液密度的合理确定范围不断优化,准确性和安全性进一步提高,在非产层复杂井段能有效地减少各种复杂情况的发生,在产层段能够提供较准确的动态压力和变化后的地应力分布,更好地保护了油气层,在油田生产过程中发挥了较好的作用。

7.2.1　四种压力剖面的确定

利用综合测井曲线中的声波时差、岩石密度、泥质含量、井径大小和岩石三轴应力及周围邻井注采生产数据等资料来预测地层四个压力剖面的方法如下:

1. 地层孔隙压力的确定方法

地层孔隙压力预测常采用的方法主要有：修正 d_c 指数法、声波时差法、标准钻速法，钻井液参数法等，结合钻井、地质、开发等资料就可以预测井眼剖面上任一点的地层孔隙压力。对于生产层井段的孔隙压力，还必须对其动态压力进行预测与监测。科技人员在进行动态压力预测与监测时，引入了油藏模拟法对产层的动态压力进行历史拟合，求出各个时期的产层压力变化情况，并与声波法预测出的孔隙压力进行叠加，从而求出整个井眼剖面上的动静态孔隙压力。地层孔隙压力 P_p 可通过下式求出

$$P_p = P_0 - (P_0 - P_n)\left(\frac{\Delta t_n}{\Delta t_s}\right)^c \tag{7.1}$$

式中　P_p—— 地层孔隙压力当量泥浆密度，g/cm³；

P_0—— 上覆岩层压力当量泥浆密度，g/cm³；

P_n—— 地层水静水压力当量泥浆密度，g/cm³；

Δt_n—— 正常趋势线上的声波时差，μs/m；

Δt_s—— 实际的声波时差，μs/m；

c—— 常数，一般取值范围为 0.1 ~ 10.0。

通过泥岩层声波时差和产层段能量的变化来预测地层的孔隙压力(P_p)。

2. 地层坍塌压力的确定方法

由于井眼围岩的应力大小与井眼内的钻井液密度有关，随着钻井液密度的降低，井眼围岩的剪应力不断提高，当超过岩石的抗剪强度时，岩石将发生剪切破坏。发生剪切破坏时的临界压力称为坍塌压力（钻井液密度称为当量钻井液密度）。对于塑性地层，岩石的剪切破坏表现为井眼缩径；对于硬脆性地层，岩石的剪切破坏表现为井壁坍塌、井径扩大。因此，井径的变化体现了井壁坍塌压力的大小，从而可以确定出地层的坍塌压力。地层坍塌压力 P_w 可通过下式求出

$$\left(f_1 + \frac{1}{2}f_2\right)P_w + \frac{1}{2}\left[(X - Y - P_w)^2 - 4Z^2\right]^{0.5} = 2\tau_0 + \frac{1}{2}(X + Y)f_2 + (f_1 - f_2)\alpha P_p \tag{7.2}$$

其中

$$f_1 = \sqrt{f^2 + 1} - f, f_2 = \sqrt{f^2 + 1} - f$$

$$X = (\sigma_x + \sigma_y) - 2(\sigma_x + \sigma_y)\cos 2\theta - 4\tau_{xy}\sin 2\theta$$

$$Y = \sigma_z - 2\mu(\sigma_x - \sigma_y)\cos 2\theta - 4\tau_{xy}\sin 2\theta$$

$$Z = 2(\tau_{yz}\cos\theta - \tau_{xz}\sin\theta)$$

式中　τ_0—— 岩石的内聚力，MPa；

α—— 有效应力系数；

f—— 内摩擦系数。

通过求取发生剪切破坏时井壁各点的临界井眼压力，可以预测地层坍塌压力大小 P_w。

3. 地层破裂压力的确定方法

地层破裂压力是指当井眼压力过大时，井壁岩石会产生拉伸应力，当拉伸应力等于或

大于岩石的抗拉强度时，井壁岩石就产生裂缝（破裂），从而发生井漏，此时的临界压力就是地层破裂压力。除此之外，井壁上任一点的破裂压力还取决于它所处的坐标位置，破裂点半径垂直于最小水平主地应力方向。地层破裂压力 P_f 可以通过下式求出

$$\frac{1}{2}(X+Y-P_f)-\frac{1}{2}\sqrt{(X+Y-P_f)^2+4Z^2}=-\sigma_t \tag{7.3}$$

式中　σ_t—— 地层的抗拉强度，MPa。

在 0 ~ 180° 之间循环圆周角 θ，通过求解井筒压力的最小值 $P_{f\min}$，就能够预测出保持井眼稳定的井筒压力上限 —— 地层破裂压力 P_f。

4. 地层漏失压力的确定方法

地层漏失压力的预测比较复杂，尤其是调整井，影响因素多，判定起来困难较大。

(1) 井漏的基本条件

① 井内流体与地层流体之间存在正压差，地层中存在漏失通道和较大的容纳液体的空间。

② 漏失通道的开口尺寸大于外来工作液中固相颗粒的直径。

③ 针对漏失通道和容纳漏失泥浆量的空间状况加以确定。

(2)4 类井漏的形式及特点

① 裂缝诱导性漏失。裂缝诱导性漏失钻井液柱压力的作用导致地层裂缝的形成而发生井漏，此时的地层漏失压力等于地层破裂压力，即 $P_L = P_f$。

② 原始裂缝性漏失。原始裂缝性漏失钻井液柱压力的作用导致原始闭合裂缝张开、延伸而形成漏失，其特点是当钻井液柱压力大于或等于地层漏失压力时，就会产生井漏。

③ 溶洞性漏失。溶洞性漏失在钻遇断层或大裂缝区域可能会形成严重的井漏，此时的地层漏失压力等于地层孔隙压力，即 $P_L = P_p$。

④ 渗透性漏失。在微裂缝十分发育与渗透性良好的地层会产生渗透性或近似渗透性漏失，其特点是经过一定量的漏失后，随着井眼周围钻井流动压力的增加，漏失会逐渐停止。

由于调整井所钻的地层受到注采等工作方式不断改变的影响，造成了岩石物性、力学状态、岩体内部结构的改变和岩石微裂缝的发育，使地层孔隙压力、破裂压力发生动态变化，也导致地层漏失压力不断变化。因此，确定老油区地层漏失压力主要是判定原始闭合裂缝性漏失和渗透性漏失的漏失压力，需要通过对井眼漏失类型的判断和井壁垂直、水平裂缝大小的计算及漏失速度的模拟等预测地层漏失压力 P_L。

7.2.2　地层压力剖面预测技术的应用

1. 对井身结构设计进行优化

根据地层压力剖面、岩性剖面和抽吸压力系数 S_b、激动压力系数 S_g、地层破裂压力安全系数 S_f、井涌条件系数 S_k、压差允值 ΔP、必封点等地质资料和工程数据进行优化设计。四个压力剖面预测的成功应用可以使井身结构设计得到进一步优化，不但使调整井井身设计更加合理，而且可应用于在复杂地质环境中进行的深井和超深井井身设计。根据四个压力剖面设计和优化的井身结构更加适用于各种不同的复杂的井下情况（图 7.5）。井身结构设计时应考虑以下因素。

① 充分利用四个压力剖面所反映的地层特征来优化井身结构，提高设计的合理性。

② 尽量采用较小钻井液密度，减小产层污染，能有效地保护油气藏。

③ 能避免或减少漏、喷、塌、卡等井下复杂情况。

④ 当发生井涌时，具有压井处理溢流的预测能力，压井时不致压漏地层。

⑤ 下套管过程中，井内钻井液液柱压力和地层压力之间的差值不致产生压差卡套管。

⑥ 有利于井眼轨迹控制，精确中靶。

2. 现场应用情况

应用上述地层压力剖面预测方法获得的结果先后在东濮凹陷最复杂的文东、濮城、卫城等三个油田的 18 口井 23 个层位进行了试验和推广应用，取得了较好的效果，试验结果见表 7.2。

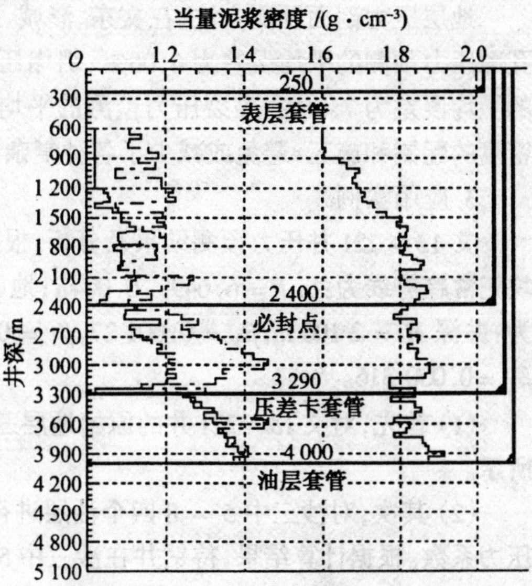

图 7.5　井身结构优化设计示意图

表 7.2　四个压力剖面预测与实测压力误差对比

序号	井号	预测井段 /m	孔隙压力预测误差 /%	坍塌压力预测误差 /%	漏失压力预测误差 /%	破裂压力预测误差 /%
1	文 13 - 166	2 000 ~ 3 486	4.878	9.15	7.12	8.86
2	文 13 - 269	2 000 ~ 3 400	无 RFT	6.82	6.07	9.15
3	新文 13 - 238	2 112 ~ 3 777	7.25	5.60	9.22	6.85
4	文 13 - 188	2 000 ~ 3 630	7.52	8.90		14.5
5	文 13 - 366	1 900 ~ 3 600	6.53	7.94		6.67
6	文 13 - 348	2 000 ~ 3 750	8.61	7.71		10.0
7	文 13 - 392	2 059 ~ 3 523	4.65	6.36	8.62	7.68
8	文 13 - 322	2 002 ~ 3 527	6.85	7.23	8.25	7.69
9	新文 13 - 101	1 950 ~ 3 650	无 RFT	5.08	7.25	2.58
10	文 13 - 221	2 000 ~ 3 490	3.13	6.87	8.21	9.14
11	濮 6 - 143	2 000 ~ 3 482	5.42	5.57	7.47	8.67
12	濮 7 - 92	2 000 ~ 3 450	8.78	6.81	5.95	9.45
13	濮 7 - 95	1 960 ~ 3 430	6.25	9.4	6.85	7.68
14	濮 7 - 96	2 010 ~ 3 390	无 RFT	3.57	7.25	9.36
15	濮 85 - 9	1 950 ~ 3 410	4.65	7.23	6.45	8.56
16	濮 5 - 177	2 080 ~ 3 400	5.68	7.15	4.56	7.45
17	卫 2 - 76	1 900 ~ 2 960	4.50	4.30	8.45	6.57
18	卫 2 - 77	1 950 ~ 2 920	2.08	2.27	4.25	7.53
平均相对误差 /%			6.06	6.55	7.06	8.24

地层压力剖面预测方法，在文东、濮城、卫城三个油田中应用达到了以下的精度指标：孔隙压力预测的平均误差为6.06%；坍塌压力预测的平均误差为6.55%；漏失压力预测的平均误差为7.06%；破裂压力预测的平均误差为8.24%。现场用预测数据指导钻井液密度的配制和施工，避免或减少了各种复杂情况的发生。

3. 应用实例

文13－221井压力预测结果及分析，根据文井深13－405井测井数据进行预测。该区块正常趋势线为：$\ln t = 6.649 - 0.004h$；地区指数为1.145 g/cm^3。该地区的构造应力系数为：井深 $H = 2\,100$ m，$\beta_1 = 0.001\,27$，$\beta_1 = 0.000\,224\,3$；井深 $H = 3\,000$ m，$\beta_1 = 0.001\,66$，$\beta_1 = 0.000\,316$。

(1) 首先，对文13－221井的原始地层三个压力剖面进行分析，数值计算结果如图7.6所示。

(2) 其次，对沙三中5～8四个油层进行了油藏数值模拟，用于计算油层当前的动态压力系数。根据计算结果，待钻井在沙三中5～8层中的孔隙压力系数分别为：1.65，1.42，0.72，0.75。动态压力预测计算结果如图7.6所示。

(3) 理论与实测漏失压力的比较。由于注采原因，当前地层压力已经不是原始地层压力，因此原地应力发生了变化，根据计算绘制出了文13－221井当前的漏失压力剖面图，如图7.7所示。渗透性漏失按微漏(5 m^3/h)计算，若漏失压力达到破裂压力则按破裂压力计算。

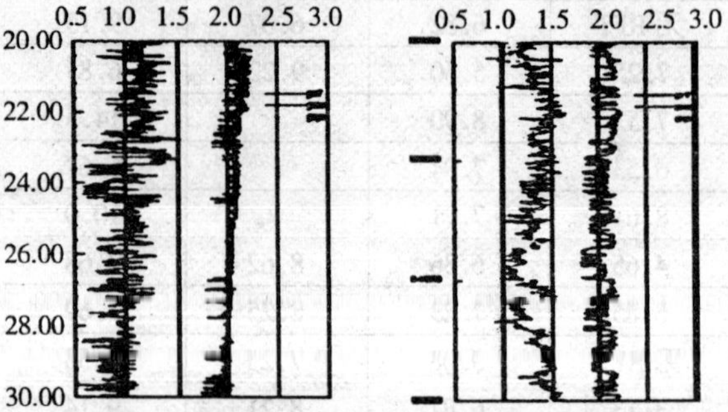

图7.6　文13－221井三个压力剖面预测曲线图

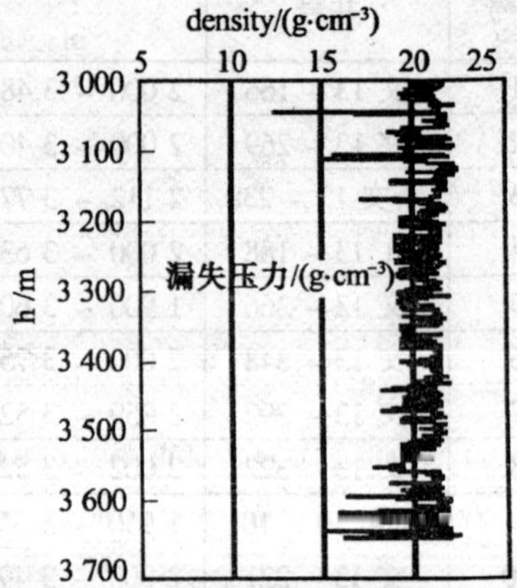

图7.7　文13－221井漏失压力剖面图和沙三中5层地层压力垂直分布图

根据计算结果，调整井文13－221井在沙三中5层的孔隙动态压力系数预计在1.65 g/cm^{3}左右，产层井段的钻井液密度可能达到1.78 g/cm^{3}以上。

实钻结果为：RFT测井后，地层孔隙压力为1.60 g/cm^3，实钻钻井液密度达到1.83 g/cm^3，压力预测的相对误差为3.13%，钻井液密度推荐与实钻误差为2.8%，预测与实钻结果基本相符，完全能够满足实钻需要。

(4) 理论研究和现场实践的认识。

① 对调整井、新区开发井和有条件的探井等进行四个压力剖面的预测与监测，能提

高对井下复杂情况的预见性。

② 应用力学、测井、油藏模拟等方法，可以系统解决调整井复杂地层四个压力剖面的动态预测问题。

③ 四个压力剖面的预测技术对原来的地层孔隙压力和破裂压力预测技术进行了充分的技术扩展和提高，特别是坍塌压力和漏失压力预测技术的成功探索，使井身结构设计得到优化，施工的安全性大大提高。

④ 以四个压力剖面为基础的新一代井身结构优化技术的应用，可以充分提高井身结构设计的合理性，对深井的井身结构优化设计也具有指导意义。现场钻井实践证明该方法是可行的，有非常好的应用效果，具有广泛的推广应用前景。

7.3　油气井出砂原因与预测技术和计算方法

在第四章中详细阐述了油田地应力(场) 概念、地应力的成因和分布特点、原地应力和应力状态及应力张量、地应力测量技术与测量方法、地应力的确定方法、地应力分布规律和我国的分区特点、地应力计算模式。我国石油界科学工作者、石油院校和各个大石油企业联合攻关，多年来致力于地应力和岩石力学参数预测理论与方法的研究，在油田开发过程中取得了丰硕成果，形成了系统的理论与应用技术。

7.3.1　油气井出砂的机理与原因

1. 油层出砂机理

油井出砂预测是基于出砂预测工作的几个层次提出来的，是指根据地层特性参数、流体物性参数从不同的层面对油气层或油气井的出砂规律进行系统的预测与评价，为防砂工艺决策甚至开发方案决策提供依据。

油层出砂是由井底地带岩石结构被破坏所引起的，与岩石的胶结强度、应力状态和开采条件有关。岩石的胶结强度主要取决于胶结物的种类、数量和胶结方式。图 7.8 给出砂岩的三种胶结方式。砂岩的胶结物主要是黏土、碳酸盐和硅质三类，以硅质胶结物的强度为最大，碳酸盐次之，黏土最差。对于同一类型的胶结物，硅质胶结物数量越多，胶结强度越大。胶结方式不同，岩石的胶结强度也不同。

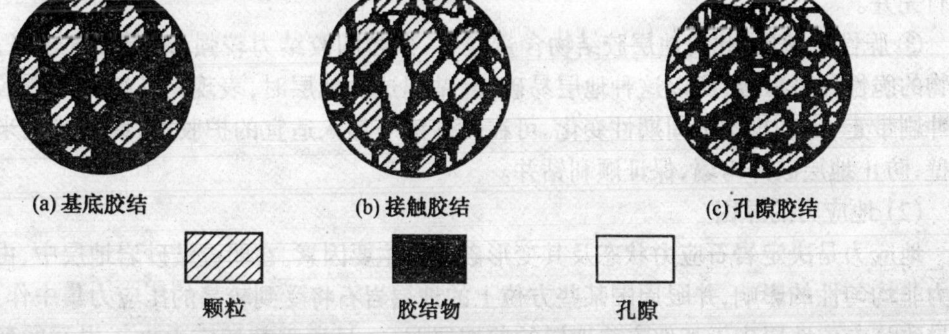

图 7.8　砂岩的胶结方式

易出砂的油层大多以接触胶结为主，其胶结物数量少，且含有黏土胶结物。此外也有胶质沥青胶结的疏松油气层。图7.9为油层出砂、套管毁坏示意图。

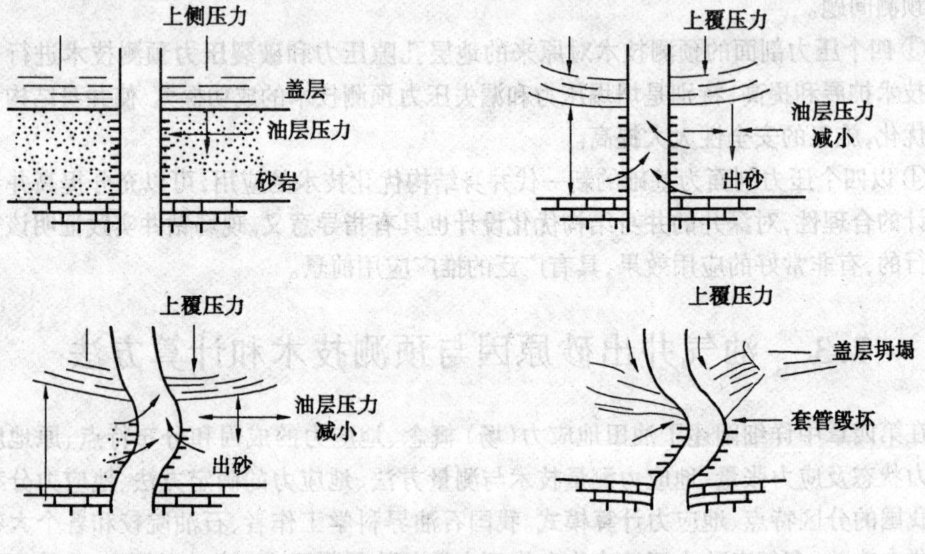

图7.9　油层出砂、套管毁坏示意图

2. 油气井出砂的原因

地层是否出砂取决于颗粒的胶结程度即地层强度。一般情况下，地应力超过地层强度就可能出砂。油气井出砂的地质和地应力因素可以归纳为地质和开采两类五个方面。

(1) 地质因素

地质因素指疏松砂岩地层的地质条件，如胶结物含量及分布、胶结类型和强度、成岩压实作用和地质年代等。根据地层胶结强度的大小可把地层出砂分为以下三种类型。

① 流砂地层，即未胶结地层。颗粒之间无胶结物，地层砂的胶结强度仅取决于很小的流体附着力和周围环境圈闭的压实力，地层砂在一定的条件下可以流动。因此，必须采用沉砂封隔器，高密度且稠化的完井液等特殊的完井工艺措施。

② 部分胶结地层，这类地层胶结物含量较少，地层砂部分被胶结，胶结性能差，强度低。钻遇这种地层时，表现是含砂量波动变化大，造成近井区域泥岩、页岩和砂岩三种剥落物互混，渗透率降低，产量下降。因此，一定要采取防砂和防坍塌技术，如裸眼砾石充填法进行完井。

③ 脆性砂地层。此类地层胶结物含量较多，砂粒间胶结力较强，地层强度较好，但胶结物的脆性比砂粒强，所以这种地层易破碎。钻遇这种地层时，表现是孔壁表面颗粒容易被冲刷带走，出砂规律呈周期性变化。可在钻井液中加入适宜的护胶剂，或暂堵剂来稳定井壁，防止地层破碎垮塌，保证顺利钻井。

(2) 地应力的原因

地应力是决定岩石应力状态及其变形破坏的主要因素。在弱胶结砂岩地层中，由于地应力非均匀性的影响，井眼周围某些方位上的地层岩石将受到较高的压应力集中作用，从而导致该方位地层先于其他方位地层的剪切屈服，一旦所受剪切应力大于岩石的剪切强度，就会造成剪切破坏而引起出砂。

钻井前,油层岩石在垂向和侧向地应力作用下处于应力平衡状态。钻井后,井壁岩石的原始应力平衡状态遭到破坏,井壁岩石将承受最大的切向地应力。因此,井壁岩石将首先发生变形和破坏。显然,油层埋藏越深,井壁岩石所承受的切向地应力越大,越易发生变形和破坏。原油黏度高,密度大的油层容易出砂。因为高黏度原油对岩石的冲刷力和携砂能力强。

(3) 开采原因

上述是油层出砂的内在因素,开采过程中生产压差的大小及建立生产压差的方式,是油层出砂的外在原因。生产压差越大,渗流速度越快,井壁处液流对岩石的冲刷力就越大。再加上地应力所引起的最大应力也在井壁附近。所以,井壁将成为岩层中的最大应力区,当岩石承受的剪切应力超过岩石抗剪切强度时,岩石即发生变形和破坏,造成油井出砂。

所谓建立生产压差方式是指缓慢地建立生产压差还是突然地建立生产压差,如图7.10所示。因为在相同的压差下,两者在井壁附近油层中所造成的压力梯度不同。突然建立压差时,压力波尚未传播出去,压力分布曲线很陡,井壁处的压力梯度很大,易破坏岩石结构而引起出砂;缓慢建立压差时,压力波可以逐渐传播出去,井壁处压力分布曲线比较平缓,压力梯度小,不至影响岩石结构。有些井强烈抽汲或注气开采之后引起出砂,就是压差过大造成的。

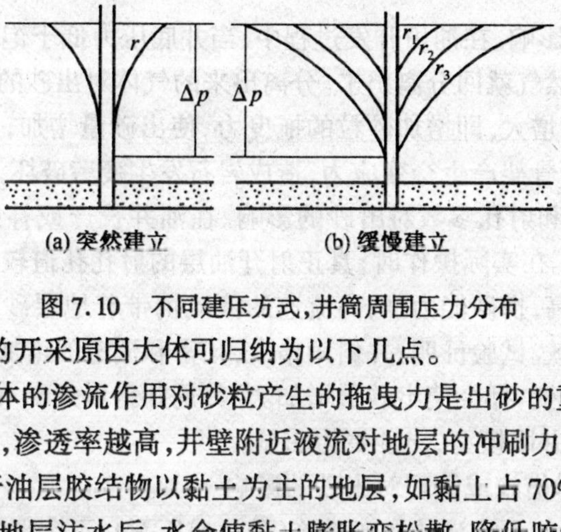

图 7.10　不同建压方式,井筒周围压力分布

造成油气井出砂的开采原因大体可归纳为以下几点。

① 采油过程中液体的渗流作用对砂粒产生的拖曳力是出砂的重要原因。在其他条件相同时,生产压差越大,渗透率越高,井壁附近液流对地层的冲刷力就越大。

② 油层见水。对于油层胶结物以黏土为主的地层,如黏土占70%左右,而蒙脱石含量又达80%左右的砂岩地层注水后,水会使黏土膨胀变松散,降低胶结强度,进而发生颗粒位移,大大加剧地层出砂程度。

③ 多次进行质量不高的修井,或采取的增产措施不当,也是造成严重出砂的原因之一。例如,进行压裂酸化、大修等特殊作业,就容易导致出砂加剧。

④ 地层压力下降。油层压力下降,储层结构被破坏。开采后期,油层总压降到5.0 MPa,油层原始状态早已破坏。砂粒之间的平衡被打破,会加剧油层出砂。

由岩石力学应力应变理论可知,在注水井和生产井附近,分别形成高低压区(超过和小于原始地层压力),低压区在上覆岩层压力的作用下,会使砂粒之间的接触应力增加,一旦超过砂岩的抗压强度,砂岩骨架被破坏,就会引起不可逆转的严重出砂。

当地层流体压力下降较大,砂岩层又由于胶结疏松而强度降低时,基岩应力 σ 会大于骨架承载能力，而将砂岩压碎，造成大量出砂。

(4) 介质变化对出砂的影响

① 油流黏度对出砂的影响。试验证明：流体的黏度越大，越容易引起出砂。当流速高于出砂临界流速时，在相同的流速下，流体的黏度越大，出砂量越大。流体黏度在出砂过程中起到的作用是：一是悬砂、携砂；二是携砂流体对砂体的冲刷和剥蚀，黏度升高，悬砂、携砂能力增强，流动过程中的拖曳力也就越大，对砂体的冲刷和剥蚀就更加剧，最终导致出砂加剧。

② 流体的pH值对出砂的影响。试验证明：注入流体的pH值增大，临界出砂流速减小，pH值的升高，将使岩石黏土矿物中晶层之间的斥力增大，同时会使颗粒与基质之间的范氏力减弱，从而导致黏土矿物更容易分散、脱落，并随流体的流动而移动，形成更多的自由颗粒，造成出砂和增加出砂的可能性。

③ 温度对出砂的影响。试验证明：当地层受井眼内流体冷却作用时，随着温度差的增大，井壁和其附近地层内的周向应力和轴向应力随之减小，周向应力和轴向应力逐渐由压应力变为张应力，引起井壁拉伸破坏的可能性增大，从而造成加剧出砂的可能性。

④ 塑性区渗透率对出砂的影响。由于压实和来自远离井壁细砂的堵塞作用，使得塑性区渗透率减小，从而增大流动区域的流动压力梯度，进而更容易造成拉伸破坏和油气井的出砂。

⑤ 气浸对出砂的影响。在油田开发过程中，当井底压力低于饱和压力时，井底附近原来溶解在原油中的天然气就回分离出来。分离出来的气体对出砂的影响：一是由于贾敏效应的存在，流体的阻力增大，即增加砂粒的拖曳力，使出砂量增加；二是地层的消泡作用，气泡前破后继，对岩石骨架产生交变应力，造成岩石发生疲劳破坏，使出砂量增多。

⑥ 射孔完善程度和射孔参数对出砂的影响。在油井投产或补射孔时，一般要求射孔密度为 13 ~ 16孔 /m。在实际操作时，真正射开油层的射孔孔道较少。射孔完善程度好的孔道流体流动的速度高，携砂能力强，高流速的液流携带着地层砂冲刷防砂装置(屏障)，很快就会造成防砂失效。试验证明：井斜角增大，孔密和流速的增加，或布孔方式从螺旋形到水平，再到垂直的改变，都会使出砂量增加。尤其是井斜角大于 10°，布孔方式为串联，流速达到 1 600 mL/h 的井眼模型，出砂更为明显。

(5) 不适当的技术措施或管理对出砂的影响

对油井管理不善。如不恰当的增产措施(酸化或压裂)，不合理的反复进行开、关井(造成井下过大的压力激动) 等都会使稳定的砂桥被破坏，引起地层出砂。

7.3.2 主地应力、地层岩石力学参数预测技术

1. 钻井前原始地应力预测技术

原始地应力是指地层岩石未经人工开发(挖掘) 和扰动以前的天然应力(或称初始应力或固有应力)。一般通过垂向主应力 σ_v、最大水平主应力 σ_H、最小水平主应力 σ_h 来表示。

地层层间和层内不同岩石的物理、力学特性，孔隙压力的异常等方面的差别，造成了地应力分布的非均匀性。地应力大小是随地层性质变化的，不同性质的地层由于其抵抗外力的变形性质不同，因而其承受构造力也不同。仅依靠常规室内试验和实测寻找层与层之

间、层内的地应力分布规律是不切合实际的。因此，要结合测井资料和分层地应力解释方法分析层与层之间以及层内的地应力。

石油大学(华东)油气井防砂工作室多年来致力于地应力和岩石力学参数预测理论与方法的研究与应用，形成了整套的理论与技术。本套技术基于测井资料。可计算分析原地主应力及主应力梯度随深度的变化规律，并可根据小型压裂测试资料计算最大、最小水平应力构造系数，如图 7.11(a)，(b) 所示。该套技术适用于现场各种数据缺失的情况。

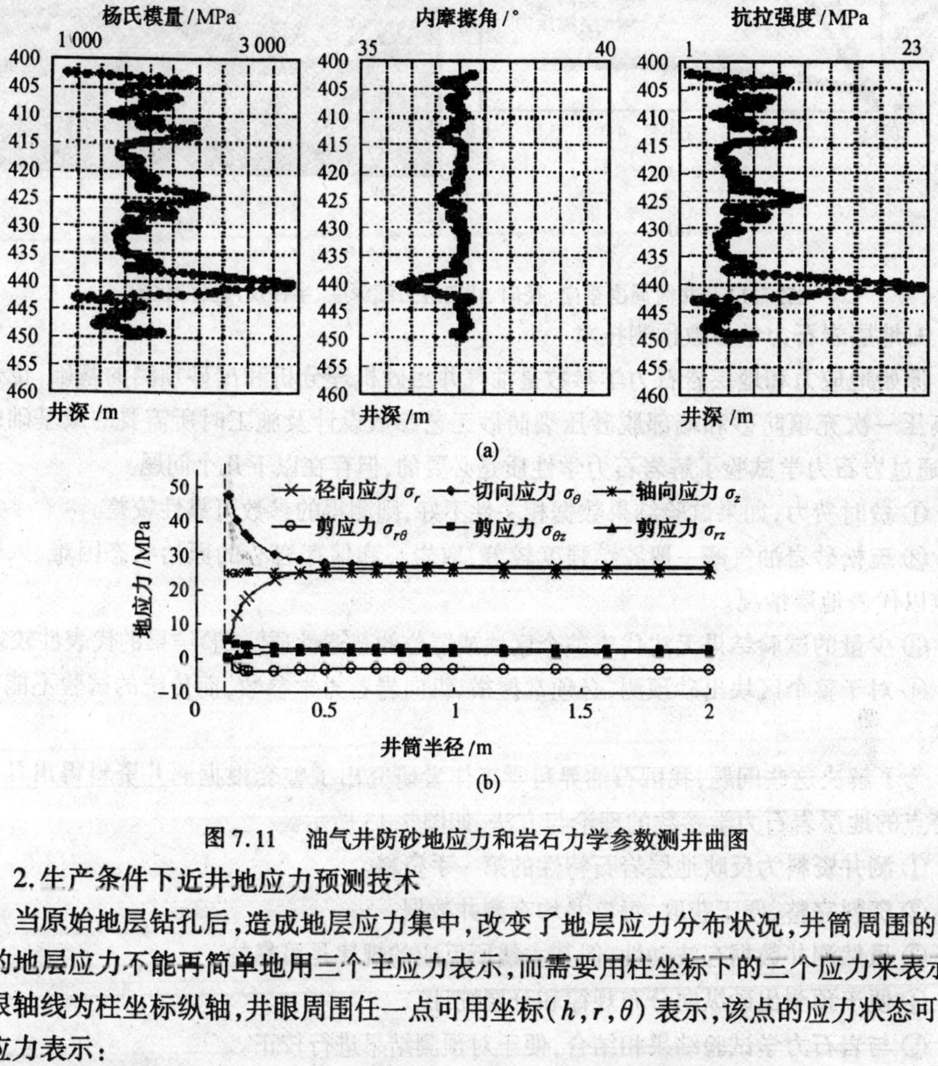

图 7.11　油气井防砂地应力和岩石力学参数测井曲图

2. 生产条件下近井地应力预测技术

当原始地层钻孔后，造成地层应力集中，改变了地层应力分布状况，井筒周围的任一点的地层应力不能再简单地用三个主应力表示，而需要用柱坐标下的三个应力来表示。以井眼轴线为柱坐标纵轴，井眼周围任一点可用坐标(h,r,θ)表示，该点的应力状态可用三个应力表示：

① 垂向应力，即垂直井柱坐标中某点沿铅垂方向上所受的应力。

② 径向应力，即垂直井柱坐标中某点沿井轴径向方向上所受的应力。

③ 切(周)向应力，即一垂直井柱坐标中某点沿井轴为中心的切向方向上所受的应力。

该套技术根据原地主应力、井底压力等基础数据，可计算实际生产条件下井筒周围垂向应力、径向应力、切向应力随深度、半径及角度的变化，如图 7.12(a)，(b) 所示。

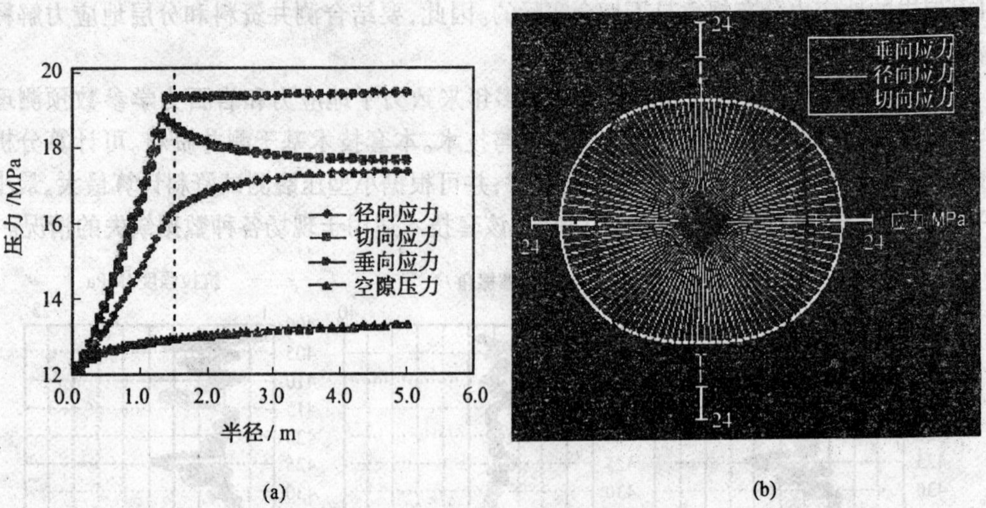

(a) (b)

图 7.12　井筒周围垂向、径向、切向应力随深度、半径及角度变化图

3. 地层岩石力学参数预测技术

原始地应力和地层岩石力学参数是油气井出砂机理分析和出砂预测的基础，也是进行高压一次充填防砂和端部脱砂压裂防砂工艺参数设计及施工时所需要的最基础的数据。通过岩石力学试验了解岩石力学性质是必要的，但存在以下几个问题。

① 费时费力，如果试验结果数据相关性不好，则测得的参数可靠性较差。

② 疏松砂岩油气藏一般胶结强度较差，取岩心和保存岩心的原始状态困难，人造岩心难以代表地层情况。

③ 少量的试验结果无法代表整个区块或层位的普遍性质，试验结果的代表性较差。

④ 对于整个区块出砂预测，必须掌握横、纵向岩石力学参数，而传统的试验不能满足需求。

为了解决这些问题，我国石油界科学工作者研究出了整套根据测井资料得出具有如下特点的地层岩石力学参数的理论与方法，如图 7.13 所示。

① 测井资料为反映地层岩石特性的第一手资料。

② 资料完整，便于获取，每口井均有测井数据。

③ 虽然测井数据有波动性，但其主线所反应的规律是可靠的。

④ 便于预测出砂纵向分布规律和分层统计。

⑤ 与岩石力学试验结果相结合，便于对预测结果进行校正。

该套技术可以根据有限的测井资料，获取全套岩石力学强度参数及弹性形变特性参数。如果有局部岩石力学实验数据，可进行数据拟合，提高结果的可靠性。该套技术适用于现场各种数据缺失的情况。由于测井资料的纵向分布特性，可预测岩石力学参数沿井深的分布特征，进一步用于地应力分析、出砂预测、压裂设计与分析、高压充填防砂设计与分析等。

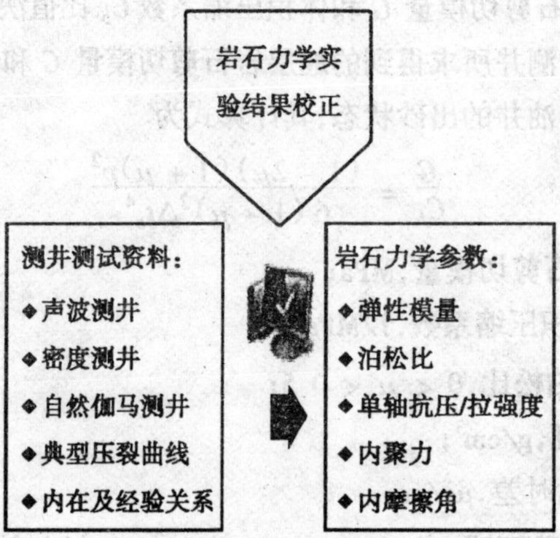

图7.13　地层岩石力学参数的理论研究方法图

7.3.3　判断油气井出砂的计算方法

出砂预测包含四个层次的内容：定性经验出砂预测、出砂临界生产压差和产量预测、实际生产条件下的出砂半径预测、出砂量与出砂速度预测。本节着重围绕定性经验出砂预测法、力学计算法，由简单到有一定难度地进行论述。

1. 定性经验出砂预测

定性经验出砂预测为系统出砂预测的第一个层面，通常用于新区的出砂预测工作。

出砂经验预测法主要根据岩石的物性、弹性参数及现场经验对易出砂地层进行定性预测，由于方法简单实用，在新区中应用广泛。目前比较成熟的经验出砂预测法主要包括声波时差法、出砂指数法、斯伦贝谢比法和组合模量法等。

(1) 声波时差法

通过对胜利油田、大港油田塘沽绥中－36－1油田（低压稠油、胶结疏松、孔隙性极差）的大量现场统计数据的分析知道：出砂临界声波时差 $\Delta t_c \approx 310\ \mu s/m$；永8断块 $\Delta t_c = 350 \sim 370\ \mu s/m$ 和 $\Delta t_c \geqslant 295\ \mu s/m$ 时，油田都容易出砂。

(2) 出砂指数法

出砂指数法是指根据岩石强度的有关参数，计算出不同井深的出砂指数。依据各弹性模量之间的关系，求得的出砂指数关系式为

$$B = \frac{E}{3(1-2\mu)} + \frac{2E}{3(1+\mu)} \tag{7.4}$$

式中　B——出砂指数，MPa；

E——杨氏模量，1/MPa；

μ——岩石的泊松比，$0 < \mu < 0.5$。

计算结果表明：B 值越大，岩石的强度越大，稳定性越好，油层越不容易出砂。通常情况下，$B > 2.0 \times 10^4$ MPa，油层不出砂；$B \leqslant 2.0 \times 10^4$ MPa，油层出砂；B 值越小，出砂越严重。

(3) 斯伦贝谢的岩石剪切模量 G 和体积压缩系数 C_b 比值法

根据岩石力学性质测井所求得到的地层岩石剪切模量 G 和岩石体积压缩系数 C_b，计算出它们的比值来判断油井的出砂状态，其计算式为

$$\frac{G}{C_b} = \frac{(1-2\mu)(1+\mu)\rho^2}{6(1-\mu)^2\Delta t_c{}^4} \tag{7.5}$$

式中 G—— 地层岩石剪切模量，MPa；

c_b—— 岩石体积压缩系数，1/MPa；

μ—— 岩石的泊松比，$0 < \mu < 0.5$；

ρ—— 岩石密度，g/cm^3；

Δt_c—— 声传播时差，μs/m。

计算结果和现场实践证明：当 $G/C_b > 3.8 \times 10^7\ MPa^2$ 时，油气井不出砂；当 $G/C_b < 3.3 \times 10^7\ MPa^2$ 时，油气井出砂。

(4)Mobil 公司的组合模型法。这种方法是根据声波速度和岩石密度测井资料，计算岩石的弹性组合模量 E_c 来判断油气井的出砂情况，计算式为

$$E_c = \frac{9.94 \times 10^8 \times \rho_r}{\Delta t_c^2} \tag{7.6}$$

式中 ρ_r—— 由密度测井测得的岩石密度，g/cm^3。

计算结果表明：一般情况下，E_c 越大，地层出砂的可能性越大。国内、外数据统计结果表明：美国墨西哥湾地区，当 $E_c > 2.068 \times 10^4$ MPa 时，油气层不出砂；反之，则出砂。英国北海地区也采用相同的判据。我国的胜利油田也用这种方法进行判断，其准确率在 80% 以上。判断是否出砂的依据为：

① 当 $E_c > 2.0 \times 10^4$ MPa 时，正常生产时不出砂。

② 当 $1.5 \times 10^4\ \text{MPa} < E_c < 2.0 \times 10^4$ MPa 时，正常生产时轻微出砂。

③ 当 $E_c \leqslant 1.5 \times 10^4$ MPa 时，正常生产时严重出砂。

2. 力学计算法

根据岩石力学井眼围岩和井壁岩石应力表达式知道：垂直井井壁岩石所受的切向应力为最大张应力，其拉应力计算公式为

$$\sigma_t = 2\left[\frac{\mu}{1-\mu}(\rho_0 gH \times 10^{-6} - P_s) + (P_p - P_{wf})\right] \tag{7.7}$$

式中 σ_t—— 井壁岩石的最大切向应力，MPa；

μ—— 岩石的泊松比，小数；

ρ_0—— 上覆岩层的平均密度，kg/m^3；

g—— 重力加速度，m/s^2；

H—— 地层深度，m；

P_p—— 地层流体压力，MPa；

P_{wf}—— 油井生产时的井底流压，MPa。

根据岩石破坏理论，当岩石的抗压强度小于最大切向应力 σ_t 时，井壁岩石将受挤压作用，并引起岩石内部应变和位移，甚至发生破坏而出砂。当以“C”为岩石抗压强度依据时，垂直井的防砂判据可写成

$$C \geqslant 2\left[\frac{\mu}{1-\mu}(\rho_0 gH \times 10^{-6} - P_p) + (P_p - P_{wf})\right] \tag{7.8}$$

式中　C—— 地层岩石的抗压强度，MPa。

如果式(7.8)成立(即 $C \geqslant \sigma_t$)，则表明在上述生产压差($P_p - P_{wf}$)下，井壁岩石是坚固的，不会引起岩石结构的破坏，也就不会出骨架砂，可以选择不防砂的完井方法。反之，地层胶结强度低，井壁岩石的最大切向应力超过岩石的抗压强度引起岩石结构的破坏，地层会出骨架砂，需要采取防砂完井方法。

水平井井壁岩石所受的最大切向应力 σ_t 可由下式得出

$$\sigma_t = \frac{3-4\mu}{1-\mu}(\rho_0 gH \times 10^{-6} - P_p) + 2(P_p - P_{wf}) \tag{7.9}$$

同理，水平井井壁岩石的坚固程度的判别式为

$$C \geqslant \frac{3-4\mu}{1-\mu}(\rho_0 gH \times 10^{-6} - P_p) + 2(P_p - P_{wf}) \tag{7.10}$$

对于定向斜井，井壁岩石坚固程度的判据，可根据熊有明等人对产层岩石坚固程度的判断指标“C”的研究成果给出的下式进行判断

$$C = 2(P_p - P_{wf}) + \frac{3-4\mu}{1-\mu}(\rho_0 gH \times 10^{-6} - \rho_s)\sin\alpha + \frac{2\mu}{1-\mu}(\rho_0 gH \times 10^{-6} - \rho_s)\cos\alpha \tag{7.11}$$

上述定向斜井计算公式的计算结果表明：如果式(7.11)成立，说明在上述生产压差($P_p - P_{wf}$)下，不会引起岩石结构破坏，也就是不会发生岩石骨架砂，因而可以选择不防砂的完井方法；反之，需要采取防砂完井方法。由此可以看出：

① 在地层岩石抗压强度 C 和地层流体压力 P_p 不变的情况下，当生产压差($P_p - P_{wf}$)增大时，原来不出砂的井可能开始出砂，所以生产压差增大是油气井是否出砂的一个外因。

② 当地层出水后，特别是膨胀性黏土含量高的砂岩地层，其胶结强度大大降低，从而导致岩石的抗压强度下降，使原来不出砂(不出水)的井可能会开始出砂。

③ 在地层岩石抗压强度 C 不变时，随着地层流体压力的下降(即使井底压差保持不变)，原来不出砂的井也可能会开始出砂。

大港油田塘沽绥中 - 36 - 1 油田属于低压稠油油田，储层岩石胶结疏松、孔渗性极大，目的层位于东营组下段。根据上述出砂判据判断，油井出砂将成为贯穿开发生产过程的主要问题，防砂则为开发生产和油层保护的核心和重点工作。

主要通过测井资料分析、室内岩心试验、现场资料统计分析和必要的计算来预测地层是否可能出砂。对于定性经验出砂预测，单点预测的意义不大。预测出砂评价指标的纵向分布更具有实际意义，如图 7.14 所示。

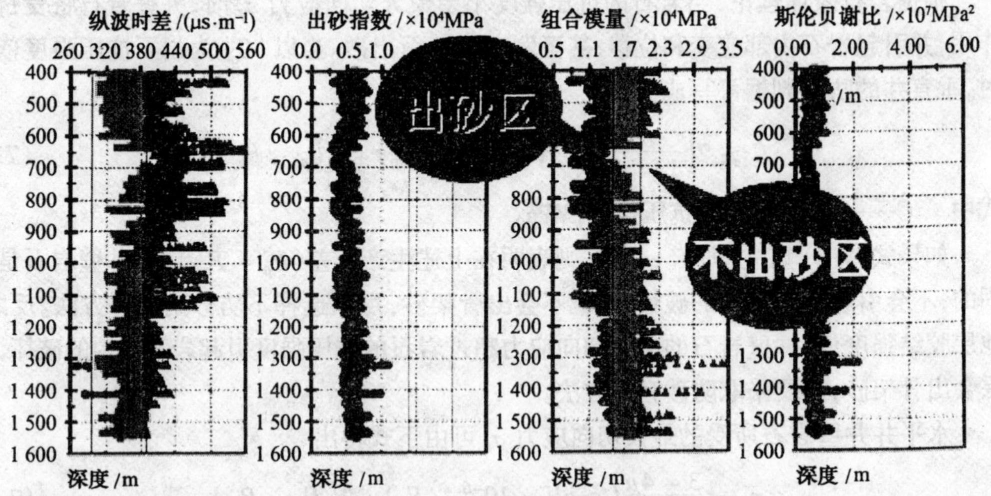

图 7.14　油井出砂测井指标纵向分布综合评价图

7.3.4　临界生产压差和临界产量预测理论与影响因素分析

1.临界生产压差和临界产量预测的基本概念

出砂临界生产压差即油气井开始出砂时的生产压差和产量。临界压差的预测对于制订开发政策以及防砂工艺决策具有重要意义。出砂临界生产压差是指随着井底流压的下降某一特征位置刚刚开始出现地层岩石结构破坏从而导致出砂时的生产压差,对应于该压差的产量称为出砂临界产量。

预测出砂临界生产压差的方法是:首先建立井筒或射孔孔眼周围地层岩石在弹性变形条件下的应力分布,其次求出井壁岩石或射孔孔壁岩石的应力分布,然后使用合适的岩石破坏准则计算出出砂临界生产压差。图 7.15 给出的是岩石破坏准则计算出的油井出砂临界生产压差图。

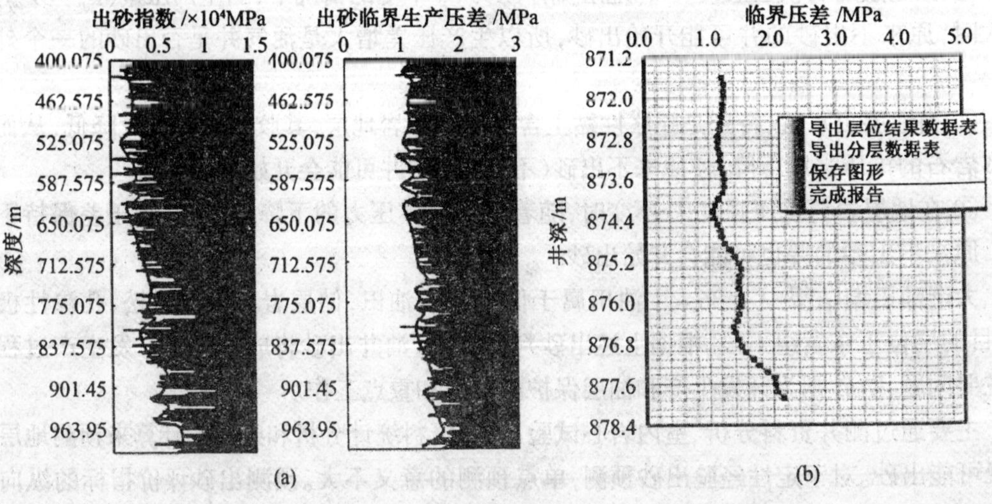

图 7.15　岩石破坏准则计算出的油井出砂临界生产压差图

表征岩石破坏条件的应力－应变函数(即为岩石屈服准则),它表征弱固结砂岩的变形破坏性质或破坏条件。破坏准则可作为判断地层岩石在特定应力状态下是否发生破坏的判据。岩石屈服准则在油气井出砂预测中具有重要地位,如果已知井眼或射孔孔眼周围地层的应力状态,选择合适的岩石屈服准则,便可预测是否出砂以及出砂临界生产压差的具体大小。根据不同的破坏机理有不同的破坏或失效准则,目前主要有极限塑性应变破坏准则、莫尔－库仑失效准则、Drucker-Prager 准则、拉伸破坏准则和压缩破坏准则等。

2. 出砂临界生产压差和临界产量预测理论

裸眼井的临界生产压差和临界产量的计算方法。

假设井壁周围地层为多孔弹性介质,井壁周围的应力状态可用以下力学模型求解,在无限大的平面上有一圆孔,圆孔受均匀的内压作用,而在该平面的无限远处受两个水平地应力作用,其垂直方向上受上覆岩层压力作用,如图7.16所示。

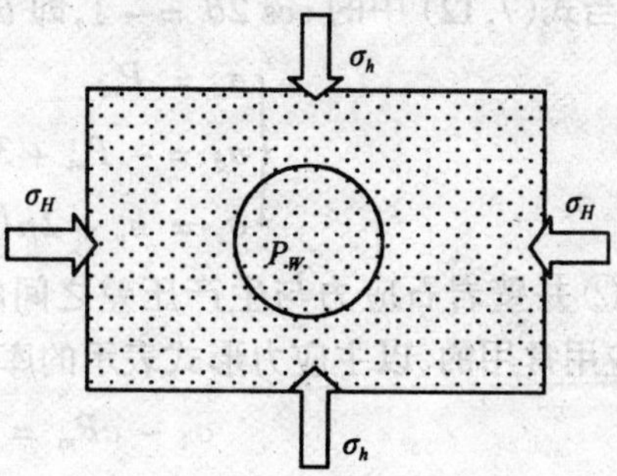

图7.16　井壁受力力学模型

按照弹性力学理论,求解井眼围岩或井壁岩石的应力分布的方法需要掌握岩石单元体上的平衡微分方程,岩石在各种应力作用下的位移与应变关系(或几何方程),应力和应变关系(物理方程),然后选择适当的应力函数表达式,结合岩石的边界条件,联立、积分求解这些方程,即可求得整个岩石内部的应力(分量)或应力场和位移场。

①井壁岩石的应力分量。下面仅给出以圆柱坐标(或极坐标)系下井眼围岩(井壁上)岩石的应力分量

$$\begin{cases}\sigma_r = P_m \\ \sigma_\theta = -P_m + \sigma_H(1-2\cos 2\theta) + \sigma_h(1+2\cos 2\theta) - \delta(P_{f0} - P_m) \\ \sigma_z = \sigma_v - 2\mu\cos 2\theta(\sigma_H - \sigma_h) - \delta(P_{f0} - P_m)\end{cases} \tag{7.12}$$

式中　σ_r——井壁岩石径向应力,$\sigma_r(R) = P_i$,MPa;

σ_θ——井壁岩石切向应力,MPa;

σ_z——井壁岩石垂向应力,$\sigma_z(R_0) = \sigma_v$;

σ_v——有限边界半径 R_0 处岩层的垂向或上覆岩层应力,MPa;

P_m——井内钻井液液柱压力,MPa;

P_{f0}——生产过程中渗透性地层井眼围岩某一位置处的压力,$P_f(R_0) = P_{f0}$;

σ_H——水平最大主应力,MPa;

σ_h——水平最小主应力,MPa;

R——井眼半径,m;

R_0——有限的边界半径,m;

μ——岩石的泊松比,无因次;

δ—— 渗透性系数,井壁为渗透性时,取 1.0,否则取零,$\delta = \alpha \times \dfrac{1-2\mu}{1-\mu}$;

α—— 有效应力系数,$\alpha = \dfrac{C_r}{C_b}$,无因次;

C_r—— 岩石骨架的压缩系数,N/m^2;

C_b—— 岩石容积的压缩系数,N/m^2。

当式(7.12)中的 $\cos 2\theta = -1$,即 $\theta = \pm \pi/2$ 时,所求得的径向和轴向最大应力为

$$\begin{cases} \sigma_r = P_m \\ \sigma_\theta = -P_m + 3\sigma_H - \sigma_h - \delta(P_{f0} - P_m) \\ \sigma_z = \sigma_v + 2\mu(\sigma_H - \sigma_h) - \delta(P_{f0} - P_m) \end{cases} \tag{7.13}$$

② 井壁岩石应力与生产压差之间的关系式。根据上述所求得的径向和轴向最大应力,应用常用的、以主应力形式表示的库仑－莫尔和德鲁克－普拉格破坏准则,即

$$\sigma_1 - \alpha P_m = \tau_0 + (\sigma_3 - \alpha P_i)\tan^2\phi \tag{7.14}$$

$$\sqrt{J_2} \geqslant C_0 + C_1 J_1 \tag{7.15}$$

可见,由应力分量和破坏准则就可以求得井壁岩石应力与生产压差之间的关系式。其中,在生产过程中,井眼附近的应力分布是不断变化的,主应力的大小也随之变化。这种既不能忽略中间主应力的影响,又难以确定主应力大小的情况给库仑－莫尔准则的使用带来不便。因此,在假设储层压力保持不变的情况下,采用德鲁克－普拉格破坏准则可以得到井壁岩石应力与生产压差之间的关系式为

$$\begin{cases} \sigma_r = P_{f0} - P_m \\ \sigma_\theta = (1-\delta)\Delta P + 3\sigma_H - \sigma_h - P_{f0} \\ \sigma_z = -\delta \cdot \Delta P + \sigma_v + 2\mu(\sigma_H - \sigma_h) \end{cases} \tag{7.16}$$

③ 裸眼井的临界生产压差。根据式(7.13),(7.14),(7.15)通过对方程的联立求解,可以确定临界生产压差 ΔP_c

$$\Delta P_c = \frac{-b - \sqrt{b^2 - 4ac}}{2a} \tag{7.17}$$

式中

$$a = (6 - 8C_1^2)\delta^2 - 18\delta + 18$$

$$b = 6A(\delta - 2) + 6B(\delta - 1) + 6C + 8C_1\delta D$$

$$c = 3A^2 + 3B^2 + 3(C^2 - 18C_0^2) - 2C_1^2E^2 - 12C_0C_1E$$

其中

$$A = (2P_{f0} - 3\sigma_H + \sigma_h)$$

$$B = [P_{f0} - \sigma_v - 2\mu(\sigma_H - \sigma_h)]$$

$$C = [3\sigma_H - \sigma_h - \sigma_v - 2\mu(\sigma_H - \sigma_h)]$$

$$D = \{3C_0 + C_1[3\sigma_H - \sigma_h + \sigma_v + 2\mu(\sigma_H - \sigma_h)]\}$$

$$E = [3\sigma_H - \sigma_h + \sigma_v + 2\mu(\sigma_H - \sigma_h)]$$

由(7.17)是可以看出,求临界生产压差的表达式十分复杂,为了便于分析计算,在此提出地层稳定性指数 S 的概念。若令

$$S = C_1 J_1 + C - \sqrt{J_2} \tag{7.18}$$

由计算分析结果知道：当 $S > 0$ 时，地层稳定；当 $S = 0$ 时，地层处于临界状态；当 $S < 0$ 时，地层发生屈服破坏，导致油气井出砂。

④ 井眼的临界产量。假设射孔孔道内的压力降低较小，流体的流动将集中在射孔孔道的顶端，而且射孔孔道顶端为半球形，则可以用上述求解临界生产压差的方法获得生产井的井眼的临界产量。由于计算方法复杂，不在此多加阐述。下面给出由 Scheater 的孔道流体流动速率公式得到的油井临界产量的计算式，即

$$Q_c = 7.08kh\Delta P_c \times 10^{-3} \frac{7.08kh\Delta P_c}{\mu b \ln(r_e / L_p)} \times 10^{-3} \tag{7.19}$$

$$V_c = Q \frac{Q_c}{2\pi \cdot r_p^2} \tag{7.20}$$

式中 k—— 岩石的渗透率，$10^{-3}\ \mu m^2$；

h—— 油层厚度，cm；

ΔP_c—— 出砂的临界压差，10^5 Pa；

μ—— 油水混合液黏度，MPa · s；

b—— 体积系数，$P_f(R_0) = P_{f0}$；

r_e—— 油藏半径，cm；

L_p—— 射孔孔道长度，cm；

Q_c—— 临界产液量，m^3/d；

V_c—— 临界流速，cm/s；

r_p—— 射孔孔道半径，cm。

3. 射孔完井出砂预测模型和影响因素分析

由上述油气井出砂原因、判断出砂方法知道：对于出砂井，地层所出的砂可以分为游离砂和地层骨架砂。近年来石油界对防砂的观点产生了较大的变化，认为地层产出游离砂并不可怕，反到能疏通地层孔隙孔道，有利于提高油井产能。真正要防的是地层骨架砂的产生，因为一旦地层出骨架砂，就有可能导致地层坍塌，使油气井报废。下面将借助岩石力学的基本理论，结合弱胶结油藏的岩石力学特征，系统分析原地应力、生产压差等因素对弱胶结砂岩油藏出砂的影响，进而对防砂技术和措施进行讨论。

(1) 射孔完井地层出砂预测模型

胶结强度较低的地层一般采用射孔完井，因此，这类地层只有射孔孔道发生破坏时，油气井才能出砂。如何判断射孔孔道是否发生破坏是分析和研究这类地层是否发生出砂的关键。现阶段是否出砂的研究结果认为：对于具有一定胶结强度的产层来讲，当井壁或射孔孔壁上的岩石所受的最大有效周向应力(σ_ϕ) 大于产层岩石的抗压强度(C) 时，井壁或射孔孔壁上的岩石将有可能发生失稳破坏，导致油气井出砂。当岩石所受最大有效周向应力(σ_ϕ) 等于产层岩石的抗压强度(C) 时，油气井生产过程中不会出砂。

① 射孔孔壁周向应力分布表达式。在油气井投产初期，射孔孔道细长，为简化计算分析，在计算射孔孔壁周围应力时，可认为射孔孔道为圆柱体，而且圆柱的轴线与射孔孔道

的轴线重合。于是可根据线－弹性岩石力学的基本理论，求得直井射孔孔道围岩的周向有效应力表达式为

$$\sigma_\phi = \frac{\sigma_\theta - \sigma_r}{2}\left(1 + \frac{r_p^2}{r_s^2}\right) - \frac{\sigma_\theta - \sigma_r}{2}\left(1 + 3\frac{r_p^4}{r_s^4}\right)\cos 2\phi - \frac{r_p^2}{r_s^2}P_{pf} \tag{7.21}$$

式中 r_s——距离射孔孔眼中心的径向距离，m；

r_p——射孔孔道半径，m；

σ_θ——井壁周围周向有效应力，MPa；

σ_z——井壁周围垂向有效应力，MPa。

其中，σ_θ 和 σ_z 均为原地水平最大和最小主应力，垂向应力和孔隙压力等的函数。射孔孔眼坐标系和井眼坐标系的相对关系，如图7.17所示。

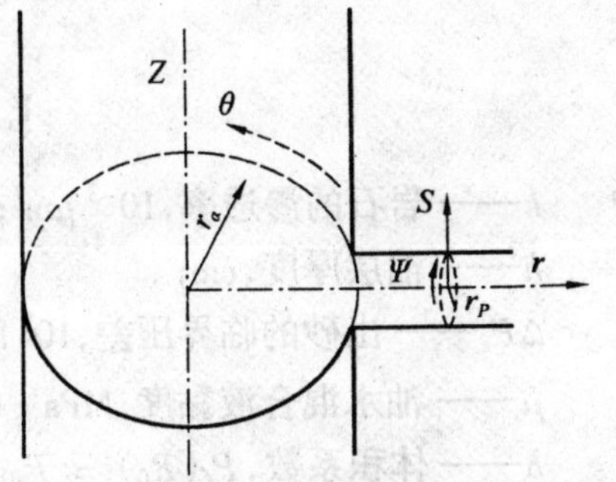

图7.17　射孔孔眼坐标系和井眼坐标系的相对关系示意图

若令式(7.21)中的 $r_s = r_p$，就可求得射孔孔眼壁上任意位置的周向有效应力表达式为

$$\sigma_\phi = (\sigma_\theta + \sigma_z) - 2(\sigma_\theta - \sigma_z)\cos 2\phi - P_{pf} \tag{7.22}$$

式中 σ_ϕ——为孔壁周向有效应力，它是井壁周围周向、垂向有效应力 σ_θ 和 σ_z 的函数，MPa；

P_{pf}——为射孔孔道内流体压力，MPa。

由此可见，只要给定井眼围岩或井壁岩石应力状态，已知 σ_θ 和 σ_z，以及 P_{pf} 时，利用式(7.22)就可以计算出射孔孔壁上的周向有效应力分布，为进一步研究出砂奠定基础。

② 射孔孔壁上的最大周向应力。射孔完井的地层只有当射孔孔道发生破坏时油气井才有可能出砂，因此，为了研究位于井眼上不同方位的射孔孔眼的不稳定性和出砂情况，有必要计算出各射孔孔眼(孔壁)上的最大周向应力。

出式(7.22)可见：如果 $\sigma_\theta > \sigma_z$，那么在 $\phi = 90°$ 时，射孔孔壁上存在周向有效应力的最大值；如果 $\sigma_\theta < \sigma_z$，那么在 $\phi = 0°$ 时，射孔孔壁上存在周向有效应力的最大值。又因为射孔孔壁上的最大周向有效应力 σ_θ 和垂向应力 σ_z 都是极坐标系中坐标辐角和失径 (θ, r) 的函数，因此，射孔孔壁上的最大周向应力也是坐标辐角和失径 (θ, r) 的函数。

(2) 地应力非均匀性对出砂的影响

① 水平地应力非均匀性对不同方位射孔孔壁上应力分布的影响。图7.18为原地最大水平主应力方向和坐标辐角 $\theta = 0°$ 是对应的，失径 r_s 的单位为 m。图7.18和图7.19分别对应的地层基本力学参数和井眼参数分别为：原地水平最大主应力 28.84 MPa，原地水平最小主应力 23.52 MPa，垂向应力 31.63 MPa，泊松比 0.38，地层压力 15.0 MPa，生产压差 3 MPa，井眼半径 0.1 m。$r_s = 0.1$ m时的曲线代表了与井壁相交处的射孔孔壁上的最大周向应力，与不同 r_s 对应的曲线代表射孔孔眼内不同孔深处的射孔孔壁上的最大周向应力。

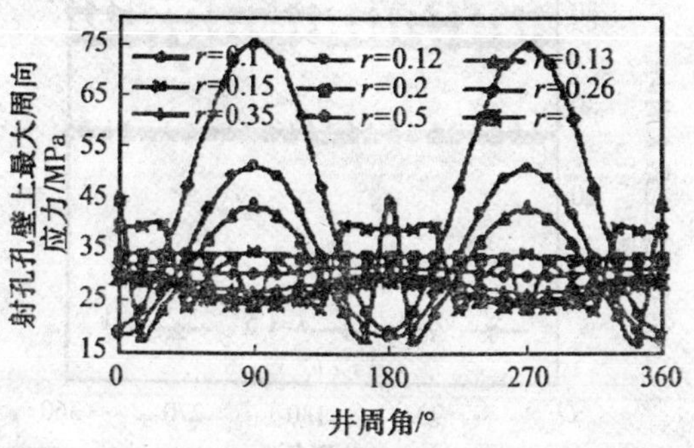

图7.18　射孔方位对射孔孔壁上的最大周向应力的影响

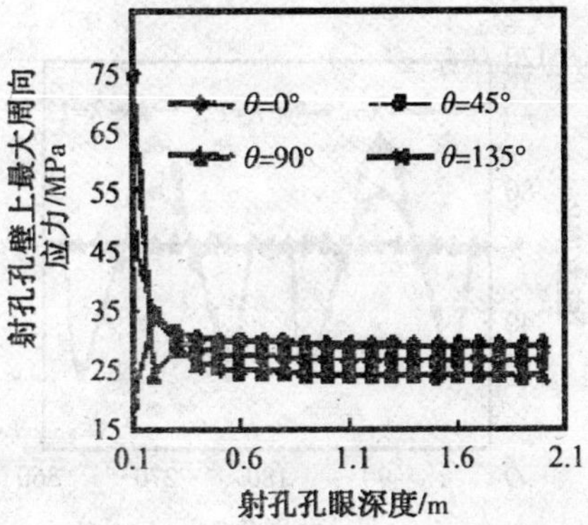

图7.19　射孔方位对射孔孔壁上的最大与径向距离的关系

由图7.18可以看出：随着 r_s 的逐渐增大，从井壁逐渐向射孔孔眼延伸。

由图7.19可以看出：在井壁与射孔孔壁相交处，射孔孔壁上的最大周向应力 σ_θ 随射孔孔眼在井壁上的位置变化（坐标辐角的变化）而变化的辐角角度最大；随着射孔孔壁远离井壁，射孔孔壁上的周向应力随射孔孔眼在井壁上的位置变化而变化的相对辐度逐渐减小。

而在最小水平主应力方向上和距离井壁一定的范围内射孔孔壁上的尖端压应力最集中。

由图7.18，7.19还可以看出：对于同一方位上的射孔孔眼，随着射孔孔壁远离井壁，其井壁上的应力集中对射孔孔壁上的应力影响逐渐减小，而在最小水平主应力方向上和距离井壁一定范围内射孔孔壁上的压应力最集中，因此在这个方向上的地层最容易由于受挤压产生剪切应力，如果剪切应力大于孔壁上岩石抗剪强度，孔壁岩石骨架将发生屈服破坏而出砂。但当径向距离超过某一临界值后，与原地最小水平主应力方向对应的射孔孔壁上的压应力逐渐降低，应力集中逐渐减弱，而与原地最大水平主应力方向对应的射孔孔壁上的压应力相对增加。

由此可见，对于容易出砂的弱胶结的地层，优化射孔过程中应充分考虑到由于原地水平地应力非均匀性而引起的井眼周围应力分布状态的这些特点，合理设计射孔方位。

② 地应力非均匀程度对不同方位射孔孔壁上应力分布的影响。以图7.18，7.19对应的参数作为基本参数，逐渐改变原地水平最小主应力，并使水平最大主应力与水平最小主应力的比分别等于1.0，1.5，2.0，以便进一步研究和分析地应力非均匀程度对不同方位射孔孔壁上应力分布的影响。图7.20，7.21仅给出了不同方位射孔孔壁上两个计算点作为分析代表，图7.21对应于 $r_s = 2r_w$ 的孔壁。

由图7.20可以看到：随着原地水平应力由均匀变为非均匀，射孔孔壁与井壁相交处出现局部应力集中区域，随着原地水平应力非均匀程度的加剧，局部应力集中的程度加剧。从图7.21可知：在远离井壁处，随着原地水平应力非均匀程度的加剧，射孔孔壁上的最大周向应力增加。显然，根据 $\sigma_\phi = C$ 的关系知道：周向应力增加意味着地层出砂的可能性增大。

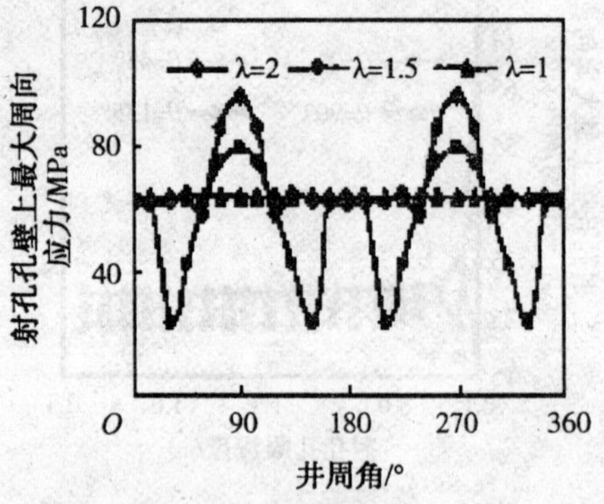

图 7.20　地应力非均匀性射孔孔壁上($r_s = r_w$)最大周向应力的影响

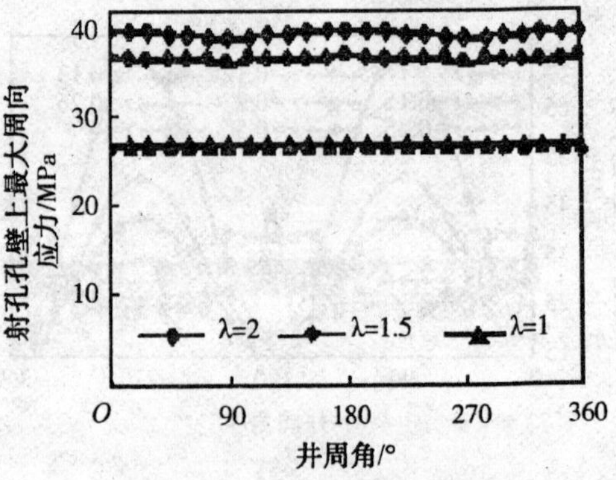

图 7.21　地应力非均匀性射孔孔壁上最大周向应力的影响($r_s = 2r_w$)

(3) 油藏压力状态对出砂的影响

① 生产压差对射孔孔壁上应力分布的影响。

由图 7.22 可知：当地层压力不变，井眼压力逐渐降低，生产压差增加时，从理论分析知道，与井壁相交处射孔孔壁上，最大周向应力将随着压差增大而增大，甚至导致射孔孔壁(眼) 发生剪切屈服破坏，造成油气井出砂的可能性随之增加。因此，强化开采不利于射孔孔眼的稳定。在地层胶结强度较小时，不恰当的压差很可能引起地层过早、过量的出砂。

② 油藏压力状态对射孔孔壁上应力分布的影响。

从图 7.23 可以看到：当井眼压力不变时，随着油藏压力的衰减，与井壁相交处的射孔孔壁上，最大周向应力将随着压差的减小而增大，射孔孔眼将发生剪切屈服破坏，造成油气井出砂的可能性随之增加。可以认为：随着油藏压力的衰减，原来不出砂的地层，也可能出砂。因此，对于可能出砂的地层应在开采过程中科学、合理的、适时调整开采措施，以防止和减少地层出砂的可能性。

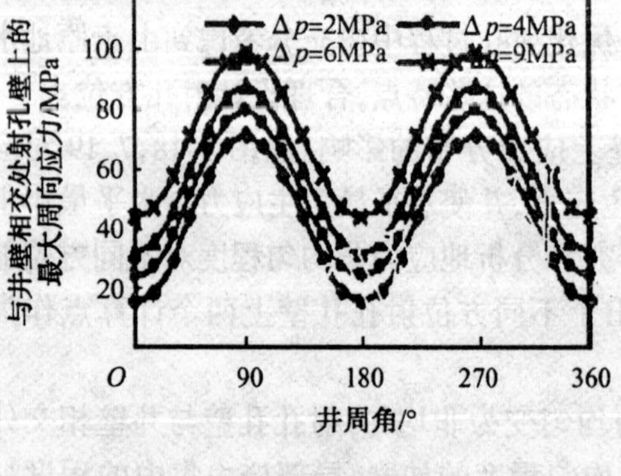

图 7.22　生产压差对射孔孔壁上应力分布的影响与径向距离的关系

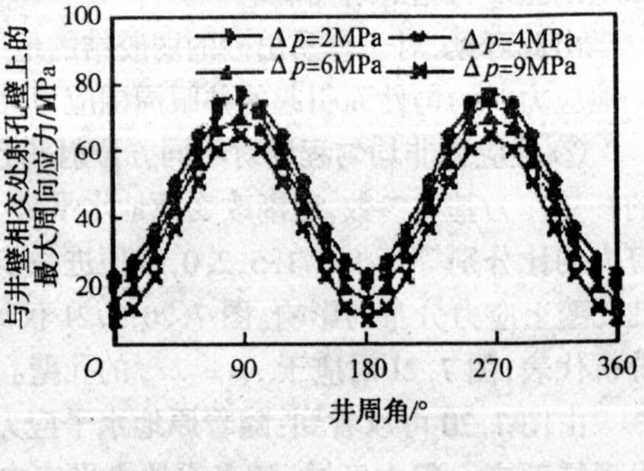

图 7.23　生产压差对射孔孔壁上应力分布的影响

7.4　防止油气井出砂的基本理论和完井方案的选择

由 7.1 知道，现代完井方法有多种类型，而完井方法的选择是一项复杂的系统工程，需要综合考虑的因素包括：生产过程中地层是否出砂，地质和油藏工程特性，完井产能大小，钻完井的成本，经济效益，采油工程要求等。其中，井壁的力学－化学稳定性和地层骨架的出砂性能是影响完井方法选择的重要因素。如何根据现有地层资料对上述因素进行研究和评价，并确定完井方式选择标准是值得深入研究和探讨的课题。下面重点针对产层部位井眼的力学稳定性问题，研究井壁岩石所受剪切应力与抗剪切强度之间的关系，为选择完井方法提供依据。

7.4.1　井壁力学稳定性计算和分析判断

完井方法可分为能支撑井壁的完井方法（例如，射孔完井、割缝衬管完井、绕丝筛管完井、预充填筛管完井方法）和不能支撑井壁的完井方法（例如，裸眼完井方法）。判断井眼的力学稳定性的目的就是要判定该井是采用能支撑井壁的完井方法还是裸眼完井方法。

1. 不考虑中间主应力影响时，井壁岩石所受 τ_{max} 和 σ_e

当不考虑热应力影响时，按照忽略中间主应力的 Mohr-Coulumb 的剪切破坏理论，可求得作用在井壁岩石最大剪切应力平面上的剪切应力和有效法向应力，即

$$\tau_{max} = \frac{\sigma_1 - \sigma_3}{2}, \sigma_e = \frac{\sigma_1 + \sigma_3}{2} - \alpha P_p \tag{7.23}$$

式中　τ_{max}—— 最大剪切应力，MPa；

σ_e—— 作用在最大剪切应力平面上的有效法向应力，MPa；

σ_1—— 作用在井壁岩石上的最大主应力，MPa；

σ_3—— 作用在井壁岩石上的最小主应力，MPa；

P_p—— 地层流体孔隙压力，MPa。

2. 虑中间主应力影响时，井壁岩石所受 τ_{max} 和 σ_e

井眼稳定性的理论和实践研究证明：中间主应力对岩石的破坏起着至关重要的作用。因此，在研究井眼的破坏和岩石强度过程中，越来越多的考虑中间主应力的影响。

根据 VOn-Mises 的剪切破坏理论，可以计算出作用在井壁岩石上剪切应力的均方根（广义剪切应力）和有效法向应力的大小，计算式为

$$\sqrt{J_2} = \sqrt{(\sigma_1 - \sigma_2)^2 + (\sigma_2 - \sigma_3)^2 + (\sigma_3 - \sigma_1)^2} \tag{7.24}$$

$$\bar{J}_1 = \frac{1}{3}(\sigma_1 + \sigma_2 + \sigma_3) \tag{7.25}$$

式中　$\sqrt{J_2}$—— 剪切应力的均方根，MPa；

$\bar{J}_1$—— 有效法向应力，MPa；

σ_2—— 中间主应力，MPa。

3. 两种稳定性的判断方法

(1)Bredley 的斜井井眼周围应力计算方法

① 根据原水平方向最大、最小地应力 σ_H, σ_h 和原垂向地应力 σ_0，井斜角、方位角 α, ϕ 之间的空间几何关系，通过应力状态，地下岩石单元体上仅受六个独立分量作用的概念，再利用井眼坐标系和原地应力坐标系之间的坐标转换关系，可将原地应力转换到井眼(轴线)直角坐标系上，单元体三个主平面上的三个法向应力，$\sigma_x, \sigma_y, \sigma_z$ 和三个剪切应力 τ_{xy}，τ_{yz}, τ_{xz} 如下

$$\begin{cases} \sigma_x = (\sigma_H \cos^2\phi + \sigma_h \sin^2\phi)\cos^2\alpha + \sigma_0 \sin^2\alpha \\ \sigma_y = (\sigma_H \sin^2\phi + \sigma_h \cos^2\phi) \\ \sigma_z = (\sigma_H \cos^2\phi + \sigma_h \sin^2\phi)\sin^2\alpha + \sigma_0 \cos^2\alpha \\ \tau_{yz} = \dfrac{1}{2}(\sigma_H - \sigma_h)\sin 2\phi \sin \alpha \\ \tau_{xz} = \dfrac{1}{2}(\sigma_H \cos^2\phi + \sigma_h \sin^2\phi - \sigma_0)\sin 2\alpha \\ \tau_{xy} = \dfrac{1}{2}(\sigma_H - \sigma_h)\sin 2\alpha \cos \alpha \end{cases} \tag{7.26}$$

② 将井眼(轴线)直角坐标系中的三个法向应力(正应力)$\sigma_x, \sigma_y, \sigma_z$ 和三个剪切应力 $\tau_{xy}, \tau_{yz}, \tau_{xz}$ 转换到井眼(轴线)圆柱坐标系(极坐标系)上的三个法向应力(正应力)σ_r, σ_θ，σ_z 和三个剪切应力 $\tau_{r\theta}, \tau_{rz}, \tau_{\theta z}$ 如下

$$\begin{cases} \sigma_r = P_m \\ \sigma_\theta = (\sigma_x + \sigma_y - P_m) - 2(\sigma_x - \sigma_y)\cos 2\theta - 4\tau_{xy}\sin 2\theta \\ \sigma_z = \sigma_{zz} - 2\mu(\sigma_x - \sigma_y)\cos 2\theta - 4\tau_{xy}\sin 2\theta \\ \tau_{yz} = \tau_{rz} = 0 \\ \tau_{\theta z} = 2(\tau_{yz}\cos\theta - \tau_{xz}\sin\theta) \end{cases} \tag{7.27}$$

③ 由井眼圆柱坐标系中的法向应力和剪切应力计算出主应力 $\sigma_1, \sigma_2, \sigma_3$ 为

$$\begin{cases} \sigma_1 = \sigma_r = P_m \\ \sigma_2 = \dfrac{1}{2}(\sigma_\theta + \sigma_z) + \dfrac{1}{2}\sqrt{(\sigma_\theta - \sigma_z)^2 + 4\tau_{\theta z}^2} \\ \sigma_2 = \dfrac{1}{2}(\sigma_\theta + \sigma_z) - \dfrac{1}{2}\sqrt{(\sigma_\theta - \sigma_z)^2 + 4\tau_{\theta z}^2} \end{cases} \tag{7.28}$$

计算后按其大小重新排列大小，以 σ_1 为最大主应力，σ_3 为最小主应力，σ_2 为中间主应力。根据直线形剪切破坏准则，计算井壁岩石的剪切强度，即

$$|\tau| = C + \sigma_n \tan\phi \tag{7.29}$$

式中 $|\tau|$—— 油层岩石的剪切强度，MPa；

C—— 油层岩石的内聚力，$C = 0.5\sqrt{\sigma_c \sigma_t}$，MPa；

ϕ—— 油层岩石的内摩擦角，$\phi = 90° - \arcsin\sqrt{\dfrac{\sigma_c - \sigma_\theta}{\sigma_c + \sigma_\theta}}$；

σ_c—— 油层岩石的单轴抗压强度，MPa；

σ_θ—— 井壁岩石的最大切向应力,MPa;

σ_n—— 由破坏准则(7.25)计算出的有效法向应力,MPa。

由破坏准则式(7.29)知道:只要已知油层岩石的单轴抗压强度和抗拉强度,就可以计算出油层岩石剪切强度。同时可以看出:当$|\tau| > \tau_{max}$时,井壁岩石不会发生力学不稳定,可以采用裸眼完井方法;反之,则有发生井眼力学不稳定的可能,即有可能发生井眼坍塌,因而不能采用裸眼完井方法,必须采用能支撑井壁的完井方法,以防油气井出砂。

(2)Von Mises 的剪切破坏理论

根据 Von Mises 理论,计算井壁岩石的应力状态,可利用直线形剪切强度均方根公式来计算井壁岩石的剪切强度均方根,即

$$\sqrt{J_2} = \alpha + \bar{J}_1 \cdot \tan\beta \tag{7.30}$$

式中　$\sqrt{J_2}$—— 油层岩石的剪切强度均方根,MPa;

α—— 岩石的材料常数,$\alpha = \dfrac{3C}{(9 + 12\tan^2\phi)^2}$,MPa;

$\bar{J}_1$—— 由式(7.25)计算出的有效法向应力,MPa;

β—— 岩石的材料常数,$\tan\beta = \dfrac{3\tan\beta}{(9 + 12\tan^2\phi)^2}$,MPa。

由破坏准则式(7.30)知道:如果计算出的剪切强度均方根$\left|\sqrt{J_2}\right|$大于由式(7.24)计算出的剪切应力均方根$\left|\sqrt{J_2}\right|$时,则井壁岩石不会发生力学不稳定,可以采用裸眼完井方法;反之,将有可能发生井眼坍塌,必须采用能支撑井壁的完井方法,以防油气井出砂。

一般情况下,采用上述两种理论判断出的井眼稳定性是一致的,当两者计算结果发生冲突时,建议采用 Von Mises 理论(考虑中间主应力)来判断井眼的稳定性。

7.4.2　其他因素对力学稳定性分析的影响

油井出砂会造成井下设备、地面设备和工具的磨蚀和损害,同时也会造成砂堵,降低油气井产量或迫使油气井停产。所以,搞清楚油气井出砂的机理和正确判断地层是否出砂,对于选择合理的防砂完井方式,以及搞好油气田的开发方式非常重要。

油气藏类型、油气层岩性不同,所选完井方法就不同。即使在同一油气藏中,油气井所处的地理位置不同,所选完井方法也可能有差别。同时,完井方法还会受到油气田地质、油气藏工程需要的影响。地质条件不同,开采方式、工艺不同,都会对原始骨架稳定性和井壁岩石的稳定性产生新的影响。进行计算和判断时,必须综合考虑这些采油工艺的需要,以便选用最合适的完井方式。

1.注水影响

对于需要注水进行开发的井,由于注水井压力接近油层破裂压力,特别是深井低渗透油藏,其注水压力较高。因此,在选择完井方式时,不仅要求能分隔层段,还应根据注水井的节点分析来确定合理的注水压力值,同时考虑油层套管的强度和螺纹扣的密封性,以保证注水井在长期承受高压的条件下能正常工作。

2.压裂和酸化影响

对需要进行压裂投产或注水开发后压裂增产的井,因为层系多要求分层压裂,所以只

能选择套管射孔完井,而且要考虑套管的强度和螺纹扣的密封性,同时应考虑需要加大压裂油管尺寸,减小油管摩擦,降减低施工压力,所以应该预留较大的井眼。至于碳酸岩盐,不论是裂缝性还是孔隙性地层,大多需要常规酸化投产,有时还需要进行大型酸化、酸压,因此必须采用套管射孔完成,同时考虑套管的强度和螺纹扣的密封性。

3. 稠油影响

稠油油层大多数为黏土或原油胶结,油层极易出砂,因而需要考虑防砂问题。厚的稠油油层,若无气顶、底水、夹层水,可采用裸眼砾石充填完井,但是采用裸眼完井难以调整吸气剖面,必须慎重考虑,一般多采用套管射孔管内砾石充填完井。

4. 防砂措施

根据上述方法,如果判定油层生产时会出砂,应选择防砂完井方法。一般无气顶、无底水的厚油层,可采用裸眼或套管射孔完井防砂。

对于薄层或薄互层采用套管射孔完井防砂,同时应根据出砂程度,砂粒直径大小,选择不同的防砂方法。防砂井最好是下 7 in 以上的套管,既可减缓因岩石骨架破坏而流入井的速度,又可在砾石充填防砂时增加防砂层厚度,以提高防砂效果。

对于粗砂地层,可采用割缝衬管完井。对于细砂和粉砂岩地层,可采用井下砾石充填完井、预充填砾石筛管完井、金属纤维防砂筛管完井、多孔冶金粉末防砂筛管完井和多层充填井下滤砂器完井。

5. 垂直或大倾角裂缝性地层

这类油层(如新疆火烧山油田二叠系砂岩油层)常采用常规方式完井。注水泥时容易造成井漏,不仅不能封住油层,而且会造成深部油层的严重污染。因此应考虑将技术套管下到油层顶部固井后,再钻开油层,然后下割缝衬管或套管外封隔器完井,或者采用水平井完井。

又如胜利呈东油田的石碳系、二叠系地层不整合面为 60° 的大倾角多套裂缝性油层,如果采用直井完井,再钻井只能钻遇少数油层,有时只钻遇 1 ~ 2 个油层,如果采用定向井或水平井完井就能钻遇多套油层。

6. 层间压差大小

对于多压力层系油层,在层间存在压差,一般各层之间的压力变化为

① 压力系数 $a > 1.3$ MPa/100 m。

② 压力系数 $a = 1.1 \sim 1.3$ MPa/100 m。

③ 压力系数 $a = 0.9 \sim 1.1$ MPa/100 m。

④ 压力系数 $a < 0.9$ MPa/100 m。

凡是属于这四类层间压差的油层,可认为层间压差不大,可按一层选择完井方式。否则,按多层处理。

对于气藏而言,一般各分层之间的压力变化范围为

① 压力系数 $a > 1.5$ MPa/100 m。

② 压力系数 $a = 1.3 \sim 1.5$ MPa/100 m。

③ 压力系数 $a = 1.1 \sim 1.3$ MPa/100 m。

④ 压力系数 $a < 1.1$ MPa/100 m。

凡是属于这四类层间压差内的气藏，可认为层间压差不大，可按一层选择完井方式。否则，按多层处理。

总之，根据直线型剪切强度理论，得出的作用在井壁岩石上的剪切应力均方根和有效法向应力，可通过 Bradley 的井眼围岩应力计算方法和 Von Mises 剪切破坏理论判断井眼是否会发生力学上的不稳定，从而决定选择裸眼完井或支撑井壁的完井方式。此外，在防砂方法的选择上，目前国内外最常见的防砂完井方法可归纳为以下几种。

① 割缝衬管完井。

② 绕丝筛管完井。

③ 裸眼预充填类筛管完井。包括：预充填砾石筛管、金属纤维筛管、烧结陶瓷筛管、金属毡筛管完井等；国外常用的是：Stratapac 筛管、Sinterpak 筛管（属于金属纤维类筛管）完井。

④ 裸眼井下砾石充填完井。

⑤ 射孔套管内预充填类筛管完井。包括：预充填砾石筛管完井、金属纤维筛管完井、烧结陶瓷筛管、金属毡筛管完井等；国外常用的是：Stratapac 筛管、Sinterpak 筛管（属于金属纤维类筛管）完井。

⑥ 射孔套管内井下砾石充填完井。砾石充填方式包括：常规、高速水砾石充填和压裂充填。

7.5　油水井防砂技术现状及新进展简介

疏松砂岩油藏在我国分布很广，产量储量都占很大比例，因此搞好防砂工作非常重要。油水井出砂带来的危害很大：出砂可能导致砂埋油层或井筒砂堵造成油水井不能正常生产或停产；出砂导致井下和地面设备磨损加剧；出砂导致井筒冲砂和地面设备清砂工作增加，使生产成本增加；出砂还可能造成油层部位亏空、井壁坍塌、套变加剧乃至使油水井报废。

7.5.1　油水井出砂原因

油水井出砂原因可分为先天和人为两种因素。先天因素主要是由于油藏埋藏浅，形成地质年代较晚，并且胶结矿物数量少、分布不均，因而油层胶结强度差，在地应力大于地层强度时，在流体冲刷之下油层就会出砂。人为因素主要有以下几方面。

① 钻井过程及开采前后，油层部位受破坏而应力失衡。

② 不合理的开采速度和油井工作制度突变或生产压差过大。

③ 射孔、压裂、修井冲砂和酸化等措施不可避免地造成对油层强度的负面影响。

④ 油层进入中、高含水开发期后，由于胶结物的被溶解和冲刷，油层强度降低。

⑤ 地层压力下降，使油层受垂向应力增加，砂粒间的应力平衡被破坏，造成出砂。

⑥ 固井质量差，注蒸汽对胶结物的溶解软化。

另外油层渗透率高，流体渗流速度大；油黏度大，携砂能力强都会使油层易出砂。对于注水井来说，注入水返吐卸压是造成油层出砂的主要原因。

7.5.2 防砂技术的发展历程

防砂就是采取一定措施禁止或减少油层出砂并阻止其进入井筒,最早出现于20世纪60年代。对于防砂,人们经历了从不自觉到自觉的发展过程,按照其发展过程可分为以下四个阶段。

① 早期的试验摸索阶段:主要通过控制油井产量来稳定流体产出速度,在射孔炮眼处通过自然过滤堆积形成稳定的砂桥,进而阻止砂粒进入井筒,这种方法一般也称为自然砂桥控砂技术,其技术关键是控制好油层流体流速不能超过破坏砂桥的"临界流速"。

② 防砂技术发展阶段:20世纪70年代开始,经过研究探索形成了一套以化学防砂为主的固砂方法。

③ 防砂技术成熟阶段:20世纪70年代,形成了一套以机械防砂为主导、机械－化学复合防砂技术。

④ 防砂技术的崭新发展阶段:20世纪90年代,随着新材料的出现、新加工工艺水平的提高,出现了新型复合防砂技术。近年来,随着开发工作者认识观念更新,又出现了防排结合的综合治砂技术。

7.5.3 目前各种防砂方法的主要技术特点

1.机械防砂

机械防砂工艺仅仅在出砂层位悬挂机械挡砂工具,达到阻止地层砂流出到地面的目的。该种工艺施工简单、有效期较短,适用于出砂不严重的垂直井和水平井。

目前常用的机械滤砂管多达十几种,包括饶丝筛管、双层预充填砾石绕丝筛管、割缝衬管、金属棉(毡、网布)滤砂管、树脂石英砂滤砂管、陶瓷滤砂管、冶金粉末滤砂管、精密微孔滤砂管以及其他新型滤砂器。

机械防砂可归纳为以下两类。

第一类是现场应用比较普遍的防砂管柱防砂技术,主要是采取在采油泵下挂接,如绕丝筛管、割缝衬管、双层或多层筛管、各种防砂器等,原理是利用上述防砂管柱阻挡住地层砂,防止进人采油泵内。优点是简便易行,可以有效地防止中粗砂岩油层的大径砂粒。缺点是对出细砂的井易造成堵塞,使采油泵不进液,而且寿命相对较短。

第二类机械防砂是第一类机械防砂方法的进一步发展,它采取先下入防砂管柱后再进行充填,充填物常用砾石,还可用陶粒、果壳等。由于该类防砂方法应用较早,技术逐步完善提高,目前被认为是防砂效果最好的防砂方法之一。

按照完井方法不同又可分为:用于裸眼完井的裸眼井砾石充填和用于射孔完井的套管内砾石充填防砂方法。其原理是将筛管或割缝衬管下入井内防砂层段,然后用流体携带经过优选的合适粒径的砾石,将其充填于筛管和油层或套管之间,形成一定厚度的砾石层,利用其阻止油层砂流入井内的防砂方法。图7.24为水平井裸眼砾石充填防砂完井管柱示意图。

机械防砂工艺在井筒或管外地层充填砾石层。砾石层为高渗透性、高强度的挡砂屏障,绕丝筛管支撑砾石层。该种工艺挡砂效果好,有效期长,是目前主流的防砂工艺之一。

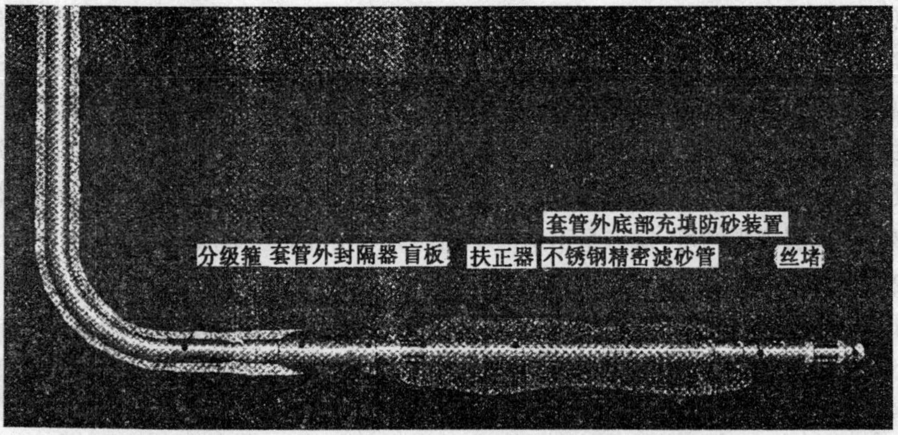

图7.24　水平井裸眼砾石充填防砂完井管柱示意图

充填的砾石粒径依据油层砂的粒径进行选择。油层中砂粒被阻挡于砾石层之外，通过自然选择堆积在砾石层外形成一个由粗到细的砂拱，既有良好的流通能力，又能有效阻止油层出砂。管内砾石充填施工常与大直径高孔密射孔技术相结合，以便提高成功率。因此，砾石的尺寸、砾石的质量、充填液的性能是砾石充填防砂的技术关键。

砾石质量直接影响防砂效果及完井产能，因此砾石的质量控制十分重要。砾石质量包括：砾石粒径的选择、砾石尺寸合格程度、砾石的强度、砾石的圆球度和砾石的酸溶度等。

① 砾石粒径的选择。国内外通用的砾石粒径 D_g 是油层砂粒度中值 d_{50} 的 5 ~ 6倍，即 $D_g = 5d_{50} \sim 6d_{50}$。$D_g$ 确定后，再根据工业砾石参数表选择粒度大致与 D_g 相等的工业砾石。

② 砾石尺寸合格程度。砾石尺寸合格程度的标准是：大于要求尺寸的砾石质量不得超过砂样总质量的 0.1%，小于要求尺寸的砾石质量不得超过砂样总质量的 2%。

③ 砾石的强度。砾石强度的标准是：抗破碎试验所测出的破碎砂质量分数不得超过推荐标准。

④ 砾石的圆球度。砾石圆球度的标准是：砾石的球度应大于 0.6，砾石的圆度也应大于 0.6。图 7.25 给出的是评估砾石圆球度的视觉对比图。

充填砂粒度/目	破碎砂质量分数/%
8~16	8
12~20	4
16~30	2
20~40	2
30~50	2
40~60	2

砾石抗破碎推荐标准

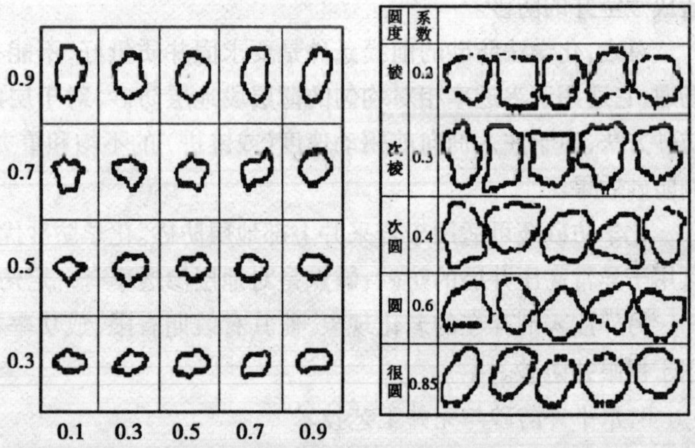

图 7.25　圆球度的视觉对比图

(5) 砾石的酸溶度。砾石酸溶度的标准是:在标准土酸(3%HF + 12%HCl)中,砾石的溶解质量百分数不得超过1%。

总体看充填防砂具有施工可靠、成功率高、费用适中,而且目前已成功用于水平井的防砂的优点,缺点是不适用于防止细粉砂地层的出砂,且施工后井内流有物件,在对油层进行压裂改造等时,常需大修取出。总之,机械防砂对地层的适应性强,无论产层薄厚、渗透率高低、夹层多少均可,缺点是不适应于细粉砂地层和高压地层防砂。

2.化学防砂

化学防砂是指化学剂固砂,即向地层内挤入一定量的化学剂充填于地层孔隙中,以达到对井底附近地层进行重新固结,提高地层强度,达到阻止地层出砂的目的。如图7.26,一般分为人工胶结地层和人造井壁两种防砂方法。

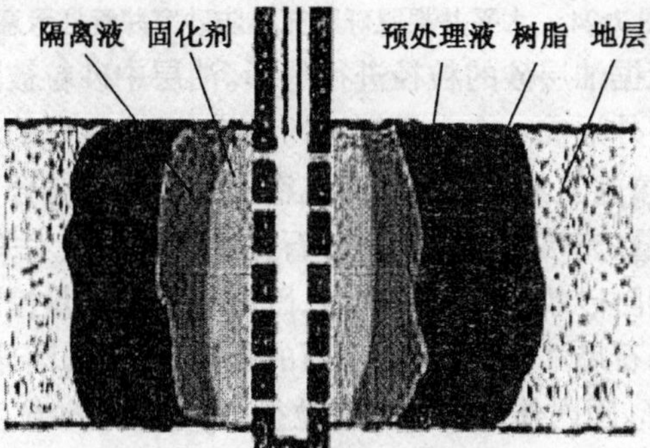

图7.26　人工胶结和人造井壁防化学防砂

人工胶结地层是向地层内注入各类树脂或各种化学固砂剂,直接将地层固结,它对疏松油层出砂特别适用。人造井壁是把具有特殊性能的水泥、树脂、预涂层砾石、水带干灰砂或化学剂挤入井筒周围地层中,这些物质凝固后形成一层既坚固又有一定渗透性和强度的人工井壁,达到防止油层出砂的目的,这种方法适用于因出砂导致套管外油层部位坍塌造成亏空井的防砂。

总之,化学法防砂的前提条件是要求固井质量好,不能有套管外串槽现象,射孔炮眼畅通,它适用于渗透率相对均匀的薄层段地层防砂,对于层内差异大的厚油层,采用化学防砂方法,由于注入剂向前驱动速度(或锥进)的不均和重力作用,容易造成固结不均,影响防砂效果。

化学防砂还可适用于合采井上部地层防砂。化学防砂优点是施工后井内无遗留物,并可用于异常高压井层的防砂;缺点是对地层渗透率有一定伤害,特别是重复施工时。

另外注入剂存在的老化现象,使其有效期有限,成功率不如机械防砂,化学防砂不适用于裸眼井防砂。

3.水平井防砂与完井工艺技术

(1) 油田筛管防砂发展历程与性能评价(以辽河油田为例)

与目前国内外水平井使用的完井方式相比,由于绝大多数水平井是砂岩油藏和稠油油藏，稠油防砂问题是水平井开发的主要矛盾之一。所以，各油田水平井是以筛管、衬管、射孔三种完井方式为主，而且以筛管完井占主导地位。下面对用于防砂完井的金属棉筛管、TBS筛管、割缝筛管、弹性筛管、螺旋筛管、V缝自洁防砂筛管防砂完井的发展历程及性能评价做一简介。

①1996年以前的金属棉筛管结构示意图如图7.27(a)所示。

防砂完井技术试验阶段，主要以金属棉筛管完井防砂为主。金属棉筛管防砂完井后井眼尺寸小，不利于注汽热采、采油生产和后期作业。防砂材料强度不足、不均匀，容易堵塞和损坏(击穿)。

②1996～2002年间开发并应用了TBS筛管，如图7.27(b)所示。

TBS筛管是以打孔套管为基管，将金属纤维过滤单元烧结在基管上，结构为单层管结构，内径大，可防细砂，解决了金属棉筛管内径小、堵塞和强度低的问题。TBS筛管存在问题：过滤单元易脱落、加工工艺性差。

③2002年以后开始应用割缝筛管，如图7.27(c)所示。

由于机械加工工艺的井步，割缝筛管加工成本降低，近几年来在辽河油田应用的最多，主要适用于粗砂、分选性好的油藏。

存在问题：不能防止细砂，缝隙易冲蚀变大、缝型为单一直缝，抗压强度低。

④2005年以后割缝筛管防砂完井技术推广应用阶段和弹性筛管现场试验阶段，高强度弹性筛管进入现场，显示出明显的优势，如图7.27(d)所示。

高强度弹性筛解决了TBS过滤单元脱落的问题，防砂材料采用的是弹性金属纤维，渗透性好，抗堵塞性高，扩大了防砂范围。目前辽河油田广泛用于水平井上。

辽河油田目前水平采用的防砂技术主要是弹性筛管和割缝筛管。筛管完井的方式主要有两种：一种是95/8″套管内悬挂7″筛管；另一种是7″套管下接7″筛管，上部固井，如图7.27(e)所示。基本性能要求如下。

强度：抗压强度为套管45.6%。

过流面积：管体表面的1%～2.7%。

高温腐蚀：350 ℃时pH值为2～12。

防砂粒径：0.2 mm以上，分选性要求高。

筛管尺寸：外径ϕ177.8 mm，内径ϕ159.42 mm，便于施工作业。

(2) 水平井的主要防砂工艺类型

① 悬挂器砾石充填筛管防砂。

因为水平井砾石充填施工困难，而下滤砂管相对比较容易。而水平井筛管砾石充填防砂是将技术套管下至预计的水平段顶部，注入水泥固井封隔，然后换小一级钻头钻水平井段，再将装有扶正器的筛管下人到井内油气层部位，靠悬挂器悬挂于技术套管内，然后用充填液将在地面上预先选好的砾石泵送到筛管与井眼之间的环形空间内，构成一个砾石充填层，以阻挡地层砂流入井筒。图7.28给出了水平井完井和悬挂器砾石充填筛管防砂示意图。

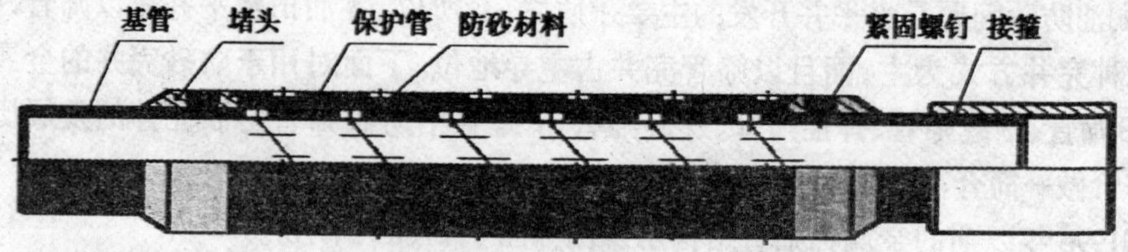

(a) 金属棉筛管结构示意图

(b)TBS 筛管示意图

(c) 割缝筛管示意图

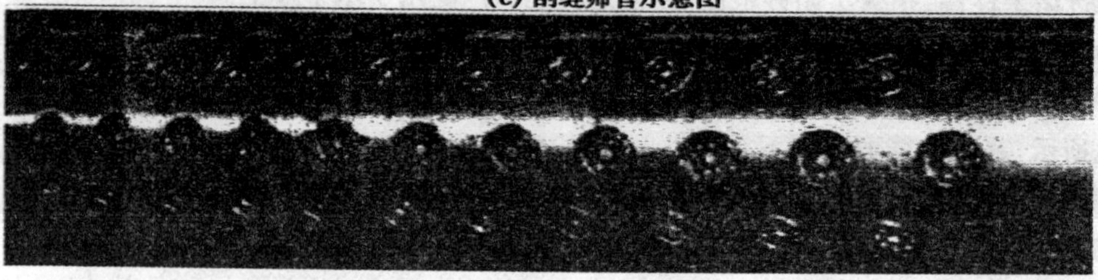

(d) 高强度弹性筛管

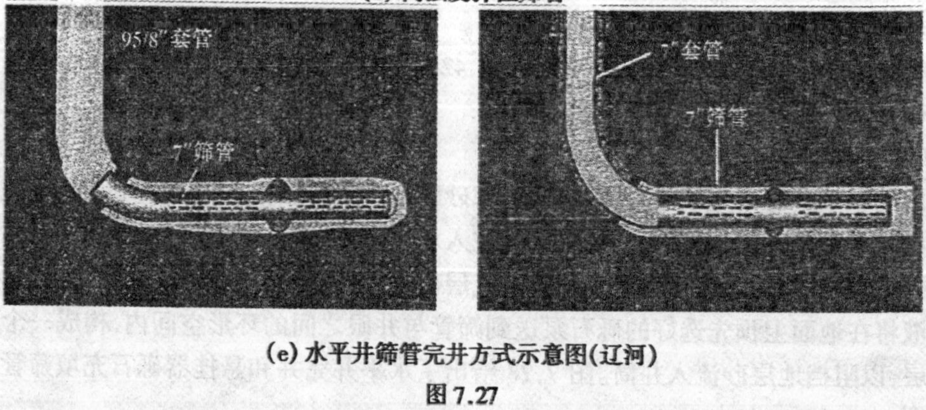

(e) 水平井筛管完井方式示意图(辽河)

图 7.27

水平井完井方式	裸眼完井	裸眼完井
		裸眼筛管完井
		裸眼筛管管外封隔器(ECP)完井
		裸眼膨胀筛管完井
		裸眼筛管砾石充填完井
	射孔完井	尾管射孔完井
		尾管射孔筛管完井
		尾管射孔管内砾石充填完井

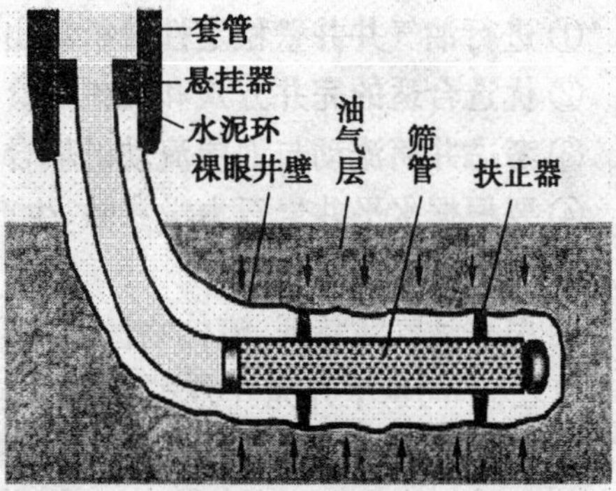

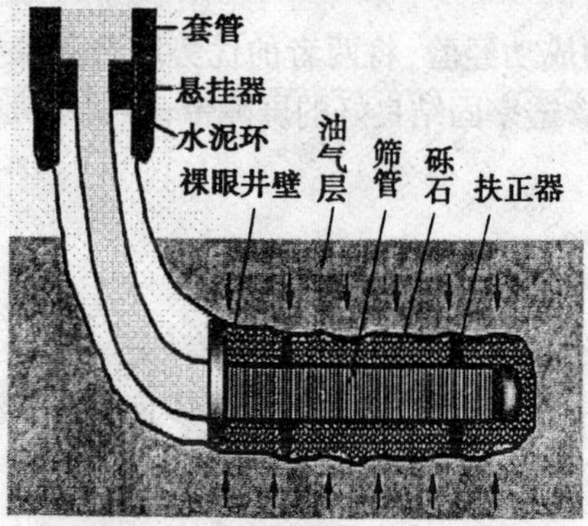

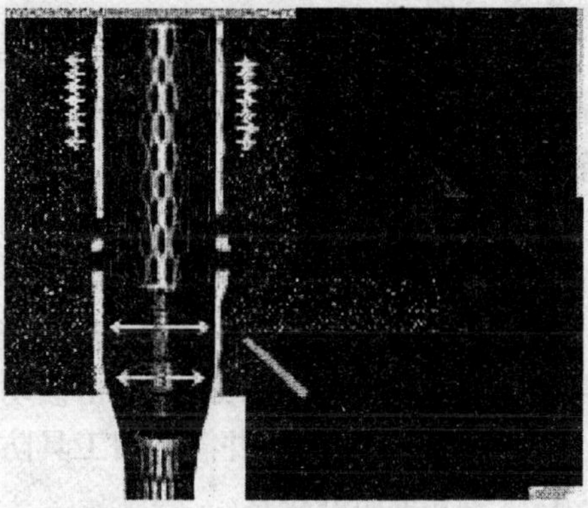

图7.28　水平井完井和悬挂器砾石充填筛管防砂示意图

② 水平井膨胀筛管防砂。

水平井膨胀筛管防砂是钻开水平段后将膨胀筛管下入到生产层段，然后下入膨胀工具(机械膨胀或液压膨胀工具）将筛管胀开，紧贴在井壁，起支撑井壁和挡砂作用。这种防砂方法在防砂后获得的内径最大，增大了井筒泄流面积，并且膨胀筛管对井壁有支撑作用，有利于提高产能，而且其施工简单、安全可靠、投资回报率高。

但其对井眼的规则性要求高，目前还不能达到一次施工成功率100%。膨胀筛管是由威德福公司研制开发的新型防砂与完井管柱，是一种新型防砂管柱。膨胀筛管防砂在国内有少量应用，但依赖进口，价格昂贵。

(3) 水平井防砂完井方式评价与工程设计

水平井的完井技术是整个水平井技术中至关重要的组成部分。水平井完井方式是否选择得当，直接关系到今后开发开采的全过程能否顺利进行。一口井具体的完井方式必须与产层地质特性相匹配，必须满足长期生产过程中的各种工程要求，并适应油气井开发过程中地层性能的变化情况，以减少地层损害、提高油气产量、延长油气井寿命、实现最大限度地开采油气资源的目的。

水平井完井方式的优选需要考虑气藏地质特征、流体物性、生产方式和产能要求等。

另外井壁稳定性和出砂风险评估对于选择水平井完井方式也具有重要的影响。在水平井完井和防砂工作上需要考虑以下几个问题。

① 进行油气井井壁稳定性分析和出砂风险评估。

② 优选合适的完井方式和机械筛管,以及砾石充填参数,进行完井工程的系统设计。

③ 考虑井筒流动与地层流动的耦合,优选射孔井段及射孔参数。

④ 要根据水平井岩石力学参数、生产条件预测水平井裸眼井壁的稳定性及出砂可能性。

⑤ 根据油气藏特征、流体物性,预测不同条件下的表皮系数、产能比,优选开发方案。

总之,不同水平井完井方式在井底造成的附加阻力不同,因此造成的表皮系数也不相同,对其产能的影响也不同。在满足各项技术要求的同时,应考虑表皮系数最小或完井产能比最高的完井方式。上述分析是水平井完井方式优选的必要步骤。

4. 复合防砂

复合防砂主要是吸取机械防砂和化学防砂的成功经验,将两者的优势结合起来相互补充,通过化学防砂在近井地带形成一个有一定渗透率固结良好的屏障带,再利用机械防砂形成二次挡砂屏障。

7.5.4 目前防砂新进展

随着新材料新工艺的出现和防砂观念的发展,目前防砂发展趋势具有四个转变:由单一防砂方法向复合防砂方法转变;由被动防砂向主动防砂转变;由后期防砂向先期防砂转变;由井筒留工具防砂向井筒不留工具防砂转变。下面介绍几种新型的防砂技术。

1. 压裂充填防砂技术

压裂充填防砂技术主要是针对中高渗透疏松砂岩油层防砂。随着这类油藏开发时间的延长,由于油层胶结物被长期冲刷溶蚀,油层胶结强度变低,加之油藏进入开发中后期,一般都要提高采油速度来实现稳产,采油速度加快致使油层出砂加剧。

为了兼顾防砂和增产双重目的而将压裂与砾石充填防砂两者结合在一起。原理是通过人工压裂在油层内形成短而宽的高导流裂缝(脱砂压裂),降低流动阻力,从而增加产能,另外在井底形成双线形流变模式,降低流体的流速和携砂能力,减缓出砂。

裂缝内砾石充填支撑带又具有多级分选过滤功能的人工井壁的作用。这种防砂技术实现了挡砂、滤砂、增加产能的目的。

这种砾石充填防砂有两种方法,一是随压裂施工同地层尾追涂层砾石;二是可以采取套管内砾石充填工艺。

2. 纤维复合防砂技术

纤维复合防砂技术是国外最新发展起来效果较好的一种新型防砂技术,采取将纤维复合体挤入井筒附近地层,由于纤维柔软,不易流动,纤维复合体将在套管外形成环形过滤带,达到类似充填筛管防粗砂同样的效果。其优势是井筒不留工具、挡砂能力强、有效期长,并且能增加产能,特别是为防细粉砂效果好,也可防治小于 0.03 mm 为粉尘。

其机理一方面为软纤维稳砂机理:带有支链、具有正电性的软纤维,带正电支链吸附细粉砂,使之成为细粉砂的结合体,使细粉砂的临界流速增大。另一方面为硬纤维挡砂机理:特制的硬纤维一般为弯曲、卷曲、螺旋型,互相勾结形成稳定的三维网状结构,将砂粒束缚于其中，形成较为牢固的过滤体，达到类似充填筛管同样的效果。

纤维复合体能够解除储层原有的损害，将径向流变为拟线性流，改善油气的流动条件，减小近井压力梯度和解除近井地带污阻压降，从而达到增产与防砂的双重目的。技术关键是纤维材质的优选和注入纤维长短、粗细，注入浓度的确定。

3.射孔－充填一体化防砂技术

将射孔和砾石充填有机结合，用一趟管柱下入井内油层段，射孔后进行砾石充填或压裂充填施工。特点是简化施工过程，缩短作业时间，减少对地层的伤害。这种技术对水平井防砂也具有一定优势。

4.防排结合的治砂技术

随着人们防砂理念的更新，石油界对防砂的观念发生了很大变化，防砂已经由过去的单纯防砂向排砂、防排结合方面发展。对于出砂井，地层所出的砂分为游离砂和地层骨架砂，现在认为地层产出游离砂并不可怕，反而能起到疏通地层孔隙、喉道作用，对提高油井产能有利。真正要防的是地层骨架砂的产生，因为一旦地层出骨架砂，就可能导致地层坍塌，一方面使油层造成堵塞和渗透性降低，另一方面使地层强度减小，致使井内套管变形和造成井眼报废。因此有效的防砂和合理的排砂的技术思路被提出来。

特别是20世纪90年代以来，随着稠油油藏应用出砂冷采技术的成功，使防排砂技术逐步发展起来，并广泛应用。借鉴稠油油藏应用经验和螺杆泵具有抗砂磨、运行平稳、携砂能力强的特性，在稀油油藏中应用了此项技术，其方法是：选取排量与地层供液能力相匹配的螺杆泵排砂。采用螺杆泵排砂生产，对于出细粉砂的油藏意义更大，因为这类油藏的油井采取机械防砂时，容易使管柱造成堵塞，而采取化学防砂时，如何有效地控制渗透率降低又很难。

国内在稀油油藏中获得成功的典范是新北油田，该油田自1995年以来就采用螺杆泵进行排砂生产，并且逐步与其他各类机械防砂和化学防砂技术开展有机的结合，形成了一套成熟的综合防砂、排砂配套技术，取得了显著效果。

总之，油水井防砂技术经过油藏工作者的长期实践和总结，已经逐步得到完善和发展，各种控砂防砂理念的多元化丰富了防砂手段，并进一步推动了防砂技术的进步，防砂技术也由过去常规的维护性措施演化成防砂与增产同步的进攻性配套措施。今后应继续深入开展研究和推广应用力度，特别是要对不同开发阶段油层出砂的机理、出砂预测开展深入研究，以便增加防砂工作的主动性，使防砂技术不断满足现场生产需要。

习　题

1.非防砂完井方法分哪几类？

2.简答射孔完井的主要特点。

3.砾石充填完井主要适用于哪些地层？

4.综合论述选择完井方式应满足哪些要求？

5.简述地层发生漏失的基本条件以及原始裂缝性漏失的特点。

6.试回答预测油气井出砂包含哪些内容。

7. 试问如何根据出砂指数法、斯伦贝谢法预测油井的出砂的依据?

8. 已知岩石的泊松比 μ,生产井的井底流压 P_{wf},地层流体压力 Pp,上覆岩层的平均密度 ρ_0。试求垂直井井壁岩石的最大拉应力 σ_t 和水平井的井壁岩石坚固程度的判据。

9. 已知某地层深度的最大和最小水平地应力 σ_H,σ_h,岩石的泊松比 μ,上覆岩层的平均密度 ρ_0,有效应力系数 α,生产过程中渗透性地层井眼围岩某一位置处的压力 P_{f0},井内钻井液的液柱压力 P_m,坐标辐角 $\theta = \pm 90°$,试求采用德鲁克 - 普拉格破坏准则时的生产压差 ΔP。

10. 试写出由 Scheater 提出的油井临界产量公式,说明各个符号的物理意义。

11. 试写出射孔孔壁切(周) 向应力公式,解释各个符号的意义。

12. 完井方法的选择需要综合考虑哪些因素?

13. 试述目前国内外最常见的防砂完井方法的种类。

14. 目前机械防砂主要包括哪些方法?机械防砂可归纳为哪两类?

15. 在水平井完井和防砂工作上需要考虑哪些问题?

16. 目前防砂技术的发展趋势具有哪四个转变?

17. 综合论述 Bredley 的斜井井眼稳定性的判断方法。

附　录

附录 A　动态地应力理论模型

动态地应力理论中的流动模型、应力平衡微分方程、应变和位移方程(几何方程)、弹性应力 – 应变关系(物理或本构方程)及其边界条件(包括位移、力和混合边界条件)如下:

1. 数学模型

$$\begin{cases}\dfrac{\partial}{\partial x}\left(\rho_0\dfrac{kk_{r0}}{\mu_0}\cdot\dfrac{\partial P_0}{\partial x}\right)+\dfrac{\partial}{\partial y}\left(\rho_0\dfrac{kk_{r0}}{\mu_0}\cdot\dfrac{\partial P_0}{\partial y}\right)=\dfrac{\partial}{\partial t}(\rho_0\cdot\phi\cdot S_0)\\ \dfrac{\partial}{\partial x}\left(\rho_w\dfrac{kk_{rw}}{\mu_w}\cdot\dfrac{\partial P_w}{\partial x}\right)+\dfrac{\partial}{\partial y}\left(\rho_w\dfrac{kk_{rw}}{\mu_w}\cdot\dfrac{\partial P_w}{\partial y}\right)=\dfrac{\partial}{\partial t}(\rho_w\cdot\phi\cdot S_w)\end{cases}\tag{A.1}$$

$$S_0+S_w=1.0$$

$$\bar{p}=p_wS_w+p_0S_0$$

2. 外边界条件

$$\left.\frac{\partial}{\partial x}\right|_{x=\pm L_x}=0,\quad\left.\frac{\partial}{\partial y}\right|_{y=\pm L_y}=0\tag{A.2}$$

3. 内边界条件

油井定压生产,水井定压或定产。

4. 考虑有效应力的平衡方程

在油藏注水和开发的过程中,岩层的变形和油藏流体的流动是相互影响的。其显著特征是固体区域和流体区域相互包含,相互缠绕,难以明显划分开,因此必须将流体与固体看成是相互重叠在一起的连续介质,并在不同的连续介质之间发生相互作用。

这种特点使得流固耦合问题要针对具体的控制现象来建立相应的控制方程,而流固耦合作用也是通过控制方程反映出来的,即在描述流体运动的控制方程中体现出受固体变形影响的项,而在描述固体运动或平衡的控制方程中体现出受流体流动影响的项。

(1) 在直角坐标系下的应力平衡微分方程

$$\begin{cases} \dfrac{\partial(\sigma_{xx}-\alpha\cdot P_p)}{\partial x}+\dfrac{\partial\tau_{xy}}{\partial y}+\dfrac{\partial\tau_{xz}}{\partial z}+f_x=0 \\ \dfrac{\partial\tau_{xy}}{\partial x}+\dfrac{\partial(\sigma_{yy}-\alpha\cdot P_p)}{\partial y}+\dfrac{\partial\tau_{yz}}{\partial z}+f_y=0 \\ \dfrac{\partial\tau_{xz}}{\partial x}+\dfrac{\partial\tau_{xy}}{\partial y}+\dfrac{\partial(\sigma_{zz}-\alpha\cdot P_p)}{\partial z}+f_z=0 \end{cases} \tag{A.3}$$

(2) 在直角坐标系下的应变和位移方程(几何方程)

$$\begin{cases} \varepsilon_{xx}=\dfrac{\partial u}{\partial x},\varepsilon_{yy}=\dfrac{\partial v}{\partial y},\varepsilon_{zz}=\dfrac{\partial w}{\partial z} \\ \gamma_{xy}=\dfrac{\partial u}{\partial y}+\dfrac{\partial v}{\partial x},\gamma_{yz}=\dfrac{\partial w}{\partial y}+\dfrac{\partial v}{\partial z},\gamma_{xz}=\dfrac{\partial u}{\partial z}+\dfrac{\partial w}{\partial x} \end{cases} \tag{A.4}$$

(3) 在直角坐标系下的弹性应力－应变关系(物理或本构方程)

$$\begin{Bmatrix} \sigma_{xx} \\ \sigma_{yy} \\ \sigma_{zz} \\ \tau_{yz} \\ \tau_{xz} \\ \tau_{xy} \end{Bmatrix}=\frac{E}{(1+\mu)(1-2\mu)}[A]\begin{Bmatrix} \varepsilon_{xx} \\ \varepsilon_{yy} \\ \varepsilon_{zz} \\ \gamma_{yz} \\ \gamma_{xz} \\ \gamma_{xy} \end{Bmatrix} \tag{A.5}$$

其中

$$A=\begin{bmatrix} 1-\mu & \mu & \mu & 0 & 0 & 0 \\ \mu & 1-\mu & \mu & 0 & 0 & 0 \\ \mu & \mu & 1-\mu & 0 & 0 & 0 \\ 0 & 0 & 0 & 0.5-\mu & 0 & 0 \\ 0 & 0 & 0 & 0 & 0.5-\mu & 0 \\ 0 & 0 & 0 & 0 & 0 & 0.5-\mu \end{bmatrix} \tag{A.6}$$

(4) 边界条件(包括位移、力和混合边界条件)。

位移边界条件

$$\begin{cases} u=u_0 \\ v=v_0 \\ w=w_0 \end{cases} \tag{A.7}$$

力的边界条件

$$\begin{cases} T_x=f_1 \\ T_y=f_2 \\ T_z=f_3 \end{cases} \tag{A.8}$$

混合边界条件

$$\begin{cases} T_x=f_1(u,v,w) \\ T_y=f_2(u,v,w) \\ T_z=f_3(u,v,w) \end{cases} \tag{A.9}$$

附录B 钻孔崩落形状反演现场地应力

假设远场最大和最小水平主应力分别为 σ_H 和 σ_h，井内泥浆流体对井壁的压力为 P_w，岩层内流体压力为 P，则井孔周围的应力状态是沿径向方向离开井轴距离 r 的函数，在极坐标系下的径向应力(σ_r)、周向应力(σ_θ) 和切向剪应力($\tau_{r\theta}$) 分量有如下的表达式

$$\begin{cases}\sigma_r = \dfrac{1}{2}(\sigma_H + \sigma_h)\left(1 - \dfrac{r_i^2}{r^2}\right) + \dfrac{1}{2}(\sigma_H - \sigma_h)\left(1 - 4\dfrac{r_i^2}{r^2} + 3\dfrac{r_i^4}{r^4}\right)\cos 2\theta + P_m\left(\dfrac{r_i^2}{r^2}\right)\\ \sigma_\theta = \dfrac{1}{2}(\sigma_H + \sigma_h)\left(1 + \dfrac{r_i^2}{r^2}\right) - \dfrac{1}{2}(\sigma_H - \sigma_h)\left(1 + 3\dfrac{r_i^4}{r^4}\right)\cos 2\theta - P_m\left(\dfrac{r_i^2}{r^2}\right)\\ \tau_{r\theta} = -\dfrac{1}{2}(\sigma_H - \sigma_h)\left(1 + 2\dfrac{r_i^2}{r^2} - 3\dfrac{r_i^4}{r^4}\right)\sin 2\theta\end{cases} \tag{B.1}$$

式中 r_i—— 井孔半径，m；

r—— 井眼围岩任意计算半径，m；

θ—— 坐标辐角。

根据纳维 - 库仑破坏准则，在给定现场地应力的条件下，井壁发生破坏的最大内聚力值由

$$S_0 = \sqrt{(1 + \mu^2)\left\{\left[\left(\frac{\sigma_\theta - \sigma_r}{2}\right)^2 + \tau_{r\theta}^2\right]\right\}} - \frac{\mu}{2}(\sigma_\theta + \sigma_r) \tag{B.2}$$

确定。

当式(B.2) 得到满足时，即发生崩落，即如果式(B.2) 的右边小于左边，则井孔是稳定的；如果式(B.2) 右边大于或等于左边，则发生崩落。

当 $r = r_i$ 或 $\theta = \pi/2$，切向剪应力 $\tau_{r\theta} = 0$ 时，则得

$$S_0 = \pm\frac{1}{2}\sqrt{1 + \mu^2}(\sigma_\theta - \sigma_r) - \frac{\mu}{2}(\sigma_\theta + \sigma_r) \tag{B.3}$$

将 $\theta = \theta_b(r = r)$ 和 $r = r_b(\theta = \pi/2)$ 代入式(B.3)，则得

$$\begin{cases}S_0(r,\theta_b) = \dfrac{1}{2}[(a_1 + a_2)\sigma + (b_1 + b_2)\sigma_h] + eP_m\\ S_0(r_b,\pi/2) = \dfrac{1}{2}[(c_1 + c_2)\sigma_H + (d_1 + d_2)\sigma_h] + fP_m\end{cases} \tag{B.4}$$

其中

$$a_1 = -\mu(1 - 2\cos 2\theta_b),\ a_2 = \pm\sqrt{1 + \mu^2}(1 - 2\cos 2\theta_b)$$

$$b_1 = -\mu(1 + 2\cos 2\theta_b),\ b_2 = \pm\sqrt{1 + \mu^2}(1 + 2\cos 2\theta_b)$$

$$c_1 = -\mu\left(1 + 2\cdot\frac{r_i^2}{r_b^2}\right),\ c_2 = \pm\sqrt{1 + \mu^2}\left(1 - \frac{r_i^2}{r_b^2} + 3\cdot\frac{r_i^4}{r_b^4}\right)$$

$$d_1 = -\mu\left(1 - 2\cdot\frac{r_i^2}{r_b^2}\right),\ d_2 = \pm\sqrt{1 + \mu^2}\left(-1 + \frac{r_i^2}{r_b^2} - 3\cdot\frac{r_i^4}{r_b^4}\right)$$

$$e = \pm\sqrt{1 + \mu^2},\ f = \pm\sqrt{1 + \mu^2}\,\frac{r_i^2}{r_b^2}$$

当 $\sigma_\theta - \sigma_r > 0$ 时，a_2, b_2, c_2 和 d_2 取正号，e, f 取负号；当 $\sigma_\theta - \sigma_r < 0$ 时，a_2, b_2, c_2 和 d_2 取负号，e, f 取正号。θ_b 为崩落角，如图 4.37(a) 所示。

利用泥浆密度等资料，井眼与地层压力之差 $\Delta P = P_w - P$ 可求出。若岩石内聚力和内摩擦角已知，则由 $S_0(a, \theta_b) = S_0(r_b, \pi/2)$，可解出两个水平主应力 σ_H 和 σ_h 以及它们的比值

$$\begin{cases} \sigma_h = \dfrac{2[(a_1 + a_2)(S_0 - f\Delta P) - (c_1 + c_2)(S_0 - e\Delta P)]}{[(a_1 + a_2)(d_1 + d_2) - (b_1 + b_2)(c_1 + c_2)]} \\ \sigma_H = \dfrac{2[(d_1 + d_2)(S_0 - e\Delta P) - (b_1 + b_2)(S_0 - f\Delta P)]}{[(a_1 + a_2)(d_1 + d_2) - (b_1 + b_2)(c_1 + c_2)]} \\ \dfrac{\sigma_H}{\sigma_h} = \dfrac{[(d_1 + d_2)(S_0 - e\Delta P) - (b_1 + b_2)(S_0 - f\Delta P)]}{[(a_1 + a_2)(S_0 - f\Delta P) - (c_1 + c_2)(S_0 - e\Delta P)]} \end{cases} \tag{B.5}$$

附录 C　直井井眼围岩和井壁岩石应力状态方程

1. 在直角坐标系应力下的平衡微分方程

图 C.1 给出了地下岩石(体)单元体受力简图。根据力的平衡条件，可得出坐标轴 x，y，z 方向的力的平衡方程为

$$\left(\sigma_{xx} + \frac{\partial \sigma_{xx}}{\partial x}dx\right)dydz - \sigma_{xx}dydz + \left(\tau_{yx} + \frac{\partial \tau_{xz}}{\partial y}dy\right)dxdz - \tau_{yx}dxdz + \left(\tau_{zx} + \frac{\partial \tau_{zx}}{\partial z}dz\right)dxdy - \tau_{zx}dxdy + f_x dxdydz = 0 \tag{C.1}$$

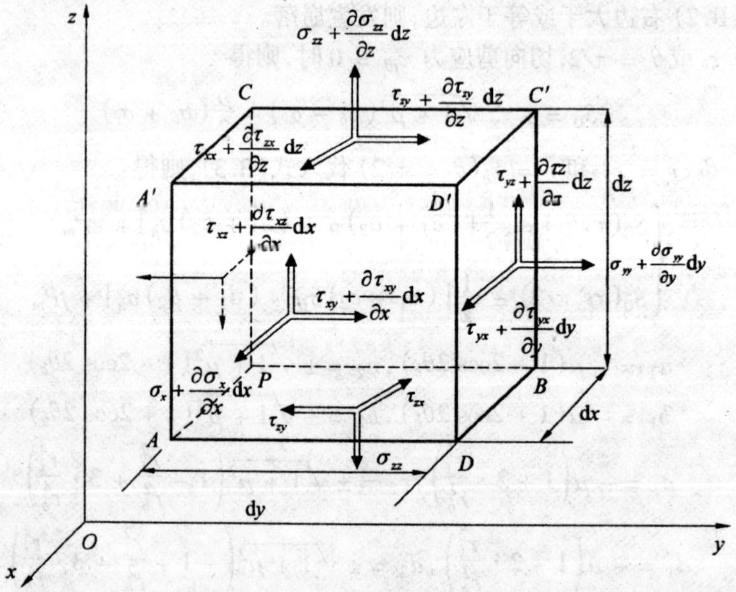

图 C.1　单元体受力示意图

将式(C.1)展开,合并同类项,整理可得沿 x 轴方向的力的平衡方程为

$$\frac{\partial \sigma_{xx}}{\partial x}+\frac{\partial \tau_{xz}}{\partial y}+\frac{\partial \tau_{zx}}{\partial z}+f_x=0 \quad \left(\rho_b \frac{\partial^2 u}{\partial t^2}\right) \tag{C.2}$$

同理,可得沿 y,z 轴方向的力的平衡方程为

$$\frac{\partial \tau_{yx}}{\partial x}+\frac{\partial \sigma_{yy}}{\partial y}+\frac{\partial \tau_{yz}}{\partial z}+f_y=0 \quad \left(\rho_b \frac{\partial^2 v}{\partial t^2}\right) \tag{C.3}$$

$$\frac{\partial \tau_{zx}}{\partial x}+\frac{\partial \tau_{zy}}{\partial y}+\frac{\partial \sigma_{zz}}{\partial z}+f_z=0 \quad \left(\rho_b \frac{\partial^2 \omega}{\partial t^2}\right) \tag{C.4}$$

2.在圆柱坐标系下的应力平衡微分方程

图 C.2,C.3 为在圆柱坐标系下的微元体和微元体在 z 轴方向的应力图。采用圆柱坐标或柱坐标系求解应力和应变比较简便。极坐标系中任意一点位置可采用(r,θ,z)表示。

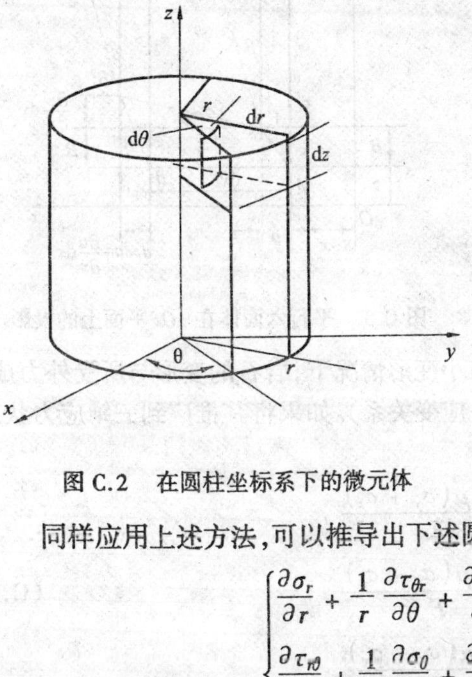

图 C.2 在圆柱坐标系下的微元体

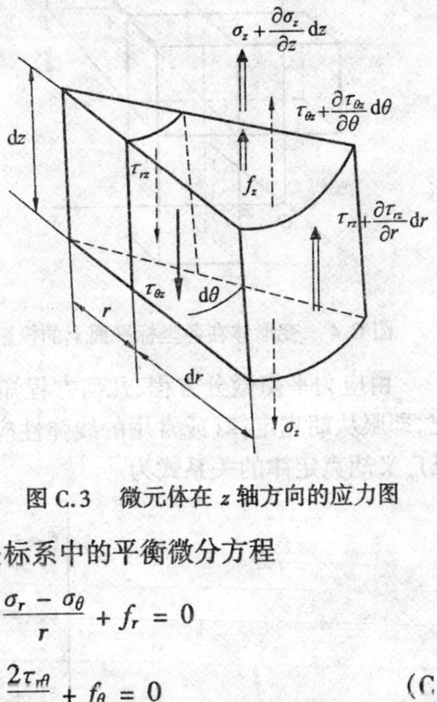

图 C.3 微元体在 z 轴方向的应力图

同样应用上述方法,可以推导出下述圆柱坐标系中的平衡微分方程

$$\begin{cases}\dfrac{\partial \sigma_r}{\partial r}+\dfrac{1}{r}\dfrac{\partial \tau_{\theta r}}{\partial \theta}+\dfrac{\partial \tau_{zr}}{\partial z}+\dfrac{\sigma_r-\sigma_\theta}{r}+f_r=0\\[2ex]\dfrac{\partial \tau_{r\theta}}{\partial r}+\dfrac{1}{r}\dfrac{\partial \sigma_\theta}{\partial \theta}+\dfrac{\partial \tau_{z\theta}}{\partial z}+\dfrac{2\tau_{r\theta}}{r}+f_\theta=0\\[2ex]\dfrac{\partial \tau_{rz}}{\partial r}+\dfrac{1}{r}\dfrac{\partial \sigma_{\theta z}}{\partial \theta}+\dfrac{\partial \sigma_{zz}}{\partial z}+\dfrac{\tau_{rz}}{r}+f_z=0\end{cases} \tag{C.5}$$

当 $\sigma_{zz}=\tau_{zr}=\tau_{z\theta}=0$ 时,式(C.5)可简化,对于轴对称问题,$\tau_{r\theta}=\tau_{z\theta}=0,f_x=f_y=f_z=0$,其余应力分量都与坐标辐角 θ 无关,所以,平面轴对称应力平衡微分方程变成

$$\begin{cases}\dfrac{\partial \sigma_r}{\partial r}+\dfrac{\partial \tau_{zr}}{\partial z}+\dfrac{\sigma_r-\sigma_\theta}{r}=0\\[2ex]\dfrac{\partial \tau_{r\theta}}{\partial r}+\dfrac{\partial \sigma_z}{\partial z}+\dfrac{\tau_{rz}}{r}=0\end{cases} \tag{C.6}$$

3.应变与位移的关系(几何方程)和本构关系(物理方程)

为了研究应变与位移两者的关系,假设从一变形体中取出一个微小的平行六面体。并

将该平行六面体的各个面投影到直角坐标系的各个坐标平面上，如图 C.4 所示。通过研究这些平面投影的变形，并根据这些平面投影的变形规律来判断整个平行六面体的变形，图 C.5 给出了平行六面体在面 xOz 上的投影 $ABCD$。通过推导，可以得到在直角坐标系下，该平行六面体用位移表示的应变几何方程为

$$\begin{cases}\varepsilon_r = \dfrac{\partial u}{\partial r}, \varepsilon_\theta = \dfrac{1}{r}\dfrac{\partial v}{\partial \theta} + \dfrac{u}{r}, \varepsilon_z = \dfrac{\partial \omega}{\partial_z} \\ \gamma_{r\theta} = \dfrac{\partial v}{\partial r} + \dfrac{1}{r}\dfrac{\partial u}{\partial \theta} - \dfrac{v}{r}, \gamma_{z\theta} = \dfrac{1}{r}\dfrac{\partial \omega}{\partial \theta} + \dfrac{\partial v}{\partial z}, \gamma_{zx} = \dfrac{\partial \omega}{\partial r} + \dfrac{\partial u}{\partial z}\end{cases} \tag{C.7}$$

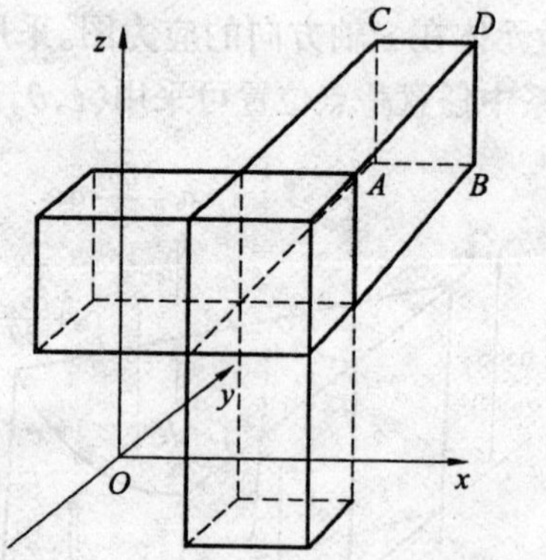

图 C.4　变形体在各坐标平面上的投影

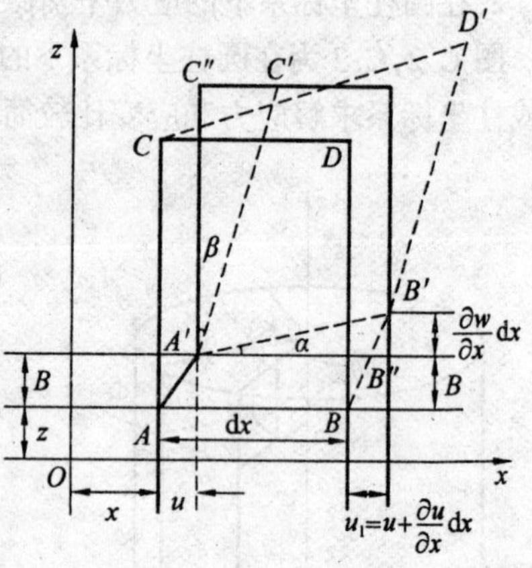

图 C.5　平行六面体在 xOz 平面上的投影

由应力平衡微分方程、几何方程知道：在小变形情况下，岩石的变形与所受外力成正比，即服从胡克定律（或常用的线弹性应力 - 应变关系）。如果将其推广到三维应力状态，其广义胡克定律的关系式为

$$\begin{cases}\varepsilon_x = \dfrac{\sigma_x - \mu(\sigma_y + \sigma_z)}{E} \\ \varepsilon_y = \dfrac{\sigma_y - \mu(\sigma_x + \sigma_z)}{E} \\ \varepsilon_z = \dfrac{\sigma_z - \mu(\sigma_x + \sigma_y)}{E}\end{cases} \tag{C.8a}$$

$$\begin{cases}\gamma_{xy} = \dfrac{2(1 + \mu)}{E}\tau_{xy} \\ \gamma_{yz} = \dfrac{2(1 + \mu)}{E}\tau_{yz} \\ \gamma_{zx} = \dfrac{2(1 + \mu)}{E}\tau_{zx}\end{cases} \tag{C.8b}$$

4. 应变协调方程（拉普拉斯变换）

$$\nabla = \frac{\partial}{\partial r^2} + \frac{1}{r}\frac{\partial}{\partial r} + \frac{\partial \theta^2}{r^2} \tag{C.9}$$

5. 选择应力函数（又称艾雷函数）

$$\psi(r,\theta) = a\ln r + br^2\ln r + cr^2 + D \tag{C.10}$$

6. 求解井眼围岩和井壁岩石受力状态

假设地下岩石为各向均质、同性的线弹性体，不考虑地层渗透率，地层可简化成中间带有一圆孔的无限大的平板，圆孔轴与垂向应力平行，在平板内作用有最大和最小水平主应力 σ_H 和σ_h。图 C.6(a)，(b) 给出了井壁受力力学模型和应力状态受力图。

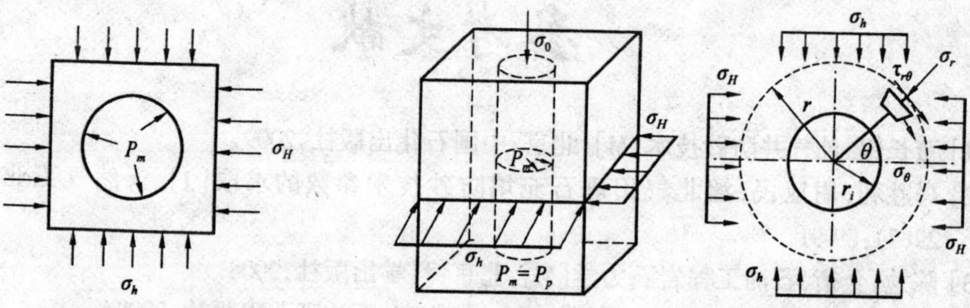

(a) 井壁受力力学模型　　(b) 井壁岩石应力状态图

图 C.6　井壁受力力学模及应力状态图

求解岩石力学问题的方法是从岩石的单元体出发，根据单元体的平衡微分方程、位移与应变方程(几何方程) 以及应力与应变方程(或物理方程) 等基本方程，然后结合岩石的边界条件(例如，计算半径 r = 井眼半径 r_i 时，$\sigma_r = P_m$ 井壁岩石径向应力等于井内钻井液液柱压力或有效径向应力：$\sigma_{er} = P_m + \alpha P_p$)；再利用应变协调方程，选择合适的应力函数。

根据上述假设条件和求解方法，可得井眼围岩内部任意一点的应力状态方程为

$$\begin{cases}\sigma_r = \dfrac{\sigma_H + \sigma_h}{2}\left[1 - \left(\dfrac{r_i}{r}\right)^2\right] + \dfrac{\sigma_H - \sigma_h}{2}\left[1 + 3\left(\dfrac{r_i}{r}\right)^4 - 4\left(\dfrac{r_i}{r}\right)^2\right]\cos 2\theta + \left(\dfrac{r_i}{r}\right)^2 P_m - P_p \\ \sigma_\theta = \dfrac{\sigma_H + \sigma_h}{2}\left[1 + \left(\dfrac{r_i}{r}\right)^2\right] - \dfrac{\sigma_H - \sigma_h}{2}\left[1 + 3\left(\dfrac{r_i}{r}\right)^4\right]\cos 2\theta - \left(\dfrac{r_i}{r}\right)^2 P_m - P_p \\ \tau_{r\theta} = \dfrac{\sigma_H - \sigma_h}{2}\left[1 + 2\left(\dfrac{r_i}{r}\right)^2 - 3\left(\dfrac{r_i}{r}\right)^4\right]\sin 2\theta \end{cases} \tag{C.11}$$

当计算半径等于井眼半径时，井壁岩石上任意一点的应力状态方程为

$$\begin{cases}\sigma_r = P_m - P_p \\ \sigma_\theta = (\sigma_H + \sigma_h) - 2(\sigma_H - \sigma_h)\cos 2\theta - P_m - P_p \\ \tau_{r\theta} = 0\end{cases} \tag{C.12}$$

参考文献

[1] 董长银.油气井防砂技术[M].北京:中国石化出版社,2009.

[2] 冯胜利,尉亚民.涩北气田砾石充填防砂技术参数的求取[J].天然气工业,2009,29(7):89-91.

[3] 陈勉,金衍.石油工程岩石力学[M].北京:科学出版社,2008.

[4] 邓金根,程远方.井壁稳定预测技术[M].北京:石油工业出版社,2008.

[5] 吕古贤,刘瑞珣.地壳应力状态、构造附加静压力和岩石矿床形成深度的研究[J].高校地质学报,2008,14(3):442-449.

[6] 吴超,陈勉.井壁稳定性实时预测方法[J].石油勘探与开发,2008,35(1):80-84.

[7] 赖富强.利用多极子阵列声波测井预测地层破裂压力[J].勘探地球物理进展,2007,30(1):39-42.

[8] 王冬梅,吴广民.地层压力计算模型及现场应用[J].大庆石油地质与开发,2007,26(4):84-87.

[9] 楼一珊,金业权.岩石力学与石油工程[M].北京:石油工业出版社,2006.

[10] 樊长江,王贤.泊松比岩性预测方法研究——以准噶尔盆地为例[J].北京:石油勘探与开发,2006,33(3):299-302.

[11] 李学森.钻井岩心重定向的古地磁方法及其可靠性[J].石油勘探与开发,2006,33(5):581-585.

[12] 谭成轩,孙伟峰.地应力测量及其地下工程应用的思考[J].地质学报,2006,80(10):1627-1632.

[13] 陈平.钻井与完井工程[M].北京:石油工业出版社,2005.

[14] 尤明庆.水压致裂法测量地应力的方法研究[J].岩土工程学报,2005,27(3):350-353.

[15] 易浩.复杂地层套管损坏机理研究[D].西南石油学院,2005.

[16] 张广清,陈勉.射孔对地层破裂压力的影响研究[J].岩石力学与工程学报,2003,22(1):40-44.

[17] 朱焕春,李浩.论岩体构造应力[J].水力学报,2001(9):81-85.

[18] 李志明,张金珠.地应力与油气勘探开发[M].北京:石油工业出版社,1997.

[19] 孙学增.井壁岩石力学基础[M].哈尔滨:哈尔滨工业大学出版社,1994.

[20] 代丽.油水井套管损坏的地质因素综合研究[D].华东石油大学,2007.

[21] 王关清,陈元顿,周煜辉.深探井和超深探井钻井的难点分析和对策探讨[J].石油钻采工艺,1998,20(1):1-7.

[22] 钻井手册编写组.钻井手册(甲方)(上册)[M].北京:石油工业出版社,1990.

[23] 陈新,杨强,何满潮,等.考虑深部岩体各向异性强度的井壁稳定分析[J].岩石力学与工程学报,2005,24(16):2883-2899.
[24] 阎铁.深部井眼岩石力学分析及应用[D].哈尔滨工业大学,2001.
[25] ZHAN Y H. Crack pattern evolution and a fractal damage constitutive model for rock[J]. Int J Rock Mech Min Sci & Geomech,1998,35(3):349-366.
[26] SPEA J R. Formation Compressive Strength for Predicting Drill ability and PDC Selection[J]. SPE:29397.
[27] 李行船,马宗晋,曲国胜.分层地应力描述及其在胜利油田的应用[J].特种油气藏,2005,12(6):8-10.
[28] 曾纪全,杨宗才.岩体抗剪强度参数的结构面倾角效应[J].岩石力学与工程学报,2004,23(20):3418-3425.
[29] 金衍,陈勉.弱面地层的直井井壁稳定力学问题[J].钻采工艺,1999,22(3):13-14.
[30] 刘向君,叶仲斌,陈一健.岩石弱面结构对井壁稳定性的影响[J].天然气工业,2002,22(2):41-42.
[31] 陈涛平,胡靖邦.石油工程[M].北京:石油工业出版社,2004.
[32] 刘向君,罗平亚.测井在井壁稳定性研究中的应用及发展[J].天然气工业,1999,19(6):33-35.
[33] 金衍,陈勉,张旭东.钻前井壁稳定预测方法的研究[J].石油学报,2001,22(3):96-99.
[34] 程远方,徐同台.安全泥浆密度窗口的确立及应用[J].石油钻探技术,1999,27(3):16-18.
[35] 周广陈,王成立,程远方.井壁稳定性技术在冀东油田的应用[J].石油钻探技术,1996,24(3):4-6.
[36] 陈勉.我国深层岩石力学研究及在石油工程中的应用[J].岩石力学与工程学报,2004,23(14):2455-2462.
[37] 蔚宝华,王炳印,曲从锋,等.高温高压储层安全钻井液密度窗口确定技术[J].石油钻采工艺,2005,27(3):31-37.
[38] 钟敬敏,齐从丽,杨志彬.定向井安全钻井液密度窗口测井计算方法[J].南方油气,2006,19(1):38-41.
[39] 楼一珊.利用声波测井计算岩石的力学参数[J].西部探矿工程,1998(3):47-48.
[40] MCMORDIE W C. Effect of temperature and pressure on the density of drilling fluids[J]. SPE:11114.
[41] 秦启荣.深部岩体裂缝预测及其石油工程井壁稳定性应用[D].成都:成都理工学院,2000.
[42] 王拥军,李志平,冉启全,等.火山岩储层微裂缝研究[J].国外测井技术,2006,21(3):27-29.
[43] 胡秀章,王肖钧,李永池.层状岩石中井孔稳定性的数值分析[J].石油勘探与开发,2004,31(4):89-92.

[44] 鄢捷年,李元.预测高温高压下泥浆密度的数学模型[J].石油钻采工艺,1990,12(5):27-34.
[45] 汪海阁,刘岩生,杨立平.高温高压井中温度和压力对钻井液密度的影响[J].钻采工艺,2000,23(1):56-60.
[46] 鲜学福,谭学术.层状岩体破坏机制[M].重庆:重庆大学出版社,1989.
[47] 阎铁,李士斌.深部井眼岩石力学理论与实践[M].北京:石油工业出版社,2002.
[48] 秦启荣,邓辉.裂缝对石油井壁力学稳定性影响[J].西南石油大学学报,2007,28(4):167-170.
[49] 王鸿勋,张琪.采油工艺原理[M].北京:石油工业出版社,1985.
[50] 张先普.荆丘油田套管变形机理及防治方法[J].石油钻采工艺,1994,16(2):1-9.
[51] 刘向军,叶仲斌,王国华,等.流体流动和岩石变形耦合对井壁稳定性的影响[J].西南石油学院学报,2002,24(2):50-52.
[52] 何湘清,刘向君,罗平亚.温度扰动对井壁稳定和油田开发的影响[J].天然气工业,2003,23(1):39-41.
[53] 孙培德,杨东全,陈奕柏.多物理场耦合模型与数值模拟导论[M].北京:中国科学技术出版社,2007.

读者反馈表

尊敬的读者：

您好！感谢您多年来对哈尔滨工业大学出版社的支持与厚爱！为了更好地满足您的需要，提供更好的服务，希望您对本书提出宝贵意见，将下表填好后，寄回我社或登录我社网站（http://hitpress.hit.edu.cn）进行填写。谢谢！您可享有的权益：

☆ 免费获得我社的最新图书书目　　☆ 可参加不定期的促销活动

☆ 解答阅读中遇到的问题　　☆ 购买此系列图书可优惠

读者信息

姓名__________ □先生 □女士 年龄________ 学历________

工作单位____________________ 职务__________

E-mail ____________________ 邮编__________

通讯地址________________________

购书名称____________________ 购书地点____________________

1. 您对本书的评价

内容质量　□很好　□较好　□一般　□较差

封面设计　□很好　□一般　□较差

编排　□利于阅读　□一般　□较差

本书定价　□偏高　□合适　□偏低

2. 在您获取专业知识和专业信息的主要渠道中，排在前三位的是：

①__________ ②__________ ③__________

A. 网络 B. 期刊 C. 图书 D. 报纸 E. 电视 F. 会议 G. 内部交流 H. 其他：________

3. 您认为编写最好的专业图书（国内外）

书名	著作者	出版社	出版日期	定价

4. 您是否愿意与我们合作，参与编写、编译、翻译图书？

____

5. 您还需要阅读哪些图书？

____

网址：http://hitpress.hit.edu.cn

技术支持与课件下载：网站课件下载区

服务邮箱 wenbinzh@hit.edu.cn　duyanwell@163.com

邮购电话 0451－86281013　0451－86418760

组稿编辑及联系方式　赵文斌（0451－86281226）　杜燕（0451－86281408）

回寄地址：黑龙江省哈尔滨市南岗区复华四道街 10 号　哈尔滨工业大学出版社

邮编：150006　传真 0451－86414049